千華數位文化

考前充分準備 臨場沉穩作答

千華公職資訊網
http://www.chienhua.com.tw
每日即時考情資訊 網路書店購書不出門

千華公職證照粉絲團 f
https://www.facebook.com/chienhuafan
優惠活動搶先曝光

千華數位文化

我想索取考試日程表

親愛的讀者您好! ［國考年度計畫表］懶人包來囉

更多考試日程表請點選連結:
https://www.chienhua.com.tw/schedule.aspx

前往官網　考試日程表　即將報名

折價券　當期　棒學校

千華 Line@ 專人諮詢服務

✓ 有疑問想要諮詢嗎?
　歡迎加入千華 LINE @!

✓ 無論是考試日期、教材推薦、
　勘誤問題等,都能得到滿意的服務。

✓ 我們提供專人諮詢互動,
　更能時時掌握考訊及優惠活動!

風險管理基本能力測驗

完整考試資訊
立即了解更多

- **辦理依據**：依據87年3月第27次「金融中心分工協調會議」決議通過之「專業能力檢定制度實施方案」辦理。

  配合金融業務開放及金融創新工具推陳出新，為提升金融從業人員風險管理意識，培養符合業務發展需求所需之整合性風險管理基本能力，特辦理本項測驗。

- **報名資格**：報名資格不限。

- **報名費用**：每位應考人報名費用為新台幣900元整（或愛學習點數90點）。

- **報名日期**：每年2～10月（以正式公告為準）。

- **報名方式**

  一、個人報名：一律採個人網路報名方式辦理，恕不受理現場報名。

  二、團體報名：團體報名方式僅適用於同一機構10人（含）以上集體報名，團體報名機構先行統一建檔與繳款。

- **測驗日期及考區**

  一、測驗日期：第16屆112年3月18日。

  二、考　　區：分為台北、台中、高雄、花蓮等四個考區。

- **測驗科目、時間及內容**

  一、測驗科目、時間及題型

測驗科目	測驗時間	試題題數	測驗題型及方式
風險管理制度與實務	90分鐘	60題	四選一單選題，採答案卡作答

  二、測驗科目及內容：

  - (一) 風險管理原理
  - (二) 信用評等制度
  - (三) 授信特徵與產業別的集中性風險
  - (四) 國家風險與國家主權評等
  - (五) 金融機構的資本適足制度
  - (六) 商業銀行的信用風險管理
  - (七) 商業銀行的市場風險管理
  - (八) 商業銀行的流動性風險與利率風險管理
  - (九) 商業銀行的作業風險管理
  - (十) 風險管理相關法令、辦法

- **合格標準**：本項測驗以成績達70分為合格。

～以上資訊僅供參考，詳細內容請參閱招考簡章～

千華 Bonding 棒學校

千華數位文化
Chien Hua Learning Resources Network

- 業界師資親自授課
- 隨時隨處無限次觀看
- 銜接就業、轉職的線上學習平台

各產業專業職人,棒棒相傳!

千華棒學校發展專業的人才培育系統,混成線上與線下的課程設計、
聘請各領域學科專家、專業數位團隊製作,
結合學習平台數位化精準學習功能:元件化課程、個人學習歷程記錄、學習成績數據化、
批改指導服務、論壇串接等,打造高效的專業技能學習服務!

國民營　公職

專技證照　金融證照

升學　教甄

線上測驗

百門課程

學習論壇

學習歷程

批改指導

千華公職資訊網

棒學校Bonding

千華公職證照粉絲團

千華 LINE @
專人諮詢服務

服務專線
02-22289070

目次

第三篇　金融機構的資本適足制度

第九章　商業銀行與證券金融公司的資本適足率管理

第十章　保險與金融控股公司的資本適足率管理

第四篇 商業銀行的風險管理制度概述

第五篇 相關法規彙編

第六篇 歷屆試題及解析

編寫特色與高分準備方法

本書係為欲參加「風險管理基本能力測驗」者所撰寫，利於快速研讀。特色說明如下：

▶特色 1：表格化呈現整理方式，清楚明白

本書特將「風險管理制度」與「風險管理實務」彙集成一冊，內容架構完整充實且簡明，清晰明白，易讀易記。

▶特色 2：將風險管理相關法規分類歸納，蒐羅齊全

本書特別精心收錄風險管理重要相關法規，加以分門別類編排整理，並佐以歷屆試題，是你快速準備的好幫手！

以下為風險管理基本能力測驗的準備方法：

▶方法 1：大量試題演練

閱讀完課文後，藉由演算題目是測量自己是否吸收的一個很好的方式，所以本書在每個重點後面，都附有牛刀小試，幫助各位熟悉題型，同時慢慢累積解題的方法、速度等。每個章節念完後，都附有精選試題練習，綜觀風險管理制度與實務測驗從開辦至今的試題，每一屆都會有相似甚至是相同的題目一考再考，一定要記下來該題的解題概念，之後類似的題目再出個一百次，也不用害怕！用大量試題演練掌握題庫命題趨勢，必定能獲取證照！

▶方法 2：考前複習及模擬

在考前一個半月的時間內，挪出一至二星期的時間，快速的複習重點，並配合試題來模擬演練，讓自己的應考能力保持在最佳狀態。

參考資料

1. 風險管理制度與實務，臺灣金融研訓院社，陳錦村。
2. 《風險管理作業手冊Ver 3.0》，行政院。
3. 《哈佛商業評論－盤點風險管理工具》，2009年1月號。

第一篇 風險管理原理

第一章 風險管理的價值體系、功能與組織運作

依據出題頻率區分，屬：**C** 頻率低

課前導讀

由於銀行資金分配涉及風險眾多，例如信用風險、利率風險、作業風險及流動性風險等，如未能審慎控管，不僅危及銀行資產品質，亦可能引發金融危機，且個別銀行經營不善，透過蔓延效果，亦將引發全體金融體系之不穩定。因此，銀行在運作時，應確實辨識及評估各類風險，進而有效分配資金並控管風險。

重點 **1** 風險管理的價值體系

一、風險管理組織架構與職責

(一) 風險管理組織架構

銀行得在董事會成員中組成風險管理委員會，或設置風險管理單位，俾有效規劃、監督與執行證券投資信託事業之風險管理事務。說明如下：

1. 風險管理組織架構之設計，並無放諸四海皆準的體系，宜考量個別組織型態、企業文化及所承擔風險主要內涵之差異等因素；但執行風險管理之單位或個人應保持獨立性，則為影響風險管理成效的重要共同原則。

2. 風險管理非僅風險管理單位之職責，銀行內其他相關單位，諸如人力、法務、資訊、內控、稽核、規劃等亦有其相應需配合之事項，否則難以落實整體業務之風險管理。

3. 風險管理之成功有賴全銀行上下之共同推動執行，因此董事會與風險管理單位以及相關單位間之溝通、協調與聯繫便極為重要。除此之外，公司的營運亦攸關各種內、外部人之利益，由於立場不同，自然對風險的觀察與接受度各異，因此為能得到正面支持，與內、外部人之溝通亦需重視。

4. 風險管理之執行有賴明確之權責架構設計及監督呈報流程之規劃，否則相關風險管理資訊難以作有效之彙總、傳遞與研判，銀行的營運策略及風險管理政策也無法因應主客觀環境之變化，進行適當之調整。

(二) 風險管理職責

1. **董事會的角色：**

   董事會應認知營運所面臨之風險（如市場風險、信用風險、流動性風險、作業風險、法律風險、信譽風險及其他與事業營運有關之風險等），確保風險管理之有效性，並負風險管理最終責任。

2. **風險管理委員會的功能：**

   為協助董事會規劃與監督相關風險管理事務，銀行得在董事會成員中組成風險管理委員會，如未組成風險管理委員會，則由董事會直接負責或指派單位負責相關事務。鑒於風險管理之專業性、常態性及時效性，得於董事會成員中組成專責之風險管理委員會，方能有效進行日常風險管理事務之監督。但該委員會仍應定期向董事會提出報告。為利日常風險管理事務之監督，該委員會應研擬風險管理政策，並建立質化與量化之管理標準，同時應適時的向董事會反應風險管理執行之情形，提出必要之改善建議。

3. **風險管理單位的功能：**

   風險管理單位主要負責公司日常風險之監控、衡量及評估等執行層面之事務，其應獨立於業務單位及交易活動之外行使職權。組織架構上可設計為直接向董事會或董事會指定之相關人員負責。說明如下：

   (1) 風險管理單位應依經營業務種類執行以下職權（包括但不限於）：

   　　A. 協助擬定風險管理政策。

   　　B. 協助擬定相關之風險限額。

   　　C. 確保董事會所核可風險管理政策之執行。

   　　D. 適時且完整地提出風險管理相關報告。

   　　E. 在業務單位進行各種交易前，該單位應對相關交易內涵先行瞭解，並對已完成交易之持有部位持續監視。

   　　F. 對於風險可量化的金融商品，應盡可能地提昇風險管理衡量技術。

   　　G. 評估銀行之風險曝露及風險集中程度。

   　　H. 壓力測試與回溯測試方法之開發與執行。

   　　I. 檢核所使用之金融商品評價系統。

   　　J. 其他風險管理相關事項。

   (2) 風險管理單位應獲有適當的授權處理其他單位違反風險限額時之事宜，且應有適當之權限要求業務單位的部位維持在既定的限額之內。

4. **風險管理單位主管的角色：**

　　風險管理單位主管之任免應提報董事會透過，並負責衡量、監控與評估證券投資信託事業日常之風險狀況。

5. **相關單位風險管理人員的角色：**

　　為了有效聯結風險管理單位與各相關單位間，風險管理資訊之傳遞與風險管理事項之執行，銀行得於各相關單位中設置風險管理人員，俾有效且獨立地執行各相關單位之風險管理作業。

6. **風險管理政策：**

　　訂定風險管理政策，以作為公司日常執行風險管理作業之規範依據。其內容應能確實反應公司之營運策略目標、基金、專戶等各別投資組合風險屬性及所面臨風險的特性。風險管理政策得由風險管理委員會、風險管理單位或指定之其他單位研擬，提交董事會核可後執行。

7. **風險管理執行效能之評估：**

　　證券投資信託事業應定期與不定期對其風險管理執行效能進行評估，包括是否合乎董事會之預期、風險管理運作是否具獨立性、風險管理制度之執行是否確實及整體風險管理基礎建設是否完備等。

二、風險管理的態度及文化

(一) 風險管理的態度

　　由於組織成員的權利、義務與責任不同，要討論面對風險問題的態度，不可忽略相關對象在組織中的權責差異性，不宜使用相同標準看待所有員工，另外，也不要利用過高的行為標準，不合理地苛責員工。因此，探討風險管理態度的適當性，需要務實地用合乎人性的價值做為準則，並考慮員工的組織中的權責差異性和業務對象來制定。例如公司的所有權人與經營人的角色不同，他們承擔風險的意願也應有所差別，所以檢視風險態度時，宜分為出資的所有者與被僱用的員工。其分別的風險管理態度分述如下：

1. 主管職級的風險態度：

　　主管職級的風險態度，須兼顧有形和無形的價值觀與品格作為。因為決策的有效性與否都是從「心」出發。唯有高尚的品格，才能不致跌倒。金融機構的業務龐雜，須透過金字塔型的組織來運作，並基於專業分工考量，將決策主管分成三個層級：最基層的主管如銀行的科長和襄理，

中級主管則指分行經理與總行處長，高階主管包括協理、副總經理、總經理與董監事等。但風險工作該由哪種層級的主管負責，端視下達何種性質的決策而定，銀行也會利用「權責劃分表」清楚地規範，每項業務誰是最終的決策者。

2. **員工部屬的風險態度：**

任何職務的員工，工作要先排列出重要工作的順序，平常「不要讓緊急、不重要、短暫的事，佔滿時間」。倘若遇到工作不順利，也要想辦法突破困境。

(二) 風險文化

公司能否成功推動風險文化的風氣、深植風險意識，關鍵在於組織的高階經營團隊是否將管理風險視為優先重點。適時有效的衡量企業風險文化，並採取後續因應措施，以強化整體對

風險相關議題的看法，更有助於企業能力的提升。此外，例如針對保險業的清償能力制度改革，強調公司須將風險管理落實於每日的營運活動中。

牛刀小試

( )　**1** 關於風險管理組織運作方式，下列敘述何者錯誤？　(A)強調風險產生單位與監督單位宜相互隸屬　(B)風險管理的決策過程涵蓋「從上而下」與「由下往上」兩種　(C)不論哪種風險均應詳細釐清前台、中台及後台的職掌，集中控制、分權營運　(D)業務管理部門須定期評估所有營業單位的營業概況，包括不同業務的收支、利潤與風險承擔。　【第5屆】

( )　**2** 面對風險問題的態度，下列何者錯誤？　(A)主管責任大於部屬　(B)使用最高且相同的單一行為標準看待所有員工　(C)不可忽略組織成員的權責差異　(D)宜區分為出資的所有者與被雇用的員工。　【第4屆】

( )　**3** 前檯的交易員應具備之最重要才能為下列何者？　(A)經營理念　(B)人際關係與溝通協調能力　(C)專業技術能力　(D)與客戶的私人關係。　【第5屆】

( ) **4** 下列敘述，何者正確？ (A)金管會2009年4月推動消費者債
務清償條例 (B)臺灣於1975年9月開辦助學貸款 (C)臺灣於
1994年將助學貸款之對象擴大，並更名為就學貸款 (D)臺灣
於1989年首先開辦萬事達卡（MasterCard），其後為威士卡
（VisaCard）、美國運通（AE）卡與日本JCB卡。 【第2屆】

[解答與解析]

1 (A)。 根據分離原則（Principle of Separation）以及避免利益衝突問
題，風險產生單位與監督單位不宜相互隸屬。

2 (B)。 不同職責的人應負的風險責任應有所不同，不應使用最高且相同
的單一行為標準看待所有員工。

3 (C)。 前檯的交易員應具備之最重要才能為專業技術能力。

4 (C)。 (A)金管會於2008年4月推動消費者債務清償條例。
(B)臺灣於1976年9月開辦助學貸款。
(C)臺灣於1994年將助學貸款之對象擴大，並更名為就學貸款。
(D)臺灣於1990年首先開辦萬事達卡（MasterCard），其後為威
士卡（VisaCard）、美國運通（AE）卡與日本JCB卡。

重點**2** 風險管理之應用途徑及運作

一、風險管理之應用途徑

(一) 參與經營策略的推動

根據風險評估的結果，可以了解企業所面臨到的風險情形，如果要使企業
受到的風險減少，可藉由風險管理的方式將風險作最適當的控制與消除，
參與經營策略的推動。

(二) 協助競爭優勢的保持

定期根據經營成果與情境，督促相關單位採取必要的矯正行動。隨時隨地
順應環境變化，調整風險門檻。協助提升內在價值，保持競爭優勢。

(三) 有效衡量資本風險

競爭平穩時期，將「風險成本」視為成本要素，轉嫁至顧客價格上。競爭激烈時，評估是否自行吸收「風險成本」

(四) 搭配提供決策資訊

風險管理的工具朝向「量化」所有風險，但市場的不確定性使有些量化毫無意義。合理、客觀地「量化」風險，並兼顧「定性」標準的管理制度，提供決策資訊。

(五) 經風險成本導入定價決策

計提信用風險、市場風險與作業風險的資本計提額，構成不同業務的「風險成本」。轉嫁「風險成本」於所有客戶的購買價格，不一定適用在競爭激烈的市場環境。自行吸收「風險成本」，不表示衡量「風險成本」無用。

(六) 透過風險報告反映風險、而非阻礙風險

傳統上，授信業務的風險權限，主要指「個別案件」的放款金額與放款利率按無擔保與擔保、銀行法等規定，訂定各級主管在產業、集團、個別客戶的權限，又稱「集中性風險」。Base制度強調按照「信用等級」決定借款對象的金額與利率。授信主管遵循此信用標準（包括違約風險、曝露風險與回收風險）計算的「風險值」，當作「風險權限」。

(七) 利用風險值做好資產配置

在相同的信用風險條件下，該配置帶來的利息報酬最高；或在相同利息報酬的案件中，此配置承擔的信用風險最低。

二、影響風險管理之要素

風險管理的組成尚包括八個相互關聯之要素，係由管理團隊經營銀行的方式所產生，並與管理之過程相結合，該等要素包括：

(一) 內部環境（Internal Environment）

係指銀行的風氣（tone）與建立內部人員對風險的看法及解決風險的基礎，其中包括風險管理理念及風險偏好、誠信與價值觀，以及營運所在的環境。

(二) 目標設定（Objective Setting）

在管理團隊能辨識影響目標達成的潛在事件前，須確立其目標；全面風險管理能確保管理團隊設立目標的過程、所選定的目標及其任務，與銀行的風險偏好一致。

(三) **事件辨認**（Event Identification）
即須辨認影響銀行目標達成的內部及外部事件，並區分風險與機會，且機會須被導至管理團隊的策略或目標設定過程內。

(四) **風險評估**（Risk Assessment）
藉由分析風險，並考慮其發生的可能性及其影響，以作為管理團隊應如何管理風險的基礎，且風險的評估應基於固有（Inherent）風險及剩餘（Residual）風險。

(五) **風險回應**（Risk Response）
即管理團隊選擇回應風險的方式（包括避免、承擔、降低或分擔風險），並採取一系列行動，以使風險控制在銀行的「風險容忍度」及「風險偏好」內。

(六) **控制活動**（Control Activities）
係指建立與實施政策及程序，以確保風險回應能有效執行。

(七) **資訊與溝通**（Information and Communication）
相關資訊被辨識、捕捉及溝通的形式及所需時間，須使內部人員能履行其責任，而有效溝通的範圍則相當廣泛，包括從上到下、由下到上及相互之間的溝通。

(八) **監督**（Monitoring）
對於銀行的整體風險須予以監督，必要時須予以調整，且監督係在持續的管理活動及獨立評價之下完成。

三、商業銀行風險管理下內部人員所扮演之角色

(一) **董事會**
董事會為風險管理之最高單位，以遵循法令，推動並落實公司整體風險管理為目標，明確瞭解營運所面臨之風險，確保風險管理之有效性，並負風險管理最終責任。

(二) **風險管理委員會**
委員會隸屬董事會，由董事會成員組成，其功能為協助董事會規劃與監督相關風險管理事務。

(三) 風險管理室

風險管理室為獨立之部門，隸屬董事會，主要負責公司日常風險之監控、衡量及評估等執行層面之事務，確認業務單位之風險是否在公司和各授權額度範圍內。風險管理執行單位主管之任免經董事會透過，並負責衡量、監控與評估日常之風險狀況。

(四) 財務部

財務部獨立於各業務部門之資金調度單位，負責監視每一業務單位之資金使用情況，當市場突發狀況產生資金需求，訂有資金管理之緊急應變程序。

(五) 稽核室

稽核室為獨立之部門，隸屬董事會，職司內部控制及內部稽核，負責監督及提供方法及程序以確保進行有效之作業風險管理。

(六) 法令遵循部

法令遵循部專責法規遵循與交易契約文件之適法性審查。為協助控管此法律風險，法務部隨時檢查內部規章，期使即時因應主管機關法規之改變對業務之衝擊，另備妥完整之審核程序以確保公司所有交易之周延性及適法性。

(七) 各業務單位

業務單位主管負有第一線風險管理之責任，負責分析及監控所屬單位內之相關風險，確保風險控管機制與程序能有效執行。

考點速攻
前檯的交易員應具備之最重要才能為專業技術能力。

牛刀小試

( ) 1 下列何種風險不屬於敘述客戶信用風險的「風險值」計算種類？
(A)違約風險（Default Risk）
(B)回收風險（Recovery Risk）
(C)曝露風險（Exposure Risk）
(D)作業風險（Operation Risk）。 【第4屆】

( ) 2 銀行有效發揮「風險分散效應」（Diversification Effects），具有下列何種財務涵義？ (A)使銀行的總風險小於個別業務的風險相加 (B)銀行的信用風險比市場風險，更應受到重視 (C)總行管理單位承擔的風險責任，宜分散配置給予分行營業單位 (D)全行的總風險限額宜按照組織結構，分配至各營業單位。 【第2屆】

［解答與解析］

1 (D)。 信用風險的「風險值」是由違約風險（Default Risk）、回收風險（Recovery Risk）、曝露風險（Exposure Risk）所組成。

2 (A)。 銀行有效發揮「風險分散效應」（Diversification Effects），會使銀行的總風險小於個別業務的風險相加。

【重點統整】

1. 風險管理是一個管理過程，包括對風險的定義、測量、評估和發展因應風險的策略。
2. 風險管理目的是將可避免的風險、成本及損失**極小化**。
3. 如果銀行有效發揮「**風險分散效應**」，則銀行的總風險小於個別業務的風險相加。
4. 風險管理應合理、客觀地「**量化**」風險，並兼顧「**定性**」標準的管理，以提供決策資訊。

精選試題

( ) **1** 關於風險管理價值，下列何者錯誤？ (A)風險制度不能「解百憂」、也非「萬靈藥」，但求「對症下藥」 (B)風險管理要集中火力在「不可控制的」事項，忽視「可控制」事項 (C)風險管理的要領是兼顧「抓大放小」與「小事上忠心」，如何拿捏則要有智慧面對 (D)「變化」是組織生活的「香料」，危機有時是轉機與機會。 【第9屆】

( ) **2** 關於風險管理組織運作方式，下列敘述何者錯誤？ (A)強調風險產生單位與監督單位宜相互隸屬 (B)風險管理的決策過程涵蓋「從上而下」與「由下往上」兩種 (C)不論哪種風險均應詳細釐清前台、中台及後台的職掌，集中控制、分權營運 (D)業務管理部門須定期評估所有營業單位的營業概況，包括不同業務的收支、利潤與風險承擔。 【第9屆】

(　)　**3** 下列何者是合理的風險管理觀念？
(A)不宜使用相同風險標準看待所有員工，但部屬的責任要大於主管
(B)組織的前台與中台部門均要面對風險挑戰，只有後台部門不用
(C)風險管理的決策，「從上而下」比「由下往上」更重要
(D)處理風險問題宜乘風破浪、順勢而為，避免搞得驚濤駭浪、
民不聊生。　　　　　　　　　　　　　　　　　　【第7屆】

☆☆(　)　**4** 銀行有效發揮「風險分散效應」（Diversification Effects），具有
下列何種財務涵義？　(A)銀行的總風險小於個別業務的風險相
加　(B)銀行的信用風險比市場風險，更應受到重視　(C)總行管
理單位承擔的風險責任，宜分散配置給予分行營業單位　(D)全
行的總風險限額宜按照組織結構，分配至各營業單位。　【第6屆】

(　)　**5** 下列何者屬於正確的風險管理概念？　(A)經濟資本又稱風險資
本，屬於官方協助建立模型計提的資本需求額　(B)不論競爭情
勢是否激烈，金融業務成本均須納入「風險成本」項目　(C)
標準法計提的資本需求額，稱為「管制資本」或「法定資本」
(D)實務上，「資本風險」又稱「風險資本」或「償債能力風
險」。　　　　　　　　　　　　　　　　　　　　【第6屆】

☆(　)　**6** 前檯的交易員應具備之最重要才能為下列何者？
(A)經營理念　　　　　　　　(B)人際關係與溝通協調能力
(C)專業技術能力　　　　　　(D)與客戶的私人關係。　【第4屆】

(　)　**7** 面對風險問題的態度，下列何者錯誤？　(A)主管責任大於部屬
(B)使用最高且相同的單一行為標準看待所有員工　(C)不可忽
略組織成員的權責差異　(D)宜區分為出資的所有者與被雇用的
員工。　　　　　　　　　　　　　　　　　　　　【第3屆】

(　)　**8** 有關風險管理的觀念，下列何者錯誤？　(A)風險管理的本質是
「管理風險」，不是「消除風險」　(B)唯唯諾諾的主管不得罪
別人，最適合擔任「風險管理處長」　(C)銀行的風險決策宜兼
顧業務與財務目標，彈性和循序漸進的做法，有時比「堅持」按
照統計結果執行更有功效　(D)轉嫁「風險成本」於所有客戶的
購買價格，不一定適用在競爭激烈的市場環境。　　【第1屆】

☆(　　) **9** 下列敘述何者正確？　(A)金管會2009年4月推動消費者債務清償
條例　(B)臺灣於1975年9月開辦助學貸款　(C)臺灣於1994年將
助學貸款之對象擴大，並更名為就學貸款　(D)臺灣於1989年首
先開辦萬事達卡（MasterCard），其後為威士卡（VisaCard）、
美國運通（AE）卡與日本JCB卡。　　　　　　　　　【第4屆】

(　　) **10** 臺灣近年來密集與大陸官方建立合作關係，下列敘述何者錯誤？
(A)2009兩岸正式簽訂「金融MOU」　(B)2010年金管會公布立法
院透過的兩岸金融三法　(C)2013年中央銀行宣布，臺灣銀行的
廣州分行負責新臺幣在大陸的清算業務　(D)2013年中央銀行宣
布，中國銀行臺北分行擔任臺灣的人民幣清算行。　　【第3屆】

(　　) **11** 財務處的交易部位超過風險限額時，下列何種處理方法錯誤？　(A)
提前解約　(B)只要是獲利狀態，事後報備就可　(C)請更高層級主
管，在職權範圍增加限額　(D)將超過部位轉售第三者。　　【第3屆】

解答與解析

1 (B)。　風險管理價值在於掌握「可控制事項」，以企業能承受的風險為限度，力求爭取最大報酬。

2 (A)。　根據分離原則（Principle of Separation）以及避免利益衝突問題，風險產生單位與監督單位不宜相互隸屬。

3 (D)。　風險管理是一個管理過程，包括對風險的定義、測量、評估和發展因應風險的策略。目的是將可避免的風險、成本及損失極小化。理想的風險管理，事先已排定優先次序，可以優先處理引發最大損失及發生機率最高的事件，其次再處理風險相對較低的事件。處理風險問題宜乘風破浪、順勢而為，避免搞得驚濤駭浪、民不聊生。

4 (A)。　銀行有效發揮「風險分散效應」（Diversification Effects）下，銀行的總風險小於個別業務的風險相加。

5 (C)。　標準法係將銀行之營業毛利區分為八大業務別（business line）後，依規定之對應風險係數（Beta係數，以β值表示），計算各業務別之作業風險資本計提額。銀行整體之作業風險資本計提額，則為各業務別作業風險資本計提額之合計值。八大業務別分別為企業財務規劃與融資（Corporate Finance）、財務交

易與銷售（Trading & Sales）、消費金融（Retail Banking）、企業金融（Commercial Banking）、收付清算（Payment and Settlement）、保管及代理服務（Agency Services）、資產管理（Asset Management）及零售經紀（Retail Brokerage），標準法計提的資本需求額，稱為「管制資本」或「法定資本」。

6 (C)。 前檯的交易員應具備之最重要才能為專業技術能力。

7 (B)。 面對風險問題的態度，應使用不同的行為標準看待所有員工。

8 (B)。 唯唯諾諾的主管不得罪別人，不適合擔任「風險管理處長」，因為風險管理部門說穿了是「找碴」的部門，怕事的人不適合擔任之。

9 (C)。
(A)金管會2008年4月推動消費者債務清償條例。
(B)臺灣於1976年9月開辦助學貸款。
(C)臺灣於1994年將助學貸款之對象擴大，並更名為就學貸款。
(D)臺灣於1990年首先開辦萬事達卡（MasterCard），其後為威士卡（VisaCard）、美國運通（AE）卡與日本JCB卡。

10 (C)。 我國中央銀行於2012年9月17日指定臺灣銀行上海分行擔任大陸地區新臺幣清算行。

11 (B)。 交易部位超過風險限額時，應提前解約；或請更高層級主管，在職權範圍增加限額；或將超過部位轉售第三者。

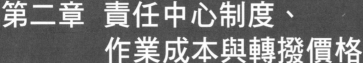

第二章 責任中心制度、作業成本與轉撥價格

課前導讀

如何將整個公司的經營細分為數個經營單位，賦予各個單位經營者自負盈虧及經營成敗責任，即為責任中心制度，而責任中心的成敗與否，有賴作業成本制度與內部轉撥價格這二個重要因素的配合。

重點1 責任中心制度與績效衡量

一、責任中心

(一) 前言

企業發展歷程中，在追求組織與部門績效時，最常實施的就是利潤中心與成本中心，利潤中心以近乎量化式的效益，決定出各部門的實質績效；而成本中心將一些看似直接又非直接部門的績效，依其服務創造的效能，轉化成被服務部門成本的一部分；兩者都有其特定的功能。然而當組織發展成多事業部門制，那麼深具策略事業單位（Strategic Business Unit）屬性的績效衡量制度，就得與時俱進，逐步邁向各事業部都得負起部群經營效益的責任中心制度。

責任中心其實就是一個自主管理的團隊，不但能自我主導、自我管理，還能擬定團隊目標、解決困難，協助成員持續學習。依照目標的不同，責任中心又可分為利潤中心、成本中心、收益中心和投資中心。管理大師彼得杜拉克認為：利潤中心就是依照聯邦分權制，把各種活

> **考點速攻**
> 責任中心（Responsibility Center）是指承擔一定經濟責任，並享有一定權利的企業內部（責任）單位。

動統合成事業部門，各自負擔損益責任，而責任中心制充分授權的特性，將能提高企業策略的敏感度，因為最高階管理者不必過問日常瑣事，才能騰出更多時間，思考未來的策略走向；各單位部門的經理人為了超越績效，也將提高策略層次的考量，透過正向的內部競爭，提升組織效能。

(二) **責任中心績效之優點**

責任中心制度是一種分權化組織的管理控制制度，激勵各主管做到「全員經營」的理想境界，就其職權領導其屬員，透過高效能與高效率（effective and efficient）之管理，完成其所應負的「責任目標」。此「責任目標」，或為成本、收益、利潤、投資報酬率，或其他品質、技術水準等非貨幣性的績效衡量。因此，成立責任中心的目的，旨在分權化組織下，提供內部人員一激勵誘因，使單位人員在此激勵誘因的驅使下，藉著績效的衡量，來確定各部門的經營成果，達成企業設定目標的一種管理控制制度，其實施之優點如下：

1. **減輕高層主管之負擔**：讓高階層管理人員免除日常業務的負擔，以集中注意於更重要的規劃工作，亦即月例行性的工作授權分層負責，最高主管可以集中精力做其重要決策及重要管理原則。

2. **明確表達各部門之績效**：實施利潤中心制度可以清楚地知道各部門的經營成果，否則沒有獨立的利潤計算，很難判斷部門的成敗優劣，無從決定經營、投資的方針，亦即根據經營成果，除設立獎勵標準予以獎勵，對於成果較差者，予以深入瞭解，發掘問題點，加以改善外，並可據以擬訂各項經營決策及投資政策之參考。

3. **培養經營人才**：在集權經營制度下，除了極少數高階人員外，大多數管理人員必須聽命行事，遇有經營問題，必須向上級請示，較少有機會綜理獨立的經營責任，容易養成依賴性，缺乏獨立經營的能力，利潤中心主管，則被要求肩挑全盤經營的責任。

4. **增加企業的機動性**：由於利潤中心制度之實施，每一利潤中心猶如一小公司，故行動靈活，決策迅速，可使兼具中小企業之優點。又實施利潤授權，把營業權交給最熟悉業務的部門人員直接做決策，往往可以做出更迅速、更好的決策來，亦即增加決策的時效性。

(三) **責任中心的類型**

責任中心的類型主要可分為：責任中心可劃分為成本中心、利潤中心和投資中心。分述如下：

1. **成本中心**：
   (1) **成本中心的含義**：成本中心是指只對成本或費用負責的責任中心。成本中心的範圍最廣，只要有成本費用發生的地方，都可以建立成本中心，從而在企業形成逐級控制、層層負責的成本中心體系。

   > **考點速攻**
   > 成本中心主管有權參與選擇各項投入資源的標準及來源。

   (2) **成本中心的類型**：成本中心包括技術性成本中心和酌量性成本中心。技術性成本是指發生的數額透過技術分析可以相對可靠地估算出來的成本，如產品生產過程中發生的直接材料、直接人工、間接製造費用等。技術性成本在投入量與產出量之間有著密切聯繫，可以透過彈性預算予以控制。
   酌量性成本是否發生以及發生數額的多少是由管理人員的決策所決定的，主要包括各種管理費用和某些間接成本項目，如研究開發費用、廣告宣傳費用、職工培訓費等。酌量性成本在投入量與產出量之間沒有直接關係，其控制應著重於預算總額的審批上。
   (3) **成本中心的特點**：成本中心具有考慮成本費用、只對可控成本承擔責任、只對責任成本進行考核和控制的特點。其中可控成本具備三個條件，即可以預計、可以計量和可以控制。
   (4) **成本中心的考核指標**：成本中心的考核指標包括成本（費用）變動額和成本（費用）變動率兩項指標：

   > **考點速攻**
   > 直接材料與直接人工屬於直接成本。

   　　A. 成本（費用）變動額＝實際責任成本（費用）－預算責任成本（費用）。
   　　B. 成本（費用）變動率＝成本（費用）變動額／預算責任成本（費用）×100%。

2. **利潤中心**：
   (1) **利潤中心的含義**：利潤中心是指既對成本負責又對收入和利潤負責的責任中心，它有獨立或相對獨立的收入和生產經營決策權。

   > **考點速攻**
   > 銀行若是按企業機能別劃分，部門主管較難成立「利潤中心」。

   (2) **利潤中心的類型**：利潤中心的類型包括自然利潤中心和人為利潤中心兩種。自然利潤中心具有全面的產品銷售權、價格制定權、材料採購權及生產決策權。人為利潤中心也有部分

的經營權，能自主決定本利潤中心的產品品種（含勞務）、產品產量、作業方法、人員調配、資金使用等。一般地說，只要能夠制定出合理的內部轉移價格，就可以將企業大多數生產半成品或提供勞務的成本中心改造成人為利潤中心。

(3) **利潤中心的成本計算**：在共同成本難以合理分攤或無需共同分攤的情況下，人為利潤中心通常只計算可控成本，而不分擔不可控成本；在共同成本易於合理分攤或者不存在共同成本分攤的情況下，自然利潤中心不僅計算可控成本，也應計算不可控成本。

(4) **利潤中心的考核指標**：

A. 當利潤中心不計算共同成本或不可控成本時，其考核指標是利潤中心邊際貢獻總額，該指標等於利潤中心銷售收入總額與可控成本總額（或變動成本總額）的差額。

B. 當利潤中心計算共同成本或不可控成本，並採取變動成本法計算成本時，其考核指標包括：

a. 利潤中心邊際貢獻總額。

b. 利潤中心負責人可控利潤總額。

c. 利潤中心可控利潤總額。

3. **投資中心**：

(1) **投資中心的含義**：投資中心是指既對成本、收入和利潤負責，又對投資效果負責的責任中心。投資中心是最高層次的責任中心，它擁有最大的決策權，也承擔最大的責任。投資中心必然是利潤中心，但利潤中心並不都是投資中心。利潤中心沒有投資決策權，而且在考核利潤時也不考慮所占用的資產。

(2) **投資中心的考核指標**：除考核利潤指標外，投資中心主要考核能集中反映利潤與投資額之間關係的指標，包括投資利潤率和剩餘收益。

(3) **投資利潤率**：投資利潤率又稱投資收益率，是指投資中心所獲得的利潤與投資額之間的比率，可用於評價和考核由投資中心掌握、使用的全部淨資產的盈利能力。其計算公式為：

A. 投資利潤率＝利潤÷投資額×100%

或＝資本周轉率×銷售成本率×成本費用利潤率

其中，投資額是指投資中心的總資產扣除對外負債後的餘額，即投資中心的淨資產。

B. 為了評價和考核由投資中心掌握、使用的全部資產的總體盈利能力，還可以使用總資產息稅前利潤率指標。其計算公式為：

總資產息稅前利潤率＝息稅前利潤÷總資產×100%

投資利潤率指標的優點有：能反映投資中心的綜合盈利能力；具有橫向可比性；可以作為選擇投資機會的依據；可以正確引導投資中心的經營管理行為，使其長期化。該指標的最大侷限性在於會造成投資中心與整個企業利益的不一致。

C. 剩餘收益：剩餘收益是指投資中心獲得的利潤，扣減其投資額（或淨資產占用額）按規定（或預期）的最低收益率計算的投資收益後的餘額。其計算公式為：

剩餘收益＝利潤－投資額（或淨資產占用額）×規定或預期的最低投資收益率

或剩餘收益＝息稅前利潤－總資產占用額×規定或預期的總資產息稅前利潤率

剩餘收益指標能夠反映投入產出的關係，能避免本位主義，使個別投資中心的利益與整個企業的利益統一起來。

(四) 責任中心實施後的成效

責任中心必須肇始於周密的規劃，才能達成預期的效益，一般而言，實施責任中心制度的成效如下：

有利於公司整體目標之達成	各事業部門責任中心之績效目標，係依據整體公司之經營目標，由上而下展開而設定。為求各部門績效目標之總和不低於整體公司的目標，責任中心實質上就隱含目標管理的精神。
促進各責任中心之間的溝通	因為責任中心各部門的業務屬性不盡相同，為求每一部門都能各盡其責，最終能達成全公司之績效目標，因此，非但部門內（within）要深思熟慮，設定每一績效指標之目標值；部門間（between）之各級主管，在兼具公平與合理的原則下，也要共同討論出不同屬性責任中心績效指標衡量辦法。唯有透過部門內與部門間的溝通程序，才能確保責任中心制度能立於不敗之地；換句話說，實施責任中心的成效之一，就在於強化各部門的溝通。

二、責任中心之績效衡量

(一) 衡量標準

1. **成本中心**：指對成本的發生負有控制責任的單位，通常以其實際成本是否超過限額來衡量績效。

2. **收益中心**：對收入之發生負有控制責任之單位，一般以其收入之大小來評估其績效。

3. **利潤中心**：對成本與收入均負有控制的責任，通常以利潤（收入減成本）為衡量其績效之指標。

4. **投資中心**：投資中心不僅負責利潤之多寡，亦負責投資資金的大小，一般以投資報酬率（ROI）或剩餘利益（RI）作為衡量績效之指標，亦可用附加經濟價值（EVA）衡量。

> **考點速攻**
> 轉投資類型的投資中心，該單位宜使用投資報酬率當作績效衡量指標。

(1) $ROI = \dfrac{淨利}{投資} = \dfrac{淨利}{銷貨}（利潤率）\times \dfrac{銷貨}{投資}（周轉率）$

(2) 剩餘利益，係指投資中心之淨利減去投資之設算成本後之盈餘。其目的在求剩餘利益之最大，而非報酬率最大。至於投資之設算成本，可用最低要求報酬率來計算。

(3) EVA＝稅後淨利－加權平均資金成本×（總資產－流動負債）

(二) 利潤績效報告

	部門		
	甲部門	乙部門	合計
銷貨	$XXX	$XXX	$XXX
減：變動成本	XXX	XXX	XXX
(1)邊際貢獻	$XXX	$XXX	$XXX
減：可控制固定成本	XXX	XXX	XXX
(2)部門可控制貢獻	$XXX	$XXX	$XXX
減：其他直接固定成本	XXX	XXX	XXX
(3)部門貢獻	$XXX	$XXX	$XXX
減：共同性固定成本			XXX
(4)淨利			$XXX

💬 **說明**：淨利要衡量 ┌ 部門**主管（個人）**績效
　　　　　　　　　　　　 └ 部門**整體（員工）**績效

牛刀小試

(　) **1** 下列哪個項目不包括於可控制成本中？
(A)直接材料　　　　　　　　(B)直接人工
(C)沉沒成本　　　　　　　　(D)半變動成本。　　　【第9屆】

(　) **2** 財富管理處的處長，每個月領取的薪資費用應如何歸屬？
(A)此薪資費用是轄下理財等四個部門的間接成本
(B)此薪資費用是財富管理處的間接成本
(C)此薪資費用是轄下理財等四個部門的直接成本
(D)此薪資費用不宜當作轄下任何部門的直接成本或間接成本。
　　　　　　　　　　　　　　　　　　　　　　　　　【第6屆】

(　) **3** 關於績效評估觀念，下列何者正確？
(A)銀行的營業單位或分行最好使用每股盈餘、資產報酬率及淨
　　值報酬率，衡量其管理績效
(B)績效管理的重點，應擺在「不可控制」的成本項目
(C)績效管理的良窳，端視管理者對「可控制成本」的掌控能力而定
(D)銀行使用的所有績效管理指標，均應納入全部服務成本。
　　　　　　　　　　　　　　　　　　　　　　　　　【第6屆】

[解答與解析]

1 (C)。　可控制成本（Controllable Cost）是指管理人員在期間內，對某成
本之發生或金額大小，有重大影響力者。而沉沒成本在項目決策
時無需考慮；指已發生、無法回收的成本支出，如因失誤造成的
不可收回的投資。

2 (A)。　財富管理處的處長，每個月領取的薪資費用應歸屬於轄下理財等
四個部門的間接成本。

3 (C)。　績效管理的良窳，端視管理者對「可控制成本」的掌控能力而
定，不可控制成本無法衡量績效。

重點 2　商業銀行的作業基礎成本制度

一、前言

銀行業經營屬性是以「負債」經營為導向的行業，其主要是吸收社會大眾的存款（負債）再貸款（資產）予社會上資金需求者，此種以「受信」與「授信」為主要經營項目的行業，在現今開放的金融市場及利率自由化衝擊下，利率訂價也成為銀行經營成敗的重要因素之一。而要如何正確且有效率的訂定存、放款利率即成為各銀行在經營上的重要課題。

隨著經濟環境的日新月異，新的製造環境改變以往製造業直接成本及製造費用的比重，導致傳統成本制以數量為基礎來分攤製造費用的成本觀念已嚴重扭曲產品成本，為了解決此一問題，就有作業基礎成本制度的產生。經過學術界與產業界十幾年來不斷的探討研究及改進作業方式，作業基礎成本制已由產品資源耗用成本的計算方式演變成以作業基礎成本制度的管理系統（ABM）。

二、作業成本制

(一) 作業成本制介紹

作業成本法引入了許多新概念，資源按資源動因分配到作業或作業中心，作業成本按作業動因分配到產品。分配到作業的資源構成該作業的成本要素，多個成本要素構成作業成本池，多種作業構成作業中心。成本動因包括資源動因和作業動因，分別是將資源和作業成本進行分配的依據。

而作業是指企業為完成其營運目標，在組織內特定部門中所進行的重複性活動。基於作業而實施的成本計算，即稱之為作業成本法。作業成本法把商業銀行看作是為最終滿足顧客需要而設計的一系列作業的集合體，它構成了一個由此及彼、由內到外的作業鏈，每完成一項作業都要消耗一定的資源，而作業的產出又形成一定的價值，並轉移到下一個作業，逐步推移直到最終把產品和服務提供給銀行外部的顧客。最終產品和服務作為銀行內部一系列作業的集合體，凝聚了各個作業上形成並最終轉移給顧客的價值。透過對所有作業活動進行追蹤反映，計算每種作業所發生的成本，然後以最終產品和服務對這些作業的消耗為基礎，就可以循著業務流程軌跡將成本追溯至各項產品和服務。

成本動因（Cost Driver）是指導致成本發生的任何因素，亦即成本的誘致因素。美國學者科茨在1949年出版的《管理計劃與控制》一書中給成本動因下了一個定義：成本動因即成本驅動，是指在企業中引起成本（費用）變動的所有方面，包括產品產量、生產工時、訂貨批量、提供的樣本量以及企業的生命週期等各種變量因素。

作業成本制度下的成本觀是「作業消耗資源，產品消耗作業」，它以作業為中介，將金融產品與間接資源聯繫起來，即銀行經營導致作業的發生，而作業消耗間接資源；作業導致間接成本的發生，而最終產品消耗作業。成本動因是作業成本法的核心範疇，也是推行作業成本法的關鍵所在，其主要功能在於解決了成本歸屬中的邏輯關係。首先，作業成本法以成本動因作為分攤標準，把傳統上有限的財務變量成本動因，擴展為集財務變量和非財務變量於一體的豐富的成本動因係列，並且特別強調非財務變量成本動因（如單據張數、接待客戶次數等），使銀行的成本分攤發生了根本性的轉變。銀行共同成本項目各得其所地適用於不同的成本動因，這無疑改善了共同成本的分攤，進而導致了更為準確的產品成本計算。其次，作業成本管理的目的，就是要清除所有無效耗費的資源價值和非增值作業耗費的資源價值，從產品和作業流程這兩個管道挖掘成本潛力。另外，銀行可以透過對積極性作業動因和消極性作業動因的實際分析，減少多餘的作業，強化積極的作業，如合併職能交叉的部門，增加業務人員特別是客戶經理、金融產品設計人員在員工總量中的比重，優化存貸業務流程等，使成本管理置於一個持續性改進的動態環境中。

(二) 作業成本制的實施步驟

作業成本的實施一般包括以下幾個步驟：

步驟1	設定作業成本法實施的目標、範圍，組成實施小組。
步驟2	瞭解企業的運作流程，收集相關資訊。
步驟3	建立企業的作業成本核算模型。
步驟4	選擇／開發作業成本實施工具系統。
步驟5	作業成本運行。
步驟6	分析解釋作業成本運行結果。
步驟7	採取行動。

三、商業銀行成本動因的選擇

成本動因的選擇在成本動因的數量確定以後，緊接下來的問題是如何選擇恰當的成本動因。商業銀行成本動因的選擇要遵循以下三項原則：

(一) 成本效益原則

從訊息經濟學角度看，即使運用作業成本法，也只能提供相對準確的成本訊息而不能提供絕對準確的訊息。確認的成本動因越精細，成本訊息的精確性越高，則作業成本系統付出的計量成本（訊息收集和分析成本）也越高。當選擇某個成本動因所帶來的經濟效益大於因選擇該成本動因而增加的計量成本時，即應選擇該成本動因；反之，就應放棄對該成本動因的選擇。

(二) 相關性原則

成本動因與間接成本的相關程度越高，產品成本被歪曲的可能性就越小，該成本動因就越應該被選擇。在確定該相關程度時，可以採用經驗法或數量法。經驗法就是由各相關作業經理依據其經驗，對一項作業中可能的成本動因做出評估。假定最有可能成為首選成本動因的，其權數為5；可能程度屬於中等者，其權數為3；可能性較小者，其權數為1，然後將各作業經理給定的權數加權平均，算出各成本動因的權數，取其最高者為首選成本動因。數量法就是利用數量統計理論，比較各成本動因與間接資源成本之間的相關程度，選擇相關程度較高者為成本動因。

(三) 重要性和充分性原則

重要性原則是指在選擇成本動因時，應突出抓主要矛盾的觀點，要盡量選擇引起銀行成本費用變動的最主要的成本動因，對於費用變動影響不大或根本沒有影響的成本動因，可以少選或不選。充分性原則是指選擇成本動因時，應盡可能真實充分地將間接費用分配到各項作業和最終產出中去。目前商業銀行業務活動所消耗的資源一般分為五大類，即人事費（包括薪金、福利費等）、場地費（包括房租、水電費等）、折攤費（包括交通工具、各種設備的折舊）、事務費（包括交通費、電腦作業費、印刷費等）、其他非作業性費用（包括廣告費、交際費等）。主要作業中心一般可分為前台作業中心、後台作業中心、支持性作業中心、運鈔作業中心、自動櫃員機作業中心、信用卡作業中心、個人金融作業中心、企業金融作業中心等。

牛刀小試

(　) **1** 有關作業基礎成本制度（Activity-Based Costing，ABC），下列
敘述何者正確？
(A)金融服務業面對的是人的交易行為，人的慣性行為使得「標
　　準」作業的設定很容易
(B)ABC制度的各項作業成本，是由作業動因的作業量除以「動
　　因費率」計算而得
(C)ABC制度的作業成本，不須納入每項作業的「風險成本」
(D)ABC成本制度的特色之一，在於能夠區分個別業務及客戶的
　　績效差異。　　　　　　　　　　　　　　　　　【第6屆】

(　) **2** 有關作業基礎成本制度（Activity-Based Costing，ABC），下列
敘述何者正確？
(A)金融服務業面對的是人的交易行為，人的慣性行為使得「標
　　準」作業的設定很容易
(B)ABC制度的各項作業成本，是由作業動因的作業量除以「動
　　因費率」計算而得
(C)ABC制度的作業成本，不須納入每項作業的「風險成本」
(D)ABC制度的特色之一，在於能夠區分個別業務及客戶的績效
　　差異。　　　　　　　　　　　　　　　　　　　【第4屆】

[解答與解析]

　1 (D)。「作業基礎成本制」（activity-based costing，ABC）的基本精
　　　　　　神，就是把每個產品或服務，拆解成一個個最基本的作業活動，
　　　　　　再利用精確的成本追溯及成本分攤方法，計算出合理的成本。
　　　　　　ABC成本制度的特色之一，在於能夠區分個別業務及客戶的績效
　　　　　　差異。

　2 (D)。作業基礎成本制度（activity-based costing，ABC），是基於活動
　　　　　　的成本核算系統，資源按資源動因分配到作業或作業中心。ABC
　　　　　　制度的特色之一，在於能夠區分個別業務及客戶的績效差異。

重點 **3** 商業銀行的資金移轉定價

一、前言

內部資金轉移定價是商業銀行內部資金中心與業務經營單位按照一定規則全額有償轉移資金，達到核算業務資金成本或收益等目的的一種內部經營管理模式。在國外被稱為Funds Transfer Pricing system，簡稱FTP。資金中心與業務經營單位全額轉移資金的價格稱為內部資金轉移價格（以下簡稱FTP價格），通常以年利率（%）的形式表示。

在FTP體系的管理模式下，資金中心負責管理全行的營運資金，業務經營單位每辦理一筆業務（涉及資金的業務）均需透過FTP價格與資金中心進行全額資金轉移。簡單來說，業務經營單位每筆負債業務所籌集的資金，均以該業務的FTP價格全額轉移給資金

> **考點速攻**
> 多軌制的內部轉撥價格相較於單軌制的內部轉撥價格，分攤方式更準確。

中心；每筆資產業務所需要的資金，均以該業務的FTP價格全額向資金管理部門購買。對於資產業務，FTP價格代表其資金成本，業務經營單位需要支付FTP利息；對於負債業務，FTP代表其資金收益，業務經營單位從中獲取FTP利息收入。

例如，某分行辦理了一筆期限1年的定期存款，固定利率1.5%，金額1000萬元。如果該筆存款的FTP價格為2%，則經營單位從資金中心獲得20萬元FTP利息，減去其付給客戶的利息15萬元，該筆存款的淨利息收入為5萬元。

> **考點速攻**
> 經濟移轉價格（Economic Transfer Prices）包含與資金來源有關的借款成本、與信用風險有關的呆帳準備、與流動性風險有關的流動性貼水。

又如，某分行發放了一筆貸款，期限2年、固定利率6%、金額1000萬元。如果該筆貸款的FTP價格為3%，則經營單位每年付給資金中心30萬元FTP利息，加上其向客戶收取的貸款利息60萬元，該筆貸款的年淨利息收入為30萬元，兩年淨利息收入共計60萬元。

二、商業銀行的資金移轉價格之功能

(一) 在經營管理面的功能

在FTP管理模式下，FTP提供了每筆業務的資金成本或資金收益，銀行對每筆業務都可以計算出其淨利息收入與資本占用情況。基於每筆業務的基礎資訊，銀行就可按產品、按部門、按客戶或按個人來衡量其對全行整體業務的貢獻，透過量化指標將三者結合起來，相互影響，相互促進。將這些量化結果運用於優化資源配置、績效考評、產品定價、風險管理等方面能產生積極的引導和促進作用。其在商業銀行經營管理面的功能有：

1. **有利於優化資源配置**：在利率槓桿的作用下，可以影響資金的流向和流量，引導處於不同經營環境中的具有不同經營能力的分支機構合理處理尚存資金和發放貸款的關係，最終形成資金資源在各區域、行業、產業的最佳配置。

2. **有利於建立現代商業銀行績效考評體系**：透過FTP能夠準確切分不同業務單位的利潤貢獻，從而建立起基於收益而非規模的績效考評體系和配套的激勵機制。以簡單規模擴張為導向的經營管理模式是一些惡性競爭行為的重要原因，在利率市場化的背景下，這種經營導向急需調整。

3. **有利於引導業務經營**：利用FTP可以科學地分析不同業務、不同產品的邊際收益，看到哪種產品、哪條業務線更加盈利，由此可以指導經濟資本向這些產品和業務線分配，相應收縮那些不太盈利業務的經濟資本，從而確定業務經營導向。

4. **有利於改善成本控制機制**：實行FTP可以改變成本控制的管理機制，由單一部門管理轉向全行共同管理，由事後管理轉向全過程式控制，改變過去只有行領導和計財部門關心效益的現象。

5. **有利於建設風險定價體系**：由於FTP提供了資金的機會成本，而且包含了期限、計結息等市場風險成本，可以作為無風險收益率的替代指標。在內部資金轉移定價的基礎上加上信用風險溢價、費用分攤和經濟資本回報要求就可得到報價的底限。

6. **有利於市場風險集中管理**：透過全額匹配的資金轉移過程，使分支機構的資產負債期限完全匹配，分離業務經營中的市場風險和信用風險，將市場風險交由資金部門集中管理，而分支機構只承擔信用風險。

(二) FTP在集中市場風險管理之功能

FTP體系集中市場風險的管理功能，則是指FTP體系能剝離業務經營單位的利率風險，將全行利率風險統一集中到總行管理。若一筆業務的FTP淨利差在其整個業務期間內保持不變，則表示該筆業務對經營單位而言沒有利率風險。也就是說，不論市場利率發生怎樣的變化，該業務的淨利息收入都不會發生

> **考點速攻**
> FTP體系帶來的只是銀行內部的資金轉移，它並不能改變銀行整體的利率風險。

變化。但由於FTP體系帶來的只是銀行內部的資金轉移，它並不能改變銀行整體的利率風險，所以，業務經營單位沒有利率風險，並不表示整個銀行沒有利率風險。事實上，該業務背後的利率風險，只是透過資金的全額FTP計價轉移，從業務經營單位剝離到了資金中心。所有業務經營單位的利率風險都被剝離到了資金中心，也就是實現了市場風險的集中管理。正因為如此，使得FTP體系同時還具有集中市場風險的管理功能。

三、商業銀行的資金移轉價格的定價方法

目前國際通行的FTP定價原則是期限匹配原則，即根據FTP定價曲線，按照業務的期限特性、利率類型和支付方式逐筆確定存、貸款等相關業務的FTP價格。其中，FTP定價曲線是一條反映不同期限資金價格的曲線，它是按照期限匹配原則確定產品FTP價格的基礎。國外商業銀行通常採用機會成本法（opportunity cost）確定其FTP定價曲線，即：根據銀行當前的機會籌資成本和機會投資收益計算各期限檔次資金的價格。市場收益率曲線是國外商業銀行確定其FTP定價曲線的基礎。現舉例說明如下：

例如，某分行於2019年11月21日辦理了如下兩筆業務：

(一) 一筆期限1年、利率1%的存款，其FTP價格（不含其他調整因素）等於FTP定價曲線上1年期的收益率1.5%，該存款的淨利差為0.5%。
（存款的淨利差＝FTP價格－存款利率＝1.5%－1%＝0.5%）

(二) 一筆期限2年、利率4%的貸款，其FTP價格（不含其他調整因素）等於FTP定價曲線上2年期的收益率2.5%，該貸款的淨利差為1.5%。
（貸款的淨利差＝貸款利率－FTP價格＝4%－2.5%＝1.5%）

牛刀小試

( ) **1** 下列何者不包含於經濟移轉價格（Economic Transfer Prices）？ (A)預定的利潤目標 (B)與資金來源有關的借款成本 (C)與信用風險有關的呆帳準備 (D)與流動性風險有關的流動性貼水。 【第9屆】

( ) **2** 關於銀行用以整合組織目標與單位目標之管理機制，下列敘述何者錯誤？ (A)單軌制的內部轉撥價格相較於多軌制的內部轉撥價格更能正確反映政策目標 (B)根據風險資本的配置系統（Capital allocation system），應將營業單位、業務項目和交易活動的所有風險，緊密地與銀行自有資本搭配 (C)各項業務及主管的風險權限若能按照「風險值」衡量，則風險資本的配置與績效目標達成與否的研判將更加客觀 (D)總行財務部可以使用聯行往來的資金調撥系統，剖析各分支機構和分行等營業單位的營業利潤，並引導其業務重點配合全行的經營政策。 【第3屆】

( ) **3** 關於資金移轉價格，下列何者錯誤？ (A)銀行的營運政策及顧客價格，與資金移轉價格系統的訂價策略無關 (B)資金移轉價格的首要功能是適當調撥各部門和分行的剩餘與不足資金 (C)本國銀行資金移轉價格系統中，扮演居中協調的單位主要是指總行的財務部 (D)移轉價格的訂定可誘導相關部門或行員，落實推動高階主管屬意的業務項目。 【第3屆】

[解答與解析]

1 (A)。 經濟移轉價格（Economic Transfer Prices）包含與資金來源有關的借款成本（選項(B)）、與信用風險有關的呆帳準備（選項(C)）、與流動性風險有關的流動性貼水（選項(D)）。

2 (A)。 多軌制的內部轉撥價格相較於單軌制的內部轉撥價格，分攤方式更準確，更能正確反映政策目標。

3 (A)。 銀行的營運政策及顧客價格，與資金移轉價格系統的訂價策略是有關的。訂定合適的訂價策略可以活絡資金，對銀行的營運政策及顧客價格均有幫助。

【重點統整】

1. **責任中心**（Responsibility Center）是指承擔一定經濟責任，並享有一定權利的企業內部（責任）單位。
2. 成本中心主管有權參與選擇各項投入資源的標準及來源。
3. 銀行若是按企業機能別劃分，**部門主管較難成立「利潤中心」**。
4. **投資中心**宜使用**投資報酬率**當作績效衡量指標。
5. 財富管理處的處長，每個月領取的薪資費用應歸屬於轄下各部門的間接成本。
6. 績效管理的良窳，端視管理者對「**可控制成本**」的掌控能力而定。
7. **沉沒成本**指已經付出且不可收回的成本，**為不可控制成本**。
8. 「**作業基礎成本制**」（activity-based costing, ABC）的基本精神，就是把每個產品或服務，拆解成一個個最基本的作業活動，再利用精確的成本追溯及成本分攤方法，計算出合理的成本。
9. ABC制度的特色之一，在於能夠區分個別業務及客戶的績效差異。
10. 經濟移轉價格（Economic Transfer Prices）包含與資金來源有關的借款成本、與信用風險有關的呆帳準備、與流動性風險有關的流動性貼水。
11. 銀行的營業單位遇到資金不足時，透過聯行往來取得資金適用的利率，係指「借用利率」。
12. **直接材料與直接人工屬於直接成本**。
13. **利潤中心制度最好能使用「可控制利益」當作績效衡量指標**。
14. 作業基礎成本制度相較傳統成本制度更能清楚浮現各項金融業務的獲利情形。

精選試題

（　　）　**1** 銀行的營業單位透過聯行往來，提供多餘資金適用的利率，係指下列何者？
(A)存款利率　　　　　　(B)放款利率
(C)借用利率　　　　　　(D)供應利率。　　　　　【第8屆】

( ) **2** 有關成本觀念的敘述，下列何者錯誤？
(A)可控制成本又稱變動成本，不宜與固定成本相混淆
(B)每項產品的邊際貢獻，是由該產品的售價減去變動成本而得
(C)直接材料加上直接人工，合稱「直接成本」或「變動成本」
(D)沉沒成本（Sunk Cost）類似固定成本，無論產銷及環境如何變化，它依然發生。　　　　　　　　　　　　　　　【第8屆】

✿✿( ) **3** 下列何者不屬於「責任中心體系」的分類要素？
(A)區域中心　　　　　　　　(B)成本中心
(C)利潤中心　　　　　　　　(D)投資中心。　　　　　【第7屆】

✿✿( ) **4** 有關轉投資類型的投資中心，該單位宜使用下列何者當作績效衡量指標？　(A)銷售額　(B)外部損益　(C)投資報酬率　(D)可控制成本。　　　　　　　　　　　　　　　　　　　　【第7屆】

✿( ) **5** 若財務部轄下有資金調撥等三個科別，則財務部經理每月領取的薪資費用之歸屬，下列何者正確？
(A)此薪資費用是財務部的間接成本
(B)此薪資費用是財務部轄下資金調撥等三個科別的直接成本
(C)此薪資費用是財務部轄下資金調撥等三個科別的間接成本
(D)此薪資費用不宜當作財務部轄下任何科別的直接或間接成本。
　　　　　　　　　　　　　　　　　　　　　　　　【第7屆】

✿( ) **6** 銀行的營業單位遇到資金不足時，透過聯行往來取得資金適用的利率，係指下列何者？
(A)存款利率　　　　　　　　(B)放款利率
(C)借用利率　　　　　　　　(D)供應利率。　　　　【第6屆】

✿✿( ) **7** 有關間接成本的會計科目與分攤，下列敘述何者錯誤？
(A)按照對象的分擔能力做分攤，係遵循「能力原則」
(B)按照對象的成本收益關係做分攤，係採用「受益原則」
(C)直接材料與直接人工屬於間接成本，須按照產品量做分攤
(D)營業費用屬於間接成本，應按照「提供服務最多、接受服務最少」原則優先分攤至其他各部門。　　　　　　　【第6屆】

☆☆(　　)　**8** 關於成本中心，下列敘述何者錯誤？
(A)成本中心的主管僅能控制成本或費用
(B)成本中心以追求產品或服務成本最低為其努力目標
(C)成本中心主管無權參與選擇各項投入資源的標準及來源
(D)成本中心適用對產量或服務之多寡，以及產品或服務之售價「無權決定」的單位。　　　　　　　　　　　　　　　【第6屆】

(　　)　**9** 下列哪個敘述不屬於適當的責任中心分類？　(A)當成本中心的作業活動具有客觀明確的投入產出關係時，稱其為機械性的成本中心　(B)若利潤中心提供的金融業務或服務，是高階主管主導售價時，稱其為「人為」的利潤中心　(C)當利潤中心提供的金融業務或服務，由市場供需決定售價時，稱其為「自然」的利潤中心　(D)若成本中心作業活動的投入產出關係不明確，以致客觀衡量有困難時，稱其為標準成本中心。　　　　　　　【第5屆】

☆(　　)　**10** 銀行組織內部第一層級的部門，若是按企業機能別劃分，部門主管較難成立下列何種責任中心？
(A)利潤中心　　　　　　　　(B)成本中心
(C)費用中心　　　　　　　　(D)收入中心。　　　　　【第5屆】

☆☆(　　)　**11** 利潤中心制度最好能使用下列何者當作績效衡量指標？　(A)營業利益　(B)邊際貢獻　(C)可控制利益　(D)淨利（Net Income）。　【第5屆】

(　　)　**12** 下列何者不包含於經濟移轉價格（Economic Transfer Prices）？
(A)預定的利潤目標
(B)與資金來源有關的借款成本
(C)與信用風險有關的呆帳準備
(D)與流動性風險有關的流動性貼水。　　　　　　　　　【第5屆】

(　　)　**13** 營業單位給予客戶平均放款利率為5%，銀行牌告存款利率為3%，若存放款資金移轉價格（FTP）相同，下列何者為營業單位營運利潤之計算公式？
(A)放款×(5%－FTP)＋存款×(FTP－3%)
(B)放款×(5%－FTP)－存款×(FTP－3%)
(C)放款×(FTP－5%)＋存款×(FTP－3%)
(D)放款×(FTP－5%)－存款×(FTP－3%)。　　　　　【第7屆】

（　）　**14** 有關資金移轉價格，下列敘述何者錯誤？　(A)銀行的營運政策及顧客價格，與資金移轉價格系統的訂價策略無關　(B)資金移轉價格的首要功能是適當調撥各部門和分行的剩餘與不足資金 (C)本國銀行資金移轉價格系統中，扮演居中協調的單位主要是指總行的財務部　(D)移轉價格的訂定可誘導相關部門或行員，落實推動高階主管屬意的業務項目。　　　　　　　【第4屆】

（　）　**15** 銀行比較困難實施「利潤中心」制度的組織結構，係指下列何者？　(A)金融業務別　(B)營業單位或分行別　(C)企業機能別 (D)境內與境外地區別。　　　　　　　　　　　　　　　【第4屆】

（　）　**16** 下列何者是不適當的資金移轉價格制度？　(A)銀行若要加強推動授信業務，則訂定的「借用利率」宜降低　(B)當銀行資金浮濫時，宜調高供應利率，以減少吸收定期存款　(C)多種供應來源與運用去路的利率，稱其為「多軌制」的聯行往來利率　(D)銀行若要鼓勵吸收「活期存款」、減少「定期存款」，則對提供「活期存款」的供應利率，宜相對優於「定期存款」。　【第3屆】

（　）　**17** 關於成本與收入觀念，下列敘述何者錯誤？
(A)責任中心體系包括投資中心在內
(B)成本中心追求最低成本，利潤中心強調利潤最高
(C)成本中心的主管通常無權決定產品售價
(D)任何收入中心的主管，均應有權決定行銷產品的數量多寡與售價高低。　　　　　　　　　　　　　　　　　　【第3屆】

☆☆（　）　**18** 下列哪個項目不包括於可控制成本中？　(A)直接材料　(B)直接人工　(C)沉沒成本　(D)半變動成本。　　　　　　【第3屆】

（　）　**19** 關於作業基礎成本制度，下列敘述何者錯誤？　(A)各項作業成本是由其成本動因的活動數量乘以動因費率而求得　(B)作業基礎成本制度旨在促使成本與成本標的對資源需求的因果關係更明確 (C)傳統成本制度相較作業基礎成本制度更能清楚浮現各項金融業務的獲利情形　(D)作業基礎成本制度相較傳統成本制度更著重在「資源分配」的合理性與需要性。　　　　　　　【第2屆】

( ) **20** 關於營運利潤、財務利潤與會計利潤之關係，下列敘述何者錯誤？ (A)會計利潤為營運利潤與財務利潤相加 (B)財務利潤為內部移轉價格與市場價格的差額 (C)營運利潤為顧客價格與內部移轉價格的差額 (D)會計利潤蘊含內部損益與外部損益的合計，但內部損益相抵銷之後合計不為零。 【第2屆】

( ) **21** 有關作業基礎成本制度（activity-based costing，ABC），下列敘述何者正確？ (A)金融服務業面對的是人的交易行為，人的慣性行為使得「標準」作業的設定很容易 (B)ABC制度的各項作業成本，是由作業動因的作業量除以「動因費率」計算而得 (C)ABC制度的作業成本，不須納入每項作業的「風險成本」 (D)ABC成本制度的特色之一，在於能夠區分個別業務及客戶的績效差異。 【第2屆】

✿( ) **22** 關於銀行用以整合組織目標與單位目標之管理機制，下列敘述何者錯誤？ (A)單軌制的內部轉撥價格相較於多軌制的內部轉撥價格更能正確反映政策目標 (B)根據風險資本的配置系統（Capital allocation system），應將營業單位、業務項目和交易活動的所有風險，緊密地與銀行自有資本搭配 (C)各項業務及主管的風險權限若能按照「風險值」衡量，則風險資本的配置與績效目標有否達成的研判將更加客觀 (D)總行財務部可以使用聯行往來的資金調撥系統，剖析各分支機構和分行等營業單位的營業利潤，並引導其業務重點配合全行的經營政策。 【第1屆】

( ) **23** 關於資金移轉價格，下列敘述何者不適當？
(A)全行的會計利潤係指「本期損益」，是由營業單位的營運利潤與財務部的財務利潤所構成
(B)銀行營業單位所稱的營運利潤，包括內部損益與外部損益
(C)銀行的聯行往來政策，應優先追求閒置資金的利潤極大化
(D)存放款顧客的價格簡稱存款利率與放款利率，是藉由內部移轉價格加減利潤目標而訂定。 【第1屆】

解答與解析

1 (D)。　供應利率係指銀行的營業單位透過聯行往來，提供多餘資金適用的利率。

2 (A)。　可控制成本係管理人員在其特定期間對外某成本之發生或金額大小，有重大影響力者。可控制成本可能係固定成本。

3 (A)。　責任中心（Responsibility Center）是指承擔一定經濟責任，並享有一定權利的企業內部（責任）單位。區域中心不屬於「責任中心體系」的分類要素。

4 (C)。　資本或股權投資報酬率為投資中心的績效衡量指標；銷售額為收入中心的績效衡量指標；內外部損益（利潤＝收入－成本）為利潤中心的績效衡量指標；可控制成本為成本中心的績效衡量指標。

5 (C)。　若財務部轄下有資金調撥等三個科別，則財務部經理每月領取的薪資費用應歸屬於財務部轄下資金調撥等三個科別的間接成本。

6 (C)。　聯行是指同一銀行系統內，所屬各行處間彼此互稱聯行。而當銀行營業單位資金不足、透過銀行取得缺額資金的利率，稱為「借用利率」。

7 (C)。　直接材料加上直接人工，合稱「直接成本」或「變動成本」。

8 (C)。　成本中心主管有權參與選擇各項投入資源的標準及來源，才能控制預算。

9 (D)。　成本中心包括技術性成本中心和酌量性成本中心。技術性成本是指發生的數額透過技術分析可以相對可靠地估算出來的成本，如產品生產過程中發生的直接材料、直接人工、間接製造費用等。技術性成本在投入量與產出量之間有著密切聯繫，可以透過彈性預算予以控制。選項(D)有誤。

10 (A)。　銀行組織內部第一層級的部門，若是按企業機能別劃分，部門主管較難成立「利潤中心」。

11 (C)。　利潤中心制度最好能使用「可控制利益」當作績效衡量指標。

12 (A)。　經濟移轉價格（Economic Transfer Prices）包含與資金來源有關的借款成本、與信用風險有關的呆帳準備、與流動性風險有關的流動性貼水。

13 (A)。　營業單位給予客戶平均放款利率為5%，銀行牌告存款利率為3%，若存放款資金移轉價格（FTP）相同，則營業單位營運利潤之計算公式：放款×（5%－FTP）＋存款×（FTP－3%）。

14 (A)。　銀行的營運政策及顧客價格，與資金移轉價格系統的訂價策略是相關的。

15 (C)。 「利潤中心」將一個綜合性
企業體，依業務的特性，分割成幾
個能獨立運作的經營單位，各自獨
立運作每個利潤中心都有獨立的損
益計算。銀行比較困難實施「利潤
中心」制度的組織結構，係因為企
業實施企業機能別制度的影響，致
「利潤」難以歸屬。

16 (B)。 當銀行資金呈現浮濫時，
宜透過調低供應利率，來減少營
業單位吸收定期性存款。

17 (D)。 只有行銷中心的主管，有
權決定行銷產品的數量多寡與售
價高低。

18 (C)。 可控制成本（Controllable
Cost）是指管理人員在期間內，
對某成本之發生或金額大小，有
重大影響力者。而沉沒成本在項
目決策時無需考慮；指已發生、
無法回收的成本支出，如因失誤
造成的不可收回的投資。

19 (C)。 作業基礎成本制度相較傳
統成本制度更能清楚浮現各項金
融業務的獲利情形。

20 (D)。 全行的會計利潤係指本期
損益（外部損益），是由營業單
位的營運利潤與財務部的財務利
潤所構成。

21 (D)。
(A)金融服務業面對的是人的交易
行為，人的慣性行為使得「標
準」作業的設定很不容易。
(B)ABC制度的各項作業成本，是
由各項作業成本除以「作業動
因的作業量」計算而得。
(C)ABC制度的作業成本，須納入
每項作業的「風險成本」。
(D)ABC成本制度的特色之一，在
於能夠區分個別業務及客戶的
績效差異。

22 (A)。 多軌制的內部轉撥價格相
較於單軌制的內部轉撥價格更能
正確反映政策目標。

23 (C)。 聯行往來政策是指銀行
聯行往來規則、方法和程式的統
稱，是銀行會計制度的重要組成
部分。銀行的聯行往來政策，不
以追求閒置資金的利潤極大化為
目標。

第三章 風險類別概述

課前導讀

世界各國銀行風險均一直在提升當中，個別銀行如何有效地管理風險乃成為相當重要的課題。大體上來說，銀行所面臨的風險主要有下列幾種：流動性風險、利率風險、信用風險、市場風險、資本風險、破產風險、償債能力風險、財務風險、表外業務的風險、技術與業務操作之風險、外匯風險及國家風險。

重點 **1** 利率風險及信用風險

一、利率風險

利率風險係指當利率變動時，資產價值亦隨之變動的風險。此種風險不僅影響銀行淨利息收益，亦對投資組合內之債券、衍生性商品及避險策略等造成波動。利率風險來源主要如下：

(一) **重定價風險**（Repricing Risk）

重定價風險又稱錯配風險（Mismatch Risk），係指利率敏感性資產（Rate Sensitive Assets，RSA）與利率敏感性負債（Rate Sensitive Liabilities，RSL）間之時間差異（Timing Differences），且為利率風險組成之最重要部分。例如銀行承作5年期貸款，利率為固定利率，其資金來源為3個月期短期存款，當利率向上變動時，會造成銀行資金成本上升，並使得銀行淨利息收益減少，此即「重定價風險」。

(二) **基差風險**（Basis Risk）

係指財務指數變動不一致所造成之風險。例如銀行承作以「基本借款利率」（Base Lending Rate，BLR）計價之房屋貸款，並由以「銀行同業拆款利率」計價之短期存款挹注，當兩種利率變動幅度不一致時，對銀行而言即會產生「基差風險」。

(三) **殖利率曲線風險**（Yield Curve Risk）

係指當利率變動時，造成殖利率曲線非平行變動之風險，且對固定收益型證券深具影響。例如銀行持有10年期債券，其資金來源為1個月期短期存

款，當利率變動時，債券殖利率與存款利率上升的幅度不同，使得兩者之利差擴大，此即「殖率曲線風險」。

(四) 選擇權風險（Option Risk）

係指當客戶執行選擇權時，造成資產與負債現金流量期限改變所造成損失之風險。例如銀行承作5年期汽車貸款，其利率為固定利率，同時發行5年期NID（Negotiable Instrument of Deposit）作支應，當利率上升時，客戶為獲取更高的收益可能將NID提前解約，使銀行利息費用提高而造成損失，此即「選擇權風險」。

近年來衍生性商品市場蓬勃發展，與利率相關較常見之衍生性商品有遠期利率合約（Forward Rate Agreement）、利率交換（Interest Rate Swap）、利率交換選擇權（Interest Rate Option）及利率上限（Interest Rate Cap）、下限（Floor）與雙限（Collar）等。一般而言，金融機構如能善用上述衍生性商品工具，將可有效規避利率變動之風險。

二、信用風險

(一) 信用風險發生原因

信用風險係指金融機構的「借款人」或「交易對手」無法履行義務或契約條件，使金融機構蒙受損失的潛在可能性。導致信用風險發生的可能事件如下：

內部事件	1. 審核標準不夠嚴謹（Weak Underwriting Standards）。 2. 缺乏監督機制（Poor Monitoring）。 3. 資訊系統管理及投資組合管理不佳（Lack MIS and Portfolio Management）。 4. 過度集中或鉅額貸款（High Concentration / Large Loans）。 5. 董事會及風險委員會監督不足（Weak Board & Risk Committee Oversight）。 6. 擔保品品質不佳（Poor Collateral）。 7. 定價資訊不足（Uninformed Pricing）。 8. 連結性貸款（Connected Lending）。
外部事件	1. 經濟蕭條（Economic Recession）。 2. 夕陽產業（Sunset Industry）。

(二) 管理信用風險

為有效辨識並管理信用風險，銀行普遍參考信用評等系統（Credit Rating System，CR），以對借款人、交易對手或所投資之債券等進行評估，透過信用評等系統，可以瞭解許多相關資訊，例如違約機率（Default Probability）、損失嚴重程度（Severity of the Losses）、財務能力（Financial Strength）及變遷風險（Transition Risk）等。此外，銀行在實務上亦經常使用「5C原則」評估借款人信用可靠度，並作為核貸及貸款條件之參考，其包括：

品格 **Character**	參考借款人或所屬產業過去行為，以衡量其償還債務或履行義務的可能性。
能力 **Capacity**	檢視借款人還款來源及是否具有足夠的現金流量，並參照過去還款歷史，以評估其是否具備還款能力。
資本 **Capital**	檢視借款人公司股東、舉債情形及財務狀況，並指出其風險承擔能力。
擔保品 **Collateral**	係指借款人為取得授信，提供實體資產擔保，以作為日後還款之保證。
整體經濟情況 **Conditions**	銀行於貸放時，除考量上述借款人之「4C」外，尚須將國內外經濟情勢納入考量，以評估外在經濟情況對借款人還款能力之影響。

為規避信用風險，銀行過去經常採取分散信用作業、訂定較嚴格契約內容、分散投資或要求第三者作為擔保等較傳統方式；近年來，由於衍生性商品蓬勃發展，銀行多透過信用衍生性商品的操作，將自身面臨之信用風險移轉出去，例如信用違約交換（Credit Default Swap）、全部報酬交換（Total Rate-of-Return Swap）、信用價差選擇權（Credit Spread Options）及信用違約連結票據（Credit Default Link Note）等，且對金融機構而言，信用衍生性商品具有「不移轉標的資產，僅移轉信用風險」及「增加對客戶的融資額度」等優點，但仍須注意控管並訂定嚴謹之程序，才能真正有效規避或降低信用風險。

牛刀小試

( ) 1 重新訂價的缺口又稱「資金缺口」，有關資金缺口的敘述，下列何者錯誤？ (A)是某天期的敏感性資產與敏感性負債相減而得 (B)敏感性資產除以敏感性負債大於0時，稱為「正」資金缺口 (C)利率由高往低下滑時，適合採用「負」資金缺口策略 (D)利率處於最高點或低谷時，適合採用「零」資金缺口策略。 【第6屆】

( ) 2 銀行的資產與負債，呈現到期期別及流動性不同時，可能造成下列何種風險？ (A)信用風險 (B)作業風險 (C)利率風險 (D)回收風險。 【第5屆】

( ) 3 變現能力高的金融商品，買賣時不致產生過高的資本損失，所以何種風險較低？ (A)作業風險 (B)流動性風險 (C)信用風險 (D)與任何風險均無關。 【第3屆】

［解答與解析］

1 **(B)**。 敏感性資產減敏感性負債大於0時，稱為「正」資金缺口。

2 **(C)**。 利率風險是指市場利率變動的不確定性給商業銀行造成損失的可能性。當銀行的資產與負債，呈現到期期別及流動性不同時，可能造成利率風險。

3 **(B)**。 變現能力高的金融商品，買賣時不致產生過高的資本損失，流動性風險較低。

重點2 資本風險及市場風險

一、資本風險

銀行資本風險是指商業銀行資本金過少，因而缺乏承擔風險損失的能力，缺乏對存款及其他負債的最後清償能力，使商業銀行的安全受到威脅的風險，即銀行的資本金不能抵補各項損失和支付到期負債的可能風險。商業銀行擁有一定數量的資本不僅是其進行業務經營活動的前提，更是其賴以生存和發展的基礎。

商業銀行的資本構成了其他各種風險的最終防線，資本可作為緩衝器而維持其清償力，保證銀行繼續經營。隨著金融自由化的進展，世界各國的銀行間競爭加劇，來自非銀行金融機構的競爭壓力加大，銀行的經營風險普遍升高。在這種情況下，加強資本風險管理尤為重要。國際金融監管組織、各國金融管理當局和各國商業銀行均意識到資本風險的嚴峻性。為此，一方面，監管當局加強對資本的監管力度；另一方面，各國銀行加強資本風險管理。資本風險的衡量指標包括資本與存款比率、資本資產比率、資本充足率等等。銀行資本風險的內容如下：

(一) 資本額不適度風險

資本過多，會使銀行的槓桿比率下降，不能有效使用資源，並使籌資成本增加，最終減少銀行的收益。資本過少，一是銀行對存款或其它資金來源過分依賴；二是一旦出現意外的大額虧損則可能造成銀行經營失敗，嚴重影響銀行信譽：三是銀行如達不到監管當局的要求，業務經營將受到諸多限制。四是銀行發展後勁不足。

(二) 資本結構不合理風險

合理的資本結構是指各類資本在資本總額中占有合理的比重，能使籌資成本最小，銀行價值最大。資本結構不合理，則會導致銀行籌資成本增高；過於依賴某種籌資方式，財務風險加大；股權結構不合理，不利於治理水準提高等。

二、市場風險

(一) 衡量方法

市場風險是指因市場價格變動（如市場利率、匯率、股價及商品價格之變動）造成對銀行資產負債表內及表外部位可能產生之損失。市場風險衡量方法分為標準法及內部模型法二種。分述如下：

1. **標準法**：採標準法計算市場風險之資本需求時，對市場風險之資本計提應分為利率風險、權益券風險、外匯風險及商品風險等四種風險類別。

　　(1) **利率風險（interest rate risk）**：是指因利率變動，導致附息資產（如貸款或債券）而承擔價值波動的風險。一般來說，利率上升時，固定利率債券的價格會下降；反之亦

> **考點速攻**
> 市場風險的衡量指標有：利率敏感性係數、匯率敏感性係數、利率波動的敏感性係數。

然。債券的期限常用來衡量利率風險，到期日較長的債券的利率風險較高，因為到期日愈長，未來的不確定性愈高。

(2) **權益證券風險**：持有權益證券之市場風險包括因個別權益證券市場價格變動所產生的個別風險，及因整體市場價格變動所產生的一般市場風險。

(3) **匯率風險**：指匯率波幅所造成的風險。匯率波幅會影響海外貿易和投資盈虧、亦有不少人視匯率的波幅為投機獲利的機會。各國的中央銀行均負責控制匯率的波幅、確保金融體系的穩定。根據在Shapiro所著的Multinational Financial Management（2006）中對於匯率風險有更明確的劃分，分為四種基本的風險：換算風險（Translation Exposure）又稱做會計風險（Accounting Exposure），而將經濟上的外匯風險再分為營運風險（Operation Exposure）和交易風險（Transaction Exposure）以及商品風險，以下針對這四種風險做更明確的解釋。

1	換算風險 （會計風險）	所謂換算風險是指在會計轉換時帳面所產生的損失或利得，換言之，就是指將外國業務中以當地貨幣表達之財務報表轉換成本國幣時，以外幣計價的資產負債以及收入支出，在轉換後將會發生匯兌損益。而換算風險是過去已經發生的（參見沉沒成本），屬於資產負債表和損益表帳面上的調整，較不具經濟以及財務上的意義。
2	營運風險	營運風險則是衡量貨幣波動對公司現有與未來之經濟性現金流量之影響的程度，也就是未來營收與成本改變的程度。而營運風險的匯率是指實質匯率的變動，非名目匯率；因為當名目匯率變動時，根據購買力平價理論（Purchasing Power Parity，PPP），價格也會隨之調整，所以實質匯率才是主要影響因素。
3	交易風險	交易風險的定義是指計畫中、進行中或是由已知的合約上，承諾在未來外幣計價的現金流入或流出所造成的匯兌風險。

| 4 | 商品風險 | 商品的定義為在次級市場交易之實質產品（physical product），如農產品、礦物（包括石油）及貴金屬，但不包括黃金。銀行除須依本規定衡量商品部位之市場風險外，其持有商品部位所需的資金，也會使銀行產生利率或外匯曝險，其有關部位應另計算利率或外匯風險。另店頭市場之衍生性金融商品應依「信用風險標準法」之規定再計提交易對手信用風險。 |

2. **內部模型法**：使用內部模型衡量一般市場風險應較標準法精確，惟內部模型之衡量結果是否正確，除模型本身衡量方法之考量外，建立整套風險管理政策及程序，並有效執行及控管則為模型運作成敗之關鍵。故為使內部模型正確性得以嚴格落實並保持有效運作，銀行使用內部模型衡量市風險應計提資本，須符合下列各項規定（包括風險管理程序、質化標準、量化標準及模型驗證等）。

(二) **衡量工具**

1. **風險值（Value at Risk，VaR）**：風險值係指在特定信賴水準之下，在某一段固定期間內，投資組合或單一公司可能產生的最大損失，其在G30、國際清算銀行（Bank for International Settlements，BIS）及JP Morgan大力推動之下，逐漸被眾多銀行採用，以量化其所面臨的風險曝露程度，並成為銀行最常使用之風險衡量及控管工具。

風險值可分為「絕對風險值」（absolute VaR）及「相對風險值」（relative VaR），前者為投資組合最差價值相對投資組合期初價值之差距，後者則為投資組合最差價值與投資組合損益期望值之差距，其計算式可分別表示為：

絕對風險值＝$V - V^* = V - V(1+R^*) = -VR^*$

相對風險值＝$E(V) - V^* = V(1+\mu) - V(1+R^*) = V(\mu - R^*)$

其中V為期初投資組合價值，V^*為投資期間投資組合最差價值，R^*為持有投資組合可能最差報酬率，$E(V)$為投資組合損益期望值，μ為投資組合報酬平均值。當持有期間較短，μ值很小可以被忽略時，兩種風險值計算後之數值差異不大，若持有期間較長，則採相對風險值較為穩當。

為計算風險值，首先必須定義下列參數：

(1) **信賴區間（Confidence Interval）**：或稱信賴水準，通常為90%、95%、99%或99.9%，端視風險管理體系欲如何解釋風險值，且與投資人或使用者之風險偏好有關，當風險趨避程度越高，所採取之信賴水準也越高。

(2) **持有期間**：通常為1天至1年。對交易員而言，其主動交易之投資組合部位風險值，可能採取短於1天之持有期間；但機構投資人或非金融機構則通常採取較長之持有期間。一般而言，持有時間越長，其計算出之風險值數值越高，且越不準確。

(3) **投資組合**：係描述特定數值（或報酬率）在預期情況下所發生的次數，此為計算風險值時最困難的部分，通常使用過去觀察值及統計模型估計。

實務上，計算風險值較常見之方式有變異數－共變異數分析法（Variance-Covariance Approach）、蒙地卡羅法（Monte Carlo Simulation）及歷史模擬法（Historical Simulation），茲分別說明如下：

(1) **變異數－共變異數分析法**：又稱Delta－Normal估計法，係假設投資組合或單一金融商品報酬率符合常態分配（Normal Distribution），且具有序列獨立之特性，並藉由常態分配的性質，估計出投資組合或單一商品報酬之波動性，再加入事先給定之持有期間及信賴水準，即可計算風險值。由於假設投資組合報酬率服從常態分配，採用變異數-共變異數分析法計算風險值，具有簡單易懂、計算快速等優點；然而，投資組合報酬率並非皆服從

> **考點速攻**
> 衡量市場風險時，有關主要部位或個別金融商品的「價格波動」，是指市場因素在特定時間內，上下偏離平均水準，導致部位價值產生變動的程度，在統計學上稱為部位價值的變動率，此波動程度之衡量包括：標準差、變異數、變異係數等。

常態分配。例如給定一信賴水準（$1-\alpha$），並假定Z服從標準常態分配（Standard Normal Distribution），其計算步驟如下：

A. $\alpha = \text{Prob}(R < R^*) = \text{Prob}(Z < Z^*) = \text{Prob}[Z < (R^* - \mu)\sigma]$

B. $R^* = \mu + Z \times \sigma$

C. 絕對風險值 $= -VR^* = -V(\mu + Z \times \sigma) = -V\mu - VZ \times \sigma$
　　相對風險值 $= V(\mu - R^*) = V[\mu - (\mu + Z^*\sigma)] = -VZ \times \sigma$

(2) **蒙地卡羅法**：係假設投資組合的價格變動，服從某種隨機過程的程序，每次模擬皆會產生投資組合在特定期間（例如10天）的可能價值，因此，可藉由電腦輔助大量模擬，此時模擬之投資組合價值分配，將會接近真實分配，進而計算其風險值。採用蒙地卡羅法計算風險值，不僅相當具彈性、可描繪完整損益分配圖，不需過多歷史資料，且可處理變異數－共變異數分析法無法處理之「厚尾問題」；然而，蒙地卡羅法的模擬過程需要耗用大量電腦資源，故僅能計算規模有限之投資組合。

(3) **歷史模擬法**：以歷史資料推估未來價格的可能變動情形，相較其他方法，歷史模擬法較不易受到模型風險之影響。但缺點是當資料筆數有限時，模擬結果的參考價值低，且可能未包含極端事件（例如金融危機）。惟由於不需對投資組合報酬分配進行任何假設，且計算方式簡易，因此仍被眾多金融機構所採用。

2. **壓力測試**：由於風險值僅適用於正常且可預期之市場情況，當極端事件發生時，使用者無法透過風險值知道損失的規模及其嚴重程度，因此，在實務上，壓力測試經常為銀行所採用，並可補足風險值模型之缺陷。執行壓力測試的常見方法有敏感度分析（Sensitive Analysis）、情境分析（Scenario Analysis）、最壞情境分析（Worst Case Scenario Analysis）及極值理論法（Extreme Value Theory），茲分別說明如下：

(1) **敏感度分析**：係指針對某一特定風險因子或一組風險因子，將其依所訂定之極端變動範圍內逐漸變動，並據以分析，以瞭解其對資產價值的影響。例如選定特定風險因子為「匯率」，接著假設「匯率」在某一範圍內大幅變動（例如±10%、±20%、……±50%等），最後計算「匯率」變動對特定投資組合所造成的損益情形，即可瞭解在壓力測試之下，該投資組合對「匯率」大幅變動之敏感性及其曝險額為何。
對銀行而言，敏感度分析法相當直覺，易於瞭解特定因子對投資組合總影響效果及邊際影響效果；然而，使用者須適當訂定該特定因子變動幅度的多寡及其範圍，否則得到的分析結果將不具準確性，並對風險管理決策造成不利影響。

(2) **情境分析法**：為目前銀行最廣為使用之壓力測試方法，係指選定一特定事件，用以分析其在個別情境之下，對特定投資組合所造成的損益，並依據特定事件之設定，又可區分為「歷史情境分析法」（Historical Scenarios）及「假設性情境分析法」（Hypothetical Scenarios）。

歷史情境分析法	係選定過去曾經發生的重大歷史事件（例如1987年10月美國股災、911事件或1997年亞洲金融風暴、2008年金融海嘯等），並評估該事件再次發生，對金融機構或投資組合損益之影響。由於歷史可能重演，此法可讓銀行評估自身狀況，並擬定因應對策，以期解決同樣歷史事件再度發生後所衍生出之相關問題；然而，由於經濟情勢的變動，歷史事件可能不再與當今市場相關，且對全新的金融商品而言，亦缺乏歷史資料，此時，便可考慮改採「假設性情境分析法」。
假設性情境分析法	銀行可設想未來可能發生的各種情境（例如大幅升息、交易對手違約或股債市崩盤等），並將相關風險因子納入投資組合內，藉以評估該等假設性情境發生後所造成之影響。由於此法較為主觀，且情境設定的嚴謹程度，將決定壓力測試之品質，因此，為求正確選定各種假設性情境，應由經驗豐富且具有各項金融商品知識之風險管理人員操作，以確保壓力測試結果具參考價值。

(3) **最壞情境分析**：係指銀行針對部位中所有風險因子，假設其在最壞且最極端狀況之下，對銀行或投資組合所造成的最大虧損金額，並將該等虧損金額加總，以衡量當最壞情況發生時所帶來之衝擊。「最壞情境分析法」相較於「歷史情境分析法」，較不會忽略對銀行或投資組合「影響最大」之情境，但許多風險管理人員認為，此法較為機械化且忽略其發生之可能性，因此不會僅依賴此法計算出之虧損金額作為風險管理決策。

(4) **極值理論法**：係討論原始資料中「極端值」（最大值及最小值）之抽樣分配，因此不需對整個投資組合報酬分配作假設，僅需估計投資組合的尾部分配，不僅可大幅降低模型風險，亦可用以估計極端事件發生對投資組合所造成之損益。此法雖可在修正「常態分配」假設下，對於極端事件發生時所造成投資組合虧損金額低估之情形，但難以驗證極端分配模型之正確性，故仍可能存在模型風險，因此，在實務上應用並不廣泛。

牛刀小試

(　　) **1** 市場利率變動，導致資產負債之經濟價值跟著變動的風險，係稱為下列何種風險？
(A)再投資風險　　　　　　(B)再融資風險
(C)市場價值風險　　　　　(D)信用風險。　　　　　【第5屆】

(　　) **2** 從全行角度衡量「市場風險」，不論單一金融商品、組合部位或全行資產負債觀點，最常見的市場因素不包括下列何者？
(A)利率　　　　　　　　　(B)匯率
(C)生產要素成本　　　　　(D)生產要素的估計價格。　【第3屆】

[解答與解析]

1 (C)。　(A)再投資風險（Reinvestment Risk）：常指投資債券所面臨的各種風險之一。投資者在持有期間內，領取到的債息或是部份還本，再用來投資時所能得到的報酬率，可能會低於購買時的債券殖利率的風險。

(B)再融資風險（Refinancing Risk）：由於市場上金融工具品種、融資方式的變動，導致企業再次融資產生不確定性，或企業本身籌資結構的不合理導致再融資產生困難的風險。

(D)信用風險（Credit Risk）：指交易對手未能履行約定契約中的義務而造成經濟損失的風險。

2 (D)。　從全方面角度衡量「市場風險」，不論單一金融商品、組合部位或全行資產負債觀點，最常見的市場因素有：利率、匯率、生產要素成本等。

重點**3**　財務風險及表外業務的風險　

一、財務風險

財務風險是指企業在各項財務活動中由於各種難以預料和無法控制的因素，使銀行在一定時期、一定範圍內所獲取的最終財務成果與預期的經營目標發生偏差，從而形成的使銀行蒙受經濟損失或更大收益的可能性。銀行的財務活動貫穿於生產經營的整個過程中，籌措資金、長短期投資、分配利潤等都可能產生風險。根據風險的來源可以將財務風險劃分為：

(一) 籌資風險

籌資風險指的是由於資金供需市場、巨集觀經濟環境的變化，銀行籌集資金給財務成果帶來的不確定性。籌資風險主要包括利率風險、再融資風險、財務槓桿效應、匯率風險、購買力風險等。利率風險是指由於金融市場金融資產的波動而導致籌資成本的變動；再融資風險是指由於金融市場上金融工具品種、融資方式的變動，導致銀行再次融資產生不確定性，或銀行本身籌資結構的不合理導致再融資產生困難；財務槓桿效應是指由於銀行使用槓桿融資給利益相關者的利益帶來不確定性；匯率風險是指由於匯率變動引起的企業外匯業務成果的不確定性；購買力風險是指由於幣值的變動給籌資帶來的影響。

(二) 投資風險

投資風險指企業投入一定資金後，因市場需求變化而影響最終收益與預期收益偏離的風險。企業對外投資主要有直接投資和證券投資兩種形式。在我國，根據公司法的規定，股東擁有企業股權的25%以上應該視為直接投資。證券投資主要有股票投資和債券投資兩種形式。股票投資是風險共擔，利益共用的投資形式；債券投資與被投資企業的財務活動沒有直接關係，只是定期收取固定的利息，所面臨的是被投資者無力償還債務的風險。投資風險主要包括利率風險、再投資風險、匯率風險、通貨膨脹風險、金融衍生工具風險、道德風險、違約風險等。

(三) 經營風險

經營風險又稱營業風險，是指在銀行的經營過程中，各個環節不確定性因素的影響所導致資金運動的遲滯，產生銀行價值的變動。

(四) 流動性風險

流動性風險包括資金流動性風險（Funding Liquidity Risk）及市場流動性風險（Market Liquidity Risk）。前者係當財務承諾（Financial Commitments）到期時，銀行無法以合理成本及時獲得充分資金之風險；後者則是指為了在市場上將有價證券轉換成資金，可能招致損失之風險。對銀行而言，其流動性資產的組成必須具備高品質、隨時可在市場交易，或有能力在市場籌集資金等特性，例如現金、國庫券、政府公債、貨幣市場工具及股票等。然而，資產若具備流動性，其獲利能力則偏低，反之，

若要追求獲利，則必須犧牲流動性。關於流動性風險之管理，銀行宜將下列指標控制在一定範圍內，以維持較高流動性，並降低流動性風險：

存放比率 **Loan to Deposit Ratio**	顯示存款挹注貸款之比率，並可顯示依賴專業市場資金的程度。
承諾比率 **Commitment Ratio**	係指為履行貸款承諾（Committed Loans）及提供信用卡額度等，需要取得額外資金之比率。
交換資金比率 **Swapped Fund Ratio**	係衡量以外幣資金支應國內貨幣流動性需求之比率。
存款集中度 **Concentration to Depositors**	係指單一大額存款戶或前20大存款戶占總存款之比率。

二、表外業務的風險

(一) 表外業務風險種類

從財務角度看，銀行業務可以分為表內業務和表外業務。表外業務是指商業銀行從事的不列入資產負債表，但能影響銀行當期損益的經營活動，它有狹義和廣義之分。狹義的表外業務是指那些雖未列入資產負債表，但同表內的資產業務或負債業務關係密切的業務。銀行在經辦這類業務時，沒有發生實際的貨幣收付，銀行也沒有墊付任何資金，但在將來隨時可能因具備了契約中的某個條款而轉變為資產或負債。因此按照與資產、負債的關係，這種表外業務又可稱為或有資產業務、或有負債業務。廣義的表外業務除包括上述狹義的表外業務外，還包括結算、代理、諮詢等業務，即包括銀行所從事的所有不反映在資產負債表中的業務。主要包括：

1. 各種擔保性業務。
2. 承諾性業務。主要有回購協議、信貸承諾、票據發行便利。
3. 金融衍生工具交易。衍生金融工具是指在傳統的金融工具的基礎上產生的新型交易工具，主要有期貨、期權、互換合約等。

(二) 表外業務風險管理

1. **銀行表外業務巨集觀風險管理**：商業銀行經營表外業務時會產生全系統風險等一系列巨集觀風險。由於商業銀行表外業務不反應在商業銀行資產負債表中，而且表外業務本身又相當複雜，相對來說表外業務的透明度也相對較差，這些都給金融當局對其進行有效監管增加了難度。要有效監管商業銀行表外業務，就必須首先獲得關於表外業務的足夠訊息與數據，因此以揭示表外業務狀況為目的的會計與報告制度就成為進行巨集觀監管的前提條件。

2. **銀行表外業務微觀風險管理**：商業銀行在經營表外業務時會面臨多種微觀風險。不同的銀行表外業務工具給銀行帶來的風險是不同的。進行表外業務微觀風險管理就是要針對不同業務給銀行帶來的風險採取一定的對策和方法，來化解其可能給銀行經營帶來的種種危害。

   (1) **擔保和類似的或有負債**：擔保和類似的或有負債，具體看來包括履約擔保、貸款擔保、投標保證、票據承兌、備用信用證和商業信用證。這些業務的共同之處在於銀行透過貸出其信譽，承擔了一定的付款責任，用銀行信用來保證商業信用。這些業務的運用給銀行帶來的主要風險包括信用風險、流動性風險和經營風險。

   > **考點速攻**
   > 擔保信用狀為企業金融一環，不屬於非衍生性業務。

   (2) **承諾業務**：商業銀行所從事的承諾業務，具體來看主要包括貸款承諾和票據發行便利。這些業務的經營主要給商業銀行帶來信用風險、利率變動的市場風險和流動性風險。

   (3) **貸款銷售及資產證券化**：在商業銀行進行貸款銷售及資產證券化時，主要面臨的風險包括流動性風險和信用風險。

   (4) **與匯率或利率有關的或有項目**：與匯率或利率有關的或有項目主要包括金融期貨、期權、互換和遠期利率協議等工具。這些表外業務的經營會給銀行帶來市場風險、信用風險、流動性風險、基差風險和經營風險。

牛刀小試

(　) 1 回顧美國的儲蓄貸款機構於1980年代的倒閉風潮，係為下列何種風險威脅金融機構的例證？
(A)國家風險　　　　　　　(B)再融資風險
(C)再投資風險　　　　　　(D)市場價值風險。　　　　【第5屆】

(　) 2 「借短貸長」的資金部位，可能存在何種風險？
(A)再投資風險　　　　　　(B)再融資風險
(C)市場價值風險　　　　　(D)信用風險。　　　　　　【第4屆】

(　) 3 下列何者屬於銀行的表外非衍生性業務？
(A)金融交換　　　　　　　(B)遠期契約
(C)擔保信用狀　　　　　　(D)不動產證券化契約。　　【第2屆】

(　) 4 有關表外業務之信用風險，分為衍生性與非衍生性兩類，其中衍生性業務不包括下列何者？
(A)股票（Stock）　　　　 (B)期貨（Future）
(C)選擇權（Option）　　　 (D)金融交換（SWAP）。　【第3屆】

［解答與解析］

1 (B)。　再融資風險是指由於金融市場上金融工具品種、融資方式的變動，導致企業再次融資產生不確定性，或企業本身籌資結構的不合理導致再融資產生困難。美國的儲蓄貸款機構於1980年代的倒閉風潮，即係為再融資風險威脅金融機構的例證。

2 (B)。　一般而言，利率會隨著期間增長而上升。假設銀行舉借期限一年、年利率5%的債務，以支應期限兩年、年報酬率6%的資產；則銀行於可獲利潤差距1%。至於第二年之利潤水準，若新的舉債成本維持9%，則依舊有1%之利潤差距；惟當新舉債成本攀升至11%時，銀行之第二年即有1%的利息損失。因此，當銀行之展期或重新舉債成本高於資產報酬率時，該行就會面臨再融資風險（refinancing risk）。

3 (C)。　擔保信用狀為企業金融一環，不屬於衍生性業務。

4 (A)。　衍生性金融商品交易，指為避險目的、增加投資效益目的及結構型商品投資，辦理之衍生性金融商品交易。股票（Stock）非屬衍生性業務。

重點4 作業風險及外匯風險

一、作業風險

銀行過去較關注利率及信用等風險,但近年來,由於屢有企業發生作業面重大事件並造成鉅額損失,使得作業風險亦逐漸為世人所重視。作業風險係指因內部程序、個人及系統或外部事件不足或失誤,造成損失發生之可能性,其組成要件概述如下:

(一) **核心營運能力**

係指當銀行內部人員或系統無法提供應有的功能或服務,使銀行蒙受損失,例如遭遇技術問題、停電、停水或罷工等。

(二) **人員**

係指因銀行內部人員「有意」或「無意」之行為,增加銀行作業風險,例如缺乏專業技能、道德操守不佳、欠缺團隊合作或疏失等。

(三) **系統**

係指資訊或基礎設施發生問題,使銀行交易系統無法順利進行,例如交易資料的取得錯誤或處理失當、程式錯誤或通訊中斷等。

(四) **流程**

係指由於銀行交易系統或每日營運流程錯誤,使銀行發生作業風險事件,例如模型設定或參數錯誤、產品過於複雜或授權機制不彰等。

(五) **外部事件**

係指由於「第三者行為」造成銀行發生損失之事件,例如恐怖攻擊、稅賦增加、政治不穩或天災等。

銀行應在歸納出有關作業風險各種可能事件後,對各種事件進行辨識與評估,衡量發生之可能性與其影響程度,然而,作業風險並非經常發生,且通常非連續事件,因此,難以從過去經驗合理評估此種風險。例如過去20年交易系統失靈或錯誤與今日相比,其損失規模與影響層面,不可同日而語,估計作業風險顯屬不易。作業風險估計困難並不表示此種風險可以被忽略,為規避或降低作業風險,銀行可透過各種保險或避險活動進行。以保險為例,銀行透過銀行業綜合保險、火險、地震險、第三人責任險及團體意外險等,即可有效移轉內部人員、財務、設備或天然災害的可能作業風險損失,但須定期檢討重新續約,以維持作業風險移轉之有效性。

二、外匯風險

(一) 外匯風險種類

匯率風險又稱外匯風險或外匯曝露，是指一定時期的國際經濟交易當中，以外幣計價的資產（或債權）與負債（或債務），由於匯率的波動而引起其價值漲跌的可能性。對外幣資產或負債所有者來說，外匯風險可能產生兩個不確定的結果：遭受損失（loss）和獲得收益（gain）。從國際外匯市場外匯買賣的角度看，買賣盈虧未能抵消的那部分，就面臨著匯率波動的風險。人們通常把這部分承受外匯風險的外幣金額稱為「受險部分」或「外匯曝險」（foreign exchange exposure），其包括直接受險部分（direct exposure）和間接受險部分（indirect exposure）。前者指經濟實體和個人參與以外幣計價結算的國際經濟交易而產生的外匯風險，其金額是確定的；後者是指因匯率變動經濟狀況變化及經濟結構變化的間接影響，使那些不使用外匯的部門和個人也承擔風險，其金額是不確定的。根據外匯風險的作用對象和表現形式，目前學術界一般把外匯風險分為三類：交易風險、折算風險和經濟風險。

1. **交易風險（transaction risk）**：交易風險也稱交易結算風險，是指運用外幣進行計價收付的交易中，經濟主體因外匯匯率變動而蒙受損失的可能性。它是一種流量風險。交易風險主要表現在以下幾個方面：
   (1) 在商品、勞務的進出口交易中，從契約的簽訂到貨款結算的這一期間，外匯匯率變化所產生的風險。
   (2) 在以外幣計價的國際信貸中，債權債務未清償之前存在的風險。
   (3) 外匯銀行在外匯買賣中持有外匯頭寸的多頭或空頭，也會因匯率變動而遭受風險。

2. **折算風險（translation risk）**：折算風險又稱會計風險（accounting risk），是指經濟主體對資產負債表進行會計處理的過程中，因匯率變動而引起海外資產和負債價值的變化而產生的風險。它是一種存量風險。折算風險主要有三類表現方式：存量折算風險、固定資產折算風險和長期債務折算風險。

3. **經濟風險**：經濟風險（economic risk）又稱經營風險（operating risk），是指意料之外的匯率波動引起銀行未來一定期間的收益或現金流量變化的一種潛在風險。在這裡，收益是指稅後利潤，現金流量（cash flow）指收益加上折舊。經濟風險可包括真實資產風險、金融資產風險和營業收入風險三方面。

(二) 影響匯率波動之因素

影響匯率波動的最基本因素主要有以下四種：

1	**國際收支及外匯儲備**	所謂國際收支就是一個國家的貨幣收入總額與付給其它國家的貨幣支出總額的對比。如果貨幣收入總額大於支出總額，便會出現國際收支順差，反之，則是國際收支逆差。國際收支狀況對一國匯率的變動能產生直接的影響。發生國際收支順差，會使該國貨幣對外匯率上升，反之，該國貨幣匯率下跌。
2	**利率**	利率作為一國借貸狀況的基本反映，對匯率波動起決定性作用。利率水準直接對國際間的資本流動產生影響，高利率國家發生資本流入，低利率國家則發生資本外流，資本流動會造成外匯市場供求關係的變化，從而對外匯匯率的波動產生影響。一般而言，一國利率提高，將導致該國貨幣升值，反之，該國貨幣貶值。
3	**通貨膨脹**	一般而言，通貨膨脹會導致本國貨幣匯率下跌，通貨膨脹的緩解會使匯率上浮。通貨膨脹影響本幣的價值和購買力，會引發出口商品競爭力減弱、進口商品增加，還會引發對外匯市場產生心理影響，削弱本幣在國際市場上的信用地位。這三方面的影響都會導致本幣貶值。
4	**政治局勢**	一國及國際間的政治局勢的變化，都會對外匯市場產生影響。政治局勢的變化一般包括政治衝突、軍事衝突、選舉和政權更迭等，這些政治因素對匯率的影響有時很大，但影響時間一般都很短。

--- **牛刀小試** ---

( ) 1 中國外匯交易中心公布人民幣兌美元中間價為6.2298元，較前一交易日重貶1.9%，此對於外國銀行在當地之授信或投資會衍生何種類型風險？
(A)信用風險　　　　　　(B)外匯風險
(C)作業風險　　　　　　(D)流動性風險。　　　　【第5屆】

( ) **2** 有關信用卡之違冒詐欺事件，應歸類為下列何種風險型態？
(A)信用風險　　　　　　　　(B)市場風險
(C)作業風險　　　　　　　　(D)流動性風險。　　　【第4屆】

[解答與解析]

1 (B)。 匯率風險又稱外匯風險或外匯曝露，是指一定時期的國際經濟交易當中，以外幣計價的資產（或債權）與負債（或債務），由於匯率的波動而引起其價值漲跌的可能性。中國外匯交易中心公布人民幣兌美元中間價為6.2298元，較前一交易日重貶1.9%，此對於外國銀行在當地之授信或投資會衍生匯率風險。

2 (C)。 作業風險是指所有因內部作業、人員及系統之不當與失誤，或其他外部作業與相關事件，所造成損失之風險，信用卡的違冒詐欺事件即屬之。

重點 **5** 技術風險及國家風險

一、技術風險

(一) 技術風險的意義

而所謂技術風險，係指銀行的設備投資是否適當。如果銀行從事某些科技投資，卻無法有效達成預期節省成本的目標即構成此風險。一般而言，產能過高、科技浪費或組織無效率均將阻礙銀行正常成長。同理，新興的科技投資如無法節省成本，並提高經濟效率，即顯示銀行做了不當科技投資。是故，技術風險可能導致銀行喪失競爭優勢，甚至逐步面臨倒閉問題；但有妥當的科技投資，則使銀行經營績效凌駕同業，並確保長期立於超常態成長。至於技術風險則指：

1. 交易登錄錯誤。
2. 資訊系統缺乏效率，如清算與交割功能不佳。
3. 缺乏足夠的分析工具以衡量相關風險，如很難客觀有效地建立擔保品管理系統等。

(二) 技術風險的種類

當現行設備之技術功能不佳，後勤支援系統發生故障或不敷使用時，銀行的業務操作風險與技術風險將更顯示密不可分的關係。最好的情況是，後勤支援系統應結合人力與技術，進行清算、交割及與表內表外業務相關的後勤服務。但通常後援支援技術及前端無法完全配合，所以技術風險大致源自兩個不同層面：

1. **在技術層面**：如果資訊系統或風險衡量缺乏效率即構成此層面的業務操作風險。
2. **在組織層面**：源於相關的管理法規與政策不當，而造成風險通報及監督系統不夠順暢。

> **考點速攻**
> 1. 由於軟硬體成本結構不佳、收益短缺而承擔的營業損失。
> 2. 緣於行員工作意願與能力不足而造成的效率不高。
> 3. 新種金融商品與服務的推出所衍生的不確定性。業務操作風險係因銀行資訊系統、通報系統及內部監督系統的功能不彰而產生，皆屬於技術風險的範疇。

二、國家風險

對於以全球市場為經營導向的銀行，如果外幣資產與負債具不同的金額及期別時，該銀行即存在匯率與外幣利率風險。但當此銀行不以該國貨幣承作投資，而是使用美金計價從事海外投資時，該行即須額外負擔國家風險。此國家風險的衝擊面有時更甚於持有國內債券與承作國內放款而衍生的信用風險。詳細的國家風險，則於後面章節再作介紹。

牛刀小試

( ) 負責授信業務有關的清算、交割與保全任務的作業中心或債權管理部門，扮演信用風險的何種角色？
(A)前台 　　　　　　　 (B)中台
(C)後台 　　　　　　　 (D)與信用風險無關。 【第7屆】

[解答與解析]

(C)。授信業務可分為前、中、後台三個部門，各部門相互聯繫，以此控制貸款風險。
(1) 前台：負責客戶營銷、盡職調查。
(2) 中台：負責貸款項目評估、審批。
(3) 後台：負責貸後管理。

【重點統整】

1. 利率風險係指當利率變動時，資產價值亦隨之變動的風險。當銀行的資產與負債，呈現到期期別及流動性不同時，可能造成利率風險。

2. **重新訂價的缺口又稱「資金缺口」**，敏感性資產減敏感性負債大於0時，稱為「正」資金缺口。敏感性資產減敏感性負債小於0時，稱為「負」資金缺口。

3. **銀行利率風險包括：再融資風險、再投資風險、市場價值變化的風險等。**

4. 再融資風險是指由於金融市場上金融工具品種、融資方式的變動，導致企業再次融資產生不確定性，或企業本身籌資結構的不合理導致再融資產生困難。**「借短貸長」的資金部位，可能存在再融資風險。**

5. **市場利率變動，導致資產負債之經濟價值跟著變動的風險**，係稱為「市場價值風險」。

6. 匯率風險又稱外匯風險或外匯曝露，是指一定時期的國際經濟交易當中，以外幣計價的資產（或債權）與負債（或債務），由於匯率的波動而引起其價值漲跌的可能性。

7. 信用卡之違冒詐欺事件，應歸類為**作業風險型態**。

8. **市場風險的來源有：利率風險、外匯風險、價格風險等。**

9. 銀行的存款負債瀰漫著鉅額且異常的提領，可能帶來流動性風險。

10. **信用風險**的產生，主要係因借款人或交易對手的經營體質出現惡化或發生其他不利因素（如企業與往來對象發生糾紛），導致**客戶不依契約內容履行其付款義務，而使銀行產生違約損失的風險。**

11. 衡量市場風險時，有關主要部位或個別金融商品的「價格波動」，是指市場因素在特定時間內，上下偏離平均水準，導致部位價值產生變動的程度，在統計學上稱為部位價值的變動率，此波動程度之衡量包括：標準差、變異數、變異係數等。

12. **市場風險的衡量指標有：利率敏感性係數、匯率敏感性係數、利率波動的敏感性係數。**

精選試題

( ) **1** 「借短貸長」的資金部位，可能存在何種風險？ (A)再投資風險 (B)再融資風險 (C)市場價值風險 (D)信用風險。 【第9屆】

( ) **2** 實務上，銀行的「債權管理」仍會發生回收風險，該回收風險不包括下列何者？ (A)擔保品風險 (B)第三人保證的風險 (C)簽訂的法律契約風險 (D)違約機率固定且已知風險。 【第9屆】

✿✿( ) **3** 有關流動性危機與流動性風險的敘述，下列何者錯誤？ (A)銀行對外籌措資金窒礙難行時，流動性風險即明顯提高 (B)當銀行的擠兌風險一發不可收拾時，擴散效果將逐步蔓延至其他金融機構，殃及該地區的金融市場，形成全面性的金融恐慌 (C)借款客戶出現嚴重違約，只能提高銀行的信用風險，不致影響其流動性風險 (D)大部分客戶異常提領款項時，該銀行可能隨著流動性漸次不足而面臨擠兌。 【第4屆】

( ) **4** 銀行的外匯資產遠大於國外債務時，其外匯淨部位，簡稱為下列何者？ (A)長部位 (B)短部位 (C)美金部位 (D)歐元部位。 【第7屆】

✿✿( ) **5** 下列何者不是市場風險的來源？ (A)利率風險 (B)外匯風險 (C)價格風險 (D)法律風險。 【第7屆】

( ) **6** 銀行的資產負債大部分是金融資產與金融負債，下列何者不屬於金融資產與金融負債？ (A)利率部位 (B)外匯部位 (C)權益證券部位 (D)貴金屬（不包括黃金）。 【第6屆】

✿( ) **7** 市場利率變動，導致資產負債之經濟價值跟著變動的風險，係稱為下列何種風險？ (A)再投資風險 (B)再融資風險 (C)市場價值風險 (D)信用風險。 【第6屆】

✿( ) **8** 銀行透過5P衡量申貸客戶之信用品質，5P不包含下列何者？
(A)Performance (B)Purpose
(C)Prospective (D)People。 【第6屆】

✿✿(　)　**9** 從銀行全行的角度觀察，銀行的利率風險不包括下列何者？
(A)破產風險　　　　　　　(B)再融資風險
(C)再投資風險　　　　　　(D)市場價值變化的風險。　　【第4屆】

✿✿(　)　**10** 銀行的存款負債瀰漫著鉅額且異常的提領，可能帶來下列何種風
險？　(A)再投資風險　(B)流動性風險　(C)信用風險　(D)市場
風險。　　　　　　　　　　　　　　　　　　　　　【第4屆】

(　)　**11** 信用風險的產生，主要係因下列何者或交易對手的經營體質出現惡
化或發生其他不利因素（如企業與往來對象發生糾紛），導致客戶
不依契約內容履行其付款義務，而使銀行產生違約損失的風險？
(A)存款人　　　　　　　　(B)借款人
(C)保證人　　　　　　　　(D)擔保品提供人。　　【第4屆】

(　)　**12** 客戶之違約風險係由違約事件的發生機率來描述，銀行經營業務
可能面對違約行為的挑戰，下列敘述何者錯誤？　(A)經濟違約
(B)尚未履行付款義務之違約　(C)交易對手未遵守契約規定的違
約　(D)掌握擔保品的處分權與第三人的保證。　　【第4屆】

✿✿(　)　**13** 依據標準普爾信評公司之評等架構，下列哪些因子會影響營運風
險之規模？　A.產業發展前景；B.產品分散程度；C.市場競爭地
位；D.管理階層的領導能力
(A)僅A　　　　　　　　　(B)僅B、C
(C)僅A、B、C　　　　　　(D)A、B、C、D。　　【第3屆】

✿(　)　**14** 回顧美國的儲蓄貸款機構於1980年代的倒閉風潮，係為下列何種
風險威脅金融機構的例證？　(A)國家風險　(B)再融資風險　(C)
再投資風險　(D)市場價值風險。　　　　　　　　　【第3屆】

✿✿(　)　**15** 銀行的資產與負債，呈現到期期別及流動性不同時，可能造成下
列何種風險？
(A)信用風險　　　　　　　(B)作業風險
(C)利率風險　　　　　　　(D)回收風險。　　　　【第2屆】

（　）　**16** 本國銀行的美金部位為短部位時，市場出現美金貶值，則該銀行的匯率風險將如何變化？　(A)無關　(B)不變　(C)降低 (D)提高。　　　　　　　　　　　　　　　　　　　　　　【第2屆】

（　）　**17** 銀行資產負債部位的特性不同，其持有水準與波動情況也會有所差異，有關利率風險管理的重新訂價缺口的監督，下列敘述何者錯誤？
(A)類似流動性缺口指標是以不同天期「累計」概念衡量
(B)實務上，利率風險的缺口指標，適合就個別營業單位做觀察
(C)實務上，利率風險的缺口指標，均以全行或其銀行簿的部位為主
(D)部位幣別以新臺幣與美金計價兩種為主，人民幣計價的部位為輔。
　　　　　　　　　　　　　　　　　　　　　　　　　　　　【第4屆】

✿（　）　**18** 信用風險的「標準法」，依據授信對象的「信用等級」，決定「風險權數」；目前國內銀行常用的信用等級資訊來源，下列敘述何者錯誤？　(A)公開資訊觀測站資訊　(B)信用評等機構的信用資訊　(C)銀行自行建立的信用評分模型　(D)金融聯合徵信中心（JCIC）提供的「信用資料庫」。　　　　　　　【第2屆】

（　）　**19** 臺灣自哪一年開始，信用風險的資本計提，可以使用「內部評等法」？　(A)2005年　(B)2006年　(C)2007年　(D)2008年。【第2屆】

（　）　**20** 全行的「市場風險」，依據巴賽爾委員會與金管會規範，係指資產負債表的表內及表外部位，因市場價格變動，而可能產生的已實現和未實現的損失。所稱市場價格之變動，下列敘述何者錯誤？　(A)市場利率　(B)市場匯率　(C)股票價格　(D)金融負債短部位。　　　　　　　　　　　　　　　　　　　　　　【第2屆】

✿✿（　）　**21** 衡量市場風險時，有關主要部位或個別金融商品的「價格波動」，是指市場因素在特定時間內，上下偏離平均水準，導致部位價值產生變動的程度，在統計學上稱為部位價值的變動率，此波動程度之衡量不包括下列何者？　(A)標準差　(B)變異數　(C)變異係數　(D)敏感性係數。　　　　　　　　　　　　　　　　　【第2屆】

（　） **22** 銀行基於規避匯率風險，最好保持每種幣別的資產與負債相同。所謂資產與負債相同，不包括下列何者？　(A)金額大小力求相近　(B)到期日結構力求相近　(C)匯率與利率走勢力求相近　(D)平均期限（Duration）力求相近。　【第7屆】

（　） **23** 關於作業風險概念，下列敘述何者錯誤？　(A)科技設備創新所發揮的規模經濟，使相關業務的長期平均成本跟著降低　(B)行員的工作意願與能力不足，造成業務效率不高，非屬於作業風險涵蓋範疇　(C)新種金融商品與服務推出後，行銷決策不穩帶來的收入減少，亦屬於作業風險涵蓋範疇　(D)藉由新穎設備的跨業務聯結，創造比原先更多樣化的服務水準，有效發揮業務種類的綜效，是範圍經濟（Economies of Scope）的寫照。　【第1屆】

✡✡（　） **24** 中國外匯交易中心於2015年8月11日公布人民幣兌美元中間價為6.2298元，較前一交易日重貶1.9%，此對於外國銀行在當地之授信或投資會衍生何種類型之風險？　(A)信用風險　(B)外匯風險　(C)作業風險　(D)流動性風險。　【第1屆】

✡✡（　） **25** 下列哪項指標不是市場風險的衡量指標？
(A)利率敏感性係數　　　　(B)匯率敏感性係數
(C)利率波動的敏感性係數　(D)信用轉換係數。　【第1屆】

（　） **26** 基於獲利性考量，市場利率由低往高攀升時，銀行宜逐步擴大哪種缺口部位？　(A)負缺口部位　(B)正缺口部位　(C)零缺口部位　(D)市場利率與缺口部位無關。　【第2屆】

✡✡（　） **27** 銀行的交易對手發現衍生性交易明顯不利於自己時，可能選擇「不履約」，係稱為何種風險？
(A)交割日風險　　　　　(B)交割日之前的風險
(C)直接放款風險　　　　(D)間接放款風險。　【第1屆】

（　） **28** 下列何種風險不屬於描述客戶信用風險的「風險值」計算種類？
(A)違約風險（Default Risk）
(B)回收風險（Recovery Risk）
(C)曝露風險（Exposure Risk）
(D)作業風險（Operation Risk）。　【第3屆】

(　　) **29** 從銀行全行的角度觀察，銀行的利率風險不包括下列何者？　(A)破產風險　(B)再融資風險　(C)再投資風險　(D)市場價值變化的風險。　　　　　　　　　　　　　　　　　　　　　　　　　　　【第3屆】

(　　) **30** 金融商品的賣價減去買價大於0時，實務上如何看待？
(A)該交易呈現「資本損失」
(B)該交易有「利息收入」
(C)該交易有「證券交易所得」
(D)該交易存在「價格風險」。　　　　　　　　　　　　　【第1屆】

(　　) **31** 營業單位之信用風險控管，包括分行、區域中心、總行審查部與總經理層級，當高階主管（稱專業經理人）可能在不當利益引誘下，下達下列何種決策，會導致銀行承擔信用損失？
(A)主管對授信議題之客觀與主觀偏好
(B)達成單位盈餘目標
(C)逆選擇與道德風險
(D)遵守營業單位之總授信額度。　　　　　　　　　　　　【第3屆】

(　　) **32** 計算市場風險之主要部位變動幅度，當利率、匯率或石油價格等市場因素變動「一單位」時，觀察目標部位或金融商品的價格變動幅度之指標稱為下列何者？　(A)風險係數　(B)波動幅度　(C)向下風險　(D)敏感性係數。　　　　　　　　　　　　　　【第3屆】

(　　) **33** 有關銀行之利率風險管理，下列敘述何者錯誤？　(A)主要工具以「資產管理」為主　(B)評估銀行的資金成本與運用收益　(C)主要工具以「重新訂價缺口模型」為主　(D)透過資產負債表探討資金來源與資金運用項目的系統分析。　　　　　　　【第3屆】

(　　) **34** 重新訂價的缺口又稱「資金缺口」，有關資金缺口的描述，下列敘述何者錯誤？　(A)某天期的敏感性資產與敏感性負債相減而得　(B)敏感性資產除以敏感性負債大於0時，稱為「正」資金缺口　(C)利率由高往低下滑時，適合採用「負」資金缺口策略　(D)利率處於最高點或低谷時，適合採用「零」資金缺口策略。　　【第3屆】

☆☆(　　) **35** 有關作業風險的標準法，下列敘述何者錯誤？　(A)依八種業務類別，設定計提指標　(B)每種業務類別均以「營業毛利」作為計提指標　(C)風險係數介於12%與18%之間　(D)利用各類業務之營業利益，乘以對應的風險係數，作為「資本計提額」。　【第3屆】

(　　) **36** 銀行資產負債部位的特性不同，其持有水準與波動情況也會有所差異，有關利率風險管理的重新訂價缺口的監督，下列敘述何者錯誤？　(A)類似流動性缺口指標是以不同天期「累計」概念衡量　(B)實務上，利率風險的缺口指標，適合就個別營業單位做觀察　(C)實務上，利率風險的缺口指標，均以全行或其銀行簿的部位為主　(D)部位幣別以新臺幣與美金計價兩種為主，人民幣計價的部位為輔。　【第2屆】

☆☆(　　) **37** 下列何種方法不屬於作業風險的資本計提方法？　(A)進階衡量法　(B)內部模型法　(C)標準法　(D)基本指標法。　【第4屆】

☆(　　) **38** 計算銀行市場風險值（VaR），係以「損失波動幅度」（σ）與「波動倍數」（容忍水準%）相乘，因此估計各部位的VaR＝0－Z×β×(σ)，β為敏感性係數，假設債券部位的投資損失符合常態分配，則單尾容忍水準2.5的損失門檻，殖利率標準差為0.5%，β為敏感性係數為1，下列敘述何者正確？
(A)VaR＝0－1.96×1×0.005
(B)VaR＝0－1.96×1×0.025
(C)VaR＝0－1.645×1×0.005
(D)VaR＝0－2.325×1×0.005。　【第5屆】

☆(　　) **39** 假設容忍水準為1%，標準差為0.6%，β為敏感性係數為0.5，下列敘述何者正確？
(A)VaR＝0－2.325×0.5×0.005
(B)VaR＝0－2.325×0.6×0.005
(C)VaR＝0－2.325×0.5×0.01
(D)VaR＝0－2.325×0.5×0.006。　【第5屆】

☆☆(　　) **40** 關於信用卡之違冒詐欺事件，應歸類為下列何種風險型態？　(A)信用風險　(B)市場風險　(C)作業風險　(D)流動性風險。　【第6屆】

✿✿（　）　**41** 為避免承擔過高的信用風險，銀行會以客戶和產業為對象訂定風險限額。由內部評等模型所計算出的風險限額稱為下列何者？
(A)風險值　　　　　　　　(B)授信總餘額
(C)融資額度　　　　　　　(D)信用曝險額。　　　　　【第6屆】

（　）　**42** 商業銀行會衍生信用風險的金融業務包括，表內的企業金融業務與消費金融業務及表外的衍生性和非衍生性業務。關於表外非衍生性業務，下列敘述何者錯誤？　(A)選擇權　(B)擔保信用狀　(C)未動用額度的「承諾協議書」　(D)循環式包銷融資。　　【第2屆】

✿✿（　）　**43** 下列何者不屬於內部評等法（IRB法）之信用風險資本計提的決定因素？　(A)違約機率　(B)存續期間　(C)違約損失率　(D)信用曝險值。　　　　　　　　　　　　　　　　【第7屆】

（　）　**44** 有關銀行的風險管理，下列敘述何者錯誤？
(A)表外業務須於資產負債表附註揭露
(B)資產負債到期期限相等，銀行即不存在利率風險
(C)透過內部模型推估風險值，須進行回溯測試
(D)銀行應採取多軌制FTP系統降低財務風險。　　　【第7屆】

（　）　**45** 常理上銀行的「跨國授信」，不包括下列何種風險？　(A)利率風險　(B)匯率風險　(C)信用風險　(D)財務風險。　　【第7屆】

✿（　）　**46** 假設常態情況的容忍水準為1%，殖利率標準差為0.5%，β為敏感性係數為0.5，下列敘述何者正確？
(A)VaR＝0－2.325×1×0.005
(B)VaR＝0－2.325×1×0.01
(C)VaR＝0－2.325×0.5×0.01
(D)VaR＝0－2.325×0.5×0.005。　　　　　　　　【第7屆】

（　）　**47** 下列何者屬於銀行的表外非衍生性業務？　(A)金融交換　(B)遠期契約　(C)擔保信用狀　(D)不動產證券化契約。　　【第4屆】

✿✿（　）　**48** 有關表外業務之信用風險，分為衍生性與非衍生性兩類，其中衍生性業務不包括下列何者？　(A)股票（Stock）　(B)期貨（Futures）　(C)選擇權（Option）　(D)金融交換（Swap）。　　　　【第6屆】

( ) **49** 銀行發行票券或債券商品，迄今仍流通在外的餘額，實務上係稱為下列何者？
(A)買入票券或債券　　　　(B)金融資產
(C)金融負債　　　　　　　(D)長部位。　　　　　　【第6屆】

✡( ) **50** 商業銀行會衍生信用風險的金融業務包括，表內的企業金融業務與消費金融業務及表外的衍生性和非衍生性業務。下列何者不屬於表外非衍生性業務？
(A)選擇權
(B)擔保信用狀
(C)未動用額度的「承諾協議書」
(D)循環式包銷融資。　　　　　　【第6屆】

( ) **51** 有關銀行的放款對存款之比率（簡稱存放比率），下列敘述何者錯誤？
(A)存放比率愈高，意味銀行的流動性愈低
(B)存放比率愈高，意味銀行的流動能力愈強
(C)存放比率愈高，意味銀行的流動性風險愈大
(D)銀行仍以存放款業務為主，存放比率仍具相當參考價值。【第6屆】

✡( ) **52** 銀行之流動性風險與利率風險管理的監督指標，下列敘述何者錯誤？　(A)存款準備與流動準備，係與利率風險有關的準備部位　(B)存款準備與流動準備，係與流動性風險有關的準備部位　(C)利率風險以資產負債的「利率敏感性和非敏感性」為基準　(D)流動性風險以現金流入與流出相減的「淨現金流量」為基礎。【第6屆】

✡✡( ) **53** 當授信客戶發生違約時，銀行想辦法回收部分違約損失，以減輕信用損失的負擔；實務上，銀行的「債權管理」仍會發生之風險，有關回收風險，下列何者非屬之？
(A)擔保品風險
(B)第三人保證的風險
(C)簽訂的法律契約風險
(D)違約機率固定且已知風險。　　　　　　【第3屆】

解答與解析

1 (B)。　一般而言，利率會隨著期間增長而上升。假設銀行舉借期限一年、年利率5%的債務，以支應期限兩年、年報酬率6%的資產；則銀行於可獲利潤差距1%。至於第二年之利潤水準，若新的舉債成本維持9%，則依舊有1%之利潤差距；惟當新舉債成本攀升至11%時，銀行之第二年即有1%的利息損失。因此，當銀行之展期或重新舉債成本高於資產報酬率時，該行就會面臨再融資風險（refinancing risk）。

2 (D)。　信用風險可分成三種組成風險：違約（default risk）風險、曝露風險（exposure risk）以及回收風險（recovery risk），違約機率固定且已知風險屬於其中的違約風險。

3 (C)。　借款客戶出現嚴重違約，只能提高銀行的信用風險，會影響其流動性風險。

4 (A)。　銀行的外匯資產遠大於國外債務時，其外匯淨部位，簡稱為「長部位」。

5 (D)。　市場風險的來源有：利率風險、外匯風險、價格風險等。

6 (D)。　金融資產是一種廣義的無形資產，是一種索取實物資產的無形的權利，並能夠為持有者帶來貨幣收入流量的資產。金融資產包括銀行存款、債券、股票以及衍生金融工具等。貴金屬不屬於金融資產與金融負債。

7 (C)。
(A)再投資風險（Reinvestment Risk）：常指投資債券所面臨的各種風險之一。投資者在持有期間內，領取到的債息或是部份還本，再用來投資時所能得到的報酬率，可能會低於購買時的債券殖利率的風險。
(B)再融資風險（Refinancing risk）：由於市場上金融工具品種、融資方式的變動，導致企業再次融資產生不確定性，或企業本身籌資結構的不合理導致再融資產生困難的風險。
(D)信用風險（Credit risk）：指交易對手未能履行約定契約中的義務而造成經濟損失的風險。

8 (A)。　銀行借款徵審5P的條件：
(1)借款人（People）：借款人需有良好的信用條件，並於過去的借款紀錄與使用票據紀錄上，銀行對於借款人或是公司負責人的債信條件非常的重視，並且於借款時能有相關的關係人能提供推薦信函或信用的證明對於貸款的申貸有非常大的幫助。
(2)資金用途（Purpose）：銀行對於借出資金使用的用途會非

常重視，由於正確的用途可以讓企業賺錢，錯誤與盲目的使用，會造成企業財務的失調並產生因負債過大，每月因支出金額過高，並且造成財務槓桿原理失衡，導致企業的財務危機，並因此將企業拖垮。

(3) 還款能力（Payment）：對於一般使用資金用途時，都會有一定的相對支出，並可於預估償還金額與產生支出時有所規劃，並於資金運用時有絕對的還款關係，將資金借入的支出平均分攤與每月的固定支出，並能完整的計算出收與支的支付方式。

(4) 債權保障（Protection）：銀行為確保資金借出後能順利償還，大多數銀行會要求保證人，或是擔保品，若是能有信用保證保險承保，銀行對於使用這樣的放款方式會樂於希望爭取此客戶。

(5) 合作展望（Perspective）：除了此筆交易外，銀行也會熱於相關業務的合作並且長久來往，所以要習慣在任何的機制上與銀行往來，例如薪資轉帳或是相關金融業務，能夠與銀行建立往來頻繁、實績良好的業務互動。

9 **(A)**。 銀行的角度，銀行利率風險包括；再融資風險、再投資風險、市場價值變化的風險等。

10 **(B)**。 流動性風險是商業銀行所面臨的重要風險之一，我們說一個銀行具有流動性，一般是指該銀行可以在任何時候以合理的價格得到足夠的資金來滿足其客戶隨時提取資金的要求。銀行的存款負債瀰漫著鉅額且異常的提領，可能帶來流動性風險。

11 **(B)**。 信用風險的產生，主要係因借款人或交易對手的經營體質出現惡化或發生其他不利因素（如企業與往來對象發生糾紛），導致客戶不依契約內容履行其付款義務，而使銀行產生違約損失的風險。

12 **(D)**。 客戶之違約風險係由違約事件的發生機率來描述，銀行經營業務可能面對違約行為的挑戰有：經濟違約、尚未履行付款義務之違約、交易對手未遵守契約規定的違約。

13 **(D)**。 依據標準普爾信評公司之評等架構，下列因子會影響營運風險之規模：
(1) 產業發展前景。
(2) 產品分散程度。
(3) 市場競爭地位。
(4) 管理階層的領導能力。

14 **(B)**。 回顧美國的儲蓄貸款機構於1980年代的倒閉風潮，係為再融資風險威脅金融機構的例證。

15 (C)。 銀行的資產與負債，呈現到期期別及流動性不同時，可能造成利率風險。

16 (C)。 如美元兌換臺幣由1:30貶值為1:28，即代表原本的1塊美元可兌換＜30元的臺幣，即為「美元貶值」。本國銀行的美金部位為短部位時，市場出現美金貶值，表示將來付給外匯的金額減少，則該銀行的匯率風險降低。

17 (B)。 利率風險的缺口指標，不適合就個別營業單位做觀察。

18 (A)。 信用風險的「標準法」，依據授信對象的「信用等級」，決定「風險權數」；目前國內銀行常用的信用等級資訊來源有：信用評等機構的信用資訊、銀行自行建立的信用評分模型、金融聯合徵信中心（JCIC）提供的「信用資料庫」等。

19 (C)。 臺灣自2007年開始，信用風險的資本計提，可以使用「內部評等法」。

20 (D)。 全行的「市場風險」，依據巴賽爾委員會與金管會規範，係指資產負債表的表內及表外部位，因市場價格變動，而可能產生的已實現和未實現的損失。所稱市場價格之變動，包括市場利率、市場匯率、股票價格等。

21 (D)。 衡量市場風險時，有關主要部位或個別金融商品的「價格波動」，是指市場因素在特定時間內，上下偏離平均水準，導致部位價值產生變動的程度，在統計學上稱為部位價值的變動率，此波動程度之衡量包括：標準差、變異數、變異係數等。

22 (C)。 銀行基於規避匯率風險，最好保持每種幣別的資產與負債相同。所謂資產與負債相同，包括金額大小力求相近、到期日結構力求相近、平均期限（Duration）力求相近等。

23 (B)。 行員的工作意願與能力不足，造成業務效率不高，屬於作業風險涵蓋範疇。

25 (B)。 匯率風險又稱外匯風險或外匯曝露，是指一定時期的國際經濟交易當中，以外幣計價的資產（或債權）與負債（或債務），由於匯率的波動而引起而引起其價值漲跌的可能性。中國外匯交易中心於2015年8月11日公布人民幣兌美元中間價為6.2298元，較前一交易日重貶1.9%，即屬外匯風險。

26 (D)。 市場風險的衡量指標有：利率敏感性係數、匯率敏感性係數、利率波動的敏感性係數等。

27 (B)。 基於獲利性考量，市場利率由低往高攀升時，銀行宜逐步擴大正缺口部位。

28 (B)。 銀行的交易對手發現衍生性交易明顯不利於自己時，可能

選擇「不履約」，係稱為交割日之前的風險。

29 (D)。　客戶信用風險的「風險值」包括違約風險（Default Risk）、回收風險（Recovery Risk）、曝露風險（Exposure Risk）。

30 (A)。　從銀行全行的角度觀察，銀行的利率風險包括再融資風險、再投資風險、市場價值變化的風險等。

31 (C)。　金融商品的賣價減去買價大於0時，表示該交易有「證券交易所得」。

32 (C)。　營業單位之信用風險控管，包括分行、區域中心、總行審查部與總經理層級，當高階主管（稱專業經理人）可能在不當利益引誘下，下達逆選擇與道德風險決策，會導致銀行承擔信用損失。

33 (D)。　敏感性係數係計算市場風險之主要部位變動幅度，當利率、匯率或石油價格等市場因素變動「一單位」時，觀察目標部位或金融商品的價格變動幅度之指標。

34 (A)。　銀行之利率風險管理係透過資產負債表探討資金來源與資金運用項目的系統分析，以評估銀行的資金成本與運用收益，主要工具以「重新訂價缺口模型」為主。

35 (B)。　敏感性資產減敏感性負債大於0時，稱為「正」資金缺口。

36 (D)。　標準法係將銀行之營業毛利區分為八大業務別（business line）後，依規定之對應風險係數（Beta係數，以β值表示），計算各業務別之作業風險資本計提額。在計提指標方面，每項業務別均以營業毛利（Gross Income）作為作業風險計提指標，並賦予每個業務別不同之風險係數，因此，總資本計提額是各業務別法定資本之簡單加總後之三年平均值，在任一年中，任一業務別中，如有負值之資本計提額（由於營業毛利為負）有可能抵銷掉其他業務別為正值之資本計提額（無上限）；然而，任一年中所有業務別加總後之資本計提額為負值時，則以零計入。

37 (B)。　實務上，利率風險的缺口指標，就總營業單位做觀察。

38 (B)。　作業風險的資本計提方法有：
(1) 進階衡量法。
(2) 標準法。
(3) 基本指標法。

39 (A)。　$VaR = 0 - Z \times \beta \times (\sigma)$，β為敏感性係數，假設債券部位的投資損失符合常態分配，則單尾容忍水準2.5%的損失門檻，殖利率標準差為0.5%，β為敏感性係數為1，則參考常態分配表得知，容忍水準2.5%為1.96，則$VaR = 0 - 1.96 \times 1 \times 0.005$。

40 (D)。 假設容忍水準為1%，標準差為0.6%，β為敏感性係數為0.5，則VaR＝0－2.325×0.5×0.006。

41 (C)。 作業風險是指所有因內部作業、人員及系統之不當與失誤，或其他外部作業與相關事件，所造成損失之風險，信用卡之違冒詐欺事件即屬之。

42 (A)。 風險值係為避免承擔過高的信用風險，銀行會以客戶和產業為對象訂定風險限額。由內部評等模型所計算出的風險限額。

44 (A)。 衍生性金融商品交易，指為避險目的、增加投資效益目的及結構型商品投資，辦理之衍生性金融商品交易。選擇權即屬衍生性業務。

45 (B)。 內部評等法（IRB法）之信用風險資本計提的決定因素有：違約機率、違約損失率、信用曝險值等。

46 (B)。 資產負債到期期限相等，但可能利率不相等等因素，銀行仍存在利率風險。

47 (D)。 常理上銀行的「跨國授信」，不包括財務風險。

48 (D)。 VaR＝0－Z×β×(σ)，β為敏感性係數，假設債券部位的投資損失符合常態分配，則單尾容忍水準1%的損失門檻，殖利率標準差為0.5%，β為敏感性係數為0.5%，則參考常態分配表得知，容忍水準1%為2.325，則VaR＝0－2.325×0.5×0.005。

50 (C)。 擔保信用狀為企業金融一環，不屬於非衍生性業務。

51 (A)。 衍生性金融商品交易，指為避險目的、增加投資效益目的及結構型商品投資，辦理之衍生性金融商品交易。股票（Stock）非屬衍生性業務。

52 (C)。 銀行發行票券或債券商品，迄今仍流通在外的餘額，實務上係稱「金融負債」。

53 (A)。 其資產負債表外業務活動可以分為五項，包含信用狀、擔保、放款承諾責任、租金承諾及衍生性金融商品等。選擇權屬於衍生性金融業務。

54 (B)。 銀行的放款對存款之比率（簡稱存放比率），存放比率愈高，意味銀行的流動性愈低；存放比率愈高，意味銀行的流動性風險愈大；銀行仍以存放款業務為主，存放比率仍具相當參考價值。

55 (A)。 存款準備與流動準備，係與流動性風險有關的準備部位，非與利率風險有關。

56 (D)。 信用風險可分成三種組成風險：違約（default risk）風險、曝露風險（exposure risk）以及回收風險（recovery risk），違約機率固定且已知風險屬於其中的違約風險。

第二篇　信用評等制度

第四章　企業金融業務與信用評等制度

依據出題頻率區分，屬：**A** 頻率高

課前導讀

企業授信是銀行授信業務中最重要的一環，係指銀行直接向企業客戶提供資金，或者對其於經濟活動中可能產生的賠償、支付責任做出保證，包括貸款、貿易融資、票據融資、融資租賃、透支、各項墊款等表內業務。企業授信與信用評等之範圍甚廣，本章試著以最簡潔的方式，帶大家來瞭解企業授信及其信用評等制度。

重點 **1**　本國銀行的企業授信種類

一、本國銀行的企業授信種類

銀行辦理的企業授信分成三大類別：融資業務、票據承兌與保證業務，分述如下：

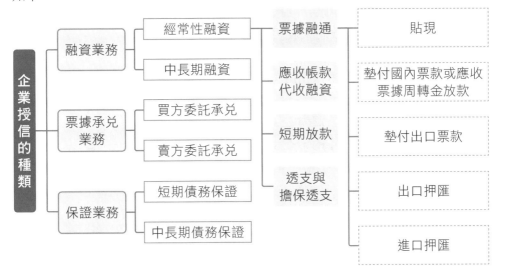

(一) 融資業務

1. 票據融通：

(1) **貼現**：貼現是指銀行承兌匯票的持票人在匯票到期日前，為了取得資金，貼付一定利息將票據權利轉讓給銀行的票據行為，是銀行向持票人融通資金的一種方式。

(2) **墊付國內票款**：墊付國內票款是針對客戶提供之應收票據辦理融資，其融資成數視借戶之信用、票源與發票人信用而定，一般常見是八成內貸放（亦有九成，或100%之同額，亦或低於八成者）。

(3) **墊付出口票款**：所稱墊付出口票款，謂銀行對其受託代收之出口跟單匯票，墊付全部或局部票款之票據融通方式。

(4) **出口押匯**：出口押匯是指企業在向銀行提交信用證項下單據議付時，銀行根據企業的申請，憑企業提交的全套單證相符的單據作為質押進行審核，審核無誤後，參照票面金額將款項墊付給企業，然後向開證行寄單索匯，並向企業收取押匯利息和銀行費用並保留追索權的一種短期出口融資業務。

(5) **進口押匯**：進口押匯，謂銀行接受國內進口者委託，對其國外賣方簽發之即期跟單匯票先行墊付票款，再通知借款人（國內進口者）在合理期限內備款贖單之票據融通方式。

2. 應收帳款代收融資：

銀行的代收融資業務，即是在企業的應收帳款尚未收妥之前，提供企業的周轉資金，並賺取利息收入，且承擔來自商品勞務的買方與賣方的信用風險。

3. 短期放款：

(1) **定義**：銀行對借款周轉之用途及還款方式，其借款期間在一年內，不以提供擔保品擔保之放款者屬之。

(2) **應注意事項**：

A. 銀行得徵取與借款用途有關之存貨作質或設定擔保物權，藉以加強用途之監督及還款財源之掌握。

考點速攻

所謂「應收帳款承購服務」，係企業與買方進行交易時，將出貨所收取之應收帳款債權，轉讓給銀行，在沒有貿易糾紛的前提下，無論自己的交易對象為國際或是國內之購買商，透過本行的應收帳款承購服務，將買方的信用風險轉嫁給銀行承擔，讓自己可以完全回收貨款，減少逾期帳款損失，提高公司資金周轉能力。

　B. 辦理短期放款，銀行必須明瞭借款人之業務性質、產銷程序、業務財務近況，俾在：
　　a. 積極方面，切合借款人資金周轉之實際需要，並使信用風險有一定之範圍。
　　b. 消極方面，可避免重複融資，並防範資金移作長期用途。

4. **透支及擔保透支**：透支是指銀行允許其存款戶在事先約定的限額內，超過存款餘額支用款項的一種放款形式。

> **考點速攻**
> 買方委託承兌係協助買方能延後付款。

(二) 票據承兌業務

1. **買方委託承兌**：謂銀行替代委託人，為其賣方所發匯票之付款人而予承兌。銀行接受此類委託，實基於相信委託人對其賣方提供之短期信用能夠如期償付（亦即相信委託人能在該承兌匯票到期前，將票款送交銀行）。如此作業，對買賣雙方均有裨益，對買方（委託人）言，係助其獲得賣方之信用。對賣方言，係助其獲得可在貨幣市場流通之銀行承兌匯票。買方委託承兌在開發遠期信用狀時，銀行得酌收保證金，如有需要，並得徵取其採購之貨品作質或設定擔保物權，藉以加強還款財源之掌握。辦理買方委託承兌，銀行必須明瞭之事項與辦理短期放款同。

2. **賣方委託承兌**：所稱賣方委託承兌，謂賣方將其在商品或勞務交易時取得之遠期支票，轉讓予銀行，並依該支票金額，簽發見票後定期付款之匯票，由銀行為付款人而予承兌。如此作業，目的在協助賣方（委託人），將其遠期支票轉換為銀行承兌匯票，以便向貨幣市場獲得融資。辦理賣方委託承兌，銀行必須明瞭之事項與辦理墊付國內票款同。

(三) 保證業務

所稱保證業務，謂銀行與其委託人之債權人約定，於其委託人不能履行債務時，由銀行代負履行責任之授信業務。保務業務分下列二類：

短期債務保證	短期債務保證，如發行商業本票、應繳押標金、應繳履約保證金、預收訂金等，得委託銀行予以保證，俾便利短期資金之調度。辦理短期債務保證，銀行必須明瞭之事項與辦理短期放款同。
中長期債務保證	中長期債務保證，如記帳稅款、分期付款信用、公司債之發行等得委託銀行予以保證。辦理中長期債務保證，銀行必須明瞭之事項與辦理中長期融資同。

(四) 中長期融通業務

所稱中長期融資，謂銀行以協助借款人實施其投資或建立長期性營運資金之計劃為目的，而辦理之融資業務。中長期融資係寄望以借款人今後經營所獲之利潤，作為還款之財源。中長期融資之風險遠較經常性融資為大。銀行徵取擔保品或其他可靠擔保以加強債權之保障，有其需要。辦理中長期融資，銀行對申請人出借款計劃，其可行性之評估必須從經濟效益、技術、組織、管理、

商務、財務等觀點深入瞭解分析，從而判斷該借款計劃之還款能力如何，以及是否值得予以協助。此為中長期（條件）融資案件准駁之主要依據。辦理中長期融資，銀行與借款人應在計劃評估認可而尚未正式核定融資時，先就放款合約中之條款，逐條協議。中長期放款合約之條款，遠較短期放款合約繁複。中長期放款合約中，除放款額度、放款用途、利率、撥款條件、攤還辦法等約定外，尚列明許多借款人正反面承諾事項，以及不履行承諾即予以加速還款等條款。辦理中長期融資，銀行在撥付放款時，應審核其是否符合放款合約規定之撥款條件。中長期放款之撥款程序分為先核後撥、直接撥付、先撥後核等三種。所稱先核後撥，謂借款人依約定之用途先行付款購料，然後檢據向銀行申請，經銀行核驗單據後撥款。所稱直接撥付，謂銀行徇借款人造具之擬購項目清單上所列金額，先予撥付放款，由借款人於採購完畢後將單據補送銀行核驗。

二、銀行徵信的範圍

(一) 短期授信

1. 企業之組織沿革。
2. 企業及其主要負責人一般信譽（含票信及債信紀錄）。
3. 企業之設備規模概況。
4. 業務概況（附產銷量值表）。
5. 存款及授信往來情形（含本行及他行）。
6. 保證人一般信譽（含票信及債信紀錄）
7. 財務狀況。
8. 產業概況。

(二) 中長期授信

1. **中長期周轉資金貸款**：借款用途係供企業中長期經常性周轉金需求，以寄望企業經營所產生之盈餘、攤提折舊與變賣閒置性資產所得做為償還財源的貸款。

2. **資本支出貸款**：企業借款人為充實基本建設或技術改造項目的工程建設、技術、設備的購置、安裝方面的中長期資金融通業務，謂之。一般常見的，計有購置土地、興建廠房與添購生產用之機器設備等資本性支出貸款，又稱「計畫性融資」。

(三) 聯合貸款

1. **聯合貸款定義**：聯合貸款是由兩家或數家銀行一起對某一項目或企業提供貸款，並以相同之承作條件貸款。

2. **聯合貸款之優點**：

對企業而言	1. 可減低洽貸成本，有效籌足鉅額資金。 2. 保持抵押品完整。 3. 提高在同業間之地位。 4. 擴大市場接觸面，增加新的借款機會。
對聯貸銀行而言	1. 避免重複融資，提高資金運用效率。 2. 建立各銀行間的密切合作關係。 3. 增加客戶層面，增加收益。

3. **聯貸的權利義務**：

(1) 擔保權益由聯合貸款全體參貸銀行分享，徵提之擔保品抵押權人通常為主辦銀行。

(2) 發生壞帳由各參貸銀行按撥貸比例分擔。

(四) 國際聯貸

1. **國際聯貸定義**：貸款人與聯貸銀行之間或聯貸銀行與聯貸銀行之間涉及不同國家之聯貸案，稱之。

2. **國際聯貸費用**：國際聯貸之手續費（Fee）多樣化，一般國際聯貸之手續費包括：

費用名稱	定義
安排費（Arranger Fee）或管理費（Management Fee）	由安排者收取，通常於簽約時或簽約後數日，一次付清。
參貸費 Participation Fee	所有參貸銀行按其參貸金額乘以某一費率而得，為誘使銀行參貸較大金額，通常按不同位階給予不同費率，位階愈高，費率愈高。
包銷費 Underwriting Fee	聯貸案若有包銷的情形，則借款人應支付包銷費給包銷者。
承諾費 Commitment Fee	借款人於簽約後即依未用額度按期支付承諾費予聯貸銀行直至用款期限截止。
代理費 Agency Fee	支付予代理行之費用，通常按年計收，代理行是聯貸合約簽訂後，處理還本付息、各項通知等行政手續之銀行。
顧問費 Consultant Fee	某些中長期專案融資（Project Finance）聯貸案可能聘有財務顧問、技術顧問、保險顧問，來協助審核計畫進行的相關內容。
律師費 Lawyer Fee	聘請律師之費用。

(五) 專案融資

1. **專案融資定義**：BOT為Build-Operate-Transfer的簡稱，一般係指民間企業支付權利金，取得政府特許以投資興建公共設施，並於興建完成後一定期間內經營該設施，特許經營期間屆滿後，再將該設施之所有資產移轉予政府。若不需移轉資產而由民間企業繼續營運者，則為BOO（Own）模式。臺灣高速鐵路即是採BOT模式，民營電廠則採BOO模式。

2. **其他民間參與公共建設之模式**：

BOO（Build-Own-Operate）	為配合國家政策，由民間自行覓土地籌資規劃興建，擁有所有權，並自為營運，無須將資產移轉給政府，民營電廠即BOO模式。

BT (Build and Transfer)	由政府規劃民間籌資興建，建設完成後再由政府一次或分期償付建設經費。
OT (Operate and Transfer)	政府將已興建完成之公共建設委託民間機構於一定期間內經營，營運期過後，營運權歸政府，即所謂「公辦民營」或「公有民營」。
BTO (Build-Transfer-Operate)	由民間機構籌資興建公共建設，興建完成後將資產移轉給政府（政府取得所有權），再由政府委託該民間機構經營一段期間。
BLT (Build-Lease-Transfer)	由民間機構投資興建公共建設，完工後租給政府使用，租期屆滿後將該資產移轉給政府。
BL (Build-and-Lease)	由政府興建公共建設租予民間機構使用。
ROT (Rehabilitate-Operate-Transfer)	政府將老舊之公共設施交由民間機構修復改建，並經營一段時間後移轉給政府。

牛刀小試

( ) **1** 有關應收帳款代收融資，下列何者正確？ (A)應收帳款管理商若無法向商品勞務供應者，追回其墊付的帳款，則稱此為有追索權之應收帳款承購 (B)有追索權的授信對象為應收帳款的讓與者（即賣方），無追索權的授信對象為應收帳款的還款者（即買方） (C)辦理應收帳款承購業務的銀行若覺得承擔的流動性風險與信用風險過高，可在初級市場將部分應收帳款轉售予其他銀行 (D)辦理應收帳款承購業務的銀行若發現商品勞務買方存在明顯不同的信用等級時，無須銀行自行負擔保險費用（一般無法要求應收帳款讓與者額外負擔保險費用），以降低其信用風險。 【第7屆】

( ) **2** 銀行和客戶簽訂承諾協議書，對於額度範圍內之尚未動用部分，應收取下列何種費用？
(A)利息費用 (B)承諾費用
(C)違約費用 (D)承兌費用。 【第6屆】

( ) **3** 關於銀行票據承兌業務，下列何者錯誤？
(A)銀行代替買方，為其賣方所發匯票之付款人提供承兌，稱為「買方委託承兌」
(B)買方業者基於資金調度考量，進口貨物時常開發「即期信用狀」取代「遠期信用狀」
(C)銀行受理之賣方委託承兌，旨在協助賣方將取得的「遠期支票」轉換為「銀行承兌匯票」
(D)票據承兌業務係銀行授信業務之一種。 【第6屆】

[解答與解析]

1 (B)。 所謂「應收帳款承購服務」，係企業與買方進行交易時，將出貨所收取之應收帳款債權，轉讓給銀行，在沒有貿易糾紛的前提下，無論您的交易對象為國際或是國內之購買商，透過本行的應收帳款承購服務，將買方的信用風險轉嫁給銀行承擔，讓您可以完全回收貨款，減少逾期帳款損失，提高公司資金周轉能力。有追索權的授信對象為應收帳款的讓與者（即賣方），無追索權的授信對象為應收帳款的還款者（即買方）。

2 (B)。 (A)利息費用：銀行與之承做授信業務的利息。
(C)違約費用：因借款人違約所生、如為取得法院執行名義而支出的費用。
(D)承兌費用：銀行承兌匯票時收取的費用。

3 (B)。 買方業者基於資金調度考量，進口貨物時常開發「遠期信用狀」取代「即期信用狀」。

重點 **2** 企業金融業務之信用評等制度

(一) **評鑑借戶的公司識別系統**

1. **應用面**：銀行徵信報告。

2. **應用範圍**：國內上市、櫃（一般產業）公司。

3. **預警指標**：

(1) **壓力測試**：針對公司之財務變數、公司治理變數、總體經濟變數將所有公司之風險值進行排序，定義出臨界值（正常與風險之分界），及計算個別公司之IDM預測值，IDM值高於臨界值以上者為觀察公司（風險公司）反之為正常公司。

(2) **風險預測報告**：觀察公司（風險公司）依風險程度由大到小排序，區分A級（列特別觀察名單）、B級（企業體質差）、C級（普通等級，仍需注意）、D級（邊緣等級）。

A. **風險度正常**：風險預測等級連續二季皆為正常等級。

B. **風險度上升**：風險預測等級二季結果分別呈現觀察與正常，或皆為觀察等級。

> **考點速攻**
> 企業跨足陌生產業，不但不能分散經營風險，反而增加經營風險。

(3) **風險預測綜合報告**。

(二) **銀行對企業授信流程**

1. 徵信調查。
2. 擔保品鑑價。
3. 信用評等。
4. 進件審核。
5. 撥貸額度管理。
6. 信用監控與預警。
7. 貸後覆審追蹤管理。
8. 報表管理與定期審視各項信用變化。

(三) **銀行授信基本原則與授信政策**

1. **銀行授信基本原則**：

(1) **安全性原則**：確保存款戶存款的安全與股東權益。

(2) **收益性原則**：對於經營放款應顧及合理的收益。

(3) **流動性原則**：金融業為高財務槓桿的行業，辦理授信應盡量避免資金固定。

(4) **公益性原則**：金融業放款為工商企業及個人資金融通的主要來源，凡是不具社會經濟價值或社會公益，甚至違背政府政策，均不宜受理承作。

(5) **成長性原則**：銀行是經濟社會活動之一環，其業務必須隨國家經濟的發展而成長。

2. 銀行授信政策：

信用構成要素：3F5C之信用管理學說，如下圖：

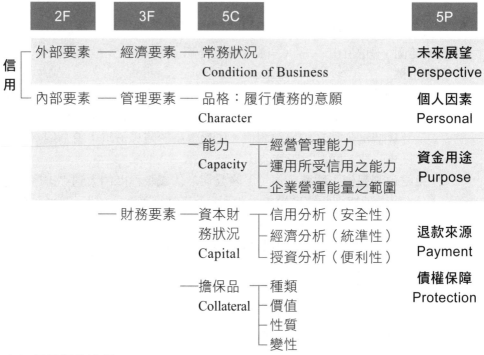

2F	3F	5C		5P
信用 外部要素	— 經濟要素	— 常務狀況 Condition of Business		**未來展望** Perspective
內部要素	— 管理要素	— 品格：履行債務的意願 Character		**個人因素** Personal
		— 能力 Capacity	┌ 經營管理能力 ├ 運用所受信用之能力 └ 企業營運能量之範圍	**資金用途** Purpose
	— 財務要素	— 資本財 務狀況 Capital	┌ 信用分析（安全性） ├ 經濟分析（統準性） └ 授資分析（便利性）	**退款來源** Payment
		— 擔保品 Collateral	┌ 種類 ├ 價值 ├ 性質 └ 變性	**債權保障** Protection

(四) 信用評估流程

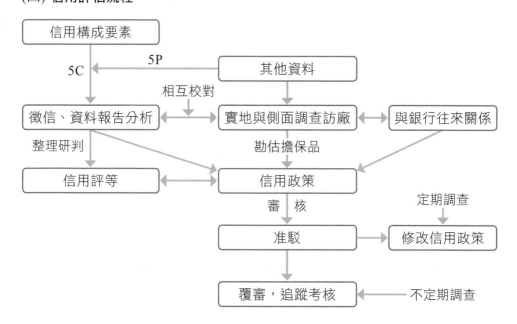

5C：品格、能力、資本、擔保品、營運狀況。
5P：借款戶、資金用途、還款財源、債權保障、借款戶未來展望。

(五) 中長期授信審核

中長期企業融資與中長期周轉金貸款採一般5P原則審查。惟計畫型融資與建築融資則銀行以計畫可行性評估來辦理。此計畫型之可行評估大體包括：

1. **公司現況**：對企業公司現況予以了解。
2. **組織背景**：對經營團隊予以了解。
3. **管理系統**：對管理制度及經營理念加以了解。
4. **資金來源與運用**：了解公司的債務及股本來源及運用方式。
5. **技術、產品與市場可行性評估**：主要針對技術、產品與市場分析其可行性，並與承作條件綜合考量如下：
   (1) **是否給予寬限期**：在寬限期內，只繳利息，不還本金之期限。
   (2) **是否約定特約條款**：中長期授信，為降低授信風險，銀行往往要求借款人注意履行某些特約條款，以避免財務狀況趨於惡化。常見的特約條款可分為以下三類：

肯定條款 **Affirmative Covenant**	例如：在授信期間內維持一定金額以上之淨周轉金；按期提供各種財務報告表；有關第三人之保證或承諾。
否定條款 **Negative Pledge**	例如：禁止超過某期間或金額以上之新借款；禁止合併、固定資產出售或出租；禁止債務保證、出售應收帳款、投資或保證。
限制條款	例如：分紅、減資、償還其他長期債務，增加固定資產之限制；財務比率、債務總額之限制。

6. **業務發展趨勢**：對未來業界的發展趨勢加以了解並注意計畫風險。
7. **財務趨勢**：較常採用之定量化決策指標有：
   (1) **預估營收成長率**：可採趨勢分析就不同年度期的財務報表或同一項目的比較分析。
   (2) **預估稅前淨益率**：預估比率越高表示未來企業獲利能力越強。

(3) **預估負債比率**：可透過下列比率分析之：

利息保障倍數 $= \dfrac{(稅前淨利＋利息費用)}{利息費用}$，此倍數越高表示企業到期支付利息的能力越強。

(4) **預估流動比率**：

可透過下列比率分析之：

A. 流動比率 $= \dfrac{流動資產}{流動負債}$，此項比率越大，代表企業短期償債能力越強。此一比率通常維持在200%（即2：1）以上，但實際上仍應視各該行業的狀況而定。

> **考點速攻**
> 應付帳款周轉率越高，說明付款條款愈不利，公司總是逼迫借方需要盡快付清欠款。

B. 速動比率 $= \dfrac{速動資產}{流動負債}$，速動比率用來測驗企業緊急變現能力，此一比率至少應維持在100%以上。

※速動資產＝流動資產－預付費用－存貨

(5) **長期償債能力比率**：可透過下列比率分析之：

長期資金對固定資產比率 $= \dfrac{(長期負債＋股東權益)}{固定資產}$，若小於1，表示企業需依賴短期資金來支應長期資本支出，企業財務危機已可能發生，故此比率以遠大於1為宜。

(6) **預估現金流量**：

A. **營業活動**：營業活動是指所有與創造營業收入有關的交易活動之收入，諸如進貨、銷貨等所產生的現金流量。

流入項目	流出項目
1. 現銷商品及勞務收現數	1. 現購商品及原物料付現數
2. 應收帳款或應收票據收現金	2. 償還應付帳款及應付票據
3. 利息及股利收入收現	3. 利息費用付現數
4. 出售以交易為目的之金融資產	4. 支付各項營業費用
5. 出售指定公平價值列入損益之金融資產	5. 支付各項稅捐、罰款及規費
6. 其他，如訴訟賠款等	6. 其他，如支付訴訟賠款等

B. **投資活動**：係指購買及處分公司的固定資產、無形資產、其他資產、債權憑證及權益憑證等所產生的現金流量。

流入項目	流出項目
1. 收回貸款 2. 出售債權憑證 3. 處分非以交易為目的之金融資產 4. 處分固定資產	1. 放款給他人 2. 取得債權憑證 3. 取得非以交易為目的之金融資產 4. 取得固定資產

C. **籌資活動**：包括股東（業主）的投資及分配股利給股東（業主）、籌資性債務的借入及償還。

流入項目	流出項目
1. 現金增資 2. 舉借債務	1. 支付股利 2. 購買庫藏股票 3. 退回資本 4. 償還借款 5. 償付分期付款金額

(六) 企業金融業務之信用評等制度

1. **前言**：企業金融業務主要是以法人機構為授信對象。為配合2006年底開始實施的新巴塞爾資本（Basel II）協定，銀行極思建立一套完善的信用評等制度，作為計算風險性資產與資本計提額的依據。

$$風險性資產 = \sum_{i=1}^{n} 資產額i \times 風險權數i$$

2. **建立信用評等制度之目的：**

    (1) **加強管理授信客戶之信用風險**：為因應2006年底新巴塞爾資本協定的國際潮流，國內金融業無不加緊腳步加強控管授信客戶之信用風險。

考點速攻

約當現金：指下列短期且具高度流動性之投資：
1. 隨時可轉換為定額現金者。
2. 即將到期且利率變動對其價值之影響甚少者：例如：
   (1)自投資起三個月內到期之公債。
   (2)即將到期之國庫券。
   (3)商業本票及銀行承兌匯票。

不論標準法或內部模型法，在計提風險性資產與資本需求額時，均有賴一套完善的信用評等制度，顯示信用評等制度在信用風險評估過程扮演著不可或缺的角色。

銀行建立信用評等制度有助監控授信案件承擔多少信用風險，並降低自有資本的計提，以及節省資金成本。

(2) **協助訂價**：根據銀行的風險加減碼制度，信用評等結果是授信訂價的重要參考因素之一，其餘影響貸款利率高低的因素尚有：借款期別、擔保比例、存款實績、外匯實績及經營展望。

(3) **建立與企業授信往來之長期別資料庫**：依照新巴塞爾資本協定，銀行可選擇標準法或內部評等法衡量信用風險。如使用內部評等法，銀行需有足夠長度的授信資料才能估計違約機率、違約損失額與回收率。

銀行如有大量且長期的授信資料庫，便可根據這些歷史資料合理估計與內部評等法有關的參數，俾更加精確地衡量銀行的信用風險。

3. **信用評等表**：為使銀行在辦理信用評等時有一客觀標準，銀行公會於76年6月統一制定「授信企業信用評等表」格式供金融同業參考，但容許個別銀行依照業務性質，自行制定評估表格。銀行公會之信用評等表分為甲、乙兩種。

(1) **甲種**：適用於大型企業，評分比例如下：

財務狀況	佔百分之五十，其項目計分： a.償債能力。　　　　　b.財務結構。 c.獲利能力。　　　　　d.經營效能。
經營管理	佔百分之三十，其項目計分： a.負責人一般信評。　　b.公司組織型態。 c.內部組織功能。　　　d.產銷配合情形。 e.受轉投資事業之影響。　f.銀行往來信用情況。
產業特性暨展望	佔百分之二十，其項目計分： a.所處業界地位。　　　b.產品市場性。 c.企業發展潛力。　　　d.未來一年內行業景氣。

(2) **乙種**：適用於中小型企業，評分比例如下：

財務狀況	佔百分之四十，其項目計分： a.償債能力。　　　　　　　b.財務結構。 c.獲利能力。　　　　　　　d.經營效能。
經營管理	佔百分之四十，其項目計分： a.負責人一般信評。　　　　b.負責人經驗。 c.股東組織型態。　　　　　d.近三年營業額平均成長。 e.近三年資本額增加情形。　f.銀行往來信用情況。
企業展望	佔百分之二十，其項目計分： a.設備及技術。　　　　　　b.產品市場性。 c.提供擔保能力。　　　　　d.未來一年內行業景氣。

4. **信用評等**：分為A、B、C、D、E五等，其分數及等級劃分如下：

等　級	分　　數
A	80分以上
B	70分至79分
C	60分至69分
D	50分至59分
E	49分以下

牛刀小試

( )　**1** 關於企業之信用評分，下列敘述何者錯誤？　(A)負責人在業界之評價愈高，則違約機率愈低　(B)企業內部組織運作愈建全，則違約機愈低　(C)企業跨足陌生產業，可以分散經營風險，所以違約機率可以降低　(D)在業界中扮演龍頭地位之領導企業，其違約機率會較低。　　　　　　　　　　　　　　【第6屆】

( )　**2** 甲公司該年度稅後淨利為7億元，所得稅稅率為17%，股東權益為50億元，請問甲公司之淨值純益率為多少？　(A)11.97%　(B)16.87%　(C)17.21%　(D)18.00%。　　　　　　　　　　【第6屆】

(　) **3** 衡量企業取得資金之後的經營效能，下列敘述何者錯誤？
(A)存貨周轉率越高，企業經營效能越好
(B)應收帳款周轉率越高，企業經營效能越好
(C)總資產周轉率越高，企業經營效能越好
(D)應付帳款周轉率越高，企業經營效能越好。　　　【第4屆】

(　) **4** 甲公司該年度相關財務數字如下：營業收入166百萬元、營業成本
92百萬元、營業外收入5百萬元、期初應收帳款淨額13百萬元、
期末應收帳款淨額28百萬元，請計算其應收帳款周轉率為何？
(A)6.1　　　　　　　　　　(B)8.1
(C)10.1　　　　　　　　　 (D)13.1。　　　　【第3屆】

[解答與解析]

1 (C)。 企業跨足陌生產業，不但不能分散經營風險，反而增加經營風險。

2 (B)。 淨值純益率 $= \dfrac{7 \div (1-17\%)}{50} = 16.87\%$

3 (D)。 應付帳款周轉率，是用來衡量一個公司如何管理償還欠款。應付
帳款周轉率越高，說明付款條款愈不利。

4 (B)。 應收帳款周轉率 $= \dfrac{賒銷淨額}{(期初應收帳款＋期末應收帳款) / 2}$

$= \dfrac{166}{(13+28)/2} \fallingdotseq 8.1$（次）

【重點統整】

1. 銀行的自有資本對風險性資產的比率愈高時，其承擔的資本風險將愈小。
2. 企業發行新債務憑證時，儘管金融環境不變，仍被要求比較高的息票利率，意味該企業的信用等級降低。
3. 企業跨足陌生產業，不但不能分散經營風險，反而增加經營風險。
4. 買方業者基於資金調度考量，**進口貨物時常開發「遠期信用狀」取代「即期信用狀」**。

5. 所謂**「應收帳款承購」**係企業將出貨所收取之應收帳款債權，轉讓給銀行。透過應收帳款承購，**可將信用風險轉嫁給銀行承擔，減少逾期帳款損失，提高公司資金周轉能力。**

6. 銀行和客戶簽訂承諾協議書，對於額度範圍內之尚未動用部分，應收取**「承諾費用」**。

7. 所謂本國銀行以**「內保外貸」**方式承作陸資企業之運作模式，係指借款企業需提供外資銀行開立的擔保信用狀，以擔保借款人履行合約之義務或責任。

8. **應付帳款周轉率越高，說明付款條款愈不利，公司總是逼迫需要盡快付清欠款。**

9. 有利的財務融資槓桿，淨利會增加，淨值報酬率將會上升。

10. 企業之存貨周轉率愈高，反應其庫存管理能力愈好。

11. **有關授信案件之訂價原則，應考慮下列風險貼水因子：**
    (1)**信用等級加減碼。**　　　　(2)**借款期別。**
    (3)**擔保品成數或比例。**　　　(4)**授信展望加減碼。**

12. **經常性融資分下列三類：**
    (1)**票據融通。**　　　　　　　(2)**短期放款。**
    (3)**透支。**

13. 經常性融資之還款來源仰賴營業收入。

14. 銀行發行票券或債券商品，迄今仍流通在外的餘額，實務上，係稱**「金融負債」**。

精選試題

(　　) **1** 聯貸銀行為借款人客製化授信合約時，常將財務承諾條款視為財務健全性之控管點，請問下列何者不屬於正向條款？
(A)維持利息保障倍數大於一定比率
(B)保全處分擔保品
(C)維持資產報酬率大於一定比率
(D)不得出售資產與支付股利。　　　　　　　　　　【第9屆】

( ) **2** 微型與中小型企業的申貸案件，一般而言信用風險偏高，因此銀行可在分行與總行間成立區域中心分層負責。此外，銀行還可以透過下列何者，以降低風險？ (A)中央存款保險 (B)中央放款保險 (C)中長期債務保證 (D)中小企業信用保證基金。 【第9屆】

( ) **3** 為降低回收風險，某銀行採用以下作法：甲、完全採用信評機構的估計值；乙、降低借款人的貸放比率（Loan-To-Value）；丙、以無次級市場的實質資產當作擔保品；丁、只接受借款人提供之擔保品，不須連帶保證。上述哪些作法不適當？
(A)甲乙丙　　　　　　　(B)乙丙丁
(C)甲乙丁　　　　　　　(D)甲丙丁。 【第9屆】

( ) **4** 有關應收帳款代收融資業務，下列敘述何者錯誤？ (A)係用以企業的應收帳款尚未收妥之前，提供周轉資金並賺取利息收入 (B)在有追索權的條件下，應收帳款管理商得向商品供應者追討墊付之帳款 (C)無追索權的授信對象為商品勞務的提供者 (D)銀行可要求應收帳款讓與者額外負擔保險費用，以降低信用風險。 【第8屆】

✿✿( ) **5** 關於融資業務，下列敘述何者錯誤？
(A)經常性融資以協助企業短期周轉金為目的
(B)經常性融資之還款來源，仰賴處分固定資產來變現
(C)中長期融資以協助企業建立中長期的營運資金為目的
(D)中長期融資之還款來源，仰賴未來經營所賺得的利潤。 【第8屆】

( ) **6** 企業發行新債務憑證時，儘管金融環境不變，仍被要求比較高的息票利率，意味該企業的信用等級如何？ (A)無關 (B)不變 (C)提升 (D)降低。 【第7屆】

✿✿( ) **7** 原則上，銀行的自有資本對風險性資產的比率愈高時，其承擔的資本風險將如何變化？ (A)愈大 (B)愈小 (C)不變 (D)無關。 【第7屆】

☆( ) **8** 衡量公司之短期償債能力，下列何者正確？
(A)速動比率＝速動資產／速動負債
(B)速動比率＝（流動資產－預付費用）／流動負債
(C)速動比率＝速動資產／流動負債
(D)速動比率＝流動資產／速動負債。 【第7屆】

☆☆( ) **9** 銀行之放款利率＝基準利率＋風險加減碼，有關風險加減碼下列
何者錯誤？ (A)信用等級加碼 (B)外匯實績加減碼 (C)存款實
績加減碼 (D)借款實績加減碼。

☆☆( ) **10** 銀行和客戶簽訂承諾協議書，對於額度範圍內之尚未動用部分，
應收取下列何種費用？
(A)利息費用 (B)承諾費用
(C)違約費用 (D)承兌費用。 【第7屆】

☆☆( ) **11** 有關授信案件之訂價原則，應考慮下列哪些風險貼水因子？ A.信用
等級加減碼；B.借款期別；C.擔保品成數或比例；D.授信展望加減碼
(A)僅A、C (B)僅B、D
(C)僅A、B、C (D)A、B、C、D。 【第7屆】

( ) **12** A公司擬擴大財務融資槓桿以支應業務成長之資金，評估舉債經
營所創造之報酬將高於舉債利息支出，則在正常情況下，其對淨
值報酬率的影響將會如何變動？ (A)上升 (B)下降 (C)不變
(D)不確定，需視融資規模。 【第7屆】

☆☆( ) **13** 企業為改善財務結構，董事會同意以現金出售固定資產，實現處分
資產之資本利得，其財務結構將有下列何種變化？ (A)存貨比率下
降且流動比率下降 (B)負債比率下降且速動比率上升 (C)應收帳
款周轉率上升且速動比率下降 (D)負債比率上升且流動比率上升。
【第7屆】

☆☆( ) **14** 學理上，當借款企業之總資產低於總負債時，可能逐漸無法「還
本付息」，接著出現逾期、催收與呆帳、宣告破產；此種可能發
生的違約事件，將使銀行承擔鉅額的信用損失。此類違約事件，
係屬於下列何者？ (A)經濟違約 (B)技術性違約 (C)借款人未
符合契約要求 (D)負債價值低於資產。 【第7屆】

(　) **15** 甲公司該年度稅後淨利為7億元，所得稅稅率為17%，股東權益為50億元，請問甲公司之淨值純益率為多少？
(A)11.97%　　　　　　　　(B)16.87%
(C)17.21%　　　　　　　　(D)18.00%。　　　　　　【第7屆】

✡(　) **16** 信用風險報告與監督成果，能暢行無阻地傳達至高階主管，屬於何種決策程序？　(A)從上而下　(B)由下往上　(C)垂直溝通程序(D)平行協調程序。　　　　　　　　　　　　　　【第6屆】

(　) **17** 甲公司該年度相關財務數字如下：營業收入166佰萬元、營業成本92佰萬元、營業外收入5佰萬元、期初應收帳款淨額13佰萬元、期末應收帳款淨額28佰萬元，請計算其應收帳款周轉率？
(A)6.1　　　　　　　　　　(B)8.1
(C)10.1　　　　　　　　　(D)13.1。　　　　　　　【第6屆】

(　) **18** 聯合貸款所徵提之擔保品，其抵押權人通常為下列何者？　(A)全體參貸銀行　(B)主辦銀行　(C)承作擔保授信之參貸銀行　(D)最大債權之參貸銀行。　　　　　　　　【第26屆初階授信人員】

✡(　) **19** 甲公司該年度相關財務數字如下：銷貨收入7,500萬元、銷貨毛利2,800萬元、營業費用2,200萬元、流動資產700萬元、流動負債220萬元、利息費用150萬元、長期資產淨額800萬元，請計算其利息保障倍數？　(A)4.0　(B)5.1　(C)6.3　(D)8.8。　　　【第6屆】

✡✡(　) **20** 下列何者不屬於銀行辦理企業之經常性融資業務？
(A)票據融通　　　　　　　(B)存貨抵押貸款
(C)擔保透支　　　　　　　(D)短期放款。　　　　　【第5屆】

✡(　) **21** 關於本國銀行以「內保外貸」方式承作陸資企業之運作模式，係指下列何者？　(A)借款企業需提供外資銀行開立的擔保信用狀，以擔保借款人履行合約之義務或責任　(B)借款企業之負責人需提供連帶保證，擔保借款人履行合約之義務或責任　(C)借款企業需提供銀行存單做為放款之擔保品　(D)借款企業需提供其境外子公司做為放款擔保人，共同承擔履約義務。　　【第5屆】

( ) **22** 常見的中長期融資不包含下列何者？ (A)自創品牌放款 (B)企業天然災害復建放款 (C)民間投資興辦公共設施放款 (D)墊付出口票款。 【第5屆】

✦( ) **23** 依據標準普爾信用評等機構之觀點，下列哪些指標可以衡量受評公司之現金流量是否足夠？ A.營業利益／營業收入；B.長短期借款／總資產；C.(正常營業活動的現金流量＋利息費用)／利息費用；D.借款的還本期限
(A)僅C、D (B)僅A、D
(C)僅C (D)A、B、C、D。 【第5屆】

( ) **24** 有關聯合貸款之敘述，下列何者錯誤？
(A)同一聯貸案參與之金融機構至少要有二家以上
(B)同一聯貸案必須以相同的承作條件貸放
(C)在同一計畫項下只能貸予一個借款人
(D)聯合貸款案以中長期融資計畫居多。 【第26屆初階授信人員】

( ) **25** 甲公司在乙銀行有透支額度新臺幣600萬元，並約定以「每日最高透支餘額」之積數計息，若昨日甲公司透支餘額為400萬元，今日上午十一時該公司存入150萬元，嗣後該帳戶無任何交易，則今日甲公司透支戶應以多少金額為計息積數？
(A)250萬元 (B)400萬元
(C)550萬元 (D)600萬元。 【第26屆初階授信人員】

✦( ) **26** 下列何項授信業務屬於計劃性融資（Project Finance）？
(A)機關職工之福利貸款 (B)土地融資
(C)發電廠融資 (D)中長期周轉金貸款。
【第26屆初階授信人員】

( ) **27** 下列何者不屬於銀行實務上所稱「買入負債」的融資行為？
(A)在債券市場，買入「金融債券」
(B)在貨幣市場，發行「可轉讓定期存單」
(C)在同業拆款市場，籌措「同業融資」的途徑
(D)在重貼現及短期融通市場，辦理「央行融資」。 【第3屆】

✿✿(　　) **28** 關於銀行票據承兌業務，下列何者錯誤？　(A)銀行代替委託人，為其賣方所發匯票之付款人提供承兌，稱為「買方委託承兌」(B)買方業者基於資金調度考量，進口貨物時常開發「即期信用狀」取代「遠期信用狀」　(C)銀行受理之賣方委託承兌，旨在協助賣方將取得的「遠期支票」轉換為「銀行承兌匯票」　(D)賣方在提供商品或勞務時，將買方給予的遠期支票，轉讓與往來銀行，請銀行依照支票金額擔任付款人於票據到期時承兌。【第3屆】

✿(　　) **29** 關於財務比率分析，下列敘述何者錯誤？
(A)企業之預付費用變高，會導致速動比率降低，反應短期償債能力變差
(B)企業之財務槓桿比率愈高，反映承擔之財務風險愈大
(C)企業之存貨周轉率愈高，反應其庫存管理能力愈差及資金積壓壓力愈大
(D)企業之應收帳款周轉率愈高，反應其現金回收速度越快。【第3屆】

✿✿(　　) **30** 一般而言，關於企業之信用評分，下列敘述何者錯誤？　(A)負責人在業界之評價愈高，則違約機率愈低　(B)企業內部組織運作愈健全，則違約機率愈低　(C)企業跨足陌生產業，可以分散經營風險，所以違約機率可以降低　(D)在業界中扮演龍頭地位之領導企業，其違約機率較低。　　　　　　　　　　　　【第3屆】

(　　) **31** 銀行發行票券或債券商品，迄今仍流通在外的餘額，實務上，係稱為下列何者？　(A)買入票券或債券　(B)金融資產　(C)金融負債　(D)長部位。　　　　　　　　　　　　　　　　　　　　　【第3屆】

(　　) **32** 衡量企業取得資金之後的經營效能，下列何者錯誤？
(A)存貨周轉率越高企業經營效能越好
(B)應收帳款周轉率越高企業經營效能越好
(C)總資產周轉率越高企業經營效能越好
(D)應付帳款周轉率越高企業經營效能越好。　　　　　　【第2屆】

(　) **33** 中長期授信在協商擔保條件時，其考量之否定條款，下列何者非屬之？
(A)禁止分紅、減資或增加固定資產
(B)禁止超過某期間或金額以上之新借款
(C)禁止合併、固定資產出售或出租
(D)禁止債務保證、出售應收帳款、投資或保證。

(　) **34** 下列何者不屬於國際聯貸手續費所稱之Front-end-fees？
(A)管理費（Management Fee）　(B)徵信費（Credit Fee）
(C)參貸費（Participation Fee）　(D)包銷費（Underwriting Fee）。

(　) **35** 有關聯合貸款之作業流程，下列敘述何者錯誤？　(A)借款人得以競標方式尋找主辦行　(B)借款人應製作聯貸說明書以供主辦行籌組聯貸銀行團　(C)聯貸案所需合約包括聯合授信合約及聯貸銀行合約　(D)借款人於預定撥款日應檢送應備文件向主辦行提出申請。　【第27屆】

(　) **36** 一般國際聯貸案包括數個收費名目。倘借款人於簽約後即應依未動用額度及約定費率按期支付費用予聯貸銀行，直至用款期限截止，是項費用稱為：
(A)參貸費　　　　　　　(B)前置費
(C)安排費　　　　　　　(D)承諾費。　【第32屆初階授信人員】

(　) **37** 下列何者不是「聯合貸款」的主要優點？
(A)對貸款銀行而言，得保有介入權，以保障權益
(B)對貸款銀行而言，可增加收益
(C)對借款人而言，可減低洽貸成本
(D)對借款人而言，可提高在同業間的地位。

(　) **38** 銀行之放款利率＝基準利率＋風險加減碼，關於風險加減碼，下列何者錯誤？　(A)信用等級加碼　(B)外匯實績加減碼　(C)存款實績加減碼　(D)產業風險加減碼。　【第1屆】

(　) **39** 依據銀行公會公佈之大型企業信用評等表，其評分構面不包括下列何者？　(A)財務狀況　(B)經營管理　(C)產業特性暨展望　(D)擔保品流動性展望。　【第1屆】

(　　) **40** 銀行審理透支業務時，下列注意事項何者錯誤？
(A)借款人須財務優良且具自律精神
(B)借戶係以透支額度供一般營運周轉使用
(C)不得移用於應收帳款或存貨之融資
(D)應配合借戶業務量及銀行往來情形核給額度。

(　　) **41** A公司預估未來一年營收為新臺幣（以下同）1,000萬元，若其成本費用率為80%，營運周轉期為90天，應付及預收款項比率為10%，以未來估算法計算A公司年度平均周轉金約需多少金額？（小數點以下全捨）
(A)97萬元　　　　　　　　(B)100萬元
(C)146萬元　　　　　　　(D)197萬元。　　　　　　　【第7屆】

✿✿(　　) **42** 一般而言，若無特別約定，銀行辦理透支業務之利息，以下列何者之透支餘額計算？　(A)每日最初　(B)每日最低　(C)每日最高　(D)每日最低與最終孰高。

✿✿(　　) **43** 一般而言，辦理國際聯貸取得主辦權的銀行，為誘使銀行參貸較大金額，通常按不同位階給予不同費率，位階愈高，費率愈高，此種收費名目稱為下列何者？　(A)承諾費　(B)代理費　(C)參貸費　(D)顧問費。

✿(　　) **44** 中長期授信案在計畫評估過程中，銀行往往會要求借款人注意履行某些特約條款，下列何者屬於否定條款（Negative Pledge）？
(A)須按期提供財務報告
(B)有關第三人之保障或承諾
(C)禁止超過某期間或金額以上之新借款
(D)增加固定資產之限制。

(　　) **45** 聯合貸款之聯貸說明書係由下列何者製作提供？
(A)主辦銀行　　　　　　　(B)借款企業
(C)參貸銀行　　　　　　　(D)主管機關。

( ) **46** 有關銀行辦理保證業務，下列敘述何者錯誤？
(A)保留款之保證期間為至工程完工並驗收合格後終止
(B)預付款保證之銀行，其保證責任以預付款扣除已收回、可收回或承包商已償還金額之餘額為準並以保證金額為最高限額
(C)發行商業本票保證時，每張面額以新臺幣十萬元或十萬元倍數為單位
(D)商業本票每筆保證期限自發行日起至該本票到期日止，以不超過90天為限。

( ) **47** 聯合貸款案件相關合約文件審核重點之一為擔保物權之設定方式須配合聯貸銀行債權之主張形式，方可確保所有參貸銀行債權。將來如貸款發生問題，處分抵押品所得款項分配方式，除非事先另有約定外，原則上採下列何種方式分受其利益？
(A)主辦行有優先受償權利
(B)參貸金額大者優先受償
(C)按參貸銀行已撥貸未受清償餘額比例
(D)按簽約當時承諾攤貸金額比例。 【第28屆初階授信人員】

( ) **48** 可樂公司為大華銀行獨家往來客戶，全年營收約一億元，其中外銷金額佔六成，該公司應收帳款周轉率為五次，若貸款成數為八成，則銀行核定墊付國內票款最高額度為多少？
(A)2,000萬元 　　　　　(B)1,600萬元
(C)960萬元 　　　　　(D)640萬元。

( ) **49** 企業為維持正常營運所需的最低流動資產量，包括現金、存貨、應收帳款、應收票據等。無法以自有資金滿足，須由銀行對其差額所為之融資，係指下列何者？
(A)經常性周轉資金貸款 　　(B)季節性周轉資金貸款
(C)臨時性周轉資金貸款 　　(D)計劃性融資貸款。

( ) **50** 當聯合貸款之貸款項目包括甲項：土地廠房貸款；乙項：進口機器貸款；丙項：國產機器貸款；請問擔保品土地廠房的擔保權益由下列何者分享？ (A)本聯合貸款全體參貸銀行 (B)甲項土地廠房貸款之參貸銀行 (C)乙項進口機器貸款之參貸銀行 (D)丙項國產機器貸款之參貸銀行。

( ) **51** 有關透支用途之敘述，下列何者錯誤？
(A)針對企業現金管理的缺口做輔助性融資
(B)用於應收帳款之融通
(C)彌補企業現金正常收支的時間差距
(D)預防託收票據未能如期收妥。

( ) **52** 下列何者在BOT的計畫風險之評估中，屬於外在環境方面評估要
點？ (A)營運績效與成本結構 (B)原物料供應與公共設施 (C)
政治風險與政府承諾 (D)產品售價與市場分析。

( ) **53** 淨值周轉率係用以分析授信戶之何項能力？
(A)短期償債能力 (B)財務結構
(C)經營效能 (D)獲利能力。

( ) **54** 由企業資產負債表上之相關科目估算其經常性周轉金時，下列何
者非屬需考慮之科目？ (A)應收票據 (B)固定資產 (C)應收帳
款 (D)預付貨款。

( ) **55** 有關進口機器設備貸款，下列敘述何者錯誤？
(A)一般以進口設備價款之七成為原則
(B)原則上期限不超過七年
(C)銀行沒有立場要求客戶與工程承包商簽訂統包合約
(D)銀行可要求技術提供廠商出具履約保證函。

( ) **56** 現金收支預估表所稱現金，不包括下列何者？
(A)庫存現金 (B)活期存款
(C)債權本票 (D)支票存款。

( ) **57** 企業年年獲利，卻發生資金周轉失靈，可自下列何種報表知悉其
原因？
(A)現金流量表 (B)資產負債表
(C)損益表 (D)長期投資明細表。

( ) **58** 下列何者屬於非自償性貸款？
(A)出口信用狀周轉金貸款 (B)墊付國內票款
(C)貼現 (D)透支。

(　) 　**59** 信義公司透支契約以「每日最高透支餘額」之積數計算利息，於
104年12月27日其帳戶餘額為透支50,000元，104年12月28日該帳
戶有二筆交易，即早上存入25,000元，中午提款20,000元，則104
年12月28日當天透支計息積數為多少？
(A)50,000元 　　　　　　　　(B)45,000元
(C)25,000元 　　　　　　　　(D)20,000元。

解答與解析

1 (D)。 正向條款是指「應達到」
的事項；與之相對的為「反面承
諾」，是指「不能做」的事項。
反面承諾制度的優點在於：可以
簡化銀行授信手續、便利企業資
金調度。選項中(A)(B)(C)皆為正
向條款、僅(D)為反面承諾。

2 (D)。 「中小企業信保基金」旨
在以提供信用保證為方法，達成
促進中小企業融資之目的，進而
協助中小企業之健全發展，增進
我國經濟成長與社會安定。

3 (D)。 完全信賴單一資訊原估計
值（對應至甲）、以低品質資產
為擔保品（對應至丙）、錯失徵
提連帶保證的機會（對應至丁）
皆無法降低回收風險。

4 (C)。 無追索權者授信對象為應
收帳款還款者即買方。

5 (B)。 經常性融資，是銀行以協
助企業在其經常業務過程中所需
之短期周轉資金為目的，而辦理
之融資業務，所以它是寄望以企

業之營業收入或流動資產變現，
作為其還款之來源。

6 (D)。 企業發行新債務憑證時，
儘管金融環境不變，仍被要求比
較高的息票利率，意味該企業的
信用等級降低。

7 (B)。 原則上，銀行的自有資本
對風險性資產的比率愈高時，其
承擔的資本風險將愈小。

8 (C)。 速動比率亦稱酸性測驗比
率，係測驗企業極短期償債能力
大小的指標。

$$速動比率＝\frac{速動資產}{流動負債}$$

速動資產＝流動資產－預付費用
　　　　　－存貨

9 (D)。 銀行之放款利率＝基準利率
＋風險加減碼，有關風險加減碼，
有能是信用等級加碼、外匯實績加
減碼、存款實績加減碼等。

10 (B)。 銀行和客戶簽訂承諾協議
書，對於額度範圍內之尚未動用
部分，應收取「承諾費用」。

11 **(D)**。 有關授信案件之訂價原則，應考慮下列風險貼水因子：
(1)信用等級加減碼。
(2)借款期別。
(3)擔保品成數或比例。
(4)授信展望加減碼。

12 **(A)**。 擴大財務融資槓桿以支應業務成長之資金，評估舉債經營所創造之報酬將高於舉債利息支出，則在正常情況下，則淨利會增加，淨值報酬率將會上升。

13 **(B)**。 企業為改善財務結構，董事會同意以現金出售固定資產，實現處分資產之資本利得，會使速動資產增加，進而企業的負債比率下降且速動比率上升。

14 **(A)**。 當借款企業之總資產低於總負債時，可能逐漸無法「還本付息」，接著出現逾期、催收與呆帳、宣告破產；此種可能發生的違約事件，將使銀行承擔鉅額的信用損失。此類違約事件，係屬於「經濟違約」。

15 **(B)**。 淨值純益率
$$=\frac{7 \div (1-17\%)}{50}=16.87\%$$

16 **(B)**。 信用風險報告與監督成果，能暢行無阻地傳達至高階主管，屬於「由下往上」。

17 **(B)**。 應收帳款周轉率
$$=\frac{賒銷淨額}{(期初應收帳款＋期末應收帳款)／2}$$

$$=\frac{166}{(13＋28)／2}≒8.1（次）$$

18 **(B)**。 擔保權益是由聯合貸款全體參貸銀行所共享，當貸款發生問題時，處分抵押品所得的款項分配方式，除事前另有約定外，原則上是按參貸銀行已撥貸未受清償餘額比率分配，而徵提之擔保品抵押權人通常為主辦銀行。

19 **(A)**。 利息保障倍數
$$=\frac{(稅前淨利＋利息費用)}{利息費用}$$
$$=\frac{(稅前淨利＋所得稅＋利息費用)}{利息費用}$$
$$=\frac{(2,800-2,200)}{150}$$
$$=4（次）$$

20 **(B)**。 融資業務分為：(1)經常性融資、(2)中長期融資。所稱經常性融資，謂銀行以協助企業在其經常業務過程中所需之短期周轉資金為目的，而辦理之融資業務，常見的包括：票據融通、短期放款、透支。

21 **(A)**。 所謂本國銀行以「內保外貸」方式承作陸資企業之運作模式，係指借款企業需提供外資銀行開立的擔保信用狀，以擔保借款人履行合約之義務或責任。

22 **(D)**。 中長期融資是銀行以協助借款人實施其投資或建立長期性營

運資金之計劃為目的，而辦理之融資業務；中長期融資係寄望以借款人今後經營所獲之利潤，作為還款之財源。選項中僅(D)不屬之。

23 **(A)**。 依據標準普爾信用評等機構之觀點，下列指標可以衡量受評公司之現金流量是否足夠：
(1) 正常營業活動的現金流量＋利息費用）／利息費用
(2) 借款的還本期限

24 **(C)**。 聯合貸款是由兩家或數家銀行，在相同的承作條件下，一起對某一項目或企業提供貸款。故聯合貸款並未限制只能貸予一個借款人。

25 **(B)**。 透支戶應以當日最高額度為計息積數，即400萬元。

26 **(C)**。 資本支出貸款（計畫性融資）係寄望以企業之投資開發計畫所產生之現金流量、所獲之利潤、所提列之折舊、現金增資、發行公司債等作為其償債來源，如本題的發電廠融資。

27 **(A)**。 銀行實務上所稱「買入負債」的融資行為從金融機構融入資金的業務行為。在債券市場，買入「金融債券」係投資行為，不屬於銀行實務上所稱「買入負債」的融資行為。

28 **(B)**。 買方業者基於資金調度考量，進口貨物時常開發「遠期信用狀」取代「即期信用狀」，以減輕資金調度的壓力。

29 **(C)**。 企業之存貨周轉率愈高，反應其庫存管理能力愈好。

30 **(C)**。 企業跨足陌生產業，不但不能分散經營風險，反而增加經營風險。

31 **(C)**。 銀行發行票券或債券商品，迄今仍流通在外的餘額，實務上，係稱「金融負債」。

32 **(D)**。 應付帳款周轉率，是用來衡量一個公司如何管理償還欠款。應付帳款周轉率越高，說明付款條款並不有利，公司總是逼迫需要盡快付清欠款。

33 **(A)**。 禁止分紅、減資或增加固定資產為擔保條件中的限制條款，非否定條款。

34 **(B)**。 國際聯貸手續費所稱之Front-end-fees係指先付費，係指聯貸開始履行後，借款人應付的費用。徵信費（Credit Fee）不屬之。

35 **(B)**。 主辦銀行應製作聯貸說明書作為籌組聯貸銀行團之文件。選項(B)有誤。

36 **(D)**。 一般國際聯貸案包括數個收費名目。倘借款人於簽約後即應依未動用額度及約定費率按期支付費用予聯貸銀行，直至用款期限截止，是項費用稱為「承諾費」。

解答與解析

37 (A)。 所謂聯合貸款（下稱「聯貸」），係指銀行接受借款公司的委託，以相同的貸款條件，結合兩家以上的銀行或金融機構組成聯合授信銀行團（聯貸銀行團），共同與借款人訂立聯合貸款合約，按約定比例貸放予借款人的一種授信行為。
(1) 對借款人而言：
　　A.一次籌足中長期所需資金。
　　B.擴張銀行往來關係。
　　C.立在間接金融市場之知名度。
(2) 對授信銀行而言：
　　A.分散授信風險。
　　B.集中控管擔保品。
　　C.增進銀行收益。
　　D.擴展可承作市場商機。

38 (D)。 銀行之放款利率＝基準利率＋風險加減碼，關於風險加減碼包括：信用等級加碼、外匯實績加減碼、存款實績加減碼等。

39 (D)。 依據銀行公會公佈之大型企業信用評等表，其評分構面不包括擔保品流動性展望。

40 (B)。 透支應是現金管理的輔助融資，屬應急及備用功能，不得視為一般短期周轉來運用。選項(B)有誤。

41 (A)。
1,000萬元×80%×（90／365）－1,000萬元×10%

＝197萬元－100萬元
＝97萬元。

42 (C)。 利息計算若無特別約定時，則按每日最高透支餘額之積數計算。

43 (C)。 參貸費：由所有參貸銀行按其參貸金額乘以某一費率而得，為誘使銀行參貸較大金額，通常按不同位階給予不同費率，位階愈高，費率愈高。

44 (C)。 否定條款（Negative Pledge），例如：
(1) 禁止超過某期間或金額以上之新借款。
(2) 禁止合併、固定資產出售或出租。
(3) 禁止債務保證、出售應收帳款、投資或保證。

45 (A)。 聯合貸款之聯貸說明書係由主辦銀行製作提供。

46 (D)。 商業本票每筆保證期限自發行日起至該本票到期日止，以不超過365天為限。

47 (C)。 聯合貸款案件將來如貸款發生問題，處分抵押品所得款項分配方式，除非事先另有約定外，原則上採按參貸銀行已撥貸未受清償餘額比例分受其利益。

48 (D)。
（100,000,000×0.4）／5×0.8
＝6,400,000

49 **(A)**。 經常性周轉資金貸款係指企業為維持正常營運所需的最低流動資產量，包括現金、存貨、應收帳款、應收票據等。無法以自有資金滿足，須由銀行對其差額所為之融資。

50 **(A)**。 聯合貸款擔保品的擔保權益由聯合貸款全體參貸銀行分享。

51 **(B)**。 「透支」是指銀行准許借款人於其支票存款戶無存款餘額或餘額不足支付時，由銀行先予墊付之融通方式，透支主要係用於針對企業現金管理的缺口做輔助性融資、彌補企業現金正常收支的時間差距、預防託收票據未能如期收妥。

52 **(C)**。 在BOT的計畫風險之評估中，政治風險與政府承諾屬於外在環境方面評估要點。

53 **(C)**。 淨值周轉率係用以分析授信戶之經營效能。

54 **(B)**。 固定資產屬長期資金考慮項目，非屬企業估算其經常性周轉金需考慮之科目。

55 **(C)**。 銀行可要求客戶與工程承包商簽訂統包合約以要求某種程度的保障。

56 **(C)**。 現金收支預估表所稱現金係指可隨時轉現的存款，不包括債權本票。

57 **(A)**。 資金周轉失靈的原因可從現金流量表中得知。

58 **(D)**。 自償性貸款係指放款到期時，無須自行匯入資金還款，銀行本身有副擔保或其他方式還款，如票貼、押匯額度、出口信用狀周轉金貸款等。透支非屬自償性貸款。

59 **(A)**。 利息計算若無特別約定時，則按每日最高透支餘額之積數計算。因今日之透支餘額低於昨日透支餘額，故昨日之透支餘額50,000元即為今日最高透支餘額之計息積數。

第五章 消費金融業務與信用評等制度

課前導讀

凡是消費者與銀行或其他金融機構的金錢往來行為，又如存款投資、擔保授信、信用貸款、信用卡等業務，均屬於消費金融業務。在一連串的消費金融業務中，會產生出例如信用徵信、擔保品估價、逾繳催收等風險問題，進而如何利用科學分析與經驗法則，來管理降低銀行業務經營的風險，即是本章將要探討的問題。

重點 1　消費金融業務概述

一、消費者貸款之意義

(一) 一般定義

消費者貸款係指個人因為消費（消費者）而有融資需求所辦理的貸款，例如個人因為購買房屋而辦理的購屋貸款、或個人因為購買汽車而辦理的購車貸款等。按金管會現行相關規定，定義消費者貸款包括房屋購置、房屋修繕、購置耐久性消費財（包含汽車），支付學費、信用卡循環動用及其他個人之小額貸款均包括在內。

(二) 會員授信準則定義

依據中華民國銀行商業同業公會全國聯合會所頒布之「中華民國銀行公會會員授信準則」對消費者貸款所下定義為：「所謂消費者貸款，謂會員以協助個人資產、投資、理財周轉、消費及其他支出為目的，而辦理之融資業務。消費者貸款係寄望以借款人之薪資、利息、投資或其他所得扣除生活支出後所餘之資金，作為其還款來源。」

二、消費者貸款特性

(一) 每戶貸款金額小，件數多

消費者貸款對象係以個人為主體，並以個人（或家庭）的消費為融資目的，因此每戶貸款金額相較於企業戶之貸款為小，且件數多。

> **考點速攻**
> 消費者貸款原則上採數量化核貸程序，不採逐案核貸程序審理消費者貸款案件。

(二) **不具自償性**

消費者貸款,無論借款人表明的貸款用途為何,所貸資金的型態均為「消費」而非「生產」,不具自償性。

(三) **貸款期間長,採分期償還**

消費者貸款不具自償性,須依賴借款人每月薪資及其他穩定性所得償還,因此每戶貸款金額雖小,但相對於借款人每月可供償債之所得淨額而言,非短期內所能償還,故消費者貸款期間長,採分期償還。

(四) **徵信不易辦理,授信風險高**

消費者貸款必須大量承作,銀行對每位申請人提供的財力證明及其他個人資料,也無法有太多的時間去辦理徵信調查,因此在資料有限,時間也不充裕的情況下,消費者貸款的徵信不易辦理,授信風險高。

(五) **差異化貸放條件辦理**

消費者貸款依據各族群不同的風險程度及貸款需求訂定不同的辦理程序及差異的貸放條件。

(六) **辦理成本較其他貸款高**

消費者貸款的承作成本及貸放後的管理成本(帳務處理及催繳等)也較其他貸款高。因此,為反映風險及各項作業成本,消費者貸款的利率應較其他貸款相對提高或加收手續費。

三、消費者貸款評估

銀行徵信或授信審查人員在辦理消費者小額信用貸款審查時,除了需考量徵信5C或5P外,基於消費者貸款的特性,尚必須特別注意下列幾點評估因素:

(一) **償債能力**

申貸者的償債能力應包括申貸者本身所得來源、所得水準及持續性負債多寡,以及申貸金額所作之綜合考量。通常消費者小額信用貸款本身不具自償性,因此貸款本息必須依賴申貸者經常性收入或其他收入來支應,有些申貸者只考慮滿足目前的消費慾望,未考量日後的償還能力,故消費者小額信用貸款所重的就是申貸戶的償債能力。

(二) **穩定性**

針對申貸者的職業特性、在職期間以及個人特質如付款習慣、持有資產等所做的考量。消費者小額信用貸款通常對固定薪資收入者,採取較開放的

態度，因為其在未來的時期內有穩定可靠的收入；對於自營企業或依賴傭金、獎金收入者如承包商、業務員，因未來的收入較不穩定及不確定性，銀行授信風險相對無法掌握。

(三) 還款意願

指申貸者是否具有運用所得以償還借款的意願，通常以往的還款情況可以作為參考指標。由於消費者小額信用貸款金額較企業融資為小，故個案催收成本高，導致部分申貸戶心存僥倖，雖有能力償還卻藉故搬遷或假藉其他理由拖欠不還。因此銀行承作消費者小額信用貸款必須了解申貸戶是否有償還意願，以降低授信風險。

四、消費者貸款信用風險評估方式

銀行授信應考量客戶族群的特性與自身條件的限制，選擇最合乎本身經濟效益與風險控管原則，才能有效篩選客戶，評定其信用風險，以作出准駁與否的授信決策。以下就目前使用中的評估方式臚列比較如下表：

信用風險評估方式	定義	特性
經驗法則與主觀判斷法	通常是由徵、授信人員及其主管人員憑個人的經驗，以主觀的價值判斷作成授信決策。	1. 執行上較容易而且處理事務上彈性也較大。 2. 受限於人類的有限理性。 3. 缺乏客觀標準。 4. 制度不健全時易導致弊端叢生。
信用評等制度	將客戶的信用品質區分成不同等級，再予以評估，給予適當的等級，用以代表其綜合評價並具體表示申請者信用品質及信用風險之方法。	1. 評等項目不易選擇。 2. 因個別要素的評價，易受授信人員之個人喜好、偏見不同而有不同認知。 3. 徵信成本隨評等項目的多寡有所不同。
信用評分制度	將原評估要素的定性評級以定量的分數取代之，使授信人員可以更客觀的方式給予評分。	1. 內容簡單，評分客觀。 2. 評分項目選擇不易。

信用風險評估方式	定義	特性
混合評等及評分制度	綜合信用評等及信用評分二種方法，先利用信用評分表計算申貸戶的分數，再依其分數編入應屬等級，相同的等級，則給予相同的授信條件。	1. 結合了信用評分制與信用評等制的特性。 2. 複雜度較高，執行上較不便利。
專家系統	整合專家的專業知識與經驗於系統中，並利用電腦資訊科技的技術來建立自動評核系統。	1. 具有相當的客觀性。 2. 複雜度高。 3. 執行不易。
統計方法	在研究銀行授信評估為了較具客觀性及正確性，大多採用此評估方式。	1. 具有相當的客觀性。 2. 相對複雜度較高。 3. 變數選擇不易。

五、消費者貸款產品之訂價

(一) 消費者貸款產品之訂價方式

消費者貸款產品之訂價方式有下列三種：

1. **成本導向訂價**：依據資金成本加碼。
2. **需求導向訂價**：依據客戶認知價值。
3. **競爭導向訂價**：依據競爭者所定價格。

> **考點速攻**
> 消費者小額信用貸款著重於借款人的信用，較適宜採個人信用評分作為授信審核依據。

(二) 銀行放款商品利率訂價因素

銀行放款商品利率訂價之主要考慮因素為：

1. **銀行資金部位**：銀行資金部位緊，則利率高。
2. **是否受政府法令限制**：受政府法令限制者，則利率較高。
3. **未來利率變動風險**：未來利率變動風險大，則利率高。
4. **客戶使用彈性**：客戶使用彈性大，則利率高。
5. **信用風險**：信用風險大，則利率高。
6. **貸款期間**：貸款期間長，則利率高。
7. **產品種類**：額度循環型產品利率較本息分期償還型為高。

六、各類消費者貸款

(一) 房屋貸款

1. **房屋貸款定義**：指個人貸款用途為購置住宅者，含政府優惠房屋貸款及不同銀行間轉貸其原始用途為購置住宅者。

範例 | **房貸合併鑑價**

某建物作為購屋貸款之擔保品，該建物坪數為40坪，土地持分1／3，買賣價格為每坪NT$25萬元，若貸放成數為買賣價格之七成，合併鑑價之放款值約為新臺幣多少元？

解析 40×25×70%＝700（萬元）

---

2. **房屋貸款種類**：房屋貸款依用途可分為：
    - (1) **購屋貸款**：指金融機構承作借款人購買座落於特定地區建物權狀含有「住」字樣住宅（含基地）之抵押貸款。金融機構承作名下已有1戶以上房屋為抵押之擔保放款，應適用之規定為：
        - A. 不得有寬限期。
        - B. 貸款額度最高不得超過住宅（含基地）鑑價或買賣金額較低者之六成。
        - C. 除前款貸款額度外，不得另以修繕、周轉金或其他貸款名目額外增加貸款金額。

        另借款人未檢附抵押土地具體興建計畫者，金融機構不得受理以該土地為擔保之貸款。貸款額度最高不得超過抵押土地取得成本與金融機構鑑價金額較低者之六成半，其中一成應俟借款人動工興建後始得撥貸。
    - (2) **修繕貸款**：指個人貸款用途為住宅用建物之裝潢或修繕者。不含個人商業用店舖等非住宅用建物之裝潢或修繕者。
    - (3) **周轉型房貸**：指借款人為個人投資周轉需要，提供自有或他人不動產為擔保向金融機構辦理之貸款，可隨時提領，隨時清償。
    - (4) **綜合型房貸**：係指結合購屋及個人投資周轉二種用途的貸款。
    - (5) **抵利型房貸**：抵利型房貸就是讓房貸戶以存款折抵房貸本金，但並非將存款領出、直接償還本金，存款本身依舊在房貸戶名下。但選擇抵利型房貸，卻可讓承貸戶因此減少利息支出，降低每月攤還金額或縮短還款期。此外，抵利型房貸最大的好處，就是當承貸戶在有需求的時候，仍可動用此一存款。

(6) **指數型房貸**：所謂的指數型房貸，就是一種會隨著基準利率上下浮動的利率。定儲利率指數房貸利率定價方式：

定儲指數型房貸利率＝定儲利率指數＋加碼利率

舉例：4.47%＝2.17%＋2.3%

範例 **房貸利率計算**

假設ARMs定儲利率指數為2.5%，銀行承作房貸之成本加碼為1.5%，違約風險相關之信用等級加碼為1%，則房貸利率為何？

解析 房貸利率＝2.5%＋1.5%＝4.00%

---

(7) **固定型房貸**：從這款房貸產品的名稱，不難看出其最大的特色，就是固定式的利率。最大的好處，是較不受利率上漲影響，且房貸戶可以掌握每月須繳交之房貸本息多寡，有效的規劃每月的財務收支。

(8) **壽險型房貸**：壽險型房貸，當然就是與保險結合的房貸產品。其優點在於，一旦承貸戶意外身故，則等同於房貸金額的保險理賠金，就可以優先作為清償房貸之用，避免不動產因無法按時繳交本息，而遭銀行收回。

(9) **保險型房貸**：保證保險型房貸是指房貸戶因自備款不足或信用條件不足，導致申貸金額不敷需求時，即可利用「額外投保」的方式，增加貸款金額。

(10) **回復型房貸**：所謂的回復型房貸，則是指房貸戶已清償的房貸額度，將自動轉成一個可隨時動用、隨時借款的理財額度。

(11) **遞減型房貸**：遞減型房貸的定價基礎，通常也是以中華郵政二年期定儲機動利率為主。但從這類房貸的名稱不難推想，加碼利率為逐年遞減，也就是甫貸款的前幾年利率較高，但隨著還款時間增長、貸款金額漸減，利率也會越來越低。

(12) **轉貸**：即借款人以原擔保之房屋轉向別家銀行申貸利率較低、額度較高或服務較佳的貸款。

(13) **同額轉貸**：即借款人轉貸房屋貸款時，雖貸款餘額低於原房貸金額，但新貸銀行仍按原貸銀行的房屋貸款同額貸予借款人。

(14) **法拍屋貸款**：借款人為投標購買法拍屋而向銀行申請融資之貸款。

(15) **房屋淨值貸款**：房屋淨值貸款是借款人以所擁有住房的淨值（房產估值減去房貸債務餘額）作為抵押或擔保獲得的貸款。以住房的淨值為抵押的「第二貸款」融資類型有多種，房屋淨值貸款是其中較為常見的一種。

| 範例 | 二胎房貸上限 |

假設目前房屋市場價值為1,000萬元，已向甲銀行貸款700萬元，甲銀行乃該屋之第一胎房貸銀行，並設定該屋之可貸金額為房屋價值的80%，依可貸金額的1.2倍設定質權。若「幸福滿屋」屋主向乙銀行提出二胎房貸申請，若乙銀行對風險容忍程度在第一順位質權設定的20%，可向乙銀行申請之二胎房貸金額上限為多少？

解析 可向乙銀行申請之二胎房貸金額上限
　　　　＝1,000×80%×1.2×20%＝192（萬元）。

---

3. **房屋貸款保險**
   (1) **房屋貸款應投保火險、地震險：**
       A. 受益人應為金融機構。
       B. 投保期間應涵蓋借款期間。
       C. 火險投保金額應足夠，一般係以重置成本為投保金額，地震險每戶按150萬元計算。
       D. 商業、工廠或空屋之保險費率，較住宅保險費率為高。
   (2) **金融機構保留保單正本，借款人保留副本。**

(二) **汽車貸款**
   1. **汽車貸款定義**：指個人貸款用途為購買汽車（屬耐久性消費財）者。不含個人及公司行號購買汽車供營業使用者。原則上新車之貸款成數最高為車價「八成半」（進口車最高為車價「八成」）；中古車之購車貸款予周轉金貸款，原則上其成數最高為車價之「八成」。
   2. **汽車貸款種類**
       (1) **新車購車貸款、中古車購車貸款**：因購車而以所購汽車為擔保品向金融機構申請貸款：新車購車貸款、中古車購車貸款。
       (2) **原車融資、回復型車貸**：因周轉需要，以現有汽車為擔保品，向銀行申請融資。

(三) 小額貸款及信用貸款

1. **小額貸款及信用貸款定義**：小額貸款和信用貸款都是屬於信用貸款，也就是借款人不需提供任何擔保品即可申貸的貸款。

2. **小額貸款及信用貸款之比較**：

對象不同	小額貸款對象是個人，信用貸款對象可以是個人也可以是公司行號。
額度不同	小額貸款額度不多，每家銀行定義小額貸款金額不太一樣，有的30萬元有的60萬元為上限。信用貸款設限額度通常大於小額貸款，個人最多200萬元公司最多500萬元。

牛刀小試

( ) **1** 下列何者不是消費者貸款產品訂價考慮因素？
(A)銀行資金部位　　　　　　(B)政府法令
(C)產品種類　　　　　　　　(D)地震、颱風等天然災害。

( ) **2** 下列何項貸款種類傾向於運用「統計／數量」、「資料倉儲（Data Warehousing）」進行管理？
(A)國際應收帳款融資　　　　(B)聯合貸款
(C)外銷貸款　　　　　　　　(D)消費者貸款。

( ) **3** 消費者貸款依據資金成本加預期報酬率及其他管理成本來訂價，是屬於下列何種訂價？
(A)成本導向　　　　　　　　(B)需求導向
(C)競爭導向　　　　　　　　(D)消費導向。

( ) **4** 承作小額貸款時，利用下列何者可提升審案效率並控制授信品質？
(A)資產負債表　　　　　　　(B)損益表
(C)現金流量表　　　　　　　(D)信用評分。

( ) **5** 下列何者非屬主管機關所稱消費者貸款之範圍？
(A)房屋修繕貸款　　　　　　(B)耐久性消費品貸款
(C)子女教育貸款　　　　　　(D)股票質押貸款。

［解答與解析］

1 (D)。消費者貸款產品訂價考慮因素有：(1)產品因素。(2)利率風險與趨勢分析。(3)預期利潤率。(4)市場競爭與資金供需狀況。(5)貸款期間長短。(6)信用風險成本。(7)管理及服務成本。所以並不包含天然災害。

2 (D)。消費者貸款傾向於運用「統計／數量」、「資料倉儲」進行管理。

3 (A)。消費者貸款依據資金成本加預期報酬率及其他管理成本來訂價，是屬於成本導向訂價。

4 (D)。承作小額貸款時，利用信用評分可提升審案效率並控制授信品質。

5 (D)。所稱之消費者貸款，係指對於房屋修繕、耐久性消費品（包括汽車）、支付學費與其他個人之小額貸款，及信用卡循環信用。

重點2　信用卡及交易性金融

一、信用卡及現金卡

(一) 定義

1. **信用卡**：指持卡人憑發卡機構之信用，向特約之人取得商品、服務、金錢或其他利益，而得延後或依其他約定方式清償帳款所使用之支付工具。

2. **現金卡**：係指金融機構提供一定金額之信用額度，僅供持卡人憑金融機構本身所核發之卡片於自動化服務設備或以其他方式借領現金，且於額度內循環動用之無擔保授信業務。

> **考點速攻**
> 發卡銀行辦理信用卡業務，主要有三種收入來源，包含：利息收入、手續費收入、向特約商店收取折扣費用。

(二) 信用卡計息方式

信用卡循環信用以日計息，起算日之計算方式有三種：

1	銀行代持卡人先付款的墊款日	時間最早，對持卡人最不利。
2	對帳單上的結帳日	時間居中。
3	持卡人繳款截止日	時間最晚，對持卡人最有利。

(三) **學生申請信用卡之規定**

1. **未滿二十歲應經法定代理人同意**：對於未滿二十歲之信用卡申請人，應經法定代理人同意，並僅能申請家長之附卡。

2. **持卡以三家為限**：持卡人所持有卡片以三家發卡機構為限。

3. **注意使用情形**：

    (1) 對於二十歲以上之信用卡申請人，應確認其具有獨立穩定之經濟來源且具有充分之還款能力，始得發卡。申請書填載學生身分者，各發卡機構應將其發卡情事函知持卡人之父母，請其注意持卡人使用之情形。

    (2) 申請書填寫未表明學生身分者，各發卡機構於20至24歲之申請人，除逐戶至財團法人金融聯合徵信中心查詢是否為學生外，應主動瞭解其確實身分，於財團法人金融聯合徵信中心登錄其學生身分，以利其他發卡機構對學生申請信用卡之管理。

觀念補給站

金融機構受理學生申請「現金卡」，應依下列規定辦理：

1. 以二家金融機構為限，每家金融機構首次核給信用額度不得超過新台幣一萬元，但經父母同意者最高限額為新台幣二萬元，並禁止針對學生族群促銷。

2. 現金卡申請書填載學生身分者，金融機構應將其發卡情事通知其父母，請其注意持卡人使用現金卡之情形。

3. 金融機構發現申請人具有全職學生身分且有持卡超過二家金融機構或每家金融機構核給信用額度已超過新台幣二萬元之情事，應立即通知持卡人停止卡片之使用。

二、股票／有價證券貸款

(一) **股票／有價證券貸款定義**

指持有股票／有價證券貸款者，提供自有之股票／有價證券為擔保，向銀行申請短期貸款。

(二) **維持率**

1. 借款人有價證券擔保放款帳戶內各筆融通，逐日依收盤價格計算其整戶擔保維持率：

整戶擔保維持率＝（擔保品市值＋抵繳證券市值）／（本公司放款金額＋應收利息）×100%

2. 依所提供擔保品及抵繳證券之市價每營業日計算，擔保維持率低於130%時，即辦理追繳。整戶擔保維持率低於130%時，即通知借款人於三個營業日內以補提擔保品或補繳差額。

(三) **補繳證券之範圍**

有價證券擔保放款之擔保維持率不足時，除以現金繳納借款差額外，補繳證券之範圍包括：

> **考點速攻**
> 借款人提供之抵繳證券可為非本人所有，應檢附所有人戶籍資料、來源證明及同意書。

1. 中央政府債券、地方政府債券、公司債、金融債。
2. 上市、上櫃有價證券。
3. 登錄櫃檯買賣之黃金現貨。
4. 受益憑證。

三、交易性金融業務

(一) **交易性金融定義**

指金融業內部設立專門部門為客戶量身服務，並以多功能的IT系統處理大量金融交易。

(二) **交易性金融業務的特色**

具有同質性與常態性的交易	交易型態均為同質性與常態性，即出口押匯等。
數量大且穩定	交易性金融業務的交易數量大且穩定。
參與客戶商業流程與資金轉移	提供全方位的方案以強化客戶關係。
客製化作業程序	卓越的電腦運算能力以簡化交易流程。
功能強大的IT系統及快速處理作業能力	功能強大的IT系統以減少人為錯誤，快速處理作業能力以利降低成本。

(三) 交易性金融種類

企業金融部門	包括現金管理、貿易融資（含開狀與押匯）、外幣買賣、收付款轉帳、外幣結匯清算及證券託管等。
消費金融及信用卡部門	包括房屋貸款申請、鑑價抵押、信用卡付款與追索欠款、財產信託或資產管理等。

(四) 影響交易性金融業務之因素

影響交易性金融業務之因素有競爭壓力、成本考量、客戶要求多功能及全方位的產品解決方案等。

範例　債券價值

原來為10,000元的債券，敏感性係數為10時，殖利率上升1個基本點（Basis Point），此時的債券價格應為多少元？

解析 1個基本點＝0.01%
此債券之價格為＝$10,000 - 10 \times 0.0001 \times 10,000 = 9,990$

牛刀小試

(　) **1** 依主管機關規定，有關現金卡之申請，下列敘述何者錯誤？　(A)申請人應年滿二十歲　(B)申請時須檢附身分證明文件及所得或財力資料　(C)全職學生申請現金卡以三家發卡機構為限　(D)行銷時不得給予贈品或獎品。

(　) **2** 甲以市價2,000萬元之不動產為擔保，向銀行借款1,400萬元，若建築物之重置成本為1,000萬元，則該建築物宜投保火險金額為何？(A)1,000萬元　(B)1,200萬元　(C)1,400萬元　(D)2,000萬元。

(　) **3** 消費者貸款如係撥入借款人以外之第三者帳戶時，應先取得下列何者之同意書？　(A)借款人　(B)第三者　(C)貸款銀行　(D)連帶保證人。

(　) **4** 有關影響交易性金融業務之因素，下列何者非屬之？　(A)競爭壓力　(B)成本考量　(C)企業在地化營運的趨勢　(D)客戶要求多功能及全方位的產品解決方案。

( ) **5** 某甲以原有車輛為擔保，向銀行申請周轉金貸款，下列敘述何者錯誤？ (A)應徵提連帶保證人 (B)應查驗車況 (C)鑑價係採評比方式認定 (D)應簽立動產抵押契約書。

( ) **6** 原來為10,000元的債券，敏感性係數為5時，殖利率上升1個基本點（Basis Point），試問此時的債券價格應為多少元？
(A)9,950元 (B)9,500元
(C)9,995元 (D)500元。 【第5屆】

[解答與解析]

1 (C)。 依主管機關規定，有關現金卡之申請，全職學生申請現金卡以2家發卡機構為限。

2 (A)。 建築物投保火險金額以保障建物，故以建物之重置成本1,000萬元為宜。

3 (A)。 消費者貸款如係撥入借款人以外之第三者帳戶時，基於保障借款人的權益，應先取得借款人之同意書。

4 (C)。 有關影響交易性金融業務之因素有競爭壓力、成本考量、客戶要求多功能及全方位的產品解決方案等。

5 (A)。 甲已以原有車輛為擔保，銀行不得再徵提連帶保證人。選項(A)有誤。

6 (C)。 1個基本點＝0.01%
此債券之價格為＝10,000－5×0.0001×10,000＝9,995。

重點3 消費金融業務的信用評分制度

一、消費者信用評等簡介

運用統計分析理論及方法，將聯徵中心所蒐集在揭露期限內的資料，以客觀、量化演算而得的分數，用以預測當事人未來一年能否履行還款義務的信用風險。某一時點查得的個人信用評分，僅代表該時點該當事人的信用風險，若該當事人於聯徵中心的信用資料隨時間而有異動時，其個人信用評分即可能隨之變動。

二、消費者信用評分之效益

為因應數位金融時代,不論是傳統金融機構或是創新金融業者,都必須對客戶精準評估其信用風險,以即時滿足其金融服務需求,此部分的作業,仰賴由公正、客觀的專業外部機構所提供之信用評分。聯徵中心的「個人信用評分」,是利用資料進行全面分析後的客觀結果,協助金融機構審核當事人信用狀況的標準更為客觀公平,並可藉評分資訊揭露的過程,提供當事人迅速瞭解個人的信用狀況及相關信用弱點,以加強個人信用觀念;此評分已被國內許多金融機構用以評估客戶信用狀況,作為貸款准駁、核貸額度及利率高低等參考,但不宜作為交易准駁的唯一依據。

三、個人信用評分組成

(一) 計算方式

聯徵中心的個人信用評分係以會員金融機構定期報送有關個人的最新信用資料,依受評對象特性,套用其所適用的信用評分模型,於線上即時將該受評對象的信用資料,逐一轉換成為該評分模型所需評估項目的評估結果,再將每個評估項目的評估結果,加總彙整成為該受評對象的信用評分總分。

(二) 採用資料

個人信用評分模型採用的資料,大致可區分為下列三大類:

1	繳款行為類信用資料	係指個人過去在信用卡、授信借貸以及票據的還款行為表現,目的在於瞭解個人過去有無不良繳款紀錄及其授信貸款或信用卡的還款情形,主要包括其延遲還款的嚴重程度、發生頻率及發生延遲繳款的時間點等資料。
2	負債類信用資料	係指個人信用的擴張程度,主要包括負債總額(如:信用卡額度使用率,即應繳金額加上未到期金額÷信用卡額度;如:授信借款往來金融機構家數)、負債型態(如:信用卡有無預借現金、有無使用循環信用;如:授信有無擔保品)及負債變動幅度(如:授信餘額連續減少月份數)等三個面向的資料。
3	其他類信用資料	主要包括新信用申請類之相關資料(如:金融機構至聯徵中心之新業務查詢次數)、信用長度類之相關資料(如:目前有效信用卡正卡中使用最久之月份數)及保證人資訊類相關資料等。

【重點統整】

1. **逾期放款，指積欠本金或利息超過清償期三個月，或雖未超過三個月，但已向主、從債務人訴追或處分擔保品者**。

2. 金融資產是一種廣義的無形資產，是一種索取實物資產的無形的權利，並能夠為持有者帶來貨幣收入流量的資產。金融資產包括銀行存款、債券、股票以及衍生金融工具等。

3. **發卡銀行辦理信用卡業務，主要有三種收入來源，包含：利息收入、手續費收入、向特約商店收取折扣費用**。

4. 房屋淨值係指房產估值減去房貸債務餘額。

5. **全職學生申請現金卡以2家發卡機構為限**。

6. **建築物投保火險金額以保障建物，投保火險金額以建物之重置成本為宜**。

7. 消費者貸款如係撥入借款人以外之第三者帳戶時，基於保障借款人的權益，應先取得借款人之同意書。

8. 有關影響交易性金融業務之因素有競爭壓力、成本考量、客戶要求多功能及全方位的產品解決方案等。

9. 購置住宅貸款之借款客戶要降低還本付息的壓力時，可以在最初幾年申請「寬限期」，辦理付息不還本。

10. 消費性放款之信用評分制度，系統量化評分後，可再執行額外人為輔助之加減分異動。

11. 關於房屋貸款之本息平均每月攤還，每月償還總額固定，但愈往後本金償還的部分愈多，代表前面還的本金愈少，則利息償還的部分愈多。

12. 借款人投保火險、地震險，為保障債權，**保單正本由銀行保留，借款人保留副本**。

13. 一般而言，**購車後至遲一個月內提出貸款申請者，可視為購車貸款**。

精選試題

(　　)　**1** 關於房屋淨值放款，下列何者錯誤？　(A)又稱二胎房貸　(B)求償權居於第二順位　(C)以房屋市場價值充當抵押品　(D)房屋淨值是由房屋市場價值與第一順位抵押借款餘額相減而得。　【第9屆】

☆☆( ) 2 依據借款客戶還本付息的逾期長短分類，下列敘述何者正確？
(A)本息賒欠超過1年者，稱為「呆帳」
(B)本息賒欠超過6個月者，稱為「呆帳」
(C)本息賒欠超過3個月者，稱為「逾期放款」
(D)本息賒欠超過6個月者，稱為「逾期放款」。 【第7屆】

( ) 3 銀行的資產負債大部分是金融資產與金融負債，下列何者不屬於金融資產與金融負債？ (A)利率部位 (B)外匯部位 (C)權益證券部位 (D)貴金屬（不包括黃金）。 【第7屆】

( ) 4 發卡銀行辦理信用卡業務，主要有三種收入來源，不包含下列何者？ (A)利息收入 (B)國外刷卡之匯差收入 (C)手續費收入 (D)向特約商店收取折扣費用。 【第7屆】

☆( ) 5 有關房屋淨值放款，下列敘述何者錯誤？ (A)所謂房屋淨值係以其公告地價扣除第一順位抵押借款之餘額 (B)實務上第二順位貸款的還款期間應比第一順位短 (C)借款人還清部分房貸後，可申請增加額度 (D)第二順位抵押貸款之信用風險貼水加碼會高於第一順位抵押貸款。 【第7屆】

( ) 6 有關信用卡業務，下列敘述何者錯誤？
(A)特約商店係指接收持卡人刷卡消費並簽帳的商店
(B)發卡機構從事代理收付持卡人在特約商店刷卡產生之帳款
(C)正卡申請人應年滿20歲，並檢附身分證明及還款能力相關資料
(D)國外交易需經由國際清算組織，居間提供發卡機構和收單機構雙方的授權和清算服務。 【第7屆】

☆☆( ) 7 假設「幸福滿屋」之目前房屋市場價值為1,000萬元，已向甲銀行貸款700萬元，甲銀行乃該屋之第一胎房貸銀行，並設定該屋之可貸金額為房屋價值的75%，依可貸金額的1.2倍設定質權。若「幸福滿屋」屋主向乙銀行提出二胎房貸申請，若乙銀行對風險容忍程度在第一順位質權設定的20%，請問「幸福滿屋」可向乙銀行申請之二胎房貸金額上限為多少？ (A)700萬元 (B)900萬元 (C)200萬元 (D)180萬元。 【第7屆】

☆(　　) **8** 假設ARMs定儲利率指數為2.5%，銀行承作房貸之成本加碼為2.55%，違約風險相關之信用等級加碼為1%，請根據ARMs房貸之利率訂價方式，計算房貸利率為何？
(A)5.05%　　　　　　　(B)6.05%
(C)3.50%　　　　　　　(D)3.55%。　　　　　　　　【第7屆】

☆(　　) **9** 甲銀行（賣方）與乙銀行（買方）承作CDS合約，名目本金為100元，若逐日清算價值（mark-to-market）為－3元，則衍生性金融商品當期曝險額為多少？　(A)0元　(B)－3元　(C)＋3元　(D)＋100元。　　　　　　　　【第7屆】

☆☆(　　) **10** 已知債券市值為10,000元，PVBP（Present Value of One Basis Point）計算為5。若利率上升10基點（basis point），則其價格應為下列何者？　(A)9,995元　(B)9,950元　(C)10,005元　(D)10,050元。　　　　　　　　【第7屆】

(　　) **11** 甲向A銀行申請房屋修繕貸款新臺幣（以下同）200萬元，並議定第一年按基準利率加五碼計息，第二年以後加碼幅度提高為六碼，假設A銀行基準利率第一、二年均為1.5%，則甲第二年之利率為多少？　(A)3%　(B)2.75%　(C)1.75%　(D)3.25%。　　【第7屆】

☆☆(　　) **12** 甲以市價新臺幣（以下同）1,000萬元，向銀行借款800萬元，若建物之重置成本為500萬元，則一般而論該建物宜投保火險金額為何？
(A)1,000萬元　　　　　(B)800萬元
(C)600萬元　　　　　　(D)500萬元。　　　　　　　【第7屆】

(　　) **13** 傑克在1歐元兌換1.25美元時，購買德國債券1,000歐元，持有至市價884歐元、匯率為1歐元兌換1.5385美元時賣出，在不考慮其他收益下，請問此投資者的損益為何？　(A)損失116美元　(B)獲利360美元　(C)獲利110美元　(D)損失178美元。　　【第7屆】

(　　) **14** 美麗華銀行平價（Par Value）持有息票利率為3%的2年期債券10,000元，一年之後，市場利率攀升10個基本點（Basis Point），請問此債券的市場價值為何？
(A)9,804元　　　　　　(B)9,718元
(C)9,699元　　　　　　(D)9,615元。　　　　　　　【第7屆】

(　)　**15** 假設本國A銀行於承作5,000萬美元放款時，同時發行4,500萬美元定期存單，則借貸相抵後該行擁有多少美元外幣部位？
(A)短部位500萬美元　　　　　(B)短部位5,000萬美元
(C)長部位500萬美元　　　　　(D)長部位5,000萬美元。　　　【第7屆】

(　)　**16** 假設小王購買了一張期別2年、AA等級、平價發行的本國債券，該債券票面價值$100,000且票面利率為每年4%，若經過一年後，該債券被信用評等機構調降評等，導致該債券的市場殖利率從原本的4%上升至5%，請問該債券因遭調降評等致債券市場價值變動多少？
(A)減少$962　　　　　　　　(B)減少$952
(C)增加$952　　　　　　　　(D)增加$962。　　　　　【第7屆】

☆☆(　)　**17** 購置住宅貸款之借款客戶要降低還本付息的壓力時，則可以在最初幾年申請「寬限期」，辦理下列何者？　(A)付息不還本　(B)還本不付息　(C)不還本不付息　(D)少還本少付息。　　【第6屆】

☆(　)　**18** 銀行辦理信用卡業務之收入來源，包括下列哪些？　A.利息收入；B.手續費收入；C.向特約商店收取之折扣費用；D.信託費收入
(A)僅B　　　　　　　　　　　(B)僅A、C
(C)僅A、B、C　　　　　　　(D)A、B、C、D。　　【第6屆】

(　)　**19** 五年期的英國純折扣債券（pure discount bond），面額為100英鎊，市場顯示相同風險等級的五年期殖利率為3%。若英鎊對美元的匯率為1：1.3310，則當英鎊貶值1%，債券價值將變動多少幅度？
(A)增加0.84美元　　　　　　(B)增加0.86美元
(C)減少5.57美元　　　　　　(D)減少5.74美元。　　【第6屆】

☆(　)　**20** 原來為10,000元的債券，敏感性係數為5時，殖利率上升1個基本點（Basis Point），試問此時的債券價格應為多少元？
(A)9,950元　　　　　　　　　(B)9,500元
(C)9,995元　　　　　　　　　(D)500元。　　　　　【第6屆】

☆(　) **21** 假設「幸福滿屋」之目前房屋市場價值為1,000萬元，已向甲銀行貸款700萬元，甲銀行乃該屋之第一胎房貸銀行，並設定該屋之可貸金額為房屋價值的75%，並依可貸金額的1.2倍設定質權。若「幸福滿屋」屋主向乙銀行提出二胎房貸申請，若乙銀行對風險容忍程度在第一順位質權設定的20%，「幸福滿屋」依乙銀行對該屋之二胎房貸上限金額進行全額貸款後，請問該屋之淨值剩下多少？
(A)300萬元　　　　　　　　(B)250萬元
(C)120萬元　　　　　　　　(D)70萬元。　　　　　【第4屆】

(　) **22** 金融商品的賣價減去買價大於0時，實務上如何看待？
(A)該交易呈現「資本損失」
(B)該交易有「利息收入」
(C)該交易有「證券交易所得」
(D)該交易存在「價格風險」。　　　　　　　　　【第4屆】

(　) **23** 關於消費性放款之信用評分制度，下列敘述何者錯誤？
(A)系統量化評分後，即不准再執行額外人為輔助之加減分異動
(B)借款人容易在申請時隱匿不利之個人資訊，導致違約率上升
(C)銀行依信用評分決定准駁和最高申貸金額
(D)常理上，銀行降低信用評分的准駁標準，會提高信用風險規模。
　　　　　　　　　　　　　　　　　　　　　　　【第2屆】

(　) **24** 有關國內指數型住宅貸款，下列敘述何者正確？　A.銀行可依資金成本調控指標利率；B.指標利率需定期浮動調整；C.貸款利率經風險貼水調整後貼近內部設定之營業利潤目標；D.指標利率通常以採樣銀行之一年期定期儲蓄存款固定利率之平均數訂定
(A)僅A、B　　　　　　　　(B)僅B、D
(C)僅A、B、C　　　　　　(D)僅A、C、D。　　【第2屆】

☆☆(　) **25** 根據2015年1月底的統計數據，消費性貸款中，何者金額最多？
(A)購置住宅貸款　(B)房屋修繕貸款　(C)汽車貸款　(D)信用卡循環信用餘額。　　　　　　　　　　　　　　　【第1屆】

☆( ) **26** 關於房屋貸款之本息平均每月攤還，下列敘述何者正確？
(A)每月攤還的本金固定，但本金餘額隨房貸餘額減少，利息也會跟著遞減
(B)每月攤還的利息固定，但本金餘額隨房貸餘額減少
(C)每月償還總額固定，但愈往後本金償還的部分愈多，利息償還的部分愈少
(D)每月償還總額固定，但愈往後利息償還的部分愈多，本金償還的部分愈少。 【第1屆】

( ) **27** 銀行承作汽車貸款，分為購車貸款及周轉金貸款（re-finance），一般而言，購車後至遲多久內提出貸款申請者，可視為購車貸款？） (A)二週 (B)一個月 (C)三個月 (D)六個月。

( ) **28** 下列何者非屬交易型金融業務之範疇？ (A)股票承銷 (B)付款及現金管理 (C)貿易融資 (D)有價證券處理。

☆( ) **29** 陳伯伯以其新購五層公寓之二樓建物作為購屋貸款之擔保品，該建物坪數為40坪，土地持分1／3，買賣價格為每坪NT$30萬元，若貸放成數為買賣價格之七成，請問合併鑑價之放款值約為新臺幣多少元？
(A)280萬元 (B)560萬元
(C)840萬元 (D)1,200萬元。

☆( ) **30** 有關借款人投保火險、地震險，下列敘述何者正確？ (A)火險依鑑價金額為保險金額 (B)地震險最高不得超過新臺幣100萬元 (C)保單正本由銀行保留，借款人保留副本 (D)受益人為借款人。

( ) **31** 銀行承作股票貸款，有關擔保品股票之鑑價及貸放成數，下列何者錯誤？ (A)一般而言，貸放成數即是維持率的倒數 (B)銀行會依獲利穩定及未來潛力等區分風險等級與貸放成數 (C)最好以每日成交行情資料更新客戶擔保品維持率 (D)設質比例或信用交易比率高之個股應給予較高之貸放成數。

(　) **32** 下列何者在鑑價時，造價標準較高？
(A)鋼骨結構建築物　　　　(B)鋼筋混凝土建築物
(C)加強磚造建築物　　　　(D)三者相同。

(　) **33** 有關信用卡消費作業流程，下列何者錯誤？
(A)持卡人完成開卡程序後即可持卡消費
(B)特約商店係向發卡機構請款
(C)將交易資料送至發卡機構是收單銀行的工作
(D)發卡機構應將消費帳單定期通知持卡人。

(　) **34** 下列何者非屬銀行辦理小額信用貸款業務轉貸之優點？
(A)利率較原貸銀行為高
(B)借款人身分不易偽造或變造
(C)銀行可快速推展小額信用貸款業務
(D)借款人須提供原貸款的繳款紀錄，銀行可明確明瞭其還款情形。

(　) **35** 下列何種貸款較適宜採個人信用評分作為授信審核依據？
(A)墊付國內應收款項　　　(B)購屋貸款
(C)消費者小額信用貸款　　(D)房屋修繕貸款。

(　) **36** 下列何者不屬於消費者貸款？
(A)現金卡貸款　　　　　　(B)房屋修繕貸款
(C)抵利型房貸　　　　　　(D)土地融資。

(　) **37** 信用卡在起息日計算循環信用利息時，下列何種計算方式對發卡銀行最為有利？
(A)銀行墊款日　　　　　　(B)銀行結帳日
(C)信用卡帳單通知繳款日　(D)信用卡帳單通知繳款截止日。

解答與解析

1 (C)。 房屋淨值係指房產估值減去房貸債務餘額。

2 (C)。 依據借款客戶還本付息的逾期長短分類，逾期放款，指積欠本金或利息超過清償期三個月，或雖未超過三個月，但已向主、從債務人訴追或處分擔保品者。

3 (D)。 金融資產是一種廣義的無形資產，是一種索取實物資產的無形的權利，並能夠為持有者帶

來貨幣收入流量的資產。金融資產包括銀行存款、債券、股票以及衍生金融工具等。貴金屬不屬於金融資產與金融負債。

4 (B)。 發卡銀行辦理信用卡業務,主要有三種收入來源,包含:利息收入、手續費收入、向特約商店收取折扣費用。

5 (A)。 房屋淨值係指房產估值減去房貸債務餘額。

6 (B)。 收單業務從事代理收付特約商店信用卡消費帳款。

7 (D)。 可向乙銀行申請之二胎房貸金額上限
$=1,000 \times 75\% \times 1.2 \times 20\%$
$=180$(萬元)。

8 (A)。 房貸利率$=2.5\% + 2.55\%$
$=5.05\%$。

9 (A)。 衍生性商品逐日清算價值為正值時,方存在當期曝險額;價值為負值時,其當期曝險額以零表示。

10 (B)。 1個基本點$=0.01\%$
此債券之價格為
$=10,000 - 5 \times 0.01 \times 10 = 9,950$。

11 (A)。 一碼為0.25%
甲第二年之利率
$=1.5\% + 0.25\% \times 6 = 3\%$。

12 (D)。 一般而論該建物宜投保火險金額為重置成本。

13 (C)。 $1.5385 \times 884 - 1.25 \times 1,000$
$=110$美元(獲利)。

14 (B)。 1個基本點$=0.01\%$
此債券之價格為
$=10,000 \times p1 / 3.01\% + 10,000 \times 3\% \times P1 / 3.01\%$
$=9,718$

15 (C)。 假設本國A銀行於承作5,000萬美元放款時,同時發行4,500萬美元定期存單,則借貸相抵後該行擁有長部位500萬美元部位。

16 (B)。 $(10,000 \times p1 / 4\% + 10,000 \times 4\% \times P1 / 4\%) -$
$(10,000 \times p1 / 5\% + 10,000 \times 4\% \times P1 / 5\%) = 952$(減少)。

17 (A)。 購置住宅貸款之借款客戶要降低還本付息的壓力時,可以在最初幾年申請「寬限期」,辦理付息不還本。

18 (C)。 銀行辦理信用卡業務之收入來源,包括:利息收入、手續費收入、向特約商店收取之折扣費用等。

19 (B)。 $100 \times p5 / 3\% \times (1.3320 - 1.3310) = 0.86$美元(增加)。

20 (C)。 1個基本點$=0.01\%$
此債券之價格為
$=10,000 - 5 \times 0.0001 \times 10,000$
$=9,995$。

21 (C)。 $(1,000 - 1,000 \times 75\% \times 1.2) \times 1.2 = 120$(萬元)。

22 (C)。 金融商品的賣價減去買價大於0時，實務上認列「證券交易所得」。

23 (A)。 關於消費性放款之信用評分制度，系統量化評分後，可再執行額外人為輔助之加減分異動。

24 (B)。
(1) 銀行不可依資金成本調控指標利率。
(2) 抵押貸款利率（即抵押貸款正常利率加上風險貼水），尚未達營業利潤目標。

25 (A)。 根據2015年1月底的統計數據，消費性貸款中，購置住宅貸款金額最多。

26 (C)。 每月償還總額固定，但愈往後本金償還的部分愈多，代表前面還的本金愈少，則利息償還的部分愈多。

27 (B)。 一般而言，購車後至遲一個月內提出貸款申請者，可視為購車貸款。

28 (A)。 交易型金融業務之範疇包括貨幣結算（如付款及現金管理）、貿易融資（如遠期信用狀買斷）、資金調度（如有價證券處理）等。

29 (C)。 40×30×70％＝840（萬元）。

30 (C)。 借款人投保火險、地震險，為保障債權，保單正本由銀行保留，借款人保留副本。

31 (D)。 設質比例或信用交易比率高之個股應給予較低之貸放成數。

32 (A)。 鋼骨結構建築物造價最高，所以在鑑價時，造價標準較高。

33 (B)。 特約商店係向收單銀行請款。

34 (A)。 銀行辦理小額信用貸款業務轉貸之缺點為利率較原貸銀行為高。

35 (C)。 消費者小額信用貸款著重於借款人的信用，較適宜採個人信用評分作為授信審核依據。

36 (D)。 消費者貸款民眾為滿足理財及消費上的需要，向銀行申請的貸款。土地融資不屬於消費者貸款。

37 (A)。 銀行墊款日計算期間最長，對發卡銀行最為有利。

第六章 信用評等機構的信用評等制度

課前導讀

本章是信用評等機構的信用評等制度的介紹，由於資訊的不對稱，而信用評等的資訊因具有中立、可信與易懂的特性，已成為投資者決策的參考，而公司也會受到專業評等機構所給予的評等，而影響到資金募集的成本與形象，故信用評等早已成為全球買賣雙方必定參考的指標之一。

重點1 信用評等簡介

一、前言

信用評等乃指信用狀況或償債能力之評等，係運用統計的方法擬定評等或評分的標準，將受評等對象的各項信用屬性予以量化，再計算其評分與等級所得之評比，依評等等第判斷其信用品質之良窳，提供

> **考點速攻**
> 臺灣的信用評等機構→中華信用評等公司（民國86年5月底成立）。

予發行人、投資人與相關對象之用。一般提供此種資訊服務之公司即為信用評等公司。在美國，信用評等公司評等的重點大多為發行公司的經營管理能力、資產債分析管理能力、應付景氣循環能力、獲利能力、競爭情況、營運趨勢及籌集資金之財務彈性等。這樣的評估機制在國外其實已經行之有年，知名的有標準普爾（Standard & Poor's）、穆迪（Moody's）、惠譽（Fitch）等國際評等公司，臺灣在民國86年5月底成立了第一家「中華信用評等公司」（Taiwan Ratings）。

二、評等方式

一般而言，評等重點概分三項風險因素之評估，即政府風險、產業風險及企業個體風險，其係依序評估，且如無其他特殊因素，企業個體風險評估結果之

> **考點速攻**
> 政府風險>產業風險>企業個體。

等級，不可高於產業風險評估之等級，產業風險評估之等級亦不可高於政府風險評估之等級。信評公司對於投資標的給予評等之後，還會持續追蹤觀察的標

的而陸續發表「評等展望」報告，當「評等展望」標示為「正向」（positive）時，即表示該評等可能升級；如標示為「負向」（negative）時，則表示該評等可能降級；「發展中」（developing）乃表示事件尚在發展中，狀況未明，評等可能升級，亦可能降級。而「評等展望」中標示為「穩定」（stable），則代表評等等級應不致於有所變動，建議投資前先看看信評報告，掌握投資方向規避風險。而評等機構在對公司債進行評等時，係根據下列的邏輯順序：

(一) 對該發行公司所屬政府的評等

首先，對發行公司或發行機構所在國的政府風險，即國家風險進行評估，國家的評等也就是發行單位評等的上限。如該發行單位所屬政府的評等為AAA級，則該發行單位的債券普遍要比政府的等級低，這是因為政府被認為擁有廣泛的權限和資金來源，比該國內的任何債券發行單位都具有更高的信用度之故。

(二) 對該發行公司所屬產業的評等

接著須對發行單位所屬的產業進行評估，調查、分析該產業的歷史、市場的成熟度、景氣週期、規模、發展性、競爭狀況、產業上有無限制等，進而判斷該產業的風險高低。經判斷產業風險為何，且相對比較在該產業之下的發行公司內容項目後，再進行決定等級次序的作業。

(三) 對該發行公司本身的評等

評等的進行主要是採質量並行之分析，量的分析主要是應用比率分析，研究發行公司的經營狀況及償債能力，如資產保障、財務資源、獲利能力等；質的分析則偏重發行公司本身的資料及與發行契約相關之內容，如公司的規範、過去的付息記錄、管理當局的能力、品德、市場占有率、在同業中的地位、受景氣影響的程度、該行業之遠景、抵押品之價值、償還方法等。

1. **定量分析**：定量指標主要對被評估人運營的財務風險進行評估，考察質量，主要包括：

    (1) **資產負債結構**：分析受評企業負債水準與債務結構，瞭解管理層理財觀念和對財務槓桿的運用策略，如債務到期安排是否合理，企業償付能力如何等。如果到期債務過於集中，到期不能償付的風險會明顯加大，而過分依賴短期借款，有可能加劇再籌資風險。此外，企業的融資租賃、未決訴訟中如果有負債項目也會加重受評對象的債務負擔，從而增加對企業現金流量的需要量，影響評級結果。

(2) **盈利能力**：較強的盈利能力及其穩定性是企業獲得足夠現金以償還到期債務的關鍵因素。盈利能力可以透過銷售利潤率、淨值報酬率、總資產報酬率等指標進行衡量，同時分析師要對盈利的來源和構成進行深入分析，並在此基礎上對影響企業未來盈利能力的主要因素及其變化趨勢做出判斷。

(3) **現金流量充足性**：現金流量是衡量受評企業償債能力的核心指標，其中分析師特別要關心的是企業經營活動中產生的淨現金流（Net Cashflow）。淨現金流量、留存現金流量和自由現金流量與到期總債務的比率，基本可以反映受評企業營運現金對債務的保障程度。一般不同行業現金流量充足性的標準是不同的，分析師通常會將受評企業與同類企業相對照，以對受評企業現金流量充足性做出客觀、公正的判斷。

(4) **資產流動性**：也就是資產的變現能力，這主要考察企業流動資產與長期資產的比例結構。同時分析師還透過存貨周轉率、應收帳款周轉率等指標來反映流動資產轉化為現金的速度，以評估企業償債能力的高低。

2. **定性分析**：定性指標主要分兩大內容：

(1) **行業風險評估**：即評估公司所在行業現狀及發展趨勢、巨集觀經濟景氣週期、國家產業政策、行業和產品市場所受的季節性、週期性影響以及行業進入門檻、技術更新速度等。透過這些指標評估企業未來經營的穩定性、資產品質、盈利能力和現金流等。一般說來，壟斷程度較高的行業比自由競爭的行業盈利更有保障、風險相對較低。

(2) **業務風險評估**：即分析特定企業的市場競爭地位，如市場占有率、專利、研究與開發實力、業務多元化程度等，具體包括：

基本經營和競爭地位	受評企業的經營歷史、經營範圍、主導產品和產品的多樣化程度，特別是本業在企業整體收入和盈利中所占比例及其變化情況，這可以反映企業收入來源是否過於集中，從而使其盈利能力易受市場波動、原料供應和技術進步等因素的影響。此外，企業營銷網路與手段、對主要客戶和供應商的依賴程度等因素也是必須考慮的分析要點。
管理水準	考察企業管理層素質的高低及穩定性、行業發展戰略和經營理念是否明確、穩健，企業的治理結構是否合理等。

擔保和其他 還款保障	如果有實力較強的企業為評級對象提供還款擔保，可以提高受評對象的信用等級，但信用評級機構分析師要對該擔保實現的可能性和擔保實力做出評估。此外，政府補貼、母公司對子公司的支持協議等也可以在某種程度上提高對子公司的評級結果。

三、信用評等功能

信用評等具有以下主要的功能：

(一) 提供信用風險的資訊

一個有效率的市場，必須能提供足夠之資訊及有效傳遞資訊，使資金供需雙方在資訊對等的情況下，做最合理的投資或取得資金的決策，而評等機構的介入，以獨立公正且專業的第三者角色，提供信用風險的資訊，可縮短資金供需雙方對信用程度認知的差距。

(二) 保護投資人的權益

主管機關保護投資人最主要的工具，是要求債務證券的發行者，將其資訊公開給投資人，而信用評等的資訊具有中立、可信與易懂的特性，成為投資人做投資決策的有效參考指標，使投資人可依本身的風險偏好，選擇適當的投資標的，投資人的權益多了一層保護。且此種保護，是投資人自發性研判，考慮個人風險承受程度，所作之選擇，故可達教育投資人之目的。

(三) 降低徵信成本

專業投資機構或授信機構，均花費大量的人力物力在蒐集、分析與評估債務證券發行或貸款者的信用度，而一般投資人除能力有限外，更無能力負擔如此高的徵信成本，評等機構以其專業分析所作之評等資訊，可供專業投資機構、授信機構或一般投資人使用，整體而言，取得資訊的成本相對降低，可節省社會資源。

(四) 投資人的資金能更合理運用

機構投資人若投資於風險過高的債務證券而遭致損失，易引起投資人以投資基金管理不當為由而要求損害賠償，若依信用評等的結果選擇購買等級較高的債務證券，除可增加投資的安全性，並可避免缺乏認定標準而產生糾紛。而投資人亦能合理分配投資資金，作最大報酬之投資。

(五) **降低發行成本**

債務證券評等資訊公開的情況之下，財務結構較佳、償債能力較強、信用風險較低的發行者，可取得較高的信用評等等級，因此可以較佳的條件或較低的利率發行，以取得較低成本的資金。

(六) **監督經理人的行為**

公司經理人常與股東、投資人與債權人的利益相衝突，而信用機構所評等的等級，可提供投資人觀察經理人是否善盡管理人責任的一項參考指標。可適度降低花費於監督、查核經理人之成本，減少財務管理上所謂「代理問題」之產生，而使股東財富最大化。

(七) **促進經濟的發展**

由於評等資訊的流通，可減少各界蒐集資訊成本，進而可促進金融市場的健全發展，使社會資源的分配更有效率，對於經濟的發展有實質上的助益。

(八) **教育宣導投資人對風險的認知**

經由信用評等資訊之發布，投資人可經由宣導教育過程，進一步增加對投資風險的認知。就投資人投資觀念的導正，正確投資知識之灌輸有正面助益。

(九) **促使企業改善體質**

由於評等之過程，須對企業財務、業務、經營管理等各層面作全面性之評估，能促使企業注意其制度上缺失與應加以改善之問題，可有效促使企業改善其體質。另為維持或提昇其評等，更使企業不斷持續作改善之工作，可提昇企業之競爭力。

(十) **有效達成資本市場國際化**

藉由信用評等，可使我國企業之信用能力、信用風險為國際上所周知，而使企業赴國外經營、籌資，或外國企業、投資人願意至國內進行投資，此皆有助於我國資本市場國際化目標之達成。

(十一) **協助政府進行監督管理工作：**

藉由信用評等之資訊，政府財政金融主管機關可藉以援引作為審查、核准業務之依據，或作為金融監理之工具，可有效節省人力而達到監管之目的。

四、健全的信用評分制度之特質

健全的信用評分制度，應具備以下特質：

(一) 能降低信用損失。

(二) 了解顧客之人口統計特質。

(三) 增進處理效率。

(四) 可隨時檢視信用評分標準與授信準則是否適當。

牛刀小試

( ) **1** 關於健全的信用評分制度，應具備下列哪些特質？ A.能降低信用損失；B.了解顧客之人口統計特質；C.增進處理效率；D.可隨時檢視信用評分標準與授信準則是否適當
(A)僅A、B (B)僅A、B、C
(C)僅A、B、D (D)A、B、C、D。 【第5屆】

( ) **2** 在定量分析時，公司債等級之決定因素，下列何者最為重要？
(A)利息保障倍數 (B)短期償債能力
(C)長期償債能力 (D)獲利能力。 【第6屆】

[解答與解析]

1 (D)。 健全的信用評分制度，應具備下列特質：
(1) 能降低信用損失。
(2) 了解顧客之人口統計特質。
(3) 增進處理效率。
(4) 可隨時檢視信用評分標準與授信準則是否適當。

2 (A)。 利息保障倍數＝（稅前淨利＋利息費用）/利息費用，此倍數越高表示企業到期支付利息的能力越強。

重點2 信用評等機構

一、標準普爾（Standard & Poor's, S & P's）

(一) 公司簡介

標準普爾（Standard & Poor's）是一家世界性權威金融分析機構，由Mr. Henry Varnum Poor於1860年提出，以「投資者有知情權」為宗旨建立了金融資訊業。1941年，由普爾出版公司和標準統計公司合併而成。標準普爾為投資者提供信用評等、獨立分析研究、投資諮詢等服務，其中包括反映全球股市表現的標準普爾全球1200指數和為美國投資組合指數的基準的標準普爾500指數等一系列指數，標準普爾1200指數和標準普爾500指數已經分別成為全球股市表現和美國投資組合指數的基準，該公司同時為世界各地超過220,000家證券及基金進行信用評等，為一個世界級的金融資訊品牌與權威的國際分析機構。

標準普爾的服務主要包括：對全球數萬億債務進行評等，並針對股票、固定收入、外匯及共同基金等市場提供客觀的資訊、分析報告，也透過全球網際網路提供股市報價及相關金融內容的供應，是創建金融業標準的先驅。

(二) 信用評等分類

有關標準普爾信用評等制度，包括評級對象、評級內容、評級的方法、手段與程式，評級的指標體系、信用級別設置、當期經濟環境、競爭型態……等。

而S&P評等的次序，依等級由高至低依次為AAA、AA、A、BBB、BB、B、CCC、CC、C、D。AA至CCC各級均可再以「＋」、「－」號細分，以顯示主要評級內的相對高低。評等等級在BBB以上（含）為投資等級，以下則為投機等級（如垃圾債券）。

標準普爾債信評等分級一覽表

等級		符號		等級		符號	
		長期債	短期債			長期債	短期債
投資級債券	高級	AAA AA＋ AA AA－	A-1＋	垃圾債券	投機級	BB＋ BB BB－ B＋ B B－	B
	中級	A＋ A	A-1			CCC＋ CCC CCC－ CC	C
		A BBB＋	A-2				
		BBB BBB－	A-3			D	

標準普爾公司官方網站網址：http://www.standardandpoors.com/

二、穆迪（Moody's）

(一) 公司簡介

穆迪投資者服務公司（Moody's Investors Service）由約翰‧穆迪於1909年創立。其總部設在美國紐約，是國際權威投資信用評估機構，同時也是著名的金融訊息出版公司，其投資信用評估對象遍佈全球。

(二) 信用評等分類

Moody's的信用等級分為Aaa、Aa、A、Baa、Ba、B、Caa、Ca、C等。Aa至Caa各級均可再以「1」、「2」、「3」細分，以顯示同一等級內的相對高低。評等等級在Baa以上（含）為投資等級，以下則為投機等級（如垃圾債券）。

穆迪信評公司衡量受評公司信用風險之方法架構，係為由上而下涵蓋國家風險、產業風險和企業風險。Moody's評等所用的Aaa至C的符號是用來評等長期債務，包括債券與其他固定收益債務，如抵押證券、中期債券及銀行長期存款。此同樣的評等架構亦用來評等保險公司財務強度、共同基金、衍生性金融商品交易對手風險，以及相關的金融契約。

Prime1至3是用來評等到期時間小於一年的證券，如商業本票、銀行短期存款或其他貨幣市場工具。若短期票券被評為Prime，則表示Moody's認為發行者在市場壓力情況下，有足夠的財務能力支撐其短期債務，1至3的標示則表示程度大小，1表示債務提供投資者的保障最強。Not Prime則表示Moody's認為發行者在市場壓力狀況下，無法獲取銀行的強力支持，或藉由其他管道以因應債務。

三、惠譽國際信用評等公司（Fitch Ratings）

(一) 公司簡介

惠譽國際信用評等公司（Fitch Ratings）係John Knowles Fitch於1913年12月24日成立Fitch Publishing Company，公司位居紐約市的金融中心，公司成立初期以出版金融統計資料的刊物為主要業務，提供投資者投資時的參考數據。1924年Fitch Publishing Company為滿足金融市場的需求，首次發表評等等級，也就是現今為市場所熟悉的「AAA」～「D」的評等符號。1989年在新的管理經營團隊帶領下進行資本重組，自此營運規模急速成長。於90年代積極多元發展，包含正興起之結構型融資（Structured Finance）商品領域，主要提供投資人獨創性的研究報告、針對複雜的結構給予精闢的解析，並對其商品動向持續進行嚴密監控。

(二) 信用評等分類

Fitch的評等符號與S&P大致相同，其評等等級由高至低依序為AAA、AA、A、BBB、BB、B、CCC、CC、C、DDD、DD、D。AA至CCC各級均可再以「＋」、「－」號細分，以顯示主要評級內的相對高低。評等等級在BBB以上（含）為投資等級，以下則為投機等級（如垃圾債券）。

觀念補給站

標準普爾（Standard & Poor's）**、穆迪**（Moodys）**、惠譽**（Fitch）**長期信用評級表**

投資等級			
	標準普爾	穆迪	惠譽
最高評級	AAA、AA＋	Aaa、Aa1	AAA、AA＋
優良	AA、AA－、A＋	Aa2、Aa3、A1	AA、AA－、A＋
好	A、A－、BBB＋	A2、A3、Baa1	A、A－、BBB＋
中等	BBB、BBB-	Baa2、Baa3	BBB、BBB－

非投資等級			
不確定	BB＋、BB、BB－	Ba1、Ba2、Ba3	BB＋、BB、BB－
差	B＋、B、B－	B1、B2、B3	B＋、B、B－
非常差	CCC＋、CCC、CCC－	Caa1、Caa2、Caa3	CCC＋、CCC、CCC－
極差	CC	Ca	CC
最低	C	C	C

牛刀小試

( )　**1** 有關標準普爾信用評等制度，下列敘述何者錯誤？　(A)查看受評公司之會計師簽證意見，評估會計品質　(B)僅考慮當期經濟環境和競爭型態，推測受評公司之信用程度　(C)受評公司缺乏明確成長目標與機會時，會曝露潛在的經營危機　(D)貸款合約的限制條款是否合理會影響受評公司之財務彈性。　【第5屆】

( )　**2** 依據穆迪信評公司之定義，下列何種等級（含）以上可視為投資等級？　(A)Aaa　(B)A　(C)Baa　(D)Caa。　【第5屆】

( )　**3** 成立於1997年5月的臺灣本土第一家信用評等公司為下列何者？　(A)臺灣信用評等公司　　(B)中華信用評等公司　(C)聯合資信　　(D)金融聯合徵信中心。　【第4屆】

[解答與解析]

1 (B)。　有關標準普爾信用評等制度，其依據都是一整套評級制度，包括
評級對象、評級、當期經濟環境、競爭型態……等。

2 (C)。　Moody's的信用等級分為Aaa、Aa、A、Baa、Ba、B、Caa、
Ca、C Aa至Caa各級均可再以「1」、「2」、「3」細分，以顯
示同一等級內的相對高低。評等等級在Baa以上（含）為投資等
級，以下則為投機等級（如垃圾債券）。

3 (B)。　成立於1997年5月的臺灣本土第一家信用評等公司為「中華信用
評等公司」。

【重點統整】

1. 健全的信用評分制度，應具備下列特質：
   (1)**能降低信用損失**。
   (2)**了解顧客之人口統計特質**。
   (3)**增進處理效率**。
   (4)**可隨時檢視信用評分標準與授信準則是否適當**。
2. 臺灣本土第一家信用評等公司為「中華信用評等公司」。
3. 在定量分析時，**公司債等級之決定因素，「利息保障倍數」最為重要**。
4. 標準普爾公司（S & P）評等的次序，依等級由高至低依序為AAA、AA、
   A、BBB、BB、B、CCC、CC、C、D。AA至CC各級均可再以「＋」、
   「－」號細分，以顯示主要評級內的相對高低。評等等級在BBB以上（含）
   為投資等級（investment grade），以下則為投機等級（如垃圾債券）。
5. 依據標準普爾信用評等機構之觀點，可以衡量受評公司之現金流量是否足
   夠的指標有：
   (1)（正常營業活動的現金流量＋利息費用）／利息費用。
   (2)借款的還本期限。
6. 穆迪（Moody's）將短期別債券之信用等級分為Prime-1、Prime-2、Prime-3
   以及Not-Prime。其中Not-Prime類似於長期債券Ba1信用等級以下。
7. 穆迪（Moody's）衡量受評公司信用風險之方法架構，係為由上而下涵蓋
   國家風險、產業風險和企業風險。

精選試題

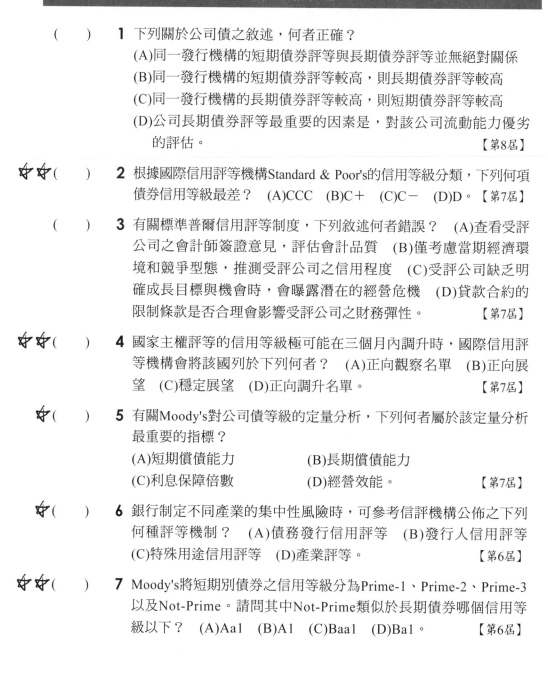

( )　**1** 下列關於公司債之敘述，何者正確？
(A)同一發行機構的短期債券評等與長期債券評等並無絕對關係
(B)同一發行機構的短期債券評等較高，則長期債券評等較高
(C)同一發行機構的長期債券評等較高，則短期債券評等較高
(D)公司長期債券評等最重要的因素是，對該公司流動能力優劣
的評估。　　　　　　　　　　　　　　　　　　　　　【第8屆】

✿✿( )　**2** 根據國際信用評等機構Standard & Poor's的信用等級分類，下列何項
債券信用等級最差？　(A)CCC　(B)C＋　(C)C－　(D)D。【第7屆】

( )　**3** 有關標準普爾信用評等制度，下列敘述何者錯誤？　(A)查看受評
公司之會計師簽證意見，評估會計品質　(B)僅考慮當期經濟環
境和競爭型態，推測受評公司之信用程度　(C)受評公司缺乏明
確成長目標與機會時，會曝露潛在的經營危機　(D)貸款合約的
限制條款是否合理會影響受評公司之財務彈性。　　　　　【第7屆】

✿✿( )　**4** 國家主權評等的信用等級極可能在三個月內調升時，國際信用評
等機構會將該國列於下列何者？　(A)正向觀察名單　(B)正向展
望　(C)穩定展望　(D)正向調升名單。　　　　　　　　　【第7屆】

✿( )　**5** 有關Moody's對公司債等級的定量分析，下列何者屬於該定量分析
最重要的指標？
(A)短期償債能力　　　　　　(B)長期償債能力
(C)利息保障倍數　　　　　　(D)經營效能。　　　　　　【第7屆】

✿( )　**6** 銀行制定不同產業的集中性風險時，可參考信評機構公佈之下列
何種評等機制？　(A)債務發行信用評等　(B)發行人信用評等
(C)特殊用途信用評等　(D)產業評等。　　　　　　　　　【第6屆】

✿✿( )　**7** Moody's將短期別債券之信用等級分為Prime-1、Prime-2、Prime-3
以及Not-Prime。請問其中Not-Prime類似於長期債券哪個信用等
級以下？　(A)Aa1　(B)A1　(C)Baa1　(D)Ba1。　　　　【第6屆】

☆(　) **8** 依據標準普爾信用評等機構之觀點，下列哪些指標可以衡量受評公司之現金流量是否足夠？　A.營業利益／營業收入　B.長短期借款／總資產　C.（正常營業活動的現金流量＋利息費用）／利息費用　D.借款的還本期限

(A)僅C、D　　　　　　　　　(B)僅A、D

(C)僅C　　　　　　　　　　(D)A、B、C、D。　　　　【第6屆】

☆☆(　) **9** 有關健全的信用評分制度，應具備下列哪些特質？　A.能降低信用損失；B.了解顧客之人口統計特質；C.增進處理效率；D.可隨時檢視信用評分標準與授信準則是否適當

(A)僅A、B　　　　　　　　　(B)僅A、B、C

(C)僅A、B、D　　　　　　　(D)A、B、C、D。　　　　【第4屆】

☆(　) **10** 成立於1997年5月的臺灣本土第一家信用評等公司為下列何者？

(A)臺灣信用評等公司　(B)中華信用評等公司　(C)聯合資信

(D)金融聯合徵信中心。　　　　　　　　　　　　　　【第4屆】

☆(　) **11** 穆迪信評公司評估公司債信用等級所使用之量化財務指標，下列何者最為重要？

(A)利息保障倍數　　　　　　(B)流動比率

(C)資產報酬率　　　　　　　(D)負債比率。　　　　　【第4屆】

(　) **12** 穆迪信評公司衡量受評公司信用風險之方法架構，係為下列何者？　(A)由上而下涵蓋國家風險、產業風險和企業風險　(B)由上而下涵蓋法令遵循、產業風險和企業風險　(C)由下而上涵蓋企業風險、產業風險和外匯風險　(D)由下而上涵蓋企業風險、法令遵循和國家風險。　　　　　　　　　　　　　　【第4屆】

(　) **13** 有關標準普爾信用評等制度，下列敘述何者錯誤？

(A)分為長期及短期兩種評等類別

(B)信用等級分為投資級和投機級兩類

(C)不考慮產業和規模差異，統一適用一般產業評等

(D)以符號「－」表示同一等級中信用品質最差之類別。【第4屆】

✿✿( ) **14** 依據S＆P的國家主權評等，非投資級是指下列何者？
(A)A等級以下　　　　　　　(B)BBB等級以下
(C)BB等級以下　　　　　　(D)B等級以下。　　　　【第4屆】

( ) **15** 有關國家風險與主權風險相關敘述，下列何者錯誤？
(A)外幣舉債所屬國發生政治或社會動亂屬於國家風險
(B)外幣舉債所屬國貨幣大幅貶值屬於國家風險
(C)任何企業的信用等級不得高於該國主權評等
(D)外匯管制或短缺的情況屬於國家風險。　　【第4屆】

✿✿( ) **16** Moody's採取由上而下（Top-Down）的評估方式，檢視受評公司的風險等級。所謂由上而下的評估方式，係指下列何者？
(A)由Aaa信用等級至C信用等級
(B)由國家風險至產業風險至企業風險的風險層次
(C)上至總經理下至各執行部門，逐一檢視各單位風險狀況
(D)由該公司於所處產業之營運優劣排序，決定該公司之曝險等級。
　　　　　　　　　　　　　　　　　　　　　　【第3屆】

( ) **17** 有關信用等級移轉矩陣，下列敘述何者錯誤？
(A)信用等級不同可反應相對不同的違約機率
(B)信評機構透過轉移矩陣分析，統計不同時期之評等等級的變動機率
(C)期初信用等級愈佳，期末仍維持在原來等級的機率愈低
(D)期初信用等級愈差，則期末違約的機率愈高。　【第2屆】

解答與解析

1 (A)。

2 (D)。 標準普爾公司（S＆P）評等的次序，依等級由高至低依序為AAA、AA、A、BBB、BB、B、CCC、CC、C、D。AA至CC各級均可再以「＋」、「－」號細分，以顯示主要評級內的相對高低。評等等級在BBB以上（含）為投資等級（investment grade），以下則為投機等級（如垃圾債券）。本題(D)的債券信用等級最差。

3 (B)。 有關標準普爾信用評等制度，分為長期及短期兩種評等類別，信用等級分為投資級和投機級兩類，不僅考慮當期經濟環境

和競爭型態,去推測受評公司之
信用程度。

4 (A)。 國家主權評等的信用等級
極可能在三個月內調升時,表示
國際信用評等機構會將該國列於
「正向觀察名單」。

5 (C)。 在定量分析時,公司債
等級之決定因素,「利息保障倍
數」最為重要。

6 (D)。 銀行制定不同產業的集中性
風險時,可參考信評機構公佈之產
業評等機制。

7 (D)。 Moody's將短期別債券之信
用等級分為Prime-1、Prime-2、
Prime-3以及Not-Prime。其中Not-
Prime類似於長期債券Ba1信用等
級以下。

8 (A)。 依據標準普爾信用評等機
構之觀點,可以衡量受評公司之
現金流量是否足夠的指標有:
(1)(正常營業活動的現金流量+
利息費用)/利息費用。
(2) 借款的還本期限。

9 (D)。 健全的信用評分制度,應
具備下列特質:
(1) 能降低信用損失。
(2) 了解顧客之人口統計特質。
(3) 增進處理效率。
(4) 可隨時檢視信用評分標準與授
信準則是否適當。

10 (B)。 成立於1997年5月的臺灣本
土第一家信用評等公司為中華信
用評等公司。

11 (A)。 穆迪信評公司評估公司
債信用等級所使用之量化財務指
標,利息保障倍數最為重要。

12 (A)。 穆迪信評公司衡量受評公
司信用風險之方法架構,係為由
上而下涵蓋國家風險、產業風險
和企業風險。

13 (C)。 標準普爾信用評等制度,
考慮產業和規模差異,適用不同
的產業評等。

14 (C)。 依據S & P的國家主權評
等,非投資級是指BB等級以下。

15 (C)。 企業的信用等級得高於該
國主權評等。

16 (B)。 Moody's採取由上而下
(Top-Down)的評估方式,檢視
受評公司的風險等級。所謂由上
而下的評估方式,係指由國家風
險至產業風險至企業風險的風險
層次。

17 (C)。 信用移轉矩陣表徵企業未
來某一期間評等轉換及違約的可
能狀況,它除了能夠衡量債券或
放款組合的信用風險值。期初信
用等級愈佳,期末仍維持在原來
等級的機率愈高。

解答與解析

第七章 授信對象之風險限額及集中度風險

依據出題頻率區分，屬：**B** 頻率中

課前導讀

為加強風險管理，銀行對於授信對象、行業別、地區別及國家別等，訂定授信限額，對授信組合做適當之規劃及控管，藉以提高資金運用效率，降低授信風險。

重點1 授信對象的風險限額

一、授信風險

(一) 授信風險定義

授信風險是整個金融市場中最重要的風險形式之一，也是所有商業銀行都面臨的主要風險。銀行在辦理貸款、貼現、擔保、押匯、開立信用證等授信業務時，因受各種不確定因素影響，可能無法按期收回本息而形成資金損失，就會形成授信風險。

商業銀行授信風險主要來自兩個方面：

外部風險	即由於國家政策、經營環境、銀行客戶等外部因素發生變化而導致的風險。
內部風險	即由於銀行內部經營管理不善而造成的風險。

(二) 授信風險控制

1. **建立以審貸分離的授信決策機制**：實行審貸兩權分離，可以將授信單位、授信責任和程式組成一個相互制衡的系統，使授信單位責任明確、具體，運作程式規範、嚴格，從而防止和減少授信失誤，提高授信資產的安全性、流動性和效益性。在具體操作上，商業銀行可組建風險管理部門和授信業務部門，分別負責授信風險管理和授信業務開拓。或者成立風險管理委員會，並在風險管理部門成立專門獨立的盡職調查機構。風險管理委員

會是由行內外專家組成的專家審議機構，研究、審議風險管理有關政策、制度及其他重大事項，對授信項目提供專家評審意見，為有權審批人提供決策參考。盡職調查機構從外部視角去審查業務部門授信審查的盡職情況，為風險管理委員會的專家評審和有權審批人的審批決策提供獨立的參考意見。盡職調查機構可透過不同的資料來源，選用不同的分析角度，保證調查的獨立性，形成對業務部門辦理業務的內部制衡機制。

2. **建立以統一授信的授信運作機制**：在商業銀行中，還存在著多級機構、多個部門同時授信的弊端，這無疑擴大了授信業務的風險，必須盡快建立實施統一授信、授權管理的授信運作機制。客戶統一授信的主要內容包括四個層次：

建立客戶資信評價體系	建立客戶資信評價體系，定期根據客戶的財務報表和行內掌握的其他資料，對授信客戶的信用狀況進行評級。
根據客戶的信用等級核定客戶的風險限額	根據客戶的信用等級核定客戶的風險限額，以控管個別客戶的授信風險。
實行統一管理	按照分級管理的原則對客戶的各種授信實行統一管理，透過統一授信監控客戶信用風險。
提高授信業務運作效率	實施客戶評級的基礎上，向客戶提供授信額度支持，提高授信業務運作效率，加強金融服務。

在採取客戶統一授信措施的同時，也要加強對各類授信業務的授權管理。授權管理的主要內容是：銀行作為一個整體，強調一級法人觀念，沒有上級行的授權或轉授權，任何機構和個人不得作出授信決策；上級行對下級行執行授權制度情況進行監控和及時調整。

3. **建立起一套規範的授權管理制度**：適應風險管理範圍的擴大，商業銀行應將授信業務授權管理的對象由原來單一的貸款業務擴大到包括銀行承兌匯票、貿易融資、保函和保理授信業務、消費信貸在內的全部業務。

為使授權管理更加科學合理，應制定專門的評價方法，根據各分行的授信資產品質、經濟效益、資產規模、風險管理水準和經營環境等因素，按照絕對指標和相對指標、靜態指標與動態指標相結合的辦法設定不同的權

數，對各分行進行綜合考核評價。然後，根據考評結果將各分行劃分為若干等級，作為授權調整的依據。透過授權管理，一方面建立起一套規範的授權管理制度，各級機構在各自的許可權內辦理授信業務，超許可權的報上級行審批決策，有利於風險的集中控制；另一方面，各行所在地經濟環境、各行領導經營管理水準、資產品質等情況，客觀上反映了各行辦理業務的能力和風險大小，上級行對之進行監控和動態調整，能夠從更高的角度識別和控制授信業務整體風險。

4. **資產保全為核心的授信管理機制**：商業銀行應專門制定貸後管理制度和辦法，加強貸後管理和監控。貸後管理的內容應包括：透過授信訊息系統等途徑，動態監控企業所處的經營環境和內部管理情況的變化，包括國家政策變化、行業發展變化、市場或產品生命週期變化、企業主要管理人員行為有無異常或不利變動、企業內部管理是否出現混亂或不利消息、企業是否涉及大額不利訴訟、企業是否出現重大投資失算等。

同時，對企業與銀行交易方面的情況也要動態監控，包括是否發生企業存款持續減少、票據拒付、多頭借貸或騙取貸款、銀行索要的財務報表等資料不能按時報送或迴避與銀行的接觸等。在此基礎上，判斷授信資產的風險狀況，採取相應措施，確保授信資產安全。

5. **建立以監督檢查為核心的授信制約機制**：不斷完善授信業務各項規章制度，做到分工明確、職責清晰、責權分明、獎懲分明，是建立授信制約機制的前提。

   (1) 要明確業務主管部門檢查監督的直接責任。選擇重點單位、重點職位、關鍵人員以及薄弱環節等進行再監督，尤其對基層行的各項授信業務要加強稽核力度，加強對每筆授信業務操作全過程的監督檢查，定期組織力量檢查或抽查授信項目審批手續的合規性、借款契約和擔保契約的完整性、放款條件落實情況及放款後的管理情況等。

   (2) 上級行應加強對下級行執行規章制度和風險管理工作的監督檢查力度，發現問題及時糾正，不斷提高全行風險管理和控制水準。

   (3) 要實行不良授信資產責任追究制度，把住授信風險控制的末端和出口。如果出現不良授信資產，要及時分析主客觀原因，對由於主觀原因造成的不良資產，必須實行不良授信資產責任追究制度，這樣，一方面可以在不良資產出現後盡可能減少損失，另一方面也可以樹立和鞏固內部控制機制和制度的權威性和有效性。

二、授信風險限額

(一) 授信風險限額之類別

風險限額主要包括集中度限額、VaR限額和止損限額三種形式。集中度限額是直接設定於單個曝險（如國家、行業、區域、客戶等）的規模上限，其目的是保證投資組合的多樣性，避免風險過度集中於某類曝險。VaR限額是對業務曝險的風險價值進行額度限制，可廣泛應用於信貸業務、資金業務、國際業務等領域，並且在使用中具有較高的靈活性，易於在各條業務線上進行加總和分拆計算；同時，也可以根據股票指數、利率、匯率和商品價格等風險要素設定VaR限額，對業務進行多角度風險控制，如下圖所示。

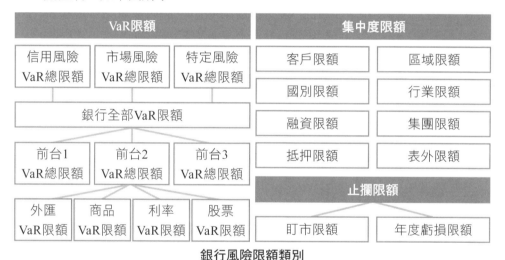

銀行風險限額類別

(二) 核定個別客戶授信風險限額考量因素

評斷客戶的最高債務承受能力，即核定客戶的授信風險限額，是整個授信評審工作中最重要的幾個環節之一，它是商業銀行在風險承受範圍內願意向客戶提供的最大授信額度。核定客戶授信風險限額可以重點考慮以下五個因素：

1	資本淨額	是衡量客戶經濟實力和抗風險能力的一個重要指標，資本淨額越高，抗風險能力越強，授信風險限額越高。

2	銷售收入	銷售收入是客戶產生現金流量的重要來源，銷售收入越高，還款來源越多，授信風險限額越高。
3	利潤總額	是企業持續發展的內在動力，利潤總額越高，盈利能力越強，授信風險限額越高。
4	信用等級	信用等級的高低與授信風險限額的高低呈正比例關係，信用等級越高，授信風險限額越高。
5	在其它商業銀行已獲得的授信額度	在市場經濟環境中，不僅銀行可以選擇客戶，客戶也可以選擇銀行，所以，任何一個客戶都可能在幾家銀行開戶並取得授信，那麼，中小商業銀行在考慮對客戶的授信時還不能根據客戶的最高債務承受額提供授信，應當將客戶在本行外的其他銀行已經取得授信、在本行的原有授信和準備發放的新授信業務一併加以考慮。因此，要計算的授信風險限額應當扣除客戶在除本行外的其它商業銀行已經獲得的授信額度。

(三) 核定個別客戶授信風險限額

綜合上述5個因素，結合商業銀行的風險偏好，再假定資本淨額、銷售收入、利潤總額在授信風險限額中的權重係數分別為0.5、0.3、0.2，即在資本淨額（c）、銷售收入（s）、利潤總額（p）三者之間按5:3:2的經驗值設定權重係數，可將授信風險限額（y）的計量模型列示如下：

$y = [c \times 0.5 + s \times 0.3 + p \times 0.2] \times \beta - r$

在上式中，β：信用等級換算係數（經驗係數）

r：在其它銀行已經獲得的授信額度

舉例如下：某上櫃公司申請2,000萬元貸款，公司資本淨額為2,000萬元，上一年銷售收入為11,000萬元，上一年利潤總額為850萬元，目前在其它銀行有2000萬元擔保貸款，信用等級為A

> **考點速攻**
> 市場風險值或限額＝「損失波動幅度」×「波動倍數」。

級（假定A級的信用等級換算係數為1.2），那麼，該企業的授信風險限額為3,364萬元。也就是說，為了確保從源頭上可控風險，商業銀行對該企業的授信加總應控制在3,364萬元以下。其授信風險限額的計算方法如下：

$$y = [2,000 \times 0.5 + 11,000 \times 0.3 + 850 \times 0.2] \times 1.2 - 2,000$$
$$= 4,470 \times 1.2 - 2,000 = 3,364（萬元）$$

(四) 個別客戶授信風險總量

授信風險總量是商業銀行對一個客戶的貸款、承兌、擔保、信用證、保函等各類授信業務的風險加總，它是綜合計量商業銀行在某個企業授信風險多少的一個重要指標。當客戶授信風險總量低於其授信風險限額時，表明該客戶還有剩餘的授信空間；當客戶的授信風險總量超過其授信風險限額時，應嚴格控制再向該客戶新增授信額度。授信風險總量的計算公式列示為：

$$T = \sum(s \times \alpha \times z)$$

在上式中，T：　授信風險總量。

　　　　　　s：　單一授信業務的授信曝險（不含保證金、存款、存單、憑證式國債、銀行承兌匯票等低風險業務品種作質押的授信金額）。

　　　　　　α：　授信品種調節係數。

　　　　　　z：　期限風險調節係數。

(五) 商業銀行風險限額之控制流程

1. **風險限額確定**：在確定限額時，先由各業務經營部門提交上一期資金使用和收益數據，並提出新一期經營計劃。風險管理部門和業務管理部門聯合對各業務單元的風險收益情況作出評價，確定各部門的風險權重和利潤貢獻度，以此測算出新一期各部門所需分配的經濟資本和風險限額，並與部門所提交的經營計劃作比較。然後，將上述訊息彙總成報告提交董事會。董事會對報告進行審議，確定新一期風險限額方案，並將結果反饋風險管理部門。由風險管理部門根據該方案測算風險限額，制定詳細限額方案，業務部門則根據詳細限額方案制訂具體的經營計劃。限額管理系統的日常維護由風險管理部門承擔，定期對限額模型進行檢驗、優化和升級。參數系統應每年更新，並提交董事會審定。

2. **風險限額監測**：限額監測是為了檢查銀行的經營活動是否服從於限額，是否存在突破限額的現象。限額監測的範圍應該是全面的，包括銀行的整體限額、組合分類的限額乃至單筆業務的限額。一般來說，限額監測作為風險監測的一部分，由風險管理部門負責，並定期發佈監測報告。如果經營部門認為限額已不能滿足業務發展要求而需要調整，應正式提

出申請，風險管理部門對申請作出評估，如確需調整，則重新測算限額和經濟資本，並在授權許可權內對限額進行修正，超出授權的要提交上一級風險管理部門。

3. **超限額處置**：對於超限額的處置，應由風險管理部門負責組織落實。對於限額執行情況，應定期在風險報告中加以分析描述。對超限額的處置程式和管理職責必須作出明確規定，並根據超限額的程度決定是否上報更高的決策者；風險管理部門要結合業務特點，制定超限額後的風險緩釋措施；對因違規超限額造成損失的，應進行嚴格的責任認定；對超限額處置的實際效果要定期進行返回檢驗，以持續改進風險控制能力。

4. **限額管理考核**：在考核業務部門的經營績效時，應當將限額執行情況作為一項重要的考核指標。如果業務規模遠遠小於設定的限額，說明經營保守、資金閒置，造成資源浪費，增加了機會成本。如果限額是剛性的，就不會超限額。

牛刀小試

(　)　**1** 銀行可藉由「損失波動幅度」與「波動倍數」的相乘，估算部位的何種指標？
　　　(A)信用風險值或限額
　　　(B)市場風險值或限額
　　　(C)作業風險值或限額
　　　(D)信用損失的期望值與標準差。　　　　　　　　　【第3屆】

(　)　**2** 為避免承擔過高的信用風險，銀行會以客戶和產業為對象訂定風險限額。由內部評等模型所計算出的風險限額稱為下列何者？
　　　(A)風險值　　　　　　　　　(B)授信總餘額
　　　(C)融資額度　　　　　　　　(D)信用曝險額。　　　　【第3屆】

[解答與解析]
1 (B)。 市場風險值或限額＝「損失波動幅度」×「波動倍數」。

2 (A)。 為避免承擔過高的信用風險，銀行會以客戶和產業為對象訂定風險限額。由內部評等模型所計算出的風險限額稱為「風險值」。

重點2 授信特徵的集中度風險

一、集中度風險

隨著企業規模的擴大和多角化經營的發展態勢,目前債權銀行的信用風險管理,不再侷限於單一法人和關係戶的擔保及無擔保借款總額度的控管與風險權限(risk limits)的設計,還需要針對產業別、金融產品或業務別、國家地區別等屬性或授信特徵,訂定信用風險管理政策的門檻值,以有效降低總體環境的系統性風險(systematic risk)與產業偏離的集中性風險(concentration risk)。

集中度風險就是指銀行對源於同一及相關風險曝險過大,如同一業務領域(市場環境、行業、區域、國家等)、同一客戶(借款人、存款人、交易對手、擔保人、債券等融資產品發行體等)、同一產品(融資來源、幣種、期限、避險或緩險工具等)的風險曝險過大,可能給銀行造成巨大損失,甚至直接威脅到銀行的信譽、銀行持續經營的能力,甚至銀行的生存。集中度風險從總體上講,與銀行的風險偏好密切相關,屬於戰略層面的風險。它既是一個潛在的、一旦爆發損失巨大的風險;又是一種派生性風險,通常依附於其他風險之中。信用風險集中度的分類如下:

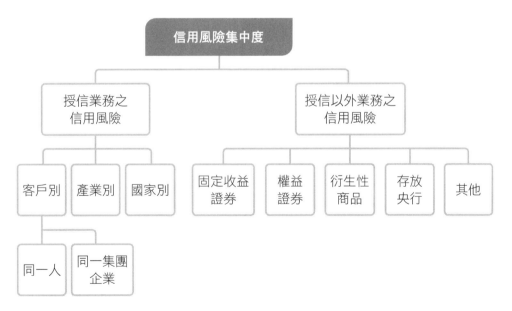

二、集中度風險特性

集中度風險的一個重要特性為隱蔽性。在風險逐步集聚的過程中，它不會像別的風險同時集聚、曝露和損失。集中度風險在集聚過程中，不僅不會出現損失，而且還會帶來收益，往往是集中度風險越高收益也會越高。所以當集中度風險集聚時，銀行的收益是在逐漸增加的，而收益的增加通常會模糊人們的視線，會使人們感覺不到風險的增大、風險曝露可能帶來的損失。由於集中度風險的這個特性，會直接影響到對集中度風險管理的有效性，人們往往會為了短期收益而存有僥倖心理。即使在風險監測中發現了也不會引起重視，因為它不像貸款出現逾期欠息等違約風險馬上就會反映為不良貸款，甚至出現損失，也不像市場風險立即就表現為當期收益的減少。集中度風險在爆發巨額損失之前，除了收益較高外，並沒有其他不良的表現，很容易被決策者所忽略，這是集中度風險最具危害性的一個特性。

集中度風險曝露通常是受某一或某些因素的影響，使風險曝露突然增大到超過自身的風險承受能力、資本覆蓋能力。

三、集中度風險之種類

(一) 交易對手過度集中

包括對單個客戶、交易對手的風險曝露過大形成的集中度風險；對同一行業具有較高風險曝險的風險，包括對同一行業貸款數額占全部貸款數額的比重等。比如高達95%客戶數的小型企業，對照中型企業的放款，在規模、毛利及淨利，均高居各類企業規模的首位，但利息業務的高報酬，承擔的信用風險可能也高，所以壞帳比重也是各類企業中最多，易造成銀行風險集中。

(二) 交易地區過度集中

對同一地區交易對手或借款人具有較高的風險曝險而產生的風險。

(三) 交易擔保品過度集中

由於採用單一的風險緩釋工具、避險工具，如抵質押品或由單個擔保人提供擔保而產生的風險。

(四) 資產過度集中

高比例持有某特定資產的風險，如債券、衍生性產品、結構性產品等。

(五) **風險曝險過度集中**

對外擔保、承諾所形成的風險曝險過於集中等。

(六) **貸款期限過度集中**

與流動性風險密切相關的集中度風險。包括貸款期限的集中度風險，如貸款的平均期限，餘期10年期以上長期貸款占全部貸款的比重。

(七) **存款及同業拆借過度集中**

主要存款大戶的存款餘額的占比；主要同業機構存放或拆借餘額的占比等。

(八) **收益過度集中**

如信貸業務收益占總收益的比重、某高風險產品收益占總收益的比重等，以及其他可能帶來損失的單個風險曝險或風險曝險組合等等。

(九) **業務過度集中**

由於信貸業務是商業銀行最重要的資產業務，通常情況下，信貸集中度風險是其面臨的最大風險集中，它既與單筆大額信貸風險曝險有關，又與銀行其他業務密切相關，並對銀行的整個經營風險以及資本占用產生重要的影響。信貸集中度風險不僅表現為直接的集中度風險，即單一信貸產品、單個信貸客戶或集團客戶的信貸風險曝險問題，其風險特徵是信貸數額多、所占份額大，比較直觀、易識別，對這類集中度風險的管理，通常採用信貸產品限額、客戶最高綜合授信等措施來控制；信貸集中度風險還表現為間接的集中度風險，它比較難識別，也比較難管控。

四、信用風險集中度的控管方法

(一) **達到預警值以上**

風險控管單位在客戶別及產業別所曝露的信用風險，達到所設定風險限額的90%（假設值）以上時，即應主動提醒業務主管單位和營業單位留意，並啟動預警監控機制。

風險控管單位在國家別的信用風險曝露額，達到風險限額的80%（假設值）以上時，應主動通知業務主管單位，建議審慎控管該國家相關業務的餘額。

(二) **超過「風險限額」**

若業務單位的信用風險曝露額超過風險限額，則風險控管單位除須先行簽報董事長同意外，還須主動提報董事會討論。風險限額控管標準如下：

同一人	「同一自然人」之授信總餘額,不得超過銀行淨值的3%。其中的「無擔保授信總餘額」不得超過銀行淨值的1%。
同一法人	「同一法人」之授信總餘額,不得超過銀行淨值的15%。其中的「無擔保授信總餘額」不得超過銀行淨值的5%。同一公營事業之授信總餘額,不得超過銀行淨值。
同一關係人	授信業務的「同一關係人」是指借款者本人、配偶、二親等以內之血親,以及本人或配偶為負責人之企業。對「同一關係人」之授信總餘額,不得超過銀行淨值的40%。其中,對「自然人」之授信不得超過銀行淨值的6%。對「同一關係人」之無擔保授信總餘額,不得超過銀行淨值的10%。其中,對「自然人」之無擔保授信不得超過銀行淨值的2%。
同一關係企業	對「同一關係企業」的授信總餘額,不得超過銀行淨值的40%。其中的「無擔保授信總餘額」不得超過銀行淨值的15%。
利害關係人	每筆或累計擔保授信金額達新臺幣1億元以上或銀行淨值的1%者,其條件不得優於其他同類授信對象,並應經三分之二以上董事之出席及出席董事四分之三以上同意。對「同一自然人」之擔保授信總餘額,不得超過銀行淨值的2%。對「同一法人」之擔保授信總餘額,不得超過銀行淨值的10%。對「所有利害關係人」之擔保授信總餘額,不得超過銀行淨值的1.5倍。

牛刀小試

( ) 1 根據銀行法,授信業務對同一關係企業之風險限額,下列敘述何者正確?
(A)授信總餘額不得超過銀行淨值的30%
(B)授信總餘額不得超過銀行淨值的15%
(C)授信總餘額不得超過銀行淨值的40%
(D)授信總餘額不得超過銀行淨值的45%。 【第8屆】

( ) **2** 銀行制定不同產業的集中性風險時,可參考信評機構公佈之下列何種評等機制?
(A)債務發行信用評等 　　(B)發行人信用評等
(C)特殊用途信用評等 　　(D)產業評等。　　【第1屆】

[解答與解析]

1 (C)。 根據銀行法第74條規定,授信業務對同一關係企業之風險限額,授信總餘額不得超過投資時銀行淨值之40%,其中投資非金融相關事業之總額不得超過投資時淨值之10%。

2 (D)。 銀行制定不同產業的集中性風險時,可參考信評機構公佈之產業評等機制。

【重點統整】

1. 市場風險值或限額=**「損失波動幅度」×「波動倍數」**

2. 為避免承擔過高的信用風險,**銀行會以客戶和產業為對象訂定風險限額**。

3. **內部評等模型所計算出的風險限額稱為「風險值」。**

4. 授信業務對同一關係企業之風險限額,**投資總額不得超過投資時銀行淨值之40%**,其中**投資非金融相關事業之總額不得超過投資時淨值之10%**。

5. 主管機關為強化本國銀行對海外及大陸地區授信風險之控管,銀行授信風險管理部門應定期檢視相關授信限額之適當性,並**提報董事會**透過。

精選試題

( ) **1** 企業授信案件之訂價原則,應考慮下列哪些風險貼水因子?　A.信用等級加碼　B.借款期別加碼　C.擔保品成數或比例加碼　D.授信展望加減碼
(A)僅A、C 　　(B)僅B、D
(C)僅A、B、C 　　(D)A、B、C、D。　　【第9屆】

( ) **2** A銀行依據甲集團企業之信用評等，核定風險限額為新台幣（以下同）100億元，目前使用率70%，考量其舉債能力變差，調降限額至80億元，則剩餘可動用額度為多少元？ (A)10億元 (B)20億元 (C)30億元 (D)80億元。 【第9屆】

✿✿( ) **3** 產業風險的涵蓋層面逐步擴大後，該產業風險將成為系統性風險，因此銀行須針對下列何者訂定授信對象之風險限額？ (A)客戶別 (B)系統別 (C)產業別 (D)國家別。 【第7屆】

( ) **4** 已知某借款客戶信用曝險額為100億元，預估違約機率為5%，呆帳回收率為80%，則該借款客戶的預估信用損失應為多少？ (A)1億元 (B)2億元 (C)3億元 (D)4億元。 【第7屆】

✿( ) **5** 關於授信對象的風險限額，下列敘述何者錯誤？ (A)視借款金額大小，決定是否需經營業主管和徵信審查程序 (B)風險限額設定需考慮擔保程度 (C)借戶的融資額度需控管在風險限額範圍內 (D)實務上，風險限額意旨風險權限、授信總餘額和放款額度。 【第6屆】

✿✿( ) **6** 銀行制定不同產業的集中性風險時，可參考信評機構公佈之下列何種評等機制？
(A)債務發行信用評等 (B)發行人信用評等
(C)特殊用途信用評等 (D)產業評等。 【第5屆】

✿✿( ) **7** 為避免承擔過高的信用風險，銀行會以客戶和產業為對象訂定風險限額。由內部評等模型所計算出的風險限額稱為下列何者？
(A)風險值 (B)授信總餘額
(C)融資額度 (D)信用曝險額。 【第5屆】

✿✿( ) **8** 銀行藉由「損失波動幅度」與「波動倍數」的相乘，估算部位的何種指標？ (A)信用風險值或限額 (B)市場風險值或限額 (C)作業風險值或限額 (D)信用損失的期望值與標準差。 【第5屆】

( ) **9** 有關資產組合之集中性風險管理，下列哪些屬性可以做為限額訂定之依據？ A.產業別 B.地區別 C.信用評等之級別 D.產品別
(A)僅A (B)僅D
(C)僅B、C (D)A、B、C、D。 【第4屆】

✔(　) **10** 有關風險限額，下列敘述何者錯誤？
(A)違約機率的差幅隨著信用評等等級越差而縮小，所以風險限額也等幅降低
(B)風險限額使用率達到早期預警門檻，應主動提醒營業及業管單位
(C)信用評等等級越佳的企業集團，其風險限額越高
(D)風險越高，則風險限額越小且放款利差越高。　　　【第1屆】

✔(　) **11** 財務處的交易部位超過風險限額時，下列何種處理方法錯誤？　(A)提前解約　(B)只要是獲利狀態，事後報備即可　(C)請更高層級主管，在職權範圍增加限額　(D)將超過部位轉售第三者。　　【第1屆】

✔(　) **12** 關於主管機關為強化本國銀行對海外及大陸地區授信風險之控管，下列敘述何者錯誤？
(A)應依國家別及產業別採取分級管理措施，分別訂定國家及產業風險限額
(B)因應總體經濟、政治發展情勢及金融環境變化，訂定控管調整機制及限額預警門檻
(C)針對風險升高或曝險額已達限額預警門檻之國家或產業進行評估，必要時採凍結或暫停額度之措施
(D)授信風險管理部門應定期檢視相關授信限額之適當性，並提報總經理。　　　【第1屆】

解答與解析

1 (D)。 題目選項皆為影響企業授信評級之因素，故皆應納為風險貼水因子。

2 (A)。 目前使用率70%，即已動用70億元；故限額調降後僅剩80－70＝10億元之額度。

3 (C)。 產業風險的涵蓋層面逐步擴大後，該產業風險將成為系統性風險，因此銀行須針對產業別訂定授信對象之風險限額。

4 (A)。 $100 \times 5\% \times (1-80\%)=1$（億元）。

5 (A)。 徵信報告出爐後，決定是否准予貸款，必須經過授信審查程序；實際的作業程序，是透過逐級授權，分層負責，與借款金額大小無涉。

6 (D)。 銀行制定不同產業的集中性風險時，可參考信評機構公佈之產業評等機制。

7 (A)。 風險值為避免承擔過高的信用風險，銀行會以客戶和產業為對象訂定風險限額。由內部評等模型所計算出的風險限額。

8 (B)。 銀行藉由「損失波動幅度」與「波動倍數」的相乘，估算市場風險值或限額。

9 (D)。 有關資產組合之集中性風險管理，產業別、地區別、信用評等、產品別之級別可以做為限額訂定之依據。

10 (A)。 違約機率的差幅隨著信用評等等級越好而縮小，所以風險限額也等幅降低。

11 (B)。 交易部位超過風險限額時，應提前解約；或請更高層級主管，在職權範圍增加限額；或將超過部位轉售第三者。

12 (D)。 主管機關為強化本國銀行對海外及大陸地區授信風險之控管，銀行授信風險管理部門應定期檢視相關授信限額之適當性，並提報董事會透過。

第八章 國家風險與國家主權評等

課前導讀

本章是國家主權評等及國家風險的介紹，什麼是國家主權評等？國家主權評等對企業申貸有何影響？國家主權評等（Sovereign Ratings）是用來評估一國政府償債能力及信用風險的分級標準。進行國家主權評等時，主要是考量一國整體政治環境、經濟架構、政府收支、外債、通貨膨脹、法制結構、行政組織及金融政策等綜合因素。

重點1 國家風險

一、國家風險之定義

國家風險指在國際經濟活動中，由於國家的主權行為所造成損失的可能性。是國家主權行為所引起的或與國家社會變動有關。在主權風險的範圍內，國家作為交易的一方，透過其違約行為（例如停付外債本金或利息）直接構成風險，透過政策和法規的變動（例如調整匯率和稅率等）間接構成風險，在轉移風險範圍內，國家不一定是交易的直接參與者，但國家的政策、法規卻影響著該國內的企業或個人的交易行為。

二、國家風險之種類

國家風險通常可能發生於下列幾種情況：

（一）**主權風險（Sovereign risk）**

主權風險是主權政府或政府機構的行為給貸款方造成的風險，主權國家政府或政府機構可能出於其自身利益和考慮，拒絕履行償付債務或拒絕承擔擔保的責任，從而給貸款銀行造成損失。大致可分為：

1. **強制徵收**：銀行持有之債權或擔保品權利被借款人或交易對手所在國之政府強制徵收，所產生之政治風險。

2. **主權國家違約**：借款人或交易對手所在國之政府違約，導致主權評等下降，連帶使借款人或交易對手之評等下降之風險。

(二) 轉移風險（Transfer Risk）

轉移風險是因母國政府的政策或法規禁止或限制資金轉移而對貸款方構成的風險，在開展國際銀行業務時，由於母國的外匯管制或資本流動管制，出現銀行在母國的存款、收入等可能無法匯出或貸款本金無法收回的情況，就是典型的轉移風險。

三、國家風險的評估方法

(一) 核對清單式

這種方式是將有關的各方面指標系統地排列成清單，各項目還可以根據其重要性冠以權數，然後進行比較、分析、評定分數。這種方法簡單易行，並可以長期按一定標準和系統積累資料，但這種方式須與其他形式結合使用。

(二) 德爾菲法

這種方法是召集各方面專家、由各專家分別獨立地對一國風險作出評估，銀行將評估彙總後，發回各專家，由其修正原來的評估，經過這樣的程式（也可以多次進行），各專家的評估的差距不斷縮小，最後達成比較一致的評價。

(三) 結構化的定性分析系統

這種系統綜合了政治、社會的定性分析和結構化的指標定量分析，能比較全面地分析國家風險，所得出的結論一般也比較合理，但這種系統相當複雜，只有實力十分雄厚的大銀行才有可能採用。

(四) 政治經濟風險指數

該指數一般由銀行以外的諮詢機構提供，這種諮詢機構通常雇用一批專家以核對清單為依據，制定出每個國家的加權風險指數，每過一段時期修正一次。如果一國的政治經濟風險指數大幅度下降，則說明該國風險增大。這種方法很難有事前警告的作用。

(五) 情景分析

情景分析是透過分析各種可能出現的情景實際發生時一國所處的狀況，來判斷國家風險的大小。對國家風險進行分析、評估之後，就可以對風險進行管理，管理的中心在於根據國家風險程度，實行差別待遇。主要的風險

防範措施有：根據風險大小和性質設定一些限度，例如貸款額限度和期限限度，將對風險較高的國家貸款額限制在較低水準，期限也較短，用補償的方法，對不同的風險程度給予不同的利率，預先做好準備，在風險大或實現時可以及時採取補救。

牛刀小試

( ) **1** 關於國家風險的統計，下列敘述何者錯誤？ (A)總曝險除已動用的放款餘額，還需加計剩餘可用或未動用部份 (B)信用狀保兌按承作金額計算曝險值 (C)已提列資產減損之有價證券投資，則按減損後之資產價值計算 (D)附賣回證券直接以有價證券之市場價值計算。 【第6屆】

( ) **2** 關於國家主權評等，下列哪些因子會影響其評等？ A.對外淨資產部位規模；B.貨幣管理健全性；C.政府債務規模；D.人口結構改變或不佳的外部衝擊，導致財政赤字加劇

　(A)僅A、B 　　　　　　　　(B)僅C、D

　(C)僅A、B、C 　　　　　　(D)A、B、C、D。 【第3屆】

［解答與解析］

1 (D)。 國家風險指在國際經濟活動中，由於國家的主權行為所引起的造成損失的可能性。國家風險是國家主權行為所引起的或與國家社會變動有關。附賣回證券，除應列入交易簿計算市場風險外，應再以當期曝險法計算交易對手信用風險。

2 (D)。 關於國家主權評等，下列因子會影響其評等：

(1) 對外淨資產部位規模。

(2) 貨幣管理健全性。

(3) 政府債務規模。

(4) 人口結構改變或不佳的外部衝擊，導致財政赤字加劇。

重點2 國家主權評等的種類與等級

一、國家主權

以評等角度而言,國家主權發言人係指在公認管轄區實際執行主要財政權之政府當局(通常是國家或聯邦政府)。中央銀行,如同其他公共政策機構,為國家主權之代理人,但中央銀行之債務與國家主權債務之可能獲得不同評等。因為國家主權是其所治理管轄區內之最高權威,有權執行其意願,若國家主權不能或不願履行債務,債權人可訴諸之法律或其他追索方式非常有限。即使是國際上亦常有如此情況,國際法有其限制性,難以對國家主權國家採取強制執行。因此無論是本國貨幣或外幣債務,國家主權信用風險分析必須考慮付款意願及財務能力。影響國家主權品質的因素如下:

(一) **導致國家主權容易或不易受到衝擊之經濟結構特質**

包括金融業風險、政治風險和治理因素。

(二) **總體經濟表現、政策與前景**

包括成長前景、經濟穩定性及政策連貫性和可信度。

(三) **公共財政**

包括預算餘額、公債和財政融資之結構與永續性,以及或有負債正式確立的可能性。

(四) **國際經濟**

包括經常帳餘額和資本流量之永續性、外債(政府和民間)水準和結構。

二、國家主權評等之意義

國家主權信用評等,是指評級機構依照一定的程序和方法對主權國家的政治、經濟和信用等級進行評定,並用一定的符號來表示評級結果。信用評級機構進行的國家主權信用評級實質就是對中央政府作

> **考點速攻**
> 擔保信用狀為企業金融一環,不屬於非衍生性業務。

為債務人履行償債責任的信用意願與信用能力的一種判斷。國際上流行國家主權評級,體現一國償債意願和能力,主權評級內容很廣,除了要對一個國家國內生產總值增長趨勢、對外貿易、國際收支情況、外匯儲備、外債總量及結構、財政收支、政策實施等影響國家償還能力的因素進行分析外,還要對金融體制改革、國營企業改革、社會保障體制改革所造成的財政負擔進行分析,最

後進行評級。根據國際慣例國家主權等級列為該國境內單位發行外幣債券的評級上限，不得超過國家主權等級。

三、國際信評公司的國家主權評等方法

S&P和Fitch對每一個主權給予國內長、短期和國外長、短期四個指標，一個展望評語。Moody's除了國內外通貨長期信評之外，在國外部分又分成有價證券和存款的長短期四個信評，所以一共是六個指標，一個展望評語。

國際信評公司的主權信評劃分為國內外和長短期四個大類。國內外區別的主要考量是匯兌風險，一般而言國內公債倒帳的可能性遠比外債低。因為政府有發行通貨的權力，只要它不考慮通貨膨脹的後果，國內公債要倒帳幾乎是不可能；但如果是外債，倒帳的可能性就大得多，因為它無法發行國外貨幣。

一個國家財政和貨幣政策的調和、金融政策、國際金融結合的程度、外債成長率等是外債信評的主要考量；財政和貨幣政策、通貨膨脹率則是國內公債信評的主要考量。

長短期的風險則是考量流動性的高低，評定未來一年內的倒帳風險，例如：外匯存底對進口的比例。

四、國際信評公司的國家主權評等等級

(一) **標準普爾**（Standard & Poor's）

　1. **長期信用評級**：AAA償還債務能力極強，為標準普爾給予的最高評級。AA償還債務能力很強，與最高評級差別很小。A償還債務能力較強，但相對於較高評級的債務／發債人，其償債能力較易受外在環境及經濟狀況變動的不利因素的影響。BBB目前有足夠償債能力，但若在惡劣的經濟條件或外在環境下其償債能力可能較脆弱。獲得「BB」級、「B」級「CCC」級或「CC」級的債務或發債人一般被認為具有投機成份。其中「BB」級的投機程度最低，「CC」級的投機程度最高。這類債務也可能有一定的投資保障，但重大的不明朗因素或惡劣情況可能削弱這些保障作用。BB相對於其它投機級評級，違約的可能性最低。但持續的重大不穩定情況或惡劣的商業、金融、經濟條件可能令發債人沒有足夠能力償還債務。B違約可能性較「BB」級高，發債人目前仍有能力償還債務，但

惡劣的商業、金融或經濟情況可能削弱發債人償還債務的能力和意願。CCC目前有可能違約，發債人須依賴良好的商業、金融或經濟條件才有能力償還債務。如果商業、金融、經濟條件惡化，發債人可能會違約。CC目前違約的可能性較高。SD／D當債務到期而發債人未能按期償還債務時，縱使寬限期未滿，標準普爾亦會給予「D」評級，除非標準普爾相信債款可於寬限期內清還。此外，如正在申請破產或已做出類似行動以致債務的償付受阻時，標準普爾亦會給予「D」評級。當發債人有選擇地對某些或某類債務違約時，標準普爾會給予「SD」評級（選擇性違約）。加號（＋）或減號（－）：「AA」級至「CCC」級可加上加號和減號，表示評級在各主要評級分類中的相對強度。

2. **短期信用評級**：A-1償還債務能力較強，為標準普爾給予的最高評級。此評級可另加「＋」號，以表示發債人償還債務的能力極強。A-2償還債務的能力令人滿意。不過相對於最高的評級，其償債能力較易受外在環境或經濟狀況變動的不利影響。A-3目前有足夠能力償還債務。但若經濟條件惡化或外在因素改變，其償債能力可能較脆弱。B償還債務能力脆弱且投機成份相當高。發債人目前仍有能力償還債務，但持續的重大不穩定因素可能會令發債人沒有足夠能力償還債務。C目前有可能違約，發債人須倚賴良好的商業、金融或經濟條件才有能力償還債務。R由於其財務狀況，目前正在受監察。在受監察期內，監管機構有權審定某一債務較其它債務有優先權。SD／D當債務到期而發債人未能按期償還債務時，即使寬限期未滿，標準普爾亦會給予「D」評級，除非標準普爾相信債務可於寬限期內償還。此外，如正在申請破產或已做出類似行動以致債務的付款受阻，標準普爾亦會給予「D」評級。當發債人有選擇地對某些或某類債務違約時，標準普爾會給予「SD」評級（選擇性違約）。

3. **評級展望評估**：評級中長期信用狀況的潛在變化方向。確定評級展望要考慮經濟條件或基礎商業環境的變化。展望並不是信用評級改變或未來信用觀察的先兆。「正面的評級展望」表示評級有上升趨勢。「負面的評級展望」表示評級有下降趨勢。「穩定的評級展望」表示評級大致不會改變。「待定的評級展望」表示評級的上升或下調仍有待決定。「n.m.」表示不適用評級展望。

4. **信用觀察突顯短期或長期評級的潛在趨勢**：信用觀察著重考慮那些使評級置於分析人員監督下的重大事件和短期變化趨勢，主要包括：合併、資本結構調整、股東大會投票、政府管制和預期的業務發展情況。當發生了以上事件或出現了與預期的評級走勢偏離的情況時，評級將進入信用觀察，並需要進一步的訊息對該評級進行重新考察。但這並不表明評級一定會發生變化。信用觀察並不考察所有的評級，而且事先進入信用觀察也不是評級改變的一個必要程序。「正面」的信用觀察表示評級短期內可能被調高；「負面」的信用觀察表示評級短期內可能被調低；而「待定」的信用觀察表示評級短期內可能被調高、調低、或維持不變。

(二) **惠譽**

1. **國際長期評級**：對發行人的長期評級也就是發行人違約評級（IDR），是衡量發行人違約可能性的基準。對發行證券的長期評級可能高於或低於發行人的評級（IDR），反映了證券回收可能性的不同。長期評級包括長期外幣評級和長期本幣評級。該評級衡量一個主體償付外幣或本幣債務的能力。長期外幣評級和長期本幣評級都是具有國際可比性的。本幣評級僅衡量用該國貨幣償付債務的可能性。

(1) **投資級AAA**：最高的信貸品質，即表示最低的信貸風險。只有在有相當強的能力定期償付債務的情況下給予這一評級。這一償付能力不會受到即將發生事件的負面影響。AA：很高的信貸質量，即表示很低的信貸風險。表示有很強的能力定期償付債務。A：較高的信貸質量，即表示較低的信貸風險。表示有較強的能力定期償付債務。與更高的評級級別相比，這一級別會受到環境或經濟條件變化的一定影響。BBB：較好的信貸品質，即表示現在的信貸風險較低，亦即表示定期償付債務的能力是足夠的，但是，即環境和經濟條件的負面變化會影響這種能力。

(2) **投機級BB**：有出現信貸風險的可能，尤其會以經濟負面變化的結果的形式出現；但是，可能會有商業或財務措施使得債務能夠得到償還。B：較高的投機性。對於發行人來說，「B」的評級表明現在存在很大的信貸風險，但是還存在一定的安全性。現在債務能夠得到償還，但是未來的償付依賴於一個持續向好的商業和經濟環境。對於單一證券來說，「B」評級表示該證券可能出現違約，但回收的可能性很高。這樣的證券其回收率可能為「R1」（很高）。CCC：對於發

行人來說，「CCC」的評級表明違約的可能性確實存在。債務的償付能力完全取決於持續向好的商業和經濟發展。對於單個的證券來說，「CCC」的評級表示該證券可能出現違約而且回收的可能性為中等或較高。信用品質的不同可以透過＋／－號來表示。這類證券的回收率評級通常為「R2」（較高），「R3」（高），和「R4」（平均）。CC：對於發行人來說，「CC」的評級表明某種程度的違約是可能的。對於單個證券來說，「CC」的評級表明證券可能出現違約而且回收率評級為「R4」（平均）或「R5」（低於平均水準）。C：對於發行人來說，「C」的評級表明會很快出現違約現象。對於單個證券來說，「C」的評級表明證券可能出現違約而且回收的可能性為低於平均水準到較低水準。這類證券的回收率評級為「R6」（較低）。RD：表明一個實體沒有能夠（在寬限期內）按期償付部分而不是所有的重要金融債務，同時仍然能夠償付其他級別的債務。D：表明一個實體或國家主權已經對其所有的金融債務違約。違約一般是這樣定義的：債務人沒有能夠按照契約規定定期償付本金和（或）利息；債務人提交破產文件，進行清算，或業務終止等；強制性的交換債務，債權人獲得的證券與原有證券相比其結構和經濟條款都有所降低。如果出現違約，發行人將被評為「D」。違約的證券通常被評為「C」到「B」的區間，具體評級水準取決於回收的期望和其他相關特點。

2. **短期評級**：短期評級大多是針對到期日在13個月以內的證券，對美國財政證券來說期限最長為3年。該評級更強調的是定期償付債務所需的流動性。F1：最高的信貸品質。表示能夠定期償付債務的最高能力。可以在後面添加「＋」表示更高的信貸品質。F2：較好的信貸品質。表示定期償付債務的能力令人滿意，但是其安全性不如更高級別的債務。F3：一般的信貸品質。表示定期償付債務的能力足夠，但是近期負面的變化可能會使其降至非投資級。B：投機性。表示定期償付債務的能力有限，而且容易受近期經濟金融條件的負面影響。C：較高的違約風險。違約的可能性確實存在。償付債務的能力完全依賴於一個持續有利的商業經濟環境。D：違約。表示該實體或國家主權已經對其所有的金融債務違約。

3. **本土長期評級**：該評級是評價一個實體相對該國家最佳信貸風險的信貸品質。該最佳信貸風險通常，但並不必然，是對該國政府發行的或擔保的金融債務的評級。AAA：是一個實體所能獲得的最高本土評級。是對該國內信用等級最高的發行人或所發行證券的評級。通常是對該國政府發行的或擔保的金融債務的評級。AA：表明與該國其他發行人或發行證券相比，被評實體或證券具有很強的信用等級。這一級別債務所具有的信貸風險與該國最高級別的債務僅有很細微的差別。A：與較高級別的債務相比，該級別債務定期獲償的能力會更多的受到環境或經濟條件變化的影響。BBB：與較高級別的債務相比，該級別債務定期獲償的能力會更容易受到環境或經濟條件變化的影響。BB：在該國家內，這一級別債務的償付具有一定的不確定性，並且容易受到負面經濟變化的影響。B：債務現在可以償付，但是其安全性有限，而且對其的持續定期償付取決於一個持續，有利的商業經濟環境。CCC、CC、C：對債務的償付完全取決於一個持續，有利的商業經濟環境。DDD、DD、D：債務已經處於違約狀態。

4. **評級觀察和評級展望**：對長期評級和短期評級的注釋＋／－號可以加在一個評級的後面作為主要評級等級內的微調。但是長期評級在「AAA」的等級和在「CCC」以下的等級不能加這種後綴，短期評級除了「F1」以外的等級也不能加這一後綴。評級觀察：用來表明可能出現評級的變化，並表明可能的變化方向。「正面」表示可能調升評級，「負面」表示可能調減評級，「循環」表明評級可能調升也可能調低或不變。評級觀察通常只應用於相對較短的時間。評級展望：用來表明在一兩年內評級可能變動的方向。展望可以是正面，穩定和負面。正面或負面的展望並不表示評級一定會出現變動。同時，評級展望為穩定時，評級也可以調升或調低，如果環境需要這樣一個調整。有時，惠譽可能無法識別基本面的變動趨勢，這時，評級展望可以是循環。「NR」表明惠譽沒有對發行人或發行證券進行評級。

(三) **穆迪（Moody's）**

1. **長期評級**：穆迪長期債務評級是有關固定收益債務相對信用風險的意見，而這些債務的原始到期日須為一年或以上。這些評級是關於某種金融債務無法按承諾履行的可能性，同時反映違約機率及違約時蒙受的任何財務損失。Aaa級債務的信用品質最高，信用風險最低。Aa級債務的信用品質很高，只有極低的信用風險。A級債務為中上等級，有低信用風險。Baa級

債務有中等信用風險。這些債務屬於中等評級，因此有某些投機特徵。Ba級債務有投機成分，信用風險較高。B級債務為投機性債務，信用風險高。Caa級債務信用狀況很差，信用風險極高。Ca級債務投機性很高，可能或極有可能違約，只有些許收回本金及利息的希望。C級債務為最低債券等級，通常都是違約，收回本金及利息的機會微乎其微。附註：修正數字1、2及3可用於Aa至Caa各級評級。修正數字1表示該債務在所屬同類評級中排位較高；修正數字2表示排位在中間；修正數字3則表示該債務在所屬同類評級中排位較低。

2. **短期評級**：穆迪短期評級是有關發行人短期融資債務償付能力的意見。此類評級適用於發行人、短期計劃或個別短期債務工具。除非明確聲明，否則此類債務的原始到期日一般不超過十三個月。穆迪使用下列符號來表示受評發行人的相對償付能力：P-1被評為Prime-1的發行人（或相關機構）短期債務償付能力最強。P-2被評為Prime-2的發行人（或相關機構）短期債務償付能力較強。P-3被評為Prime-3的發行人（或相關機構）短期債務償付能力尚可。NP被評為NotPrime的發行人（或相關機構）不在任何Prime評級類別之列。

3. **評級展望**：評級展望是對發行人中期評級潛在方向的看法。展望的指定和改變並不代表信用評級調整動作。評級展望包括「正面」、「負面」、「穩定」和「發展」四個分類。

五、國家主權評等在銀行業的應用

(一) 對國家風險加以監控

從事國際授信業務的銀行，應充分了解金融市場的國際化情形，以及風險傳遞到其他國家的外溢效果（Spillover Effect）或傳遞效果（Contagion Effect），並對國家風險加以監控。當銀行進行國家風險之評估時，若銀行內部無國家主權的內部評等，則銀行可參考國際知名外部信用評等機構之評等，包括標準普爾（S&P）、穆迪（Moody's）、惠譽（Fitch）或中華信用評等公司之評等，作為國家風險評估之依據。並依此險曝險金額可接受之限額上限。若要使用內部評等法建置國家主權風險評等（Sovereign Risk Rating），除定量資料外，其他可考量的定性因素包

括：政治/社會狀況、法治系統、總體經濟（包含貨幣）政策、總經及財金系統特性、環保風險……等。若了解國家的信用風險集中度時，應以該信用風險對象資金主要使用所在地國別之主權風險認列。

(二) **銀行應建立風險限額管理制度**

銀行應建立國家風險限額管理制度，以避免信用風險過度集中某國家。建立風險限額機制，主要是全球化後，各國情勢可說牽一髮而動全身，具有迅速散播危機或繁榮的速度，且難以控制及預測，因此建立風險管理機制有其必要。關於主管機關為強化本國銀行對海外及大陸地區授信風險之控管，銀行授信風險管理部門應定期檢視相關授信限額之適當性，並提報董事會透過。而且臺灣地區銀行對大陸地區之授信、投資及資金拆存總額度，不得超過其上年度決算後淨值之一倍。而在國家的風險額度核配制度可分為：

1. **靜態核配制度**：依據信評公司之評等核配國家風險額度，稱為靜態核配制度。

2. **動態核配制度**：依據信用違約交換的價格核配國家風險額度，稱為動態核配制度。

> **考點速攻**
> 臺灣地區銀行對大陸地區之授信、投資及資金拆存總額度，不得超過其上年度決算後淨值之一倍。

六、銀行國家風險統計

(一) **主體**

符合下列情形之一的本國銀行須填報國家風險統計資料，其餘則免填報：

1. 外匯指定銀行（包括有國際金融業務分行及國外分行者）。

2. 擁有持股超過50%以上或雖未達50%，但有控制權之國外子銀行或國外金融相關事業者。

(二) **範圍**

我國銀行國家風險應以全行合併（涵蓋總行、國內外分行、國際金融業務分行及持股50%以上或雖未達50%但有控制權之國外子銀行或金融相關事業）之跨國債權（總分行及分支機構間之債權債務及投資應予沖銷）。跨國債權包括下列3類：

1. 國內總分支機構（含國際金融業務分行）對非本國居住民之所有幣別債權。

2. 國外分支機構對其所在國以外之其他國家居住民（包括我國）之所有幣別債權。

3. 國外分支機構對所在國居住民之非當地貨幣債權。

(三) 債務人國別

1. 債務人國別係依債務人註冊地（非債務人之總公司所在地）之國家填報，例如日商美國分公司，則國別填報為「美國」。

2. 對各國中央銀行（亦即外國官方貨幣機構）之債權，請填報於各該國家別；地區性或全球性之國際機構（例如亞洲開發銀行等國際金融組織），因無法區分國家別，填報於「國際性組織；對國際清算銀行（BIS）債權，則填報於「瑞士」；對歐洲中央銀行（ECB）債權，則填報於「德國」。

3. 有價證券投資以發行人所屬國別填報；共同基金投資則以該基金投資國別填報；若實務上無法區分，則以發行地填報。

4. 庫存外幣填報該外幣之發行國別。

5. 進出口押匯業務，以匯票承兌人或付款人（未經承兌者）之國別填報；其中出口押匯若無匯票付款人之統計資料，可暫以開狀行所屬國別填報，惟部門別仍以付款人所屬部門填報。

6. 以附賣回（R／S）條件買入之有價證券，其債務人應為附賣回契約之交易相對人，而非有價證券發行人，填報交易相對人國別。

牛刀小試

(　) **1** 關於國家主權評等之預告機制，下列敘述何者錯誤？
(A)預告機制包括觀察名單和展望兩種制度
(B)觀察名單代表被觀察國家未來一年之信用等級可能變動
(C)正向觀察之國家，其政府部門發行的債券或主權評等可能在短期內被調升
(D)展望機制著眼於政府發行的長期債務，未來一至二年的信用走向。　　　　　　　　　　　　　　　　【第9屆】

(　) **2** 關於國家風險與主權風險之敘述，下列何者錯誤？
(A)外幣舉債所屬國發生政治或社會動亂屬於國家風險
(B)外幣舉債所屬國貨幣大幅貶值屬於國家風險
(C)任何企業的信用等級不得高於該國主權評等
(D)外匯管制或短缺的情況屬於國家風險。　　　　　　【第6屆】

( ) **3** 關於國家風險限額的核配,下列敘述何者錯誤?

(A)依據信評公司之評等核配國家風險額度,稱為靜態核配制度

(B)依據信用違約交換的價格核配國家風險額度,稱為動態核配制度

(C)信用違約交換的價格,原則上應每季檢查一次

(D)當信用違約交換觸及標準,應凍結該國額度。 【第6屆】

[解答與解析]

1 (B)。 信用觀察名單(Watchlist)為當有事件發生或其發生指日可待,且新增資訊有必要納入評等之考量時,評等公司會將其列入觀察名單,並在90天內作出該公司評等的調升、調降或不變。

2 (C)。 企業的信用等級得高於該國主權評等。

3 (C)。 信用違約交換的價格,原則上應每月檢查一次。

【重點統整】

1. 國家風險指在國際經濟活動中,由於國家的主權行為所引起的造成損失的可能性。**國家風險是國家主權行為所引起的或與國家社會變動有關**。

2. **下列因子會影響國家主權評等**:

(1)**對外淨資產部位規模**。

(2)**貨幣管理健全性**。

(3)**政府債務規模**。

(4)**人口結構改變或不佳的外部衝擊,導致財政赤字加劇**。

3. 企業的信用等級得高於該國主權評等。

4. 信用違約交換的價格,原則上應**每月檢查一次**。

5. 銀行對中國的國家風險總額度**不得超過上年度決算後資本額的1倍**。

6. 為國家風險統計需要,應以資金主要使用所在地之國別認列國家主權風險。

7. 「**主權上限**」係指任何企業之信用等級不得高於該國的主權評等。

精選試題

(　) **1** 銀行授信業務使用的信用評等，分成哪兩種來源？
(A)國內評等與國際評等　　(B)標準評等法與進階評等法
(C)內部評等與外部評等　　(D)自我評等與公開評等。　【第9屆】

✿✿(　) **2** 國家主權評等的信用等級極可能在三個月內調升時，國際信用評等機構會將該國列於下列何者？
(A)正向觀察名單　　　　　(B)正向展望
(C)穩定展望　　　　　　　(D)正向調升名單。　　　【第7屆】

(　) **3** 銀行根據風險對象所屬國家加以彙總，以了解國家的信用風險集中度時，若信用對象登記在英屬維京群島時，應：
(A)以該信用風險對象之所有人所屬國別認列
(B)將該信用風險彙整入高風險類之其他國別
(C)將該信用對象之國別風險彙整入英屬維京群島
(D)以該信用風險對象資金主要使用所在地國別認列。　【第7屆】

(　) **4** 金管會依「臺灣地區與大陸地區金融業務往來及投資許可管理辦法」第十二條之一規定，銀行對中國的國家風險總額度不得超過下列何者？
(A)上年度決算後資本額的1倍　(B)上年度決算後資本額的1.5倍
(C)上年度決算後淨值的1倍　(D)上年度決算後淨值的1.5倍。
【第5屆】

✿✿(　) **5** Moody's採取由上而下（Top-Down）的評估方式，檢視受評公司的風險等級。所謂由上而下的評估方式，係指下列何者？　(A)由Aaa信用等級至C信用等級　(B)由國家風險至產業風險至企業風險的風險層次　(C)上至總經理下至各執行部門，逐一檢視各單位風險狀況　(D)由該公司於所處產業之營運優劣排序，決定該公司之曝險等級。　【第5屆】

✿(　) **6** 甲公司於開曼群島登記註冊，但未實際營運，為國家風險統計需要，應該匡計列入何者？　(A)開曼群島　(B)中華民國　(C)不列入統計　(D)以資金主要使用所在地之國別認列。　【第5屆】

✡✡( ) **7** 有關國家主權評等，下列哪些因子會影響其評級？ A.對外淨資
產部位規模；B.貨幣管理健全性；C.政府債務規模；D.人口結構
改變或不佳的外部衝擊，導致財政赤字加劇
(A)僅A、B　　　　　　　　(B)僅C、D
(C)僅A、B、C　　　　　　(D)A、B、C、D。　　　　【第4屆】

( ) **8** 關於國家風險與主權風險相關敘述，下列何者錯誤？
(A)外幣舉債所屬國發生政治或社會動亂屬於國家風險
(B)外幣舉債所屬國貨幣大幅貶值屬於國家風險
(C)任何企業的信用等級不得高於該國主權評等
(D)外匯管制或短缺的情況屬於國家風險。　　　　【第3屆】

( ) **9** 關於國家風險限額的核配，下列敘述何者錯誤？
(A)依據信評公司之評等核配國家風險額度，稱為靜態核配額度制度
(B)依據信用違約交換的價格核配國家風險額度,稱為動態核配額度
制度
(C)靜態核配額度指標，係以信用加碼的基點來檢視交易對手的國
際金融市場信用
(D)當信用違約交換觸及標準，應凍結該國額度。　　　　【第3屆】

( ) **10** 依「臺灣地區與大陸地區金融業務往來及投資許可管理辦法」規
定，銀行對中國的國家風險總額度不得超過下列何者？ (A)上年
度決算後資本額的1倍 (B)上年度決算後資本額的1.5倍 (C)上年
度決算後淨值的1倍 (D)上年度決算後淨值的1.5倍。　　　　【第3屆】

( ) **11** 2010年4月哪個國家因公共債務佔國內生產毛額113%以上，遭
S&P調降主權評等，且長期公債評等由BBB＋調降至CC？ (A)
冰島 (B)西班牙 (C)希臘 (D)古巴。　　　　【第2屆】

✡✡( ) **12** 依據S＆P的國家主權評等，非投資級是指下列何者？ (A)A等級以
下 (B)BBB等級以下 (C)BB等級以下 (D)B等級以下。　　　　【第2屆】

✡✡( ) **13** 關於「主權上限」之意義，下列敘述何者正確？
(A)任何企業之信用等級不得高於該國的主權評等
(B)非投資級企業之長期債務評等不得高於該國的主權評等
(C)投資級企業之短期債務評等不得高於該國的主權評等
(D)非主權發行公司的信用等級可能高於主權評等。　　　　【第2屆】

☆☆( ) **14** 希臘總理齊普拉斯於2015年6月11日宣佈，希臘銀行將停止對外營業，並將實行資本管制，此事件為何種類型之風險？
(A)聲譽風險 　　　　　　(B)法律風險
(C)詐欺風險 　　　　　　(D)國家風險。　　　　　【第1屆】

( ) **15** 關於國家風險的統計，下列敘述何者錯誤？
(A)總曝險除已動用的放款餘額，還需加計剩餘可用或未動用部份
(B)信用狀保兌按承作金額計算曝險值
(C)已提列資產減損之有價證券投資，按減損後之資產價值計算
(D)附賣回證券直接以有價證券之市場價值計算。　　　【第1屆】

☆☆( ) **16** 關於主管機關為強化本國銀行對海外及大陸地區授信風險之控管，下列敘述何者錯誤？ 　(A)應依國家別及產業別採取分級管理措施，分別訂定國家及產業風險限額 　(B)因應總體經濟、政治發展情勢及金融環境變化，訂定控管調整機制及限額預警門檻 (C)針對風險升高或曝險額已達限額預警門檻之國家或產業進行評估，必要時採凍結或暫停額度之措施 　(D)授信風險管理部門應定期檢視相關授信限額之適當性，並提報總經理。　　　【第1屆】

解答與解析

1 (C)。 銀行的信用評等分成內部評等法與外部評等法。

2 (A)。 國家主權評等的信用等級極可能在三個月內調升時，表示國際信用評等機構會將該國列於「正向觀察名單」。

3 (D)。 銀行根據風險對象所屬國家加以彙總，以了解國家的信用風險集中度時，若信用對象登記在英屬維京群島時，應以該信用風險對象資金主要使用所在地國別認列。

4 (C)。 金管會依「臺灣地區與大陸地區金融業務往來及投資許可管理辦法」第十二條之一規定，銀行對中國的國家風險總額度不得超過上年度決算後資本額的1倍。

5 (B)。 Moody's採取由上而下（Top-Down）的評估方式，檢視受評公司的風險等級。所謂由上而下的評估方式，係指由國家風險至產業風險至企業風險的風險層次。

6 (D)。 甲公司於開曼群島登記註冊，但未實際營運，為國家風險統計需要，應該匡計列入以資金主要使用所在地之國別認列。

7 (D)。 有關國家主權評等，下列因子會影響其評級：
(1) 對外淨資產部位規模。
(2) 貨幣管理健全性。
(3) 政府債務規模。
(4) 人口結構改變或不佳的外部衝擊，導致財政赤字加劇。

8 (C)。 企業的信用等級得高於該國主權評等。

9 (C)。 所謂國家風險（Country Risk）：係指貿易商從事國際貿易時，因交易對方國家本身之政治、軍事、經濟、金融、法律等各種因素之變動，出口商交貨後收不到貨款或進口商無法進口，而遭受損失的可能性。依據信評公司之評等核配國家風險額度，稱為靜態核配額度制度，信評公司將每個國家的信用評等分為0至100個等級，等級100代表國家風險最小。

10 (C)。 臺灣地區與大陸地區金融業務往來及投資許可管理辦法第12-1條規定：「……臺灣地區銀行對大陸地區之授信、投資及資金拆存總額度，不得超過其上年度決算後淨值之一倍；總額度之

計算方法，由主管機關洽商中央銀行意見後定之。……」

11 (C)。 2010年4月希臘因公共債務佔國內生產毛額113%以上，遭S&P調降主權評等，且長期公債評等由BBB＋調降至CC。

12 (C)。 依據S ＆ P的國家主權評等，非投資級是指BB等級以下。

13 (A)。 「主權上限」係指任何企業之信用等級不得高於該國的主權評等。

14 (D)。 國家風險指在國際經濟活動中，由於國家的主權行為所引起的造成損失的可能性。希臘總理齊普拉斯於2015年6月11日宣佈，希臘銀行將停止對外營業，並將實行資本管制，此事件即是國家風險。

15 (D)。 附賣回交易（簡稱RS），則是買方（交易商）再以原金額加上事先約定的利率賣回該債券。所以投資人並不承擔債券本身價格波動加風險，只是賺取固定的利息收入，附賣回證券不是以有價證券之市場價值計算。

16 (D)。 關於主管機關為強化本國銀行對海外及大陸地區授信風險之控管，銀行授信風險管理部門應定期檢視相關授信限額之適當性，並提報董事會透過。

第九章　商業銀行與證券金融公司的資本適足率管理

依據出題頻率區分，屬：**A** 頻率高

課前導讀

隨著金融市場的發展，金融機構的資金來源不再侷限於存款，惟政府仍對存款要求提存一定比率，甚不公平。近年多數國家大幅降低存款準備率，更有部份國家改讓銀行自行依最低現金餘額與流動資產比率來維持其流動性，自有資本適足率因而成為新的貨幣政策工具。其主要係依據金融機構不同性質資金運用的風險，要求提列對應的自有資本。在國際清算銀行的要求之下，資本適足率已成為世界各國對銀行經營風險上的管理工具。

重點1　商業銀行的資本適足率管理　☆☆☆

一、前言

巴塞爾銀行監理委員會於九十七年之金融危機後，為改善銀行體系承擔來自經濟及金融層面衝擊之能力，提升銀行體系之穩健性，於九十九年十二月十六日發布「巴塞爾資本協定三：強化銀行體系穩健性之全球監理架構」（Basel III），提出強化全球資本規範之改革方案，其內容包括修正銀行自有資本之組成項目、逐年提高最低資本要求、建立槓桿比率及授權各國主管機關訂定抗景氣循環緩衝資本措施等。另為強化銀行非普通股權益之其他第一類資本及第二類資本工具承擔損失之能力，於一百年一月十三日再發布「確保銀行在發生無法存續事件時吸收損失之最低要求」（Minimum requirements to ensure loss absorbency at the point of non-viability），明定銀行發行上開資本工具時，應於發行條件明定如發生觸發事件時，應將該資本工具轉換為普通股或辦理債務註銷；亦或除非當地國已有法律明定觸發事件發生時，該等資本工具應於納稅義務人遭受損失前，優先用以吸收損失；亦或主管機關要求發行銀行應於發行條件揭露該等資本工具將受上開吸收損失條件之限制。

所謂「資本適足率」（Capital Adequacy Ratio）或「自有資本比率」或「自有資本對風險性資產的比率」，係用以衡量金融機構合格自有資本所能承擔相當風險程度的風險曝露額（risk exposures）之能力。

資本適足率之所以重視自有資本，係因自有資本具有下列幾項功能：

(一) 可提供金融機構資產成長之基礎，並提供所需固定資產與設備之營運資金來源。

(二) 當資產被不當配置或放款過度擴張時，自有資本能扮演緩衝機制。

(三) 可強化金融機構之監控功能，確保支付能力以保護投資人及債權人之權益，因股東出資愈多，愈有更強烈的動機監督金融機構採取穩健經營的方式。

(四) 作為無成本資金以加強收益之功能。

通常自有資本愈高，承擔風險能力與償債能力愈高，也增加大眾對該機構之信賴。

隨著金融市場逐漸走向自由化與國際化，主管當局為擴展市場之完整性，逐步開放各金融業經營新種商品及業務，以往不太意識到的利率風險、匯率風險、證券部位等風險逐漸受到重視，因此，為避免金融業過度擴張業務而涉入過高風險，充實金融業自有資本結構、健全經營體質，已成為各國金融管理當局重視的管制重點，因為自有資本的提高可在金融業倒閉時發揮較高的損失承擔能力，並從而降低倒閉機率。

二、資本範圍

銀行計算合併普通股權益比率、第一類資本比率及資本適足率時，非控制權益及銀行之子公司發行非由銀行直接或間接持有之資本，得計入合併自有資本之金額，茲說明如下：

(一) **普通股權益**

普通股權益第一類資本係指普通股權益減無形資產、因以前年度虧損產生之遞延所得稅資產、營業準備及備抵呆帳提列不足之金額、不動產重估增值、出售不良債權未攤銷損失及其他依計算方法說明規定之法定調整項目。普通股權益係下列各項目之合計數額：

1. 普通股及其股本溢價。　　　　2. 預收股本。

3. 資本公積。　　　　　　　　　4. 法定盈餘公積

5. 特別盈餘公積。　　　　　　　　6. 累積盈虧。

7. 非控制權益。　　　　　　　　　8. 其他權益項目。

　　銀行於中華民國一百零二年一月一日前因以前年度虧損產生之遞延所得稅資產之金額，得自一百零二年起，以每年遞增百分之二十，自普通股權益第一類資本扣除。未扣除之金額應依計算方法說明之規定計算加權風險性資產。

(二) **第一類資本之範圍**

1. **第一類資本加計數**：非普通股權益之其他第一類資本之範圍為下列各項目之合計數額減依計算方法說明所規定之應扣除項目之金額：

   (1) 永續非累積特別股及其股本溢價。

   (2) 無到期日非累積次順位債券。

   (3) 銀行之子公司發行非由銀行直接或間接持有之永續非累積特別股及其股本溢價、無到期日非累積次順位債券。

2. **第一類資本工具條件**：前項之非普通股權益之其他第一類資本工具，應符合下列條件，其中涉及投資人權益之條件，應載明於發行契約：

   (1) 當次發行額度，應全數收足。

   (2) 銀行或其關係企業未提供保證、擔保品或其他安排，以增進持有人之受償順位。

   (3) 受償順位次於第二類資本工具之持有人、存款人及其他一般債權人。

   (4) 無到期日、無利率加碼條件或其他提前贖回之誘因。

   (5) 發行五年後，除同時符合下列情形外，不得由發行銀行提前贖回或由市場買回，亦不得使投資人預期銀行將行使提前贖回權或由市場買回：

   　A. 經主管機關核准。

   　B. 提前贖回或由市場買回須符合下列條件之一：

   　　a. 計算提前贖回後銀行自有資本與風險性資產之比率仍符合第五條第一項規定之最低比率。

   　　b. 須以同等或更高品質之資本工具替換原資本工具。

(6) 分配股利或支付債息須符合下列條件：
　　A. 銀行上年度無盈餘且未發放普通股股息時，不得分配股利或支付債息。但累積未分配盈餘扣除出售不良債權未攤銷損失後之餘額大於支付利息，且其支付未變更原定支付利息約定條件者，不在此限。
　　B. 銀行自有資本與風險性資產之比率未達第五條第一項規定之最低比率前，應遞延償還本息，所遞延之股利或債息不得再加計利息。
　　C. 股利或債息之支付不得設定隨銀行信用狀況而變動。
(7) 行發生經主管機關派員接管、勒令停業清理、清算時，非普通股權益之其他第一類資本工具持有人之清償順位與普通股股東相同。

(三) **第二類資本之範圍**
　1. **第二類資本加計數**：第二類資本之範圍為下列各項目之合計數額減依計算方法說明所規定之應扣除項目之金額：
　(1) 永續累積特別股及其股本溢價。
　(2) 無到期日累積次順位債券。
　(3) 可轉換之次順位債券
　(4) 長期次順位債券。
　(5) 非永續特別股及其股本溢價。
　(6) 不動產於首次適用國際會計準則時，以公允價值或重估價值作為認定成本產生之保留盈餘增加數。
　(7) 投資性不動產後續衡量採公允價值模式所認列之增值利益及備供出售金融資產未實現利益之百分之四十五。
　(8) 營業準備及備抵呆帳。
　(9) 銀行之子公司發行非由銀行直接或間接持有之永續累積特別股及其股本溢價、無到期日累積次順位債券、可轉換之次順位債券、長期次順位債券、非永續特別股及其股本溢價。
前項第八款得列入第二類資本之備抵呆帳，係指銀行所提備抵呆帳超過銀行依歷史損失經驗所估計預期損失部分之金額。

考點速攻
1. 自有資本與風險性資產之比率：指普通股權益比率、第一類資本比率及資本適足率。
2. 普通股權益比率：指普通股權益第一類資本淨額除以風險性資產總額。
3. 第一類資本比率：指第一類資本淨額除以風險性資產總額。
4. 第一類資本淨額：指普通股權益第一類資本淨額及非普通股權益之其他第一類資本淨額之合計數。
5. 風險性資產總額：指信用風險加權風險性資產總額，加計市場風險及作業風險應計提之資本乘以12.5之合計數。但已自自有資本中減除者，不再計入風險性資產總額。

2. **第二類資本工具條件**：第一項之第二類資本工具應符合下列條件，其中涉及投資人權益之條件，應載明於發行契約：

(1) 當次發行額度，應全數收足。

(2) 銀行或其關係企業未提供保證、擔保品或其他安排，以增進持有人之受償順位。

(3) 無利率加碼條件或其他提前贖回之誘因。

(4) 發行期限五年以上，發行期限最後五年每年至少遞減百分之二十。

(5) 發行五年後，除同時符合下列情形外，不得由發行銀行提前贖回或由市場買回，亦不得使投資人預期銀行將行使提前贖回權或由市場買回：

A. 經主管機關核准。

B. 提前贖回或由市場買回須符合下列條件之一：

a. 計算提前贖回後銀行自有資本與風險性資產之比率仍符合第五條第一項規定之最低比率。

b. 須以同等或更高品質之資本工具替換原資本工具。

(6) 股利或債息之支付不得設定隨銀行信用狀況而變動。

(7) 除銀行清算或清理依法所為之分配外，投資人不得要求銀行提前償付未到期之本息。

(8) 銀行發生經主管機關派員接管、勒令停業清理、清算時，第二類資本工具持有人之清償順位與普通股股東相同。

(9) 可轉換之次順位債券，除應符合以上各款規定外，並應符合下列條件：

A. 發行期限在十年以內。

B. 於到期日或到期日前，應轉換為普通股或永續特別股，其他轉換方式應經主管機關核准。

第二類資本所稱營業準備及備抵呆帳，採信用風險標準法者，其合計數額，不得超過信用風險加權風險性資產總額百分之一點二五，採信用風險內部評等法者，其合計數額，不得超過信用風險加權風險性資產總額百分之零點六。

(四) 資本範圍的例外規定

1. **視為未發行**：銀行所發行之普通股、特別股及次順位債券，如有下列情形者，於計算自有資本時，應視為未發行該等資本工具：

   (1) 銀行於發行時或發行後對持有該等資本工具之持有人提供相關融資，有減損銀行以其作為資本工具之實質效益者。

   (2) 銀行對其具有重大影響力者，持有該等資本工具。

   (3) 銀行之子公司及銀行所屬金融控股公司之子公司，持有該等資本工具。

   銀行所發行之資本工具如係由金融控股母公司對外籌資並轉投資者，銀行應就其所發行資本工具與母公司所發行資本工具中分類較低者認定資本類別。

2. **計入自有資本之金額**：銀行於中華民國九十九年九月十二日以前發行之資本工具，得計入自有資本之金額，應依下列規定辦理：

   (1) 未符合第八條第二項或第九條第三項之規定者，應自一百零二年起每年至少遞減百分之十。

   (2) 訂有提前贖回條款，且銀行未於贖回日辦理贖回者：

   A. 提前贖回日在九十九年九月十二日以前，且未符合第八條第二項或第九條第三項之規定者，應依前款規定辦理。

   B. 提前贖回日在九十九年九月十二日至一百零一年十二月三十一日間，且未符合第八條第二項或第九條第三項之規定者，自一百零二年起，不得計入自有資本。但僅未符合第八條第二項第七款或第九條第三項第八款規定者，應自一百零二年起每年至少遞減百分之十。

   C. 提前贖回日在一百零二年以後，且未符合第八條第二項或第九條第三項之規定

考點速攻

資本工具：指銀行或其子公司發行之普通股、特別股及次順位金融債券等得計入自有資本之有價證券。

考點速攻

1. 因應Basel III，修正資本組成項目及最低資本要求險性資產之比率，係指普通股權益比率、第一類資本比率及資本適足率。

2. 因應Basel III提高法定資本要求，明定自一百零八年起普通股權益比率不得低於百分之七、第一類資本比率不得低於百分之八點五及資本適足率不得低之十點五。

3. 由於Basel III授權各國主管機關訂定抗景氣循環之緩衝資本措施，主管機關於必要時，得洽商中央銀行等相關機關，提高法定最低要求，惟最高不得超過二點五個百分點。

者，於贖回日前得計入自有資本之金額應依第一款之規定辦理，於贖回日後，不得計入自有資本。

銀行於中華民國九十九年九月十二日至一百零一年十二月三十一日間發行之資本工具，除於九十九年九月十二日前經主管機關核准發行者，得自一百零二年起每年遞減百分之十外，未符合第八條第二項或第九條第三項規定者，自一百零二年起，不得計入自有資本。但僅未符合第八條第二項第七款規定或第九條第三項第八款規定者，應自一百零二年起每年至少遞減百分之十。

銀行發行之資本工具依前二項規定，應自一百零二年起每年至少遞減百分十者，應依附件三之計算釋例辦理。

三、資本適足率管理措施

(一) 銀行依「銀行資本適足性及資本等級管理辦法」第3條規定計算之本行及合併之資本適足比率，應符合下列標準：
 1. 普通股權益比率不得低於百分之七。
 2. 第一類資本比率不得低於百分之八點五。
 3. 資本適足率不得低於百分之十點五。

(二) 資本等級規範

「銀行資本適足性及資本等級管理辦法」第44條所稱銀行自有資本與風險性資產之比率，不得低於一定比率，係指不得低於法定資本適足比率，其資本等級之劃分標準如下：

1	資本適足	指符合法定資本適足比率者。
2	資本不足	指未達法定資本適足比率者。
3	資本顯著不足	指資本適足率為百分之二以上，未達百分之八點五者。
4	資本嚴重不足	指資本適足率低於百分之二者。銀行淨值占資產總額比率低於百分之二者，視為資本嚴重不足。

銀行資本等級依前項劃分標準，如同時符合兩類以上之資本等級，以較低等級者為其資本等級。

(三) 行政管理措施

1. 銀行發行列入非普通股權益之其他第一類或第二類資本之資本工具者，應於發行日七個營業日前將發行條件報主管機關備查。

2. 銀行應依下列規定向主管機關申報自有資本與風險性資產之比率之相關資訊：

   (1) 於每營業年度終了後三個月內，申報經會計師複核之本行及合併普通股權益比率、第一類資本比率、資本適足率及槓桿比率，含計算表格及相關資料。

   (2) 於每半營業年度終了後二個月內，申報經會計師複核之本行及合併普通股權益比率、第一類資本比率、資本適足率及槓桿比率，含計算表格及相關資料。

   (3) 於每營業年度及每半營業年度終了後二個月內，以及每營業年度第一季、第三季終了後四十五日內依金融監理資訊單一申報窗口規定，申報普通股權益比率、第一類資本比率、資本適足率及槓桿比率相關資訊。

   主管機關於必要時並得令銀行隨時填報，並檢附相關資料。第一項規定對於經主管機關依法接管之銀行，不適用之。

3. 銀行依銀行資本適足性及資本等級管理辦法規定申報之資本適足率，主管機關應依本辦法資本適足率計算之規定審核其資本等級。銀行之資本等級經主管機關審核為資本不足、資本顯著不足及資本嚴重不足者，主管機關應依本法第四十四條之二第一項第一款至第三款之規定，採取相關措施。

4. 銀行應建立符合其風險狀況之資本適足性自行評估程序，並訂定維持適足資本之策略。為遵循資本適足性監理審查原則，各銀行應依主管機關規定，將銀行之資本配置、資本適足性自行評估結果及對各類風險管理情形之自評說明申報主管機關，並檢附相關資料。主管機關得依對銀行之風險評估結果，要求銀行改善其風險管理，如銀行未依主管機關規定於期限內改善其風險管理者，主管機關並得要求其提高最低資本適足率、調整其自有資本與風險性資產或限期提出資本重建計畫。

四、銀行業務限制

(一) 銀行之定義

依銀行法第20條，銀行分為下列三種：商業銀行、專業銀行及信託投資公司。

※本書之銀行均指商業銀行，謂以收受支票存款、活期存款、定期存款，供給短期、中期信用為主要任務之銀行。【銀行法第70條】

(二) 授信

1. **授信期間**：銀行辦理授信，其期限在1年以內者，為短期信用；超過1年而在7年以內者，為中期信用；超過7年者，為長期信用。

2. **擔保及無擔保授信**：
   (1) 謂對銀行之授信，提供下列之一為擔保者：
      A. 不動產或動產抵押權。
      B. 動產或權利質權。
      C. 借款人營業交易所發生之應收票據。
      D. 各級政府公庫主管機關、銀行或經政府核准設立之信用保證機構之保證。

      無擔保授信：謂無銀行法上述各款擔保之授信。
   (2) 債務人於全體金融機構之無擔保債務歸戶後之總餘額除以平均月收入，不宜超過22倍。

3. **授信限制**：
   (1) 臺灣地區銀行對大陸地區之授信、投資及資金拆存總額度，不得超過其上年度決算後淨值之1倍。
   (2) 銀行對同一法人之授信總餘額，不得超過該銀行淨值之15%。
   (3) 銀行對本行負責人、職員或主要股東為擔保授信，應有十足擔保。
   (4) 銀行對同一法人之擔保授信總餘額，不得超過銀行淨值10%。對同一自然人之擔保授信總餘額，不得超過銀行淨值2%。
   (5) 銀行對同一自然人之授信總餘額，不得超過該銀行淨值3%，其中無擔保授信總餘額不得超過該銀行淨值1%。
   (6) 銀行對同一法人之授信總餘額，不得超過該銀行淨值15%，其中無擔保授信總餘額不得超過該銀行淨值5%。

(7) 銀行對同一公營事業之授信總餘額，不受前項規定比率之限制，但不得超過該銀行之淨值。

(8) 銀行對同一關係人之授信總餘額，不得超過該銀行淨值40%，其中對自然人之授信，不得超過該銀行淨值6%；對同一關係人之無擔保授信總餘額不得超過該銀行淨值10%，其中對自然人之無擔保授信，不得超過該銀行淨值2%。但對公營事業之授信不予併計。

(9) 銀行對同一關係企業之授信總餘額不得超過該銀行淨值40%，其中無擔保授信總餘額不得超過該銀行淨值之15%。但對公營事業之授信不予併計。

(三) **業務限制**

1. **徵取保證人限制**：因自用住宅放款及消費性放款而徵取之保證人，其保證契約自成立之日起，有效期間不得逾十五年。但經保證人書面同意者，不在此限。

2. **銀行持股申報義務：**

(1) 同一人或同一關係人單獨、共同或合計持有同一銀行已發行有表決權股份總數超過百分之五者，自持有之日起十日內，應向主管機關申報；持股超過百分之五後累積增減逾一個百分點者，亦同。

(2) 同一人或同一關係人擬單獨、共同或合計持有同一銀行已發行有表決權股份總數超過百分之十、百分之二十五或百分之五十者，均應分別事先向主管機關申請核准。

(3) 第三人為同一人或同一關係人以信託、委任或其他契約、協議、授權等方法持有股份者，應併計入同一關係人範圍。

(4) 銀行法中華民國九十七年十二月九日修正之條文施行前，同一人或同一關係人單獨、共同或合計持有同一銀行已發行有表決權股份總數超過百分之五而未超過百分之十五者，應自修正施行之日起六個月內向主管機關申報，於該期限內向主管機關申報者，得維持申報時之持股比率。但原持股比率超過百分之十者，於第一次擬增加持股時，應事先向主管機關申請核准。

(5) 同一人或同一關係人依銀行法第25條第3項或前項但書規定申請核准應具備之適格條件、應檢附之書件、擬取得股份之股數、目的、資金來源及其他應遵行事項之辦法，由主管機關定之。

(6) 未依銀行法第25條第2項、第3項或第5項規定向主管機關申報或經核准而持有銀行已發行有表決權之股份者，其超過部分無表決權，並由主管機關命其於限期內處分。

(7) 同一人或本人與配偶、未成年子女合計持有同一銀行已發行有表決權股份總數百分之一以上者，應由本人通知銀行。

3. **放款限制**：銀行對購買或建造住宅或企業用建築，得辦理中、長期放款，其最長期限不得超過三十年。但對於無自用住宅者購買自用住宅之放款，不在此限。

4. **資本適足限制**：銀行自有資本與風險性資產之比率，不得低於一定比率。其中在中國大陸設立代表人辦事處，則資本適足率須達到10%以上。銀行經主管機關規定應編製合併報表時，其合併後之自有資本與風險性資產之比率，亦同。銀行依自有資本與風險性資產之比率，劃分下列資本等級：

(1) 資本適足。　　　　　　　　(2) 資本不足。

(3) 資本顯著不足。　　　　　　(4) 資本嚴重不足。

前項款所稱資本嚴重不足，指自有資本與風險性資產之比率低於百分之二。銀行淨值占資產總額比率低於百分之二者，視為資本嚴重不足。

5. **買回股份限制**：銀行有下列情形之一者，不得以現金分配盈餘或買回其股份：

(1) 資本等級為資本不足、顯著不足或嚴重不足。

(2) 資本等級為資本適足者，如以現金分配盈餘或買回其股份，有致其資本等級降為前款等級之虞。

前項第一款之銀行，不得對負責人發放報酬以外之給付。但經主管機關核准者，不在此限。

6. **利率限制**：信用卡之循環信用利率不得超過年利率15%。

7. **投資限制**：投資總額不得超過投資時銀行淨值之40%，其中投資非金融相關事業之總額不得超過投資時淨值之10%。

8. **經營業務範圍限制**：依據銀行辦理衍生性金融商品業務內部作業制度及程序管理辦法，銷售結構型商品，應就結構型商品特性、本金虧損之風險與機率、流動性、商品結構複雜度、商品年期等要素，綜合評估及確認該金融商品之商品風險程度，且至少區分為三個等級。

9. **流動覆蓋率限制**：依據銀行流動性覆蓋比率實施標準，自民國108年1月1日起，流動性覆蓋比率之最低標準為100%。

(四) 主管機關對資本不足所採措施

主管機關應依銀行資本等級，採取下列措施之一部或全部：

1. 資本不足者：

(1) 命令銀行或其負責人限期提出資本重建或其他財務業務改善計畫。對未依命令提出資本重建或財務業務改善計畫，或未依其計畫確實執行者，得採取次一資本等級之監理措施。

(2) 限制新增風險性資產或為其他必要處置。

2. 資本顯著不足者：

(1) 適用前款規定。

(2) 解除負責人職務，並通知公司登記主管機關於登記事項註記。

(3) 命令取得或處分特定資產，應先經主管機關核准。

(4) 命令處分特定資產。

(5) 限制或禁止與利害關係人相關之授信或其他交易。

(6) 限制轉投資、部分業務或命令限期裁撤分支機構或部門。

(7) 限制存款利率不得超過其他銀行可資比較或同性質存款之利率。

(8) 命令對負責人之報酬酌予降低，降低後之報酬不得超過該銀行成為資本顯著不足前十二個月內對該負責人支給之平均報酬之百分之七十。

(9) 派員監管或為其他必要處置。

3. 資本嚴重不足者：除適用前款規定外，應派員接管。

牛刀小試

(　) **1** 銀行法第38條規定，購買或建造住宅使用的建築物，辦理中、長期借款時，最長期限不得超過幾年？　(A)20年　(B)25年　(C)30年　(D)40年。　　　　　　　　　　　　　　【第6屆】

(　) **2** 按照資本適足性管理辦法，銀行發行的「長期次順位債券」，在計算資本適足率時，具有何種資本性質？　(A)普通股股本　(B)第一類資本　(C)第二類資本　(D)不可視為資本使用。【第6屆】

(　) **3** 臺灣的銀行資本分為四個等級，倘若銀行計畫使用「現金」分配盈餘，或以「現金」買回其流通在外股份，必須達到下列何種等級以上？　(A)資本適足　(B)資本不足　(C)資本顯著不足　(D)資本嚴重不足。　　　　　　　　　　　　　　　　【第5屆】

[解答與解析]

1 (C)。 銀行法第38條規定:「銀行對購買或建造住宅或企業用建築,得辦理中、長期放款,其最長期限不得超過三十年。但對於無自用住宅者購買自用住宅之放款,不在此限。」

2 (C)。 按照資本適足性管理辦法,銀行發行的「長期次順位債券」,在計算資本適足率時,具有第二類資本性質。

3 (A)。 銀行資本適足率在百分之六以上,未達百分之八及最低資本適足率要求者,不得以現金分配盈餘或買回其股份,且不得對負責人有酬勞、紅利、認股權憑證或其他類似性質給付之行為。

重點2 證券金融公司的資本適足率管理

一、資本範圍

(一) 第一類資本之範圍

第一類資本之範圍為普通股、永續非累積特別股、預收股本、資本公積、法定盈餘公積、特別盈餘公積、累積盈虧(應扣除透過損益按公允價值衡量之金融資產或金融負債之評價利益、營業準備及備抵呆帳提列不足之金額)、非控制權益及其他權益項目(備供出售金融資產未實現利益除外)之合計數額減除商譽、出售不良債權未攤銷損失、庫藏股、不動產首次適用國際會計準則時,以公允價值或重估價值作為認定成本產生之保留盈餘增加數及依票券金融公司自有資本與風險性資產之計算方法說明及表格所規定之應扣除項目之金額。

> **考點速攻**
> 1. 自有資本與風險性資產之比率(以下簡稱資本適足率):指合格自有資本除以風險性資產總額之比率。
> 2. 合格自有資本:指第一類資本、合格第二類資本及合格且使用第三類資本之合計數額。

第一類資本所稱永續非累積特別股列為第一類資本者,當次發行額度,應全數收足,且不得超過下列金額合計數之15%,超出限額部分,得計入第二類資本:

1. 依前項規定計算之第一類資本金額。
2. 投資於其他事業自第一類資本扣除金額。

(二) 第二類資本之範圍

1. 第二類資本之範圍為永續累積特別股、不動產首次適用國際會計準則時，以公允價值或重估價值作為認定成本產生之保留盈餘增加數、投資性不動產後續衡量採公允價值模式所認列之增值利益之百分之四十五、營業準備及備抵呆帳、非永續特別股之合計數額減除依票券金融公司自有資本與風險性資產之計算方法說明及表格所規定之應扣除項目之金額。

2. 前項得列入第二類資本之備抵呆帳，係指票券金融公司所提備抵呆帳及保證責任準備超過票券金融公司依歷史損失經驗所估計預期損失部分之金額。

   第二類資本所稱營業準備及備抵呆帳，採信用風險標準法者，其合計數額，不得超過風險性資產總額1.25%，採信用風險內部評等法者，其合計數額，不得超過信用風險加權風險性資產總額百分之零點六。

3. 第二類資本所稱永續累積特別股，應符合下列條件：
   (1) 當次發行額度，應全數收足。
   (2) 票券金融公司因付息致資本適足率低於發行時最低資本適足率要求者，應遞延支付股息，所遞延之股息不得再加計利息。

4. 第二類資本所稱非永續特別股，列為第二類資本者，不得超過第一類資本百分之五十，並應符合下列條件：
   (1) 當次發行額度，應全數收足。
   (2) 發行期限五年以上。
   (3) 發行期限最後五年每年至少遞減百分之二十。
   (4) 票券金融公司因付息或還本，致資本適足率低於發行時最低資本適足率要求時，應遞延股息及本金之支付。

> **考點速攻**
> 合格第二類資本：指可支應信用風險、作業風險及市場風險之第二類資本。

(三) 第三類資本之範圍

第三類資本之範圍為非永續特別股、備供出售金融資產未實現利益之百分之四十五及透過損益按公允價值衡量之金融資產或金融負債之評價利益之百分之四十五之合計數額。第三類資本所稱非永續特別股，應符合下列條件：

> **考點速攻**
> 合格且使用第三類資本：指實際用以支應市場風險之合格第三類資本。

1. 當次發行額度，應全數收足。

2. 發行期限二年以上。

3. 在約定償還日期前不得提前償還。但經主管機關核准者不在此限。

4. 票券金融公司因付息或還本，致資本適足率低於發行時最低資本適足率要求時，應遞延股息及本金之支付。

(四) 資本範圍的例外規定

1. **視為未發行**：票券金融公司所發行之普通股及特別股，如有下列情形者，於計算資本適足率及自有資本時，應視為未發行該等資本工具：

   (1) 票券金融公司於發行時或發行後對持有該等資本工具之持有人提供相關融資，有減損票券金融公司以其作為資本工具之實質效益，經主管機關要求自資本中扣除者。

   (2) 票券金融公司所屬金融控股公司之子公司持有該等資本工具。

   票券金融公司所發行之資本工具如係由金融控股母公司對外籌資並轉投資者，票券金融公司應就其所發行資本工具與母公司所發行資本工具中分類較低者認定資本類別。

2. **合格資本之限制**：票券金融公司計算合格自有資本，應符合下列規定：

   (1) 合格第二類資本及合格且使用第三類資本之合計數額，不得超過第一類資本總額。

   (2) 支應信用風險及作業風險所需之資本，應以第一類資本及第二類資本為限，且所使用第二類資本不得超過支應信用風險及作業風險之第一類資本總額。

> **考點速攻**
> 風險性資產總額：指信用風險加權風險性資產總額，加計作業風險及市場風險應計提之資本乘12.5之合計數。但已自合格自有資本中減除者，不再計入風險性資產總額。

   (3) 第一類資本及第二類資本於支應信用風險及作業風險後所餘，得支應市場風險。

   (4) 第三類資本僅得支應市場風險，第二類資本及第三類資本支應市場風險之合計數不得超過支應市場風險之第一類資本之百分之二百五十。

3. **計算合併資本適足率**：票券金融公司應計算票券金融公司本公司資本適足率，另票券金融公司與其轉投資事業依國際會計準則公報第二十七號規定應編製合併財務報表者，並應計算合併資本適足率。但已自自有資本扣除者，不在此限。

> **考點速攻**
>
> 信用風險加權風險性資產總額：指票券金融公司資產負債表表內表外交易項目乘以信用風險加權風險權數之合計數額。

二、資本適足率管理措施

(一) 最低資本適足率限制

資本適足率及合併資本適足率，均不得低於百分之八及最低資本適足率要求。票券金融公司資本適足率在百分之六以上，未達百分之八及最低資本適足率要求者，不得以現金分配盈餘或買回其股份，且不得對負責人發放報酬以外之給付，主管機關並得採取下列措施之一部或全部：

> **考點速攻**
>
> 1. 票券金融公司自有資本與風險性資產之比率，不得低於百分之八；票券金融公司經主管機關規定應編製合併報表時，其合併後之自有資本與風險性資產之比率。
> 2. 票券金融公司應於每營業年度終了後三個月內，向主管機關申報經會計師複核之資本適足率等相關資料。

1. 命令票券金融公司及其負責人限期提出資本重建或其他財務業務改善計畫。對未依命令提出資本重建或財務業務改善計畫，或未依其計畫確實執行者，得採取後項之監理措施。

2. 限制新增風險性資產、限制短期票券之保證背書業務或為其他必要處置。

票券金融公司資本適足率低於百分之六者，主管機關除前項措施外，得視情節輕重，採取下列措施：

1. 解除負責人職務，並通知公司登記主管機關註記其登記。

2. 命令取得或處分特定資產，應先經主管機關核准。

3. 命令處分特定資產。

4. 限制或禁止與利害關係人之授信或其他交易。

5. 限制轉投資、部分業務或命令限期裁撤分支機構或部門。

6. 命令對負責人之報酬予以降低，且不得逾該票券金融公司資本適足率低於百分之六前十二個月內對該負責人支給之平均報酬之百分之七十。

7. 派員監管或為其他必要處置。

(二) 行政管理措施

1. 票券金融公司應依下列規定向主管機關申報資本適足率：

   (1) 於每半營業年度終了後二個月內，申報經會計師複核之本公司及合併資本適足率，含計算表格及相關資料。

   (2) 於每營業年度終了後三個月內，申報經會計師複核之本公司及合併資本適足率，含計算表格及相關資料。

   (3) 於每營業年度及每半營業年度終了後二個月內，以及每營業年度第一季、第三季終了後四十五日內依金融監理資訊單一申報窗口規定，申報資本適足率相關資訊。

   主管機關於必要時並得令票券金融公司隨時填報，並檢附相關資料。

   > **考點速攻**
   > 1. 作業風險應計提之資本：指衡量票券金融公司因內部作業、人員及系統之不當或失誤、或外部事件造成損失之風險，所需計提之資本。
   > 2. 市場風險應計提之資本：指衡量市場價格（如利率、股價、匯率）波動，致票券金融公司資產負債表表內表外交易項目產生損失之風險，所需計提之資本。

2. 票券金融公司應建立符合其風險狀況之資本適足性自行評估程序，並訂定維持適足資本之策略。

3. 為遵循資本適足性監理審查原則，各票券金融公司應依主管機關規定，將公司之資本配置、資本適足性自行評估結果及對各類風險管理情形之自評說明申報主管機關，並檢附相關資料。主管機關得依對票券金融公司之風險評估結果，要求票券金融公司改善其風險管理，如票券金融公司未依主管機關規定於期限內改善其風險管理者，主管機關並得要求其提高最低資本適足率、調整其自有資本與風險性資產或限期提出資本重建計畫。

4. 票券金融公司應依主管機關規定揭露資本適足性相關資訊。

三、證券公司業務限制

(一) 包銷之限制

1. 證券商包銷有價證券者，其包銷之總金額，不得超過其流動資產減流動負債後餘額之十五倍。其中證券商國外分支機構包銷有價證券之總金額，不得超過其流動資產減流動負債後餘額之五倍。

2. 證券商自有資本適足比率低於百分之一百二十者，前項包銷有價證券總金額倍數得調整為十倍，其國外分支機構包銷總金額倍數得調整為三倍；低於百分之一百者，包銷有價證券總金額倍數得調整為五倍，且其國外分支機構不得包銷有價證券。

(二) 投資之限制

1. 票券金融公司之資本適足率須至少達到百分之十以上，才可以辦理外幣債券及股權商品的投資。

2. 若證券商計畫向主管機關申請於其營業處所經營衍生性業務，其最近六個月每月申報的資本適足率至少均須超過百分之二百。

牛刀小試

( )　**1**　票券金融公司資本適足率低於6%者，主管機關可採行下列哪些措施？　A.解除負責人職務；B.命令取得或處分特定資產，應先經主管機關核准；C.命令處分特定資產；D.命令對負責人之報酬予以降低
　　(A)僅A　　　　　　　　　　(B)僅A、D
　　(C)僅B、C、D　　　　　　(D)A、B、C、D。　　　【第9屆】

( )　**2**　有關證券業在不同資本適足率下之業務規範及限制，下列敘述何者錯誤？
　　(A)證券商申請辦理有價證券借貸業務、有價證券買賣融資融券，證券業務借貸款項時，申請日前半年的資本適足率應達150%以上
　　(B)證券商申請合併，合併前六個月的資本適足率，均須達到200%以上，且申請前一個月之「擬制性合併」的資本適足率應達200%以上
　　(C)證券商包銷有價證券時，包銷總金額不得超過其流動資產減流動負債後餘額之二十倍；自有資本適足率低於120%時，不得超過十倍
　　(D)證券商辦理融資融券時，若資本適足率連續三個月達250%以上時，可以提高承作規模至融資或融券的總金額，分別不得超過淨值的400%。　　　【第5屆】

［解答與解析］

1 (D)。 票券金融公司資本適足率低於6%者，主管機關可採行下列措施：

　　　(1) 解除負責人職務。

　　　(2) 命令取得或處分特定資產，應先經主管機關核准。

　　　(3) 命令處分特定資產。

　　　(4) 命令對負責人之報酬予以降低。

2 (C)。 證券商管理規則第22條規定：「證券商包銷有價證券者，其包銷之總金額，不得超過其流動資產減流動負債後餘額之十五倍。其中證券商國外分支機構包銷有價證券之總金額，不得超過其流動資產減流動負債後餘額之五倍。證券商自有資本適足比率低於百分之一百二十者，前項包銷有價證券總金額倍數得調整為十倍……。」

【重點統整】

1. 銀行對購買或建造住宅或企業用建築，得辦理中、長期放款，其最長期限不得超過30年。

2. 銀行辦理**自用住宅放款及消費性放款，不得要求借款人提供連帶保證人**。銀行辦理自用住宅放款及消費性放款，已取得銀行法所定之足額擔保時，不得要求借款人提供保證人。

3. 依據主管機關規定，臺灣地區銀行對**大陸地區**之授信、投資及資金拆存總額度，**不得超過其上年度決算後淨值之1倍**。

4. 銀行對本行負責人、職員或主要股東為擔保授信，應有十足擔保。對**同一法人之擔保授信總餘額**，不得超過**銀行淨值**10%。**對同一自然人之擔保授信總餘額，不得超過銀行淨值2%**。

5. 銀行對同一關係企業之授信總餘額不得超過該銀行淨值40%，其中無擔保授信總餘額不得超過該銀行淨值之15%。但對公營事業之授信不予併計。

6. 對同一授信客戶之每筆或累計擔保授信金額達新臺幣1億元以上或淨值1%者，其條件不得優於其他同類授信對象。

7. 銀行對同一自然人之授信總餘額，不得超過該銀行淨值3%，其中無擔保授信總餘額不得超過該銀行淨值1%。

8. 依據主管機關規定，債務人於全體金融機構之無擔保債務歸戶後之總餘額除以平均月收入，**不宜超過22倍**。

9. 自民國108年起，國內銀行的資本適足率不得低於10.50%。

10. 在中國大陸設立代表人辦事處，則資本適足率須達到10%以上。

11. **槓桿比率：指第一類資本淨額除以曝險總額**。

12. 銀行發行的「**長期次順位債券**」，在計算資本適足率時，屬於**第二類資本**。

13. 「風險性資產總額」係指信用風險加權風險性資產總額，加計市場風險及作業風險應計提之資本乘以12.5之合計數。

14. 「資本適足率」，係以第一類資本淨額及第二類資本淨額之合計數額除以風險性資產總額而得。

15. 票券金融公司資本適足率**低於6%者**，主管機關可採行下列措施：

(1)解除負責人職務。

(2)命令取得或處分特定資產，應先經主管機關核准。

(3)命令處分特定資產。

(4)命令對負責人之報酬予以降低。

16. 票券金融公司之資本適足率須**至少達到10%**以上，才可以辦理外幣債券及股權商品的投資。

精選試題

( )　**1** 主管機關為強化銀行對大陸地區授信曝險之風險承擔能力，要求本國銀行對大陸地區之授信餘額之備抵呆帳提存率於民國104年年底以前應至少達到多少比率？　(A)1%　(B)1.5%　(C)2%　(D)2.5%。　【第9屆】

( )　**2** A銀行在107年12月底之信用風險加權風險性資產為新臺幣（以下同）1,000億元，市場風險和作業風險應計提資本各為5億元，請問三種風險合計的加權風險性資產為下列何者？　(A)1,000億元　(B)1,005億元　(C)1,010億元　(D)1,125億元。　【第8屆】

✿✿( ) **3** 銀行法第38條規定，購買或建造住宅使用的建築物，辦理中、長期借款時，最長期限不得超過幾年？但對於無自用住宅者購買自用住宅之放款，不在此限。
(A)20年 　　　　　　　　(B)25年
(C)30年 　　　　　　　　(D)40年。　　　　　　【第7屆】

✿✿( ) **4** 有關臺灣之消費性貸款，下列何者錯誤？ (A)銀行得要求自用住宅放款及消費性放款之借款人提供連帶保證人 (B)借款人已取得足額擔保時，不得要求提供擔保人 (C)辦理授信徵取的保證人，應以一定金額為限 (D)銀行求償時，先向借款人求償，求償不足部分再向保證人求償。　　　　　　　　　　　　【第7屆】

✿✿( ) **5** 依據主管機關規定，臺灣地區銀行對大陸地區之授信、投資及資金拆存總額度，不得超過其上年度決算後淨值之多少倍數？
(A)0.8倍 　　　　　　　　(B)1倍
(C)1.2倍 　　　　　　　　(D)1.5倍。　　　　　　【第7屆】

✿✿( ) **6** A銀行民國106年底淨值為新臺幣（以下同）1,200億元，107年1月對非為利害關係人之同一法人最高授信總餘額不得超過多少？
(A)60億元 　　　　　　　(B)120億元
(C)180億元 　　　　　　(D)240億元。

✿( ) **7** 有關銀行法對「利害關係人」之規範，下列敘述何者錯誤？
(A)對本行負責人、職員或主要股東為擔保授信，應有十足擔保
(B)對同一法人之擔保授信總餘額，不得超過銀行淨值10%
(C)對同一自然人之擔保授信總餘額，不得超過銀行淨值2%
(D)對所有利害關係人之擔保授信總餘額，不得超過銀行淨值二倍。
　　　　　　　　　　　　　　　　　　　　　　　【第6屆】

✿✿( ) **8** 依據主管機關規定，債務人於全體金融機構之無擔保債務歸戶後之總餘額除以平均月收入，不宜超過多少倍數？
(A)16倍 　　　　　　　　(B)18倍
(C)20倍 　　　　　　　　(D)22倍。　　　　　　【第6屆】

✿✿( ) **9** 根據銀行法及金融控股公司法，銀行對利害關係人之授信風險限額，下列敘述何者正確？　(A)對同一授信客戶之每筆或累計擔保授信金額達新臺幣1億元以上或淨值1%者，其條件不得優於其他同類授信對象　(B)對同一授信客戶之每筆或累計擔保授信金額達新臺幣2億元以上或淨值2%者，其條件不得優於其他同類授信對象　(C)對同一授信客戶之每筆或累計擔保授信金額達新臺幣3億元以上或淨值3%者，其條件不得優於其他同類授信對象　(D)對同一授信客戶之每筆或累計擔保授信金額達新臺幣4億元以上或淨值4%者，其條件不得優於其他同類授信對象。　　　【第6屆】

✿✿( ) **10** 自民國108年起，銀行的資本適足率不得低於多少？　(A)8%　(B)9%　(C)10%　(D)10.50%。　　　【第6屆】

( ) **11** 依據銀行辦理衍生性金融商品業務內部作業制度及程序管理辦法，銷售結構型商品，應分類商品之風險程度，其考量要素包括下列哪些？　A.本金虧損之風險與機率　B.流動性　C.年期　D.手續費收入比率
(A)僅A　　　　　　　　　　(B)僅A、D
(C)僅A、B、C　　　　　　　(D)A、B、C、D。　　　【第1屆】

( ) **12** 有關自用住宅抵押貸款，下列敘述何者錯誤？　(A)依據銀行法規定，購買或建造住宅之放款期限不得超過二十年　(B)寬限期係指貸款期間只付利息，不攤還本金　(C)求償順位首先應向借款人求償，次就不足部分才可轉向保證人求償　(D)銀行辦理自用住宅放款，不得要求提供連帶保證人。　　　【第5屆】

( ) **13** 依銀行法規定，下列何者非屬銀行？　(A)保險公司　(B)商業銀行　(C)專業銀行　(D)信託投資公司。　　　【第5屆】

( ) **14** 有關證券業在不同資本適足率下之業務規範及限制，下列敘述何者錯誤？　(A)證券商申請辦理有價證券借貸業務、有價證券買賣融資融券，證券業務借貸款項時，申請日前半年的資本適足率應達150%以上　(B)證券商申請合併，合併前六個月的資本適足率，均須達到200%以上，且申請前一個月之「擬制性合併」的資本適足率應達200%以上　(C)證券商包銷有價證券時，包銷總金額不得超過其流動資產減流動負債後餘額之二十倍；自有資本適足率低於120%時，不得超過十倍　(D)證券商辦理融資融券時，若資本適足率連續三個月達250%以上時，可以提高承作規模至融資或融券的總金額，分別不得超過淨值的400%。　　　【第5屆】

✿✿（　　）　**15** 銀行資本適足性公式中，「第一類資本淨額，除以曝險總額」，
係指下列何者？　(A)普通股權益比率　(B)第一類資本比率　(C)
槓桿比率　(D)資本適足率。　　　　　　　　　　　　【第5屆】

✿✿（　　）　**16** 按照資本適足性管理辦法，銀行發行的「長期次順位債券」，在
計算資本適足率時，具有何種資本性質？　(A)普通股股本　(B)
第一類資本　(C)第二類資本　(D)不可視為資本使用。　【第5屆】

✿✿（　　）　**17** 根據銀行法，授信業務對同一關係企業之風險限額，下列敘述何
者正確？　(A)授信總餘額不得超過銀行淨值的3%，其中無擔保
授信總餘額不得超過銀行淨值的1%　(B)授信總餘額不得超過銀
行淨值的15%，其中無擔保授信總餘額不得超過銀行淨值的5%
(C)授信總餘額不得超過銀行淨值的40%，其中無擔保授信總餘額
不得超過銀行淨值的15%　(D)授信總餘額不得超過銀行淨值的
45%，其中無擔保授信總餘額不得超過銀行淨值的15%。【第4屆】

（　　）　**18** 比較臺灣主管機關對銀行與票券金融公司的資本適足率與業務限
制，下列敘述何者錯誤？　(A)票券金融公司在金融控股公司法
中，隸屬於銀行業，所以兩者的資本適足率相當類似　(B)當銀
行呈現資本顯著不足或資本嚴重不足，及票券金融公司的資本適
足率未達8%，主管機關皆可命令「限期裁撤」分支機構　(C)銀
行及票券金融公司如未按照主管機關要求，在期限內提出資本重
建或其他財務業務改善計畫，可對負責人減薪，或解除其職務
(D)銀行的資本等級未達資本適足，票券金融公司的資本適足率
未達8%或最低資本適足率要求，皆不得以「現金」分配盈餘或
買回股份。　　　　　　　　　　　　　　　　　　　【第4屆】

✿✿（　　）　**19** 依據銀行資本適足性及資本等級管理辦法，所稱槓桿比率係指下列
何者？　(A)第一類資本淨額／曝險總額　(B)第一類資本淨額／總
資產　(C)合格資本／曝險總額　(D)總負債／總資產。　【第4屆】

（　　）　**20** A銀行於104年12月31日之資本適足率、第一類資本比率和普通股
權益比率分別為9%、7%和5%，銀行資本適足性及資本等級管理
辦法之資本等級劃分標準，應歸類為下列何者？　(A)資本適足
(B)資本不足　(C)資本顯著不足　(D)資本嚴重不足。　【第4屆】

(　) **21** 有關銀行因資本適足率而受到之業務規範與限制，下列敘述何者錯誤？

(A)在中國大陸設立代表人辦事處，則資本適足率須達到8%以上

(B)資本適足等級之銀行可發行現金儲值卡

(C)申請轉投資金融相關事業，應將本次申請投資金額納入計算後之資本適足率達到資本適足等級

(D)銀行的資本等級屬於資本顯著不足，不得使用現金分配盈餘。

【第4屆】

☆☆(　) **22** 依據金管會「銀行資本適足性及資本等級管理辦法」（103.01.09），「風險性資產總額」係指信用風險加權風險性資產總額，加計市場風險及作業風險應計提之資本乘以多少之合計數？　(A)12　(B)12.5　(C)15　(D)18。　　【第4屆】

☆☆(　) **23** 金管會「銀行資本適足性及資本等級管理辦法」第2條第4項，定義「資本適足率」，係以下列何者除以風險性資產總額而得？

(A)第一類資本淨額

(B)第二類資本淨額

(C)第三類資本淨額

(D)第一類資本淨額及第二類資本淨額之合計數額。　　【第4屆】

☆(　) **24** 根據銀行法，授信業務對同一關係企業之風險限額，下列敘述何者正確？　(A)授信總餘額不得超過銀行淨值的30%　(B)授信總餘額不得超過銀行淨值的15%　(C)授信總餘額不得超過銀行淨值的40%　(D)授信總餘額不得超過銀行淨值的45%。　　【第3屆】

(　) **25** 票券金融公司資本適足率低於百分之六者，主管機關可採行下列哪些措施？　A.解除負責人職務；B.命令取得或處分特定資產，應先經主管機關核准；C.命令處分特定資產；D.命令對負責人之報酬予以降低

(A)僅A　　　　　　　　　(B)僅A、D

(C)僅B、C、D　　　　　 (D)A、B、C、D。　　【第3屆】

(　) **26** 票券金融公司之資本適足率須至少達到多少以上，才可以辦理外幣債券及股權商品的投資？　(A)8%　(B)9%　(C)10%　(D)12%。　　【第3屆】

( ) **27** 已知A銀行之總資產為6,000億元和淨值為800億元,下列敘述何者正確? (A)A銀行對同一自然人之授信總餘額不得超過30億元 (B)A銀行對同一自然人之無擔保授信總餘額不得超過8億元 (C)A銀行對同一法人之授信總餘額不得超過100億元 (D)A銀行對同一法人之無擔保授信總餘額不得超過80億元。 【第6屆】

( ) **28** 臺灣的銀行資本分為四個等級,倘若銀行計畫使用「現金」分配盈餘,或以「現金」買回其流通在外股份,必須達到下列何種等級以上? (A)資本適足 (B)資本不足 (C)資本顯著不足 (D)資本嚴重不足。 【第3屆】

( ) **29** 倘若證券商計畫向主管機關申請於其營業處所經營衍生性業務,其最近六個月每月申報的資本適足率至少均須超過下列何者? (A)100% (B)150% (C)200% (D)250%。 【第3屆】

✿( ) **30** 有關證券商之資本適足率規範,下列敘述何者錯誤? (A)資本適足率會影響可以包銷之有價證券規模 (B)連續三個月達到250%以上,對客戶融資總金額可達到淨值的400% (C)低於150%時,主管機關得暫緩增加新種業務 (D)連續六個月均超過250%,可申請經營衍生性金融商品業務。 【第5屆】

✿✿( ) **31** 依「銀行資本適足性及資本等級管理辦法」第2條第1項,定義自有資本與風險性資產之比率應包括之項目,下列何者非屬之? (A)法定資本 (B)資本適足率 (C)普通股權益比率 (D)第一類資本比率。 【第3屆】

✿✿( ) **32** 依據銀行流動性覆蓋比率實施標準,自民國108年1月1日起,流動性覆蓋比率之最低標準為下列何者? (A)70% (B)80% (C)90% (D)100%。 【第1屆】

✿✿( ) **33** 依「銀行資本適足性及資本等級管理辦法」,銀行發行的「長期次順位債券」,在計算資本適足率時,係屬於何種範圍? (A)普通股股本 (B)第一類資本 (C)第二類資本 (D)不可視為資本使用。 【第3屆】

☆☆(　　) **34** 依據銀行資本適足性及資本等級管理辦法，下列何者不得列為普通股權益第一類資本？

(A)資本公積　　　　　　　(B)可轉換之次順位債券

(C)累積盈虧　　　　　　　(D)普通股。　　　　　【第2屆】

☆☆(　　) **35** 依據銀行資本適足性及資本等級管理辦法，下列何者不得列為普通股權益第一類資本？　(A)資本公積　(B)可轉換之次順位債券

(C)累積盈虧　(D)普通股。　　　　　　　　　　　【第1屆】

解答與解析

1 (B)。 為強化銀行對大陸地區授信曝險之風險承擔能力，金管會要求本國銀行對大陸地區之授信餘額之備抵呆帳提存率於民國104年底前至少達到1.5%。

2 (D)。 三種風險合計的加權風險性資產＝1,000＋(5＋5)×12.5＝1,125（億元）。

3 (C)。 銀行法第38條規定：「銀行對購買或建造住宅或企業用建築，得辦理中、長期放款，其最長期限不得超過三十年。但對於無自用住宅者購買自用住宅之放款，不在此限。」

4 (A)。 銀行法第12-1條規定：「銀行辦理自用住宅放款及消費性放款，不得要求借款人提供連帶保證人。銀行辦理自用住宅放款及消費性放款，已取得前條所定之足額擔保時，不得要求借款人提供保證人。……」選項(A)有誤。

5 (B)。 依據主管機關規定，臺灣地區銀行對大陸地區之授信、投資及資金拆存總額度，不得超過其上年度決算後淨值之1倍。

6 (C)。 銀行對同一法人之授信總餘額，不得超過該銀行淨值百分之十五。本題1,200×15%＝180（億元）。

7 (D)。 對不同利害關係人之擔保授信總餘額，有不同限制。對本行負責人、職員或主要股東為擔保授信，應有十足擔保。對同一法人之擔保授信總餘額，不得超過銀行淨值10%。對同一自然人之擔保授信總餘額，不得超過銀行淨值2%。

8 (D)。 此項規定實務又簡稱DBR22，即指Debt Burden Ratio負債比不宜超過22倍。

9 (A)。 根據銀行法及金融控股公司法規定，對同一授信客戶之每筆或累計擔保授信金額達新臺幣1

億元以上或淨值1%者，其條件不得優於其他同類授信對象。

10 (D)。 自民國108年起，國內銀行的資本適足率不得低於10.50%。

11 (C)。 依據銀行辦理衍生性金融商品業務內部作業制度及程序管理辦法，銷售結構型商品，應就結構型商品特性、本金虧損之風險與機率、流動性、商品結構複雜度、商品年期等要素，綜合評估及確認該金融商品之商品風險程度，且至少區分為三個等級。

12 (A)。 銀行法第38條規定，銀行對購買或建造住宅或企業用建築，得辦理中、長期放款，其最長期限不得超過三十年。但對於無自用住宅者購買自用住宅之放款，不在此限。

13 (A)。 保險公司非銀行法所定義的銀行。

14 (C)。 證券商管理規則第22條規定：「證券商包銷有價證券者，其包銷之總金額，不得超過其流動資產減流動負債後餘額之十五倍。其中證券商國外分支機構包銷有價證券之總金額，不得超過其流動資產減流動負債後餘額之五倍。證券商自有資本適足比率低於百分之一百二十者，前項包銷有價證券總金額倍數得調整為十倍……。」

15 (C)。 銀行資本適足性及資本等級管理辦法第2條規定：「……五、槓桿比率：指第一類資本淨額除以曝險總額。……」

16 (C)。 銀行資本適足性及資本等級管理辦法第9條規定：「第二類資本之範圍為下列各項目之合計數額減依計算方法說明所規定之應扣除項目之金額：一、永續累積特別股及其股本溢價。二、無到期日累積次順位債券。三、可轉換之次順位債券。四、長期次順位債券。……」

17 (C)。 銀行對同一關係企業之授信總餘額不得超過該銀行淨值百分之四十，其中無擔保授信總餘額不得超過該銀行淨值之百分之十五。但對公營事業之授信不予併計。

18 (B)。
(1) 當銀行呈現資本顯著不足或資本嚴重不足，主管機關皆可命令「限期裁撤」分支機構。
(2) 當票券金融公司的資本適足率未達6%，主管機關皆可命令「限期裁撤」分支機構。

19 (A)。 依據銀行資本適足性及資本等級管理辦法，所稱槓桿比率係指第一類資本淨額／曝險總額。

20 (A)。 各年度本國銀行合併及銀行本行資本適足率、第一類資本比率及普通股權益比率均不得低於下列比率：

	102年	103年	104年	105年	106年	107年	108年起
資本適足率（%）	8.0	8.625	9.25	9.875	10.5	9.875	10.5
第一類資本比率（%）	6.0	6.625	7.25	7.875	8.5	7.875	8.5
普通股權益比率（%）	4.5	5.125	5.75	6.375	7.0	6.375	7.0

故本題應歸類為資本適足。

21 (A)。 在中國大陸設立代表人辦事處，則資本適足率須達到10%以上。

22 (B)。 依據金管會「銀行資本適足性及資本等級管理辦法」（103.01.09），「風險性資產總額」係指信用風險加權風險性資產總額，加計市場風險及作業風險應計提之資本乘以12.5之合計數。

23 (D)。 金管會「銀行資本適足性及資本等級管理辦法」第2條第4項，定義「資本適足率」，係以第一類資本淨額及第二類資本淨額之合計數額除以風險性資產總額而得。

24 (C)。 根據銀行法第74條規定，授信業務對同一關係企業之風險限額，投資總額不得超過投資時銀行淨值之40%，其中投資非金融相關事業之總額不得超過投資時淨值之10%。

25 (D)。 票券金融公司資本適足率低於6%者，主管機關可採行下列措施：
(1) 解除負責人職務。
(2) 命令取得或處分特定資產，應先經主管機關核准。
(3) 命令處分特定資產。
(4) 命令對負責人之報酬予以降低。

26 (C)。 票券金融公司辦理外幣債券經紀自營及投資管理辦法第4條規定，票券金融公司之資本適足率須至少達到10%以上，才可以辦理外幣債券及股權商品的投資。

27 (B)。 銀行對同一自然人之授信總餘額，不得超過該銀行淨值百分之三，其中無擔保授信總餘額不得超過該銀行淨值百分之一。是本題A銀行對同一自然人之無擔保授信總餘額不得超過8億元。

28 (A)。
(1) 銀行資本適足性及資本等級管理辦法第13條規定，銀行資本適足率在百分之六以上，未達百分之八及最低資本適足率（即未達資本適足）要求者，

　　不得以現金分配盈餘或買回其股份，且不得對負責人有酬勞、紅利、認股權憑證或其他類似性質給付之行為。

(2) 是倘若銀行計畫使用「現金」分配盈餘，或以「現金」買回其流通在外股份，必須達到資本適足等級以上。

29 (C)。 金管會金管證券字第10703249552號函釋規定，倘若證券商計畫向主管機關申請於其營業處所經營衍生性業務，其最近六個月每月申報的資本適足率至少均須超過200%。

30 (D)。 連續六個月均超過200%，可申請經營衍生性金融商品業務。

31 (A)。 依「銀行資本適足性及資本等級管理辦法」第2條第1項規定，自有資本與風險性資產之比率：指普通股權益比率、第一類資本比率及資本適足率。

32 (D)。 依據銀行流動性覆蓋比率實施標準，自民國108年1月1日起，流動性覆蓋比率之最低標準為100%。

33 (C)。 依銀行資本適足性及資本等級管理辦法第9條，銀行發行的「長期次順位債券」，在計算資本適足率時，係屬於第二類資本範圍。

34 (B)。 依據銀行資本適足性及資本等級管理辦法第7條規定，普通股權益第一類資本係指普通股權益減無形資產、因以前年度虧損產生之遞延所得稅資產、營業準備及備抵呆帳提列不足之金額、不動產重估增值、出售不良債權未攤銷損失及其他依計算方法說明規定之法定調整項目。普通股權益係下列各項目之合計數額：

(1) 普通股及其股本溢價。

(2) 預收股本。

(3) 資本公積。

(4) 法定盈餘公積

(5) 特別盈餘公積。

(6) 累積盈虧。

(7) 非控制權益。

(8) 其他權益項目。

35 (B)。 依據銀行資本適足性及資本等級管理辦法第7條規定，普通股權益第一類資本係指普通股權益減無形資產、因以前年度虧損產生之遞延所得稅資產、營業準備及備抵呆帳提列不足之金額、不動產重估增值、出售不良債權未攤銷損失及其他依計算方法說明規定之法定調整項目。普通股權益係下列各項目之合計數額：

(1) 普通股及其股本溢價。

(2) 預收股本。

(3) 資本公積。

(4) 法定盈餘公積

(5) 特別盈餘公積。

(6) 累積盈虧。

(7) 非控制權益。

(8) 其他權益項目。

第十章 保險與金融控股公司的資本適足率管理

課前導讀

金融集團固然有助於水平及垂直分工效率的提升，但由於金融集團規模大、業務更複雜，更容易引發系統性風險，加上常存在交叉持股、多重槓桿、相互背書等問題，集團的風險相對提升，因此引起金融管制當局對金融集團風險監理之高度重視，其中最重要的，即金融集團資本適足性的監理問題。

重點1 保險公司的資本適足率與業務限制

一、資本範圍

(一) 自有資本

所稱之自有資本，指保險業依本辦法規定經主管機關認許之資本總額；其範圍包括：

1. 經認許之業主權益。
2. 其他依主管機關規定之調整項目。

(二) 所稱之風險資本，指依照保險業實際經營所承受之風險程度，計算而得之資本總額。其範圍包括下列風險項目

1. **人身保險業：**
   (1) 資產風險。
   (2) 保險風險。
   (3) 利率風險。
   (4) 其他風險。

2. **財產保險業：**
   (1) 資產風險。
   (2) 信用風險。
   (3) 核保風險。
   (4) 資產負債配置風險。
   (5) 其他風險。

二、資本適足率管理措施

(一) 自有資本與風險資本之比率應符合規定

保險業之自有資本與風險資本之比率，應符合規定。

保險業資本適足率依下列公式計算：

資本適足率＝（自有資本／風險資本）×百分之一百

自有資本及第三條風險資本之計算，應依主管機關規定之保險業計算自有資本及風險資本之範圍及計算公式之相關報表及填報手冊辦理。

(二) 資本等級規範

保險業資本適足率等級之劃分如下：

資本適足	指保險業資本適足率達百分之二百。
資本不足	指有下列情形之一： 1. 指保險業資本適足率在百分之一百五十以上，未達百分之二百。 2. 保險業最近二期淨值比率均未達百分之三且其中至少一期在百分之二以上。
資本顯著不足	指有下列情形之一： 1. 指保險業資本適足率在百分之五十以上，未達百分之一百五十。 2. 保險業最近二期淨值比率均未達百分之二且在零以上。
資本嚴重不足	保險業資本適足率低於百分之五十或保險業淨值低於零。

(三) 行政管理措施

1. **定期申報資本適足率**：保險業應依下列規定向主管機關申報資本適足率之相關資訊：

   (1) 於每營業年度終了後三個月內，申報經會計師查核之資本適足率及淨值比率，含計算表格及相關資料。

   (2) 於每半營業年度終了後二個月內，申報經會計師核閱之資本適足率及經會計師查核之淨值比率，含計算表格及相關資料。

   主管機關於必要時並得令保險業隨時填報，並檢附相關資料。上述規定對於經主管機關依法接管之保險業，不適用之。

2. **訂定共同性之作業規範**：保險業同業公會應訂定共同性之作業規範，協助會員建立符合其風險狀況之資本適足性自行評估程序，與訂定維持適足資本之策略。

3. **資本適足率之揭露**：保險業應依人身保險業或財產保險業辦理資訊公開管理辦法第六條規定，揭露每營業年度及每半營業年度之資本適足率及淨值比率。淨值比率應以一百零八年上半年度為首期之揭露。

保險業不得將資本適足性相關資料，作為業務上之不當比較、宣傳或競爭，並不得令其招攬人員為不當之業務競爭。

三、保險公司業務限制

(一) 從事衍生性交易之限制

從事非避險目的之衍生性金融商品交易，保險公司必須已建立風險評估按日控管機制，資金內控程序與財務管理未有重大缺失，資本適足率需達到百分之二百五十以上，經金管會核准才得以從事。

(二) 資本適足率之限制

保險業之資本適足率最低法定比率不得低於百分之二百。

牛刀小試

( ) 1 關於保險業之資本適足率規範，下列敘述何者錯誤？
(A)以風險基礎資本額衡量資本適足率
(B)最低法定比率不得低於300%
(C)自2013年6月底開始，比率大於300%者，視為資本充裕
(D)資本適足率＝（自有資本／風險資本）×100%。 【第5屆】

( ) 2 依主管機構規定，有關保險公司的資本適足率與業務限制，下列敘述何者錯誤？
(A)資本充裕等級的保險公司其資本適足率須達300%以上
(B)臺灣自2013年6月底開始，分成五個等級的資本適足率
(C)保險公司的資本適足率達200%以上時，得申請從事增加投資效益之衍生性金融商品交易
(D)財務和業務健全的保險公司，最近一年之資本適足率達200%時，可申請「傷害保險」及「健康保險」。 【第5屆】

[解答與解析]

1 (B)。　保險業資本適足性管理辦法規定，保險業之資本適足率最低法定
比率不得低於200%。

2 (C)。　要從事非避險目的之衍生性金融商品交易，保險公司必須已建立
風險評估按日控管機制，資金內控程序與財務管理未有重大缺
失，資本適足率需達到250%以上，經金管會核准才得以從事。

重點2 金融控股公司的資本適足率與業務限制

一、資本範圍

(一) **金融控股公司之子公司合格資本**

金融控股公司之子公司合格資本，依下列業別及方式分別計算之：

1. **銀行業、票券金融公司、證券商及保險公司**：依各業別資本適足之相關規
定計算之合格自有資本淨額、自有資本或約當數額。

2. **信託業、期貨業、創業投資事業及融資租賃業**：以帳列淨值計算。

3. **信用卡業**：比照銀行業計算。

4. **國外金融機構**：除所在地之監理機關另有規定外，比照信託業、期貨業及
創業投資事業計算。

5. **其他金融相關之事業**：除經主管機關同意，得
比照業務相關之業別計算外，比照信託業、期
貨業及創業投資事業計算。

(二) **金融控股公司之子公司法定資本**

金融控股公司之子公司法定資本需求，依下列
業別及方式分別計算之：

1. **銀行業**：依銀行資本適足性及資本等級管理辦
法之相關規定，計算之風險性資產總額與其法
定最低資本適足率相乘後之數額。

2. **票券金融公司、證券商及保險公司**：依各業別
資本適足性之相關規定，計算之風險性資產總

> **考點速攻**
> 1. 金融控股公司以合
> 併基礎計算之資本
> 適足性比率：指集團
> 合格資本淨額除以
> 集團法定資本需求。
> 2. 金融控股公司之合格
> 資本：指金融控股公
> 司普通股、特別股、
> 次順位債券、預收資
> 本、公積、累積盈虧、
> 及其他權益之合計數
> 額減除商譽及其他無
> 形資產、遞延資產及
> 庫藏股後之餘額。

額、經營風險之約當金額、風險資本與其法定最低標準比率相乘後之數額
或約當數額。

3. **信託業、期貨業及創業投資事業**：為其全部自有資產總額減除應收稅款
（含應收退稅款）及預付稅款後之百分之五十。

4. **融資租賃業**：為其全部自有資產總額減除應收稅款（含應收退稅款）及預
付稅款後之百分之十。

5. **信用卡業**：比照銀行業計算。

6. **外國金融機構**：除所在地之監理機關另有規定外，比照信託業、期貨業及
創業投資事業計算。

7. **其他金融相關之事業**：除經主管機關同意，得比照業務相關之業別計算
外，比照信託業、期貨業及創業投資事業計算。

(三) **集團合格資本淨額**

集團合格資本淨額，為集團合格資本總額扣除下列數額後之餘額：

1. 金融控股公司對於子公司之股權及其他合格資本之投資帳列金額減除已遞
減之金額後，得計入資本之餘額。

2. 子公司之合格資本及法定資本需求，依信託業、期貨業、創業投資事業及
融資租賃業之方式計算者，該等子公司之資本溢額。

3. 依銀行業或票券金融公司計算合格資本方式之子公司者，該等子公司來自
次順位債券之資本溢額（不包含符合銀行資本適足性及資本等級管理辦法
第八條所定之非普通股權益之其他第一類資本條件者），補充其他銀行業
或票券金融公司資本缺額後之數額之二分之一。

4. 依保險業計算自有資本方式之子公司者，該等子公司來自資本性質債券之
資本溢額（不包含符合銀行資本適足性及資本等級管理辦法第八條所定之
非普通股權益之其他第一類資本條件者），補充其他保險業資本缺額後之
數額之二分之一。

前項已自集團合格資本總額中扣除之投資帳列金額，不再計入集團法定資
本需求。

觀念補給站

1. 商譽以外之無形資產應自金融控股公司之合格資本及法定資本需求中扣除。

2. 銀行法定最低資本要求自102年起分為普通股權益比率、第一類資本比率及資本
適足率，並將逐年提高三項最低資本要求，為資明確，對於銀行業法定資本需求

　　之計算方式，應以銀行資本管理辦法所訂各年度之法定最低資本適足率，乘以風險性資產總額之數額計入集團法定資本需求。

3. 金融控股公司應於年度終了後三個月內向主管機關申報經會計師複核之集團資本適足率。

4. 金融控股公司於101年12月31日前發行符合修正前銀行資本管理辦法之第一類資本條件者，於計算集團合格資本時，應分五年納入金融控股公司之特別股及次順位債券不得超過金融控股公司合格資本三分之一限額之計算。

二、資本適足率管理措施

(一) 申報資本適足率

　　金融控股公司應依主管機關發布之計算方法及表格，依下列規定向主管機關申報資本適足率：

1. 於每營業年度終了後三個月內，申報經會計師複核之集團資本適足率，並檢附相關資料。

2. 於每半營業年度終了後二個月內，申報經會計師複核之集團資本適足率，並檢附相關資料。

3. 於每營業年度及每半營業年度終了後二個月內，依金融控股公司經由網際網路向主管機關申報資料規定，申報集團資本適足率相關資訊。

　　主管機關於必要時得令金融控股公司隨時填報集團資本適足率，並檢附相關資料。

(二) 應符合各業別資本適足性之相關規範

　　金融控股公司之子公司，應符合各業別資本適足性之相關規範。金融控股公司依本辦法計算及填報之集團資本適足率不得低於百分之一百。金融控股公司之集團資本適足率未達前項之標準者，除依本法第六十條規定處罰外，盈餘不得以現金或其他財產分配，主管機關並得視情節輕重為下列之處分：

1. 命令金融控股公司或其負責人限期提出資本重建或其他財務業務改善計畫。

2. 限制新增或命其減少法定資本需求、風險性資產總額、經營風險之約當金額及風險資本。

3. 限制給付董事、監察人酬勞、紅利、報酬、車馬費及其他給付。

4. 限制依本法第三十六條、第三十七條之投資。

5. 限制申設或命令限期裁撤子公司之分支機構或部門。

6. 命令其於一定期間內處分所持有被投資事業之股份。

7. 解任董事及監察人，並通知公司登記主管機關於登記事項註記。必要時，得限期選任新董事及監察人。

8. 撤換經理人。

(三) 增列合格資本

金融控股公司於中華民國101年12月31日前經主管機關核准發行符合銀行第一類資本條件之特別股或次順位債券，若未符合101年11月26日修正發布之銀行資本適足性及資本等級管理辦法第八條所定非普通股權益之其他第一類資本條件者，應自一百零二年起每年至少遞增百分之二十，納入第二條第四款第五目有關金融控股公司列入合格資本之特別股及次順位債券，不得超過金融控股公司合格資本三分之一限額之計算。

> **考點速攻**
> 集團合格資本淨額：指金融控股公司之合格資本與依其持股比率計算子公司之合格資本之合計數額（集團合格資本總額）減除第四條所規定之扣除金額。

觀念補給站

1. 參酌國際上有關金融集團資本適足性之相關計算規定，集團合格資本亦包括子公司發行符合合格資本條件之次順位債券，並允許保險業得發行具有資本性質之債券。

2. 銀行業或票券金融公司計入第二類及第三類資本之次順位債券資本溢額，二分之一自集團合格資本總額扣除。

3. 保險業來自資本性質債券之資本溢額，亦得二分之一計入集團合格資本，至於符合銀行資本適足性管理辦法規定之第一類資本條件者，仍得全數計入。

4. 融資租賃業應以資產總額扣除相關稅款後之百分之十計算法定資本。

5. 融資租賃業資本溢額應自集團合格資本總額中扣除。

6. 金融控股公司依本辦法計算及填報之集團資本適足率不得低於百分之一百。

三、金融控股公司業務限制

(一) 持股之限制

金控公司的「銀行、證券及保險子公司」，指持有一銀行、保險公司或證券商已發行有表決權股份總數或資本總額超過25%，或直接、間接選任或指派一銀行、保險公司或證券商過半數之董事。

(二) 授信之限制

同一授信客戶之每筆或累計擔保授信金額達新臺幣1億元以上或淨值1%者，其條件不得優於其他同類授信對象。

(三) 資本適足率之限制

金融控股公司之子公司，應符合各業別資本適足性之相關規範，整個集團的資本適足率則不得低於100%。

牛刀小試

( ) **1** 有關「金融機構合併法」與「金融控股公司法」，下列敘述何者錯誤？ (A)「金融機構合併法」旨在規範金融同業的合併 (B)「金融控股公司法」旨在規範金融「異業」的合併 (C)金控公司可為各金融子公司的一人股東，排除公司法對公開發行公司「股東須在7人以上」的規定 (D)要成為金控公司的「銀行、證券及保險子公司」，持股須在20%以上，或擁有三分之一以上董事席次。 【第5屆】

( ) **2** 關於金融控股公司之資本適足率規範，下列敘述何者錯誤？ (A)轄下子公司可以豁免遵守各業別資本適足率規範 (B)集團之資本適足率不得低於100% (C)未達最低法定比率標準，不得以現金分配盈餘 (D)申請轉投資事業時，其合併本次投資後之集團資本適足率須達100%以上。 【第3屆】

[解答與解析]

1 (D)。 要成為金控公司的「銀行、證券及保險子公司」，持股須在25%以上，或擁有過半數之董事席次。

2 (A)。 有關金融控股公司之資本適足率規範，轄下子公司不可以豁免遵守各業別資本適足率規範。

【重點統整】

1. **保險業之資本適足率最低法定比率不得低於200%。**

2. 保險公司申請從事衍生性金融商品交易之資格，資本適足率至少須達250%以上。

3. 臺灣人身保險業的風險項目包括下列風險項目：
   (1)資產風險。　　　　　　　　(2)保險風險。
   (3)利率風險。　　　　　　　　(4)其他風險。

4. **金融控股公司之資本適足率規範，轄下子公司不可以豁免遵守各業別資本適足率規範。**

5. **金融控股公司**之子公司，應符合各業別資本適足性之相關規範，**整個集團的資本適足率則不得低於100%。**

6. 金控公司的「銀行、證券及保險子公司」，指持有一銀行、保險公司或證券商已發行有表決權股份總數或資本總額超過百分之二十五，或直接、間接選任或指派一銀行、保險公司或證券商過半數之董事。

精選試題

☆☆（　　）**1** 根據金融控股公司法，金融控股公司之銀行子公司對利害關係人為擔保授信時，應經三分之二以上董事出席及出席董事四分之三以上同意之限額規定，下列敘述何者正確？

　　(A)對同一授信客戶之每筆或累計擔保授信金額達新臺幣1億元或該銀行淨值1%者

　　(B)對同一授信客戶之每筆或累計擔保授信金額達新臺幣2億元或該銀行淨值2%者

　　(C)對同一授信客戶之每筆或累計擔保授信金額達新臺幣3億元或該銀行淨值3%者

　　(D)對同一授信客戶之每筆或累計擔保授信金額達新臺幣4億元或該銀行淨值4%者。　　　　　　　　　　　　　　　　【第7屆】

( ) **2** 依據銀行自有資本與風險性資產計算方法說明及表格，有關市價評估交易對手風險損失（CVA），下列敘述何者錯誤？
(A)屬於店頭市場衍生性金融商品交易均應計提
(B)計算風險期間為1年
(C)交易對手之外部信用評等愈好，則適用權數愈高
(D)因避險目的所購買之信用違約交換，具風險抵減效果。 【第7屆】

☆( ) **3** 臺灣「金融控股公司合併資本適足性管理辦法」要求金融控股公司之子公司，應符合各業別資本適足性之相關規範，整個集團的資本適足率則不得低於下列何者？ (A)100% (B)150% (C)200% (D)250%。 【第6屆】

( ) **4** 有關「金融機構合併法」與「金融控股公司法」，下列敘述何者錯誤？ (A)「金融機構合併法」旨在規範金融同業的合併 (B)「金融控股公司法」旨在規範金融「異業」的合併 (C)金控公司可為各金融子公司的一人股東，排除公司法對公開發行公司「股東須在7人以上」的規定 (D)要成為金控公司的「銀行、證券及保險子公司」，持股須在20%以上，或擁有三分之一以上董事席次。 【第6屆】

☆☆( ) **5** 關於保險公司申請從事衍生性金融商品交易之資格，請問其資本適足率至少須達多少以上？ (A)150% (B)200% (C)250% (D)300%。 【第6屆】

( ) **6** 下列何種風險不屬於臺灣人身保險業的風險項目？ (A)資產風險 (B)信用風險 (C)保險風險 (D)利率風險。 【第5屆】

( ) **7** 臺灣保險業使用「風險基礎資本額」（Risk Based Capital）衡量其資本適足率，且規定該比率不得低於下列何者？ (A)100% (B)150% (C)200% (D)250%。 【第4屆】

( ) **8** 有關金融控股公司之資本適足率規範，下列敘述何者錯誤？ (A)轄下子公司可以豁免遵守各業別資本適足率規範 (B)金融控股公司特別股及次順位債券之當次發行額度，應全數收足 (C)未達最低法定比率標準，不得以現金分配盈餘 (D)申請轉投資事業時，其合併本次投資後之資本適足率不得低於100%。 【第4屆】

(　)　**9** 關於保險業之資本適足率規範，下列敘述何者錯誤？　(A)以風險基礎資本額衡量資本適足率　(B)最低法定比率不得低於300%　(C)自2013年6月底開始，比率大於300%者，視為資本充裕　(D)資本適足率＝（自有資本／風險資本）×100%。　【第3屆】

✿✿(　)　**10** 有關保險公司的資本適足率與業務限制，下列敘述何者錯誤？
(A)資本充裕等級的保險公司其資本適足率須達300%以上
(B)臺灣自2013年6月底開始，分成五個等級的資本適足率
(C)保險公司的資本適足率達200%以上時，得申請從事增加投資效益之衍生性金融商品交易
(D)財務和業務健全的保險公司，最近一年之資本適足率達200%時，可申請「傷害保險」及「健康保險」。　【第1屆】

(　)　**11** 依據金融控股公司及銀行業內部控制及稽核制度實施辦法，銀行業之風險控管機制應包括下列哪些原則？　A.監控資本適足性；B.降低洗錢及資助恐怖主義風險；C.應建立資產品質及分類之評估方法；D.建立資訊安全防護機制及緊急應變計畫
(A)僅A　　　　　　　　　(B)僅A、C
(C)僅B、C、D　　　　　(D)A、B、C、D。　【第1屆】

解答與解析

1 (A)。 根據金融控股公司法規定，對同一授信客戶之每筆或累計擔保授信金額達新臺幣1億元以上或淨值1%者，其條件不得優於其他同類授信對象。

2 (C)。 依據銀行自有資本與風險性資產計算方法說明及表格，有關市價評估交易對手風險損失（CVA），交易對手之外部信用評等愈好，則適用權數愈低。

3 (A)。 臺灣「金融控股公司合併資本適足性管理辦法」要求金融控股公司之子公司，應符合各業別資本適足性之相關規範，整個集團的資本適足率則不得低於100%。

4 (D)。 要成為金控公司的「銀行、證券及保險子公司」，指持有一銀行、保險公司或證券商已發行有表決權股份總數或資本總額超過百分之二十五，或直接、間接選任或指派一銀行、保險公司或證券商過半數之董事。

5 (C)。 保險公司申請從事衍生性
金融商品交易之資格，資本適足
率至少須達250%以上。

6 (B)。 臺灣人身保險業的風險項
目包括下列風險項目：
(1) 資產風險。
(2) 保險風險。
(3) 利率風險。
(4) 其他風險。

7 (C)。 臺灣保險業使用「風險基礎
資本額」（Risk Based Capital）衡
量其資本適足率，且規定該比率不
得低於200%。

8 (A)。 有關金融控股公司之資本適
足率規範，轄下子公司不可以豁免
遵守各業別資本適足率規範。

9 (B)。 依據保險業資本適足性管
理辦法，保險業之資本適足率最
低法定比率不得低於200%。

10 (C)。 保險公司申請從事衍生性金
融商品交易，其資本適足率至少須
達250%以上。

11 (D)。 依據金融控股公司及銀
行業內部控制及稽核制度實施辦
法，銀行業之風險控管機制應包
括下列原則：
(1) 監控資本適足性。
(2) 降低洗錢及資助恐怖主義風險。
(3) 應建立資產品質及分類之評估
方法。
(4) 建立資訊安全防護機制及緊急
應變計畫。

第四篇 商業銀行的風險管理制度概述

第十一章 商業銀行的風險管理制度

課前導讀

信用風險是金融風險的主要類型。信用風險不只出現在貸款中，也發生在擔保、承兌和證券投資等表內、表外業務中。如果銀行不能及時識別、監測、控制、處置信用風險，將會使銀行的經營出現嚴重問題，從而變成一家「壞銀行」。銀行信用風險一般由三方面的原因形成：經濟運行的週期性，對於公司經營有影響的特殊事件的發生，銀行自身風險意識不強、風險管理能力弱而造成風險。

重點 **1** 信用風險有關的業務項目與管理制度

一、信用風險有關的業務項目

(一) 依交易對象及行為區分

1. **借貸風險**：因借款人或債券發行者不償還其債務而產生之違約損失風險，或借款人或債券發行者信用惡化之風險。借貸風險或發行者風險通常與借款人或債券發行者債信狀況以及產品的風險敏感度相關，通常可分為下列二種型態的風險：

直接風險	係指借款人或發行者的實際債務承諾於到期無法兌現的風險。受到影響的產品主要為銀行資產負債表內之項目，如放款。
或有風險	係指借款人的潛在債務承諾，極有可能於到期無法兌現，而產生的風險。受到影響的產品主要為銀行資產負債表之表外，但非屬於衍生性商品的項目如短、中、長期保證、承兌、背書及不可撤銷擔保信用狀，附買回交易或附追索權之資產出售，簽發跟單信用狀，短期票券發行融資、與循環包銷融通等。

2. **交易對手風險**：又可分為交割日風險及交割日前風險。分述如下：

(1) **交割日風險**：係指交易對手未依契約約定之交割時間，履行契約義務，造成銀行發生等額本金的損失。交割日前風險則較強調商品之重置成本部分，如當銀行與交易對手從事外匯或衍生性金融商品交易，若遇價格巨額波動而對交易對手產生不利影響時，交易對手可能會選擇不履約，以致銀行遭受損失。

> **考點速攻**
> 1. 信用風險管理目標為在銀行接受之可承擔信用風險範圍內，維持適足資本，並創造最大的風險調整後報酬。
> 2. 銀行不僅必須管理個別交易之信用風險，並應就整體授信組合的信用風險加以管理。

(2) **交割日前風險**：係指交易對手於契約到期之最後交割日前違約，造成銀行產生違約損失之風險。交割日前風險通常以當期曝險額加未來潛在曝險額之合計數衡量。

(二) 依關聯性區分

1. **國家風險**：銀行從事國際授信業務，除一般信用風險外，尚承擔國外借款人或交易對手所在國之國家風險，包括經濟，政治，與社會環境變化所衍生的風險。

2. **信用剩餘風險**：銀行利用擔保品、保證或信用衍生性商品等工具來抵減信用風險，但可能使銀行曝露於剩餘風險，可再區分如下：

法律風險	例如，當借款人或交易對手違約時，因契約約定不具法律效力，致使銀行無法及時扣押擔保品。
文件風險	例如，契約文件不完備，以致銀行無法有效執行債權。
流動性風險	例如，擔保品缺乏流動性市場，以致銀行無法在合理期間變現來進行信用風險之抵減。

二、信用風險的管理制度

(一) 建立書面的信用風險管理策略

銀行應以書面文件建立其信用風險管理策略，以作為銀行徵授信作業流程指導方針；同時亦應建立相關之政策及作業準則，確保策略能持續有效之執行，以維持嚴謹的核貸標準、監控信用風險、評估可能商機、辨認並管理不良債權。信用風險管理策略至少包括：

說明可承受之信用風險	銀行針對不同業務型態（例如：企業金融、消費金融、產業別、地理區域等），說明銀行於目標市場與目標授信組合下，願意且能承受之信用風險。
說明授信品質	銀行對於授信品質、盈餘與成長的目標，以及對資金有效配置及運用之說明。

(二) 信用風險管理政策應符合法令

信用風險管理策略方向與相關執行政策應符合相關法令；考量經濟景氣循環變化及對整體授信組合內涵及品質之可能影響；反映銀行業務的複雜度，以確保其有效性。銀行並應視內外部環境之變化，定期予以修正，以確保策略與相關執行政策已涵蓋銀行所有重大之信用風

> **考點速攻**
> 信用風險管理策略與相關執行政策應於組織內有效傳達，以確保相關人員清楚了解並確實遵循。

險。信用風險管理政策之長度、架構、內容深度與廣度，應視各銀行之狀況調整，然其至少應包括之內容如下：

1. 徵信程序
2. 核准權限
3. 授信限額
4. 授信核准程序
5. 例外准駁狀況之處理
6. 風險監控與管理
7. 定期信用覆核
8. 不良債權管理
9. 文件及資料管理

三、信用風險的管理流程

(一) 風險辨識

有效的信用風險管理流程始於辨識任何既有與潛在之風險。信用風險不僅存在於授信行為中，在銀行的其他營業活動中亦會發生，包括銀行簿與交易簿、資產負債表內與資產負債表外所涵括之所有交易。例如：承兌票據、銀行同業往來、外匯交易、金融期貨、衍生性金融商品、債券、權益證券、保證與承諾、清算交易等。

隨著金融創新，新種授信業務日趨複雜（例如：對特定產業放款、資產證券化、信用衍生性金融商品，信用連結式債券）。銀行必須充分了解複雜的業務中所涉及的信用風險，再行承做新種業務。

信用風險辨識，可自違約事件來進行。違約事件包括：未能付款或交割、毀約、信用擔保違約、錯誤聲明、特定交易項下的違約、交叉違約、破產、未承受義務之合併等。能夠辨別銀行授信案件或交易中任何具有違約事件發生之可能性的交易即為信用風險辨識之要義。

(二) 風險衡量

1. **信用風險衡量應考量因素：**

(1) 授信特徵（例如：放款、衍生性商品、額度），以及其契約內容與授信戶財務條件。

(2) 市場之變化，對曝險可能產生之影響。

(3) 擔保品或保證。

(4) 其他未來可能的借款人或交易對手本身之風險變化。

(5) 除了個別交易之風險，亦應衡量授信組合之風險。

2. **銀行於授信時應考量之風險衡量因素：**

	消費者金融	企業金融
因素	1. 借款人之年齡、性別、職業。 2. 借款人之借款目的與還款來源穩定性。 3. 借款人的還款紀錄以及目前之還款能力。 4. 借款人在他行整體信用擴張之分析。 5. 對借款人未來還款能力的情境分析。 6. 借款人之法律清償能力。 7. 擔保品價值波動性與未來處理程序及速度。 8. 保證人之保證能力。	1. 借款目的與還款來源。 2. 借款人或交易對手之聲譽。 3. 借款人或交易對手目前的風險概況，及其對經濟與市場情況的敏感度。 4. 借款人的還款紀錄以及目前之還款能力。 5. 對借款人未來還款能力的情境分析。 6. 借款人或交易對手之法律清償能力。 7. 借款人的企業管理與借款人在其產業的市場地位。 8. 擬承做之條件，包括限制未來借款人風險概況改變之條款。 9. 擔保品與保證之適足性分析。

3. **信用風險衡量**：可透過下列三個指標值呈現：

曝險金額	即客戶於違約時之帳上餘額；若為循環動用額度，則為預估客戶違約時所動用之金額。
違約損失率	即客戶違約後，經過催收程序處理，在程序結束後仍無法收回的損失比率。
違約機率	客戶在一段期間內可能違約的機率。

(三) **風險溝通**

1. **考量因素**：決定風險溝通中之風險資訊時，應考量下列因素：相關性與即時性、可靠性、可比較性、重大性、整合性；並於對外揭露時加入非專屬性之考量。

> **考點速攻**
> 銀行對內呈報與對外揭露之資訊應一致。

2. **對內呈報**：
   (1) **銀行應建立適當之信用風險報告機制**：信用風險報告應定期提供高階主管正確、一致、即時的資訊，作為其決策之參考。
   (2) **信用風險報告內容包括**：授信損失、壓力測試、全行資產組合風險評估授信分級報告、特定產業專題報告、各式例外報告、風險訂價例外報告及主管機關查核報告等。
   (3) **銀行應針對不同之呈報對象訂定不同報告格式**：例如：前檯業務人員、徵授信人員、帳務人員、催收人員、獨立之信用風險管理人員等，訂定各類信用風險報告格式及其呈報頻率。呈報對象越高者，其呈報資訊越應扼要。
   (4) **銀行應訂定例外應變辦法**：銀行應訂定辦法，以確保超限與例外狀況（如：違反政策與程序的情況）能即時呈報予適當之管理階層。

3. **對外揭露**：銀行在年報上的信用風險揭露程度，應與銀行風險管理之水準相當，並包括以下五大類資訊：信用風險會計處理原則、信用風險管理、信用風險曝險額、授信品質與授信盈餘。

信用風險會計處理原則	銀行應揭露其認列信用風險曝險額與提撥準備之會計原則及方法。建議銀行待第三十四號與第三十六號財務會計準則內容業經確認後，檢視必要揭露之資訊是否均已列入。

信用風險管理	銀行應以定性與定量方式描述其所承受之信用風險，並揭露其信用風險管理架構與組織、管理不良債權之方法與技術、信用評等之使用及衡量授信組合風險之方法。
信用風險曝險額	銀行應分門別類揭露銀行現有信用風險曝險額及未來可能之曝險額，包括如信用衍生性商品與資產證券化之部分。銀行應揭露信用風險抵減技術的效果，包括擔保品、保證、信用保險與淨額沖銷協定。
授信品質	銀行應摘要說明其內部信用評等流程與內部信用評等分配之情形。銀行應按照主要資產分類揭露其信用風險曝險情形，包括逾期及不良債權部分。銀行應按照主要資產分類揭露其損失準備提撥情形。
授信盈餘	銀行應揭露授信業務所產生之收入及相關之費用。

(四) **風險監控**

銀行應具備一套監控個別授信與單一借款人或交易對手之制度，包括辨識與呈報潛在問題債權與其他問題交易之程序，以確保銀行之監控頻率，足以及時發現問題授信或交易，並能即刻採取行動。

(五) **風險管理資訊**

銀行之信用風險管理資訊系統應能產生足夠資訊，以協助董事會與各管理階層執行其個別之風險監控任務；並應能支援銀行所選定之資本計提方法、產生相關對內與對外表報作為管理決策之依據。

牛刀小試

( ) **1** 下列何種風險不屬於敘述客戶信用風險的「風險值」計算種類？
(A)違約風險（Default Risk）
(B)回收風險（Recovery Risk）
(C)曝露風險（Exposure Risk）
(D)作業風險（Operation Risk）。 【第4屆】

( ) **2** 信用風險的產生，主要係因下列何者或交易對手的經營體質出現惡化或發生其他不利因素（如企業與往來對象發生糾紛），導致客戶不依契約內容履行其付款義務，而使銀行產生違約損失的風險？
(A)存款人 (B)借款人
(C)保證人 (D)擔保品提供人。 【第4屆】

[解答與解析]

1 **(D)**。 信用風險的「風險值」是由違約風險（Default Risk）、回收風險（Recovery Risk）、曝露風險（Exposure Risk）所組成。

2 **(B)**。 信用風險的產生，主要係因借款人或交易對手的經營體質出現惡化或發生其他不利因素（如企業與往來對象發生糾紛），導致客戶不依契約內容履行其付款義務，而使銀行產生違約損失的風險。

重點**2** 信用風險衡量方法

一、標準法（standard approach）

標準法先將信用風險的對象，區分為國家、公共部門、多邊發展銀行組織、銀行、證券公司、一般企業等六大類，類別區分後再按其個別的信評結果，給予不同的風險權數。此外再按風險標的物，區分為零售金融資產、住宅擔保貸款、商業不動產擔保貸款、高風險類資產、其他資產、及資產負債表外項目等六大類特殊問題。至於期限的問題基於成本效益的考量將不特別做討論。標準法對國家、銀行及企業的信用評等適用之風險權數分別規定如下：

(一) **資產負債表表內項目計提信用風險之計算方法**

表內信用風險性資產額係由表內各資產帳面金額扣除針對預期損失所提列之備抵呆帳後之餘額乘以下列風險權數：

1. **對主權國家之債權：**

(1) 對各國中央政府及其中央銀行債權依其外部信用評等決定風險權數如下表：

信用評等	AAA至AA－	A＋至A－	BBB＋至BBB－	BB＋至B－	CCC＋以下	未評等
風險權數	0%	20%	50%	100%	150%	100%

(2) 輸出信用機構公布之風險評分及對應之風險權數如下表：

輸出信用機構風險評分	0-1	2	3	4-6	7
風險權數	0%	20%	50%	100%	150%

2. **對國際清算銀行、國際貨幣基金、歐盟中央銀行及歐盟之債權，風險權數為0%。**

3. **對非中央政府公共部門之債權：**

(1) 對各國地方政府及非營利國營事業債權之風險權數如下表：

信用評等	AAA至AA－	A＋至A－	BBB＋至BBB－	BB＋至B－	CCC＋以下	未評等
風險權數	20%	50%	100%	100%	150%	100%

(2) 營利性質之國營事業，其風險權數比照對企業債權之風險權數。

4. **對多邊開發銀行之債權：**

(1) 比照對銀行債權之風險權數，但不適用對銀行短期債權之優惠權數。

(2) 經巴塞爾銀行監督管理委員會評估得適用風險權數為0%之多邊開發銀行，得適用0%風險權數。

5. **對銀行之債權：**

(1) 對銀行之債權係指對銀行、票券金融公司、信託投資公司、信用合作社、農漁會信用部、金融控股公司等之債權。

(2) 對銀行之債權所適用之風險權數係依照其接受外部信用評等之評等結果而定，如下表：

信用評等	AAA至AA－	A＋至A－	BBB＋至BBB－	BB＋至B－	CCC＋以下	未評等
風險權數	20%	50%	50%	100%	150%	100%

另對原始貸放期間為三個月或低於三個月之銀行債權，得適用下表：

信用評等 長期	AAA至 AA－	A＋至 A－	BBB＋至 BBB－	BB＋至 B－	CCC＋ 以下	未評等
短期債權 風險權數	20%	20%	20%	50%	150%	50%

6. **對企業之債權：**

對企業債權所適用之風險權數係依照其接受外部信用評等等級決定，如下表：

信用評等	AAA至 AA－	A＋至 A－	BBB＋至 B－	B＋ 以下	未評等
風險權數	20%	50%	100%	150%	100%

未評等之企業債權風險權數為100%，且其風險權數不得優於其所在註冊國債權所適用之風險權數。

7. **零售資產組合之債權**：符合標準之零售債權為合格零售債權，適用75%風險權數，惟逾期超過90天之零售債權應適用逾期債權之風險權數。

8. **對以住宅用不動產為擔保之債權：**

(1) 採用貸放比率為基礎者，應將同一貸款分為貸放比率75%（含）以下部分及超過75%以上部分，並依下列規定適用不同風險權數：

A. 貸放比率為75%（含）以下之貸款部分，風險權數為35%。

B. 貸放比率超過75%之貸款部分，風險權數為75%。

(2) 一律適用35%風險權數：不符合自用住宅貸款定義者，應適用75%風險權數。

9. **對逾期超過90天（或3個月）以上之債權，依備抵呆帳（係指未超過預期損失部分）加計部分沖銷呆帳金額佔逾期放款餘額比率高低，適用不同風險權數如下：**

(1) **無擔保部分（不包括合格之住宅抵押貸款）：**

A. 備抵呆帳及部分沖銷合計數低於逾期放款餘額20%者，風險權數為150%。

B. 備抵呆帳及部分沖銷合計數在逾期放款餘額20%以上者，風險權數為100%。

(2) **十足擔保，但擔保品非屬認可之合格擔保品者：**
　　A. 備抵呆帳及部分沖銷合計數低於逾期放款餘額15%者，風險權數為150%。
　　B. 備抵呆帳及部分沖銷合計數在逾期放款餘額15%以上者，風險權數為100%。
(3) **合格住宅抵押貸款：**
　　A. 備抵呆帳及部分沖銷合計數低於逾期放款餘額20%者，風險權數為100%。
　　B. 備抵呆帳及部分沖銷合計數在逾期放款餘額20%以上者，風險權數為50%。

10. **權益證券投資：**
　(1) 持有銀行、證券、保險、票券、金融控股公司及其他金融相關事業所發行之資本工具（含權益證券投資及被投資公司得計入資本之次順位債券、可轉換債券等其他投資）未自資本扣除者，屬非重大投資之部分，應適用100%之風險權數；屬重大投資之部分，應適用250%之風險權數。
　(2) 依銀行法第74條投資非金融相關事業者，其適用之風險權數為100%。
　(3) 依銀行法第74-1條及工業銀行設立及管理辦法第10條規定投資非金融相關事業之權益證券，其屬交易簿者，依市場風險之資本計提規定處理，如對同一證券同時持有明確有效之避險部位者，得以長短部位互抵後之淨部位計提資本，淨短部位則取絕對值視為淨長部位處理；其屬銀行簿者，其適用之風險權數為100%。
　(4) 對單一非金融相關事業之投資超過銀行實收資本之15%之重大投資，或對非金融相關事業投資總額超過銀行實收資本之60%者，其超過部分應適用1250%之風險權數。

11. **其他資產**：除資產證券化曝險另依資產證券化規定計算風險性資產額外，所有其他未於前文列舉之資產負債表表內項目，其適用風險權數為100%。
　(1) 庫存黃金或以黃金為十足擔保之債權，可視為現金處理，適用0%風險權數，待交換票據適用風險權數為0%。
　(2) 另收款過程中之現金，其適用風險權數為20%。

(二) **資產負債表表外項目計提信用風險之計算方法**

1. **一般表外交易之交易對手信用風險計算方法：**

(1) **範圍**：保證、承兌、承諾、開發信用狀、短期票券發行循環信用額度
（NIF）、循環包銷承諾（RUF）、出借有價證券或提供有價證券為
擔保等表外項目。

(2) **計算方法：**

A. 各筆表外交易之金額×信用轉換係數＝信用曝險相當額

B. 各項信用曝險相當額×交易對手風險權數＝信用風險性資產額

(3) **表外交易項目信用轉換係數：**

A. 信用轉換係數為0%者：

a. 銀行無需事先通知即得隨時無條件取消之承諾。

b. 當借款人信用貶落時，銀行有權自動取消之承諾。

B. 信用轉換係數為20%者：

a. 契約原始期限為1年（含）以內之承諾。

b. 與貨物貿易有關之短期自償性信用狀（如以貨運單據為擔保之跟
單信用狀），其開狀行或保兌行均適用20%信用轉換係數。

C. 信用轉換係數為50%者：

a. 契約原始期限超過1年以上之承諾。

b. 開發與履約保證、押標金保證等特定交易有關之擔保信用狀或與
其他特定交易有關之或有負債。

客戶為籌措資金，與銀行約定在一定期間、一定額度之內，可循
環發行票券，但在約定期限內，該票券未能售盡時，銀行應依約
定條件買入該票券或給予貸款者，如短期票券發行循環信用額度
（NIF）、循環包銷承諾（RUF）。

D. 信用轉換係數為100%者：

a. 銀行持有且歸屬銀行簿之有價證券，因出借或提供作為擔保（例
如附買／賣回、證券借出／入交易等），而列為表外資產者（如
已列為表內資產，則無須再於表外資產重複計算）。

b. 已出售之附追索權資產出售，其風險仍由銀行承擔者。

c. 開發融資性保證之擔保信用狀、銀行承兌票據等直接替代信用之
或有負債。

　　E. 當銀行對資產負債表表外項目提供承諾時，銀行可就該表外項目及
　　　該表外項目之承諾所適用信用轉換係數中，採用較低者。
2. 有價證券融資交易及店頭市場（OTC）衍生性商品契約之交易對手信用
　風險計算方法：依「交易對手信用風險應計提資本計算方法」規定。
3. 銀行所承作而尚未交割之證券、商品（Commodity）及外匯交易，應建立
　適當管理資訊系統，以利每日追蹤監控其信用曝險，並即時採取必要行
　動，如有未按期交割或非採同步交割之交易，應另計算交易對手信用風險
　所需資本。

觀念補給站

標準法下信用風險權數表：

外部信用評等	標準法					
	國家或央行		銀行或證券公司			一般企業
	輸出信保機構評等	權數	國家評等次一等級	個別信評		
				一般資產	三個月內到期	
AAA＋～AAA－	1	0%	20%	20%	20%	20%
A＋～A－	2	20%	50%	50%	20%	50%
BBB＋～BBB－	3	50%	100%	50%	20%	100%
BB＋～BB－	4～6	100%	100%	100%	50%	100%
B＋～B－	4～6	100%	100%	100%	50%	150%
B－以下	7	150%	150%	150%	150%	150%
未評等		100%	100%	50%	20%	100%
備註	監理機關得： 1. 對政府或央行之本國幣別資產規定較低權數。 2. 對金融機構三個月內到期之本國幣資產一律訂為20%。 3. 視該國本國幣別逾放情況提高對一般企業之風險權數。					

(三) **信用風險抵減技術**

信用風險抵減係指經由徵提擔保品、獲得保證、或購入衍生性金融商品避險、或簽訂部位互沖的淨額協定，及資產證券化等方式減少信用風險，並進而獲取「資本鬆綁」。以下將分別說明常見的信用風險抵減技術：

1. **擔保品**：依標準法對合格擔保品的要求須符合以下三項條件，一是法律的確定性，二是與曝險事件要有低的相關性，三是要有健全完整的風險管理程序。在標準法下對擔保品的鑑價方式，有簡單法與複雜法兩種，其重點集中於考慮價格的變動性後擔保品真實的現金價值。

(1) **合格擔保品的範圍：**

A. 於貸款銀行之存款。

B. BB－級以上之政府及公共部門（PSEs）所發行之證券。

C. BBB－級以上之銀行、證券公司及一般企業發行之證券。

D. 主要股價指數所包含股票（另複雜法對雖非主要指數成分股但於合格交易所掛牌之股票，得視為合格擔保品）。

E. 黃金。

F. 投資於上述合格擔保品，並逐日公告價格之共同基金及可轉讓證券。

(2) **擔保品鑑價法：**

A. **簡易法：**

a. **20%的風險權數**：對擔保品鑑價時不作折扣（haircuts calculation），但為符合委員會正確及簡明的要求，實際上簡易法必須要付出更高的資本要求，

> **考點速攻**
> 信用違約交換的價格，原則上應每年檢查一次。

擔保授信案如符合以下條件：擔保品必須擔保至曝險結束時，並定期依市價重新鑑價，間隔期間不得長於六個月。其風險權數最低可訂為20%。

b. **10%的風險權數**：但如果所徵取之合格擔保品符合特定條件：曝險與擔保品均為相同貨幣，該項交易屬隔夜交易或每日依市價評價並當日補足保證金之交易，交易文件有明定違約時得中止交易的條款，交易對手違約時有法律強制執行權利可立即處分擔保品確保利益，違約與清算擔保品不超過10天，其風險權數得降為10%。

c. **0%的風險權數**：要先符合10%風險權數的條件，同時要更進一步符合以下的條件：是屬於附條件的交易，曝險與擔保品均屬於

現金或標準法認定為0%風險權數的政府發行證券，違約與清算擔保品的時間不超過4日，交易的結算與債券發行是在同一結算系統進行，合約的書面文件是符合附條件交易的制式格式。可以適用0%的風險權數。

B. **複雜法**：複雜法主要是在探討非現金類擔保品的變現價值，與簡易法最大的不同就是在計算擔保品變現價值時，考慮一些外在因素的波動影響，以反映擔保品真實的現金價值。擔保品在變現時會面臨以下兩類風險：一是擔保品無處分名義無法處理時，將無變現價值。二是擔保品實際變現價值小於其帳面價值。複雜法為解決以上的問題引進了折扣技術，即是我們所稱之調整值（定義為H），及擔保品最低風險值（定義為W權數）。巴塞爾委員會已經發展出兩種折扣法：標準監理折扣法、自行估計法。

複雜法訂定一個擔保品最低風險權數，以W表達，鼓勵銀行去監督有擔品借款人信用品質變化。一個有擔品的交易是不可能完全沒有風險。有擔保品交易之風險權數是不可能低於W乘以借款人風險權數，與擔保品金額無關。換句話說，即使徵提擔保品超過規定的標準也不可能將法定資本降低至零，除非W為零。對某些低風險交易，W值為零；而其它有擔保品交易，其W值為0.15。

此外，「複雜法」更進一步考量擔保品之其它風險，因此鑑價時針對授信性質、擔保品種類及匯率等因素設定折扣率。巴塞爾委員會設定合格擔保品之折扣率如下：

合格擔保品折價標準（H_{10}：逐日評估、逐日補提保證金）　%				
擔保品、發行債券評等		到期期間		
		一年以內	一至五年	五年以上
政府	AAA～AA－	0.5	2	4
	A＋～BBB－	1	3	6
	BB＋～BB－	20	20	20
銀行企業	AAA＋～AA－	1	4	8
	A＋～BBB－或未評等者	2	6	12

合格擔保品折價標準（H_{10}：逐日評估、逐日補提保證金） %			
擔保品、發行債券評等	到期期間		
	一年以內	一至五年	五年以上
於主要交易所掛牌之股票	20		
於認可之非主要交易所掛牌之股票	30		
現金存款	0		
黃金	15		
匯率風險折價	8		

採用「內部模型法」評估市場風險之銀行，得在符合規定下自行預估合格擔保品折扣率。

資料來源：改編自李三榮，「Basel II」，〈臺灣金融財務季刊〉。

一般以10個工作天為標準持有日，雖每日評價但若未能逐日補足保證金，則需使用公式1加以調整折扣率，如果沒有每日評價則需使用公式2加以調整。

$$H = H_{10}\sqrt{\frac{N_{RM}+9}{10}} \quad\text{..公式1}$$

$$H = H_{10}\sqrt{\frac{N_{RV}+19}{10}} \quad\text{..公式2}$$

H　　為按實際補足保證金日數調整後之折扣率。

H_{10}　　為10個工作天之合格擔保品折扣率。

N_{RV}　　為實際依市價評估間隔日數。

N_{RM}　　為實際補足保證金延後日數。

前者公式1適用於資本市場驅動交易（如附條件買回／賣出、證券貸出／借入等）；公式2適用於所徵取之合格擔保品不按日依市價評估（但在六個月內）或擔保貸款交易。

依上述原則計得合格擔保品各種折扣率後，則擔保品之鑑價公式為：

$$C_A = \frac{C}{1+H_E+H_C+H_{FX}} \quad\text{………………………………公式3}$$

C　　　為擔保品目前價格（即市價）。

C_A　　為擔保品調整後鑑價值。

H_E　　為依授信性質的擔保品折價比率。

H_C　　依擔保品種類的折價比率。

H_{FX}　為匯率或幣值風險的擔保品折價比率。

調整後鑑價值計算風險加權資產（RWA）為

$$RWA = r^* = r \times w \quad\text{…………………………公式4，如果} E < C_A$$

$$RWA = r^* = \frac{r \times [E-(1-w) \times C_A]}{E} \quad\text{……………公式5，如果} E > C_A$$

C_A　　為擔保品調整後鑑價值。

E　　　授信金額。

r^*　　為徵有合格擔保品授信之風險權數。

r　　　為無擔保授信之風險權數。

w　　　為合格擔保品擔保風險底限，訂為0.5。

由以上可知，現金或是債信評等高的金融資產，因為這些金融資產流通性變現性均佳，同時在評價的認定上也較不易有爭議。對於以不動產作為擔保品的做法，巴塞爾委員會依據歐美銀行過去授信資料統計，認為以商用不動產擔保的授信常為銀行逾放的主要來源，所以並不認同以不動產作為擔保品，故採用標準法的銀行仍依現行協定將以自用住宅或商用不動產擔保之授信，其風險權數原則上訂為50%及100%，商業不動產擔保之授信若符合之前所述及的兩項條件可降為50%。但若銀行採用「基礎內部評等法」者，可認定不動產為合格擔保品，若進一步採用「進階內部評等法」者，更可自行認定其他擔保品為合格擔保品，可享受信用風險權數降低之優惠。

2. **資產負債表上淨額協定**：資產負債表上放款及存款，如符合下列要件，可允許相互抵銷：

(1) 抵銷協議符合法律相關規定。

(2) 銀行可隨時依抵銷協議對交易對手進行抵銷（借款戶及存戶必須限為同一人）。

(3) 銀行需監控其展期風險。

(4) 銀行需監控抵銷後的淨額風險。

資產負債表上的淨額協定，存放款的抵銷限為同一人，係為考量維持資產負債表的穩定性。當有通貨不同及到期日不同時，則依前述補足保證金日數調整後之折扣率處理。同時資產負債表上淨額協定，若依擔保品資本要求方式處理，其擔保品擔保風險權數為零。

3. **保證及信用衍生性商品**：應用保證與信用衍生性商品的避險方法，皆是源起於現行協定的替代法，原債務人的風險雖被保證及信用衍生性商品替代，但保證及信用衍生性商品並非能完全消除風險，除非保證人為國家或中央銀行其風險可以為零，其他的保證都必須要有資本門檻的要求，這與前述擔保品最低擔保風險權數W的處理方式是相同的。巴塞爾委員會認為債務人和保證人發生雙重違約機率很低，也就是債務人違約與保證人違約之間是存在著相當低的關聯性，所以保證及信用衍生性商品是可以降低信用風險。為藉保證及信用衍生性商品的避險方法取得資本鬆綁，銀行必需符合風險管理的最低條件：直接、特定曝險、不可撤銷、及無條件代償。此外，須符合不同的作業標準及公開揭露。

二、內部評等法（IRB）

（一）前言

內部評等法是將所有的信用風險的曝險類別，區分為企業、銀行業、國家、零售金融、專案融資及權益投資曝險等六大類，對前三大類的風險每一大類都會規範其相關風險成分、風險權數及最低規定，以供計算信用風險時的參考，內部評等法對於信用風險的衡量，是將風險成分（risk components）的違約機率（probability of default，簡稱PD）、違約損失率（loss given default，簡稱LGD）、違

> **考點速攻**
> 臺灣自2007年開始，信用風險的資本計提，可以使用「內部評等法」。

約曝險金額（exposure at default，簡稱EAD）及期限風險（maturity，簡稱M），全部考慮在內。內部評等法針對不同的風險類型，適用不同的風險函數以計算出不同的風險權數，再乘以違約曝險金額（EAD），最後再以標準調整因子（adjustment factor）反應信用風險集中度（granularity），就可算出風險性資產總額。

(二) 使用外部信用評等之原則

在實施內部評等法之前，銀行必須要先能將其所有的曝險依其類別加以分類。其次，是對每一類的曝險都能依標準參數或內部自行估計的方式提出其風險成分。第三，是依其個別的風險成分組成之風險權數函數求出其風險權數。第四，是銀行各類的曝險必須滿足所有最低的規定才能適用內部評等法，第五，監理機關要對所有的曝險加以檢視是否符合最低規定。

(三) 企業曝險之風險成分

風險成分適用於內部評等法，可分為基礎法及進階法兩種，其差異為基礎法只能限制使用內部預估的違約機率（PD），其餘的違約損失率（LGD）和違約曝險額（EAD）都必須使用監理機關所提供的標準預估數據及方法，而進階法只要符合最低規定，則可全部使用自己內部預估的數據及方法。

1. **違約機率（PD）**：違約機率是內部評等法的核心所在，銀行對每一類的曝險都將使用自己內部預估的違約機率。在此，違約機率係指對每一信用等級所預估一年內的平均違約機率，這也就是說針對上述不同之信用評等，會給予不同的平均違約機率。違約機率估計的方法可分為：依銀行歷史經驗、依外部信用評等公司定義或採用統計模型三種方式。建置違約機率銀行必須使用長期保守平均的觀點，最少需要過去五年或一個景氣循環期間之借款戶長期資料作一致性的分析。

2. **違約損失率（LGD）**：違約損失率主要是針對於不同債權所可能發生損失的程度而言，所以同一債務人會因不同債務種類而產生不同的違約損失率。理論上違約損失會等於債權金額減掉已收回部分的金額，因此設定違約損失率時必須考量到信用抵減技術的效果如徵提擔保品、保證及其他有助於抵減信用風險的因素，此外，經濟循環不同階段亦會影響到違約損失率。在實際銀行的作業上，違約損失率也因不同銀行而有所差異。但巴塞

爾委員會的調查顯示銀行違約損失的資料少有超過五年，而外部來源也難以提供更完整資料以供參考。

在基礎法下，違約損失率並不是銀行自行估計，而是類似標準法由監理機關視不同信用等級，分別賦予一體適用的損失率。但基礎法對債權的順位及擔保品的效果也作了不同的考量，如無擔保的首順位債權其損失率為50%，而次順位的無擔保債權其損失率為75%，若銀行徵提的擔保品是不合格的，則視為無擔保債權其處理方式同上。基礎法認可的擔保品分為金融資產及實物擔保品兩類，金融資產擔保品處理方式同標準法，而對實物擔保品基礎法只認可商業不動產及住宅不動產兩類。

在進階法下，銀行如有健全可信賴的內部制度且符合監理機關的最低規定，是可使用自己對違約損失率的估計值，且對實物擔保品的認定也不侷限於商用及住宅不動產，而銀行只要證明對違約損失率的估計是可信賴且有一致性的標準，且能反應債務人及債權真正的特質，也可對擔保品不採用折扣。

3. **違約曝險額（EAD）**：在基礎法下，違約曝險額是依據監理機關所訂定的統一標準。交易如是屬於資產負債表內項目，其違約曝險額即為其帳列金額；對同一交易人的表內抵銷在符合相同標準法規定，可減少其違約曝險額；而所有違約曝險額的預估都必須是扣減銀行特定損失準備後的淨額。

至於表外項目之授信承諾或循環額度之違約曝險額的約當金額為：100%×動用額度＋75%×未動用額度。但以下的表外項目基礎法的處理方式同標準法：

(1) 直接借款的保證或承兌、有追索權的交易、預購、預售、期約的違約曝險額比率因子為100%。

(2) 因交易衍生的或有項目，如履約保證、押標金保證、保證書、擔保信用狀，及票券發行融資循環承銷融資其違約曝險額比率因子為50%。

> **考點速攻**
> 資產負債表外業務活動可以分為五項，包含信用狀、擔保、放款承諾責任、租金承諾及衍生性金融商品等。選擇權屬於衍生性金融業務。

(3) 短期自償性交易所衍生的或有項目，如信用狀押匯其違約曝險額比率因子為20%。

在進階法下，銀行向監理機關證明滿足某些特定基本規定後，得使用自己內部預估之違約曝險額數據。對於店頭市場的衍生性商品的交易，因所佔交易比例不高，如交易對手違約其損失僅為重置成本的現金流量，所以其違約曝險額，為重置成本＋未來可能的損失（PFE），PFE大約是違約曝險額的0%～15%，其處理方式同基礎法。

4. **期限風險（Maturity）**：期限是影響貸款及債券信用風險的關鍵因素，不過導入期限因素於信用風險考量中，也會帶來以下的困擾，首先會增加額外的成本如資訊資源的增加以應付驗證的要求，及對經濟資本實質影響並不能精確的計算出，同時會打擊銀行承作長期貸款的意願。

在基礎法下，對期限的處理巴塞爾委員會初步假設為，平均期限為三年，所以在基礎法下風險權數的決定是依賴於違約機率（PD）及違約損失率（LGD）。

在進階法下，是有將期限的影響納入風險權數的計算，但在此所謂的期限係指有效期限（effective maturity），也就是合約上的期限通常都會不少於一年，但除分期攤還的貸款外，巴塞爾委員會建議期限的上限為七年。在使用進階法上，其期限的調整因素，有使用以下兩種方法，一是市價評估法，二是違約模型法。

5. **風險權數**：風險權數是一組特定且連續性的函數所衍生而出，每一類的曝險都有其特定風險權數函數，而函數內容就是由風險成分中的違約機率、違約損失率及期限風險所組成，導出風險權數後再乘以曝險額就會得出加權風險性資產，由個別的加權風險性資產再加總即為總風險加權性資產。

   (1) 在基礎法下，對風險權數的計算可由以下公式看出：

$$RW_C = (LGD \,/\, 50) \times BRW(PD)或12.5 \times LGD孰低$$

   RW_C　　風險權數。
   LGD　　違約損失率。
   BRW_C　　指標風險權數。

   (2) 進階法下，對風險權數的計算因考慮期限風險因素，公式如下：

$$RW_C = (LGD \,/\, 50) \times BRW_C(PD) \times [1 + b(PD) \times (M-3)]或$$
$$12.5 \times LGD孰低……$$

   RW_C　　風險權數。
   LGD　　違約損失率。

BRW_C　指標風險權數。

b(PD)　期限調整因素，委員會認可市價評估法（MTM approach）
及違約模型法（DM approach）。

M　風險性資產的期限。

$[1+b(PD)\times(M-3)]$　不同期限風險性資產風險權數調整值。

6. **基礎法下對企業曝險的最低規定**：基礎法的最低規定包含了客觀的衡量原則，也納入了主觀的判斷原則在內，廣泛來說，基礎內部評等法最低規定的九大重點包括：

(1) 明確的區分信用風險類型。　　(2) 評等等級的完整性。

(3) 評等系統與程序之審核。　　(4) 評等系統之準則。

(5) 違約機率之估計。　　(6) 資料蒐集與資訊科技系統。

(7) 內部評等之使用。　　(8) 內部驗證。

(9) 公開揭露（第三支柱市場紀律所規定之條件）。

評等系統是整個內部評等法的基石所在，基礎法要求對正常之借款人的信評等級至少要有六級，不良借款人信評等級最少有兩級，這項規定巴塞爾委員會堅持不能修改，同時任一信用等級之曝險額不得超過總曝險額之30%。銀行要有明確的政策，對評等的結果要進行定期覆核，同時為維持信評的公信力與獨立性，此項覆核工作應由獨立人士或單位執行，覆核的頻率最低為一年一次，但如有定期更新的財務資訊，原則上，對正常戶是每季進行一次，而財務狀況不佳者則每月進行。

對於違約機率的評估，其最低規定的精神，是希望採樣的樣本能真實反映母體現在的狀況及預測未來的情形，具比較性同時也有完整的歷史經驗，可資信賴其對違約機率估計的正確性與完整性，如使用統計模型估計違約機率，必須對所使用的模型方法及投入因素有清楚的了解，預估違約機率所使用的觀察資料至少應有五年以上。公開揭露要求部分，銀行必須符合第三支柱市場紀律的規範，否則將不被允許使用內部評等法。

7. **進階法下對企業曝險的最低規定**：進階法與基礎法差別在於能自行預估違約損失率及違約曝險額，所以進階法規定的重點，都在規範違約損失率（LGD）及違約曝險額（EAD）的相關問題。違約損失率必須建立內部評等等級，但卻無最少評等等級數的規定，至於供作預估違約損失率的資料期間至少要有七年以上，進階法對於擔保品的認定雖無範圍限制，也無折扣（haircuts）及W權數的設計，但強調進階法要能反應出真實的違約

損失率（LGD）。預估違約曝險額的資料期間，進階法也規定至少要有七年以上，尤其是外部資料時，對於保證人進階法也要求須作內部評等，其餘的部份類同於基礎內部評等法。

(四) **零售金融曝險**

對零售金融的處理方式，銀行通常是將資產區隔化（segments），將有類似風險特質的曝險集合為一個區隔，嗣後的風險評估及損失量化的資訊（PD，LGD，EL，EAD），都將以區隔的平均值為代表。另外與企業曝險不同之處，零售金融採取信用評分模式，利用資訊科技引進人工智慧、類神經網路自動處理核准、監督、控制及收集的功能，基本上臺灣目前的零售金融也是朝自動化的方向發展。

1. **風險成分**：零售金融有兩種方法推估風險成分，一是由預估個別的違約率（PD）及違約損失率（LGD），再求出預期損失（EL），這裡是以不同的風險區隔（segments）作為預估的基礎，二是直接預估預期損失（EL）在此方法下不需再個別求出違約損失率及違約機率。

   零售金融的風險成分並不考量期限因素（M），目前委員會是假定期限為一年，但此假設可進一步探討。有關曝險的預估，如為表內項目即為帳列金額，如為表外項目則可適用自行預估的信用轉換因子，如為未承諾額度或可隨時自動取消之融資不需信用轉換因子，這些處理方式是與企業曝險相同。

2. **風險權數**：零售金融的特質，使零售的資料具有相當的差異化，換句話說就是具有獨特性，因此委員會很難從其歷史資料中評估，更無法提出具一致性的經濟資本分配方法。同時因產品的風險差異性不大，單一的風險權數函數適用全部的零售金融產品。風險權數的計算方式一是由預估個別的違約損失率及違約機率求出風險權數，二或由預期損失反推求出風險權數。至於違約的定義同企業曝險的參考定義。

3. **最低規定**：最低規定的說明重點將置於風險區隔化，區隔化是損失特質量化的基礎，確定區隔化後才能求出預估的違約機率、違約損失率及預期損失等。所以區隔的程序是相當重要，委員會提出以下基本準則以為區隔化時參考：

   (1) 明確的分辨風險的差異程度。

   (2) 每一區隔借款人的風險特質須有同質性。

   (3) 區隔化的程序須確保群組內的風險特質具有穩定性及可以掌握。

銀行在預估風險成分時應盡量使用內部資料，以反應真實的風險情形，而所使用的資料觀察期間不得低於五年，並應每年覆核。

(五) 權益投資曝險

權益投資曝險在內部評等法的分類上，其屬性是不同於其它以債權為主的曝險類別，然而銀行的權益投資部位的風險管理，其重要性也是不下於銀行債權的風險管理，例如股權投資其本質是屬於公司最後權益的請求權，又如創業投資其股票流動性低，這些因市場價格波動或流動不足的問題，會使得銀行的權益投資產生極大的風險，又如投資的未實現的資本利得，可使銀行少計提資本，這些因素都足以影響銀行的營運，而實務上銀行會持有權益投資是基於許多的目的，所以協定希望發展出可反映出銀行業者權益投資曝險的方法。

巴塞爾委員會協定中提出兩種計算方式，一是延用違約機率／違約損失率為基礎的方法，這是內部評等法所用的基本方法，其觀念仍是以對企業債權的處理方式為主。第二種方式則是反應權益投資部位的市場風險或壓力測試為主，至於銀行決定使用何種方法，應以其持有權益投資的目的及是否能適度反映風險而定。

對於前述提及未實現資本利得可列入第二類資本，使銀行得以少計提適足資本，此種未實現資本利得，實際上是存在極大的不穩定性。資本協定對此所提出的處理方法，將未實現資本利得，仍列入第二類合格資本，但適用55%的折扣以反應可能的市價波動。

(六) 專案融資曝險

一般對企業的授信其還款來源，短期借款是以營業收入為主，中長期借款則是以折舊與盈餘為主。而專案融資則是以專案資產之營運收入所產生現金流量為還款來源，所以對專案融資主要評估的是其專案計畫的可行性、財務健全與彈性、未來現金流量、經營能力及專案資產的穩定性。專案融資曝險的特質是完全不同於一般的企業曝險。

專案融資的唯一性特質，對預估違約機率（PD）、違約損失率（LGD）及預期損失（EL）產生困擾，同時違約曝險額（EAD）的決定也不易確定。在處理專案融資曝險方式上，巴塞爾委員會提出三項選擇：

1. 個別預估違約機率、違約損失率及違約曝險額。

2. 預估預期損失及違約曝險額。

3. 上述兩項方式皆可使用，類似零售金融曝險的處理方式。

   另外對於期限及集中度的問題，專案融資曝險也已列入考量。

(七) 集中度

資產組合如過度集中，不僅將形成風險集中增高，也將使銀行實質經濟資本計提產生不足，委員會認為除零售金融曝險以外，所有其他類別的曝險均需作集中度調整，在各國授信風險集中是一直存在的問題，無論是對同一人或同一關係人授信的集中都是不恰當的。廣義的集中度問題，應該包含銀行對同一產業、同一地區、授信過度集中的問題，這些都可能引起銀行的授信風險增高。

我國銀行法第三十三條之三規定，中央主管機關對於銀行就同一人或同一關係人之授信或其他交易得予限制，其限額由中央主管機關定之。可見對授信集中度的問題我國已經注意到了。

集中度調整是針對銀行整體風險性資產組合的集中度風險來作調整，所以在做這項調整前，銀行會參酌標準資產組合的基準風險權數，來比較現有的風險性資產的組合是否有集中度過高的現象，並就比較的結果做為增減資本及其他調整動作的參考。

牛刀小試

( ) **1** 銀行的信用評等分成哪兩種？
  (A)國內評等與國際評等 (B)標準評等法與進階評等法
  (C)內部評等法與外部評等法 (D)自我評等法與公開評等法。

【第9屆】

( ) **2** 有關「風險權數」之適用，如借款人以自用住宅做為十足擔保，設定抵押權於債權銀行以取得資金者，下列敘述何者錯誤？
  (A)一律適用45%風險權數
  (B)貸放比率在75%以下之貸款，適用25%的風險權數
  (C)貸放比率在75%以下之貸款，適用35%的風險權數
  (D)貸放比率在75%以上之貸款，適用75%的風險權數。

【第5屆】

(　)　**3** 銀行為發揮內部評等制度法（Internal Rating-Based Approach，
　　　　IRB）的管理功能，除了必須建立信用評等制度的機制外，尚
　　　　需建立之制度，下列敘述何者錯誤？
　　　　(A)風險調整後之資本報酬率（RaROC）
　　　　(B)風險資本（Capital at Risk）
　　　　(C)法定資本
　　　　(D)經濟資本（Economic Capital，EC）。　　　　　　【第5屆】

[解答與解析]

　1 (C)。　銀行的信用評等分成內部評等法與外部評等法兩種。

　2 (B)。　有關「風險權數」之適用，如借款人以自用住宅做為十足擔保，
　　　　　　設定抵押權於債權銀行以取得資金者，貸放比率在75%以下之貸
　　　　　　款，適用35%的風險權數。選項(B)有誤。

　3 (C)。　銀行為發揮內部評等制度法（Internal Rating-Based Approach，
　　　　　　IRB）的管理功能，除了必須建立信用評等制度的機制外，尚需
　　　　　　建立之制度包括風險調整後之資本報酬率（RaROC）、風險資
　　　　　　本（Capital at Risk）、經濟資本（Economic Capital，EC）等。

重點 **3** 　現行信用風險管理之相關條文　

一、銀行法

(一) 資本適足率的規範

為健全銀行財務基礎，非經中央主管機關之核准，銀行自有資本與風險性
資產的比率，不得低於百分之八。銀行淨值占資產總額比率低於百分之二
者，視為資本嚴重不足。

(二) 利害關係人的授信規範

不得對利害關係人為無擔保授信，為擔保授信時應為十足擔保，且其條件
不得優於其他同類授信。

(三) **信用風險集中度的調整**

主管機關對於銀行就同一人、同一關係人或同一關係企業之授信或其他交易得予限制，其限額、其他交易之範圍及其他應遵行事項之辦法，由主管機關定之。

前述授信或其他交易之同一人、同一關係人或同一關係企業範圍如下：

1. 同一人為同一自然人或同一法人。

2. 同一關係人包括本人、配偶、二親等以內之血親，及以本人或配偶為負責人之企業。

3. 同一關係企業適用公司法第369-1條至第369-3條、第369-9條及第369-11條規定。

(四) **實物擔保品的估算**

銀行法基本上是承認銀行對實物擔保品的擔保值的估算，這點與進階內部評等法的基本精神是相近的，依銀行法第37條規定，借款人所提質物或抵押物之放款值，由銀行根據其時值、折舊率及銷售率，覈實決定。中央銀行因調節信用，於必要時得選擇若干種類之質物或抵押物，規定其最高放款率。

(五) **授信期限的規範**

銀行法對中長期授信的年限，基本上是要求要有限制，依銀行法第38條規定，銀行對購買或建造住宅或企業用建築，得辦理中長期放款，其最長期限不得超過三十年。但無自用住宅者購買自用住宅之放款，不在此限。

二、金融控股公司法

(一) **資本適足率的規範**

金融控股公司法第9條明定資本適足性，為設立許可的條件之一，資本適足率未達規定者是無法設立。另第40條也明定金融控股公司是以合併基礎計算資本適足率，但衡量範圍及計算方法，由主管機關定之。未達規定者，主管機關得命其增資、限制其盈餘分配、停止或限制其投資、限制其發給董事、監察人酬勞或為其他必要之處置或限制；其辦法，由主管機關定之。又56條規定金控的子公司若未達最低資本適足率，金控母公司應協助其恢復正常營運。足見資本適足率是監理主管機關，管理金控公司相當重要的工具。

(二) 授信相關規範

金融控股公司法對銀行子公司及保險子公司為利害關係人授信，依金控法第40條規定準用銀行法第33條規定。對同一人、同一關係人或同一關係企業為授信行為之加計總額或比率，應按規定公開揭露，以避免過度集中。

三、金融機構存款及其他各種負債準備金調整及查核辦法

(一) 金融機構應提存準備金之存款範圍如下

1. 支票存款（包括支票存款、領用劃撥支票之郵政劃撥儲金、保付支票、旅行支票）。

2. 活期存款（包括活期存款、未領用劃撥支票之郵政劃撥儲金、辦理現金儲值卡業務預收之現金餘額或備償額、儲存於儲值卡或電子支付帳戶之儲值款項）。

> **考點速攻**
> 銀行「自主性」的資金包括：央行融資、同業融資、權益資金等。

3. 儲蓄存款（包括活期儲蓄存款、行員活期儲蓄存款、郵政存簿儲金；整存整付儲蓄存款、零存整付儲蓄存款、整存零付儲蓄存款、存本付息儲蓄存款、行員定期儲蓄存款、郵政定期儲金之定期儲蓄存款等）。

4. 定期存款（包括定期存款、可轉讓定期存單、郵政定期儲金之定期存款等）。

(二) 金融機構之下列存款免提存準備金

1. 同業存款。但不包括金融機構間存放之定期性存款。
2. 公庫存款。
3. 公教人員退休金、國軍退伍金及國軍同袍儲蓄會等之優惠存款。
4. 基層金融機構收受之定期性存款，依中央銀行規定條件轉存農業行庫者。
5. 要保金融機構收受中央存款保險公司依存款保險條例第28條及第29條規定所為之存款。
6. 其他經本行核可之存款。

前項第4款免提準備金之定期性存款，由收受轉存之農業行庫列入第一項存款提存準備金；其處理方式另訂之。

> **考點速攻**
> 2011年10月起，臺灣的流動準備法定比率是10%。

(三) 流動準備

銀行之「流動準備」，自2011年10月起流動準備率為10%，按月計提。

牛刀小試

(　) **1** 依據「金融機構存款及其他各種負債準備金調整及查核辦法」銀行應提存準備金之存款負債範圍，不包括下列何者？　(A)支票存款　(B)活期存款　(C)定期存款　(D)庫存現金。　【第8屆】

(　) **2** 2014年1月1日以後，第一類屬於正常的授信資產要計提的放款損失準備，為該類授信資產債權餘額的多少比率？
(A)0.50%　(B)1%　(C)2%　(D)10%。　【第4屆】

[解答與解析]

1 (D)。　金融機構存款及其他各種負債準備金調整及查核辦法第3條規定：「金融機構應提存準備金之存款範圍如下：一、支票存款（包括支票存款、領用劃撥支票之郵政劃撥儲金、保付支票、旅行支票）。二、活期存款（包括活期存款、未領用劃撥支票之郵政劃撥儲金、辦理現金儲值卡業務預收之現金餘額或備償額、儲存於儲值卡或電子支付帳戶之儲值款項）。三、儲蓄存款（包括活期儲蓄存款、行員活期儲蓄存款、郵政存簿儲金；整存整付儲蓄存款、零存整付儲蓄存款、整存零付儲蓄存款、存本付息儲蓄存款、行員定期儲蓄存款、郵政定期儲金之定期儲蓄存款等）。四、定期存款（包括定期存款、可轉讓定期存單、郵政定期儲金之定期存款等）。金融機構之下列存款免提存準備金：一、同業存款。但不包括金融機構間存放之定期性存款。二、公庫存款。三、公教人員退休金、國軍退伍金及國軍同袍儲蓄會等之優惠存款。四、基層金融機構收受之定期性存款，依中央銀行（以下簡稱本行）規定條件轉存農業行庫者，並報送相關報表。五、要保金融機構收受中央存款保險公司依存款保險條例第二十八條及第二十九條規定所為之存款。六、其他經本行核可之存款。前項第四款免提準備金之定期性存款，由收受轉存之農業行庫列入第一項存款提存準備金；其有關基層金融機構轉存農業行庫存款之準備金提存作業及其相關應遵循事項，由本行另定之。」

2 (B)。　2014年1月1日以後，第一類屬於正常的授信資產要計提的放款損失準備，為該類授信資產債權餘額的1%。

【重點統整】

1. **銀行的信用評等分成內部評等法與外部評等法兩種**。

2. 銀行的授信客戶集中在信用等級不佳的企業，常理上使用標準法，計提的資本額較少。

3. 借款人所動用之資金確為購置自住使用之住宅，且符合本規定之條件，則該已動用部分得適用45%風險權數。

4. 銀行的自有資本對風險性資產的比率越高時，代表資本適足率越高，其承擔的資本風險就越小。

5. 信用違約交換的價格，原則上應每年檢查一次。

6. **資產負債表外業務活動**可以分為五項，包含**信用狀、擔保、放款承諾責任、租金承諾及衍生性金融商品等**。選擇權屬於衍生性金融業務。

7. 銀行為發揮內部評等制度法的管理功能，除了必須建立信用評等制度的機制外，尚需建立之制度有：風險調整後之資本報酬率（RaROC）、風險資本（Capital at Risk）、經濟資本（Economic Capital，EC）等。

8. 借款人以購建住宅或房屋裝修為目的，提供本人或配偶或未成年子女所購（所有）之住宅為十足擔保並設定抵押權者，得適用35%風險權數，貸放比率在75%以下之貸款，適用35%的風險權數；貸放比率在75%以上之貸款，適用75%的風險權數。

9. 內部評等模型所計算出的風險限額稱為「風險值」。

10. 衡量回收風險之信用損失，假設借款客戶的信用曝險額及違約損失率已知，只有違約機率是變動且未知時：

    信用損失＝信用曝險額×違約機率（1－回收金額）

11. 關於市價評估交易對手風險損失（CVA），**交易對手之外部信用評等愈好，則適用權數愈低**。

12. 金融機構應提存準備金之存款範圍如下：

    (1)支票存款（包括支票存款、領用劃撥支票之郵政劃撥儲金、保付支票、旅行支票）。

    (2)活期存款（包括活期存款、未領用劃撥支票之郵政劃撥儲金、辦理現金儲值卡業務預收之現金餘額或備償額、儲於儲值卡或電子支付帳戶之儲值款項）。

(3) 儲蓄存款（包括活期儲蓄存款、行員活期儲蓄存款、郵政存簿儲金；整存整付儲蓄存款、零存整付儲蓄存款、整存零付儲蓄存款、存本付息儲蓄存款、行員定期儲蓄存款、郵政定期儲金之定期儲蓄存款等）。

(4) 定期存款（包括定期存款、可轉讓定期存單、郵政定期儲金之定期存款等）。

13. 金融機構之**下列存款免提存準備金**：

(1) **同業存款。但不包括金融機構間存放之定期性存款**。

(2) **公庫存款**。

(3) **公教人員退休金、國軍退伍金及國軍同袍儲蓄會等之優惠存款**。

(4) **基層金融機構收受之定期性存款，依中央銀行規定條件轉存農業行庫，並報送相關報表者**。

(5) 要保金融機構收受中央存款保險公司依存款保險條例第28條及第29條規定所為之存款。

(6) 其他經本行核可之存款。

前項第(4)款免提準備金之定期性存款，由收受轉存之農業行庫列入第(1)項存款提存準備金；有關基層金融機構轉存農業行庫存款之準備金提存作業及其相關應遵循事項，由本行另定之。

精選試題

(　　) **1** 2014年1月1日以後，第一類屬於正常的授信資產要計提的放款損失準備，為該類授信資產債權餘額的多少比率？　(A)0.50% (B)1%　(C)2%　(D)10%。　　　　　　　　　　　　　【第9屆】

(　　) **2** 有關信用風險值，下列哪些敘述正確？　A.計算過程需考慮違約機率、信用曝險額和違約損失率　B.信賴水準高低會影響信用風險值大小　C.無法反映未來的潛在風險　D.可以公允衡量授信主管應承擔之授信權利和責任
(A)僅A、C　　　　　　　　　(B)僅A、B、C
(C)僅A、B、D　　　　　　　(D)僅B、C、D。　　　　【第9屆】

☆☆( )　**3** 銀行的信用評等分成哪兩種？　(A)國內評等與國際評等　(B)標準評等法與進階評等法　(C)內部評等法與外部評等法　(D)自我評等法與公開評等法。　　　　　　　　　　　　　　　【第7屆】

☆☆( )　**4** 銀行的授信客戶集中在信用等級不佳的企業，常理上使用何種方法，計提的資本額較少？　(A)內部模型法　(B)內部評等法　(C)標準法　(D)與計提方法無關。　　　　　　　　　　　　【第7屆】

( )　**5** 下列哪項「會計科目」屬於負債，不可當作流動準備的資產項目？
(A)金融業互拆淨貸差　　　　(B)金融業互拆淨借差
(C)超額準備　　　　　　　　(D)持有政府公債。　　　　【第5屆】

☆( )　**6** 原則上，銀行的自有資本對風險性資產的比率越高時，其承擔的資本風險將如何變化？　(A)越大　(B)越小　(C)不變　(D)無關。　　　　　　　　　　　　　　　　　　　　　　　【第5屆】

☆☆( )　**7** 依據「金融機構存款及其他各種負債準備金調整及查核辦法」規定，有關銀行應提「存款準備金」之存款負債項目，下列何者非屬之？
(A)支票存款　　　　　　　　(B)活期存款
(C)定期存款　　　　　　　　(D)庫存現金。　　　　　　【第5屆】

☆☆( )　**8** 關於國家風險限額的核配，下列敘述何者錯誤？
(A)依據信評公司之評等核配國家風險額度，稱為靜態核配制度
(B)依據信用違約交換的價格核配國家風險額度，稱為動態核配制度
(C)信用違約交換的價格，原則上應每季檢查一次
(D)當信用違約交換觸及標準，應凍結該國額度。　　　　【第5屆】

☆( )　**9** 商業銀行會衍生信用風險的金融業務，包括表內的企業金融業務與消費金融業務及表外的衍生性和非衍生性業務。關於表外非衍生性業務，下列敘述何者錯誤？　(A)選擇權　(B)擔保信用狀　(C)未動用額度的「承諾協議書」　(D)循環式包銷融資。　　【第5屆】

(　) 　**10** 銀行為發揮內部評等制度法（Internal Rating-Based Approach，IRB）的管理功能，除了必須建立信用評等制度的機制外，尚需建立之制度，下列敘述何者錯誤？
(A)風險調整後之資本報酬率（RaROC）
(B)風險資本（Capital at Risk）
(C)法定資本
(D)經濟資本（Economic Capital，EC）。　　　　【第4屆】

✿(　) 　**11** 臺灣自哪一年開始，信用風險的資本計提，可以使用「內部評等法」？　(A)2005年　(B)2006年　(C)2007年　(D)2008年。　【第4屆】

(　) 　**12** 下列何者不屬於「存款準備」部位？　(A)庫存現金　(B)存款負債　(C)存款準備金帳戶餘額　(D)跨行業務清算基金專戶的存款。　　　　　　　　　　　　　　　　　　　　　　　　　　【第4屆】

✿✿(　) 　**13** 2011年10月起，臺灣的流動準備法定比率是多少？　(A)7%　(B)9%　(C)10%　(D)12%。　　　　　　　　　　　　　　【第4屆】

✿✿(　) 　**14** 有關「風險權數」之適用，如借款人以自用住宅做為十足擔保，設定抵押權於債權銀行以取得資金者，下列敘述何者錯誤？
(A)一律適用45%風險權數
(B)貸放比率在75%以下之貸款，適用25%的風險權數
(C)貸放比率在75%以下之貸款，適用35%的風險權數
(D)貸放比率在75%以上之貸款，適用75%的風險權數。　【第3屆】

(　) 　**15** 銀行資產項下「存款準備金」之構成項目，不包括下列何者？
(A)儲蓄存款　(B)庫存現金　(C)在臺灣銀行開立「票據清算帳戶」之存款　(D)在央行或受託管理機構開立存款準備金甲戶與乙戶之存款。　　　　　　　　　　　　　　　　　　　【第3屆】

✿✿(　) 　**16** 為避免承擔過高的信用風險，銀行會以客戶和產業為對象訂定風險限額。由內部評等模型所計算出的風險限額稱為下列何者？
(A)風險值　　　　　　　　　(B)授信總餘額
(C)融資額度　　　　　　　　(D)信用曝險額。　　　　【第2屆】

( ) **17** 衡量回收風險之信用損失，假設借款客戶的信用曝險額及違約損失率已知，只有違約機率是變動且未知時，下列敘述何者錯誤？
(A)信用損失＝信用曝險額×違約機率×違約損失率
(B)信用損失＝信用曝險額×違約機率×（1－回收率）
(C)信用損失＝信用曝險額×違約機率－回收率
(D)信用損失＝信用曝險額×違約機率－回收金額。　　【第2屆】

( ) **18** 下列何種資金來源，屬於銀行「非自主性」的資金？
(A)央行融資　　　　　　　(B)同業融資
(C)權益資金　　　　　　　(D)存款資金。　　　　【第2屆】

( ) **19** 實務上，觀察市場利率變動1單位，對目標部位或金融商品價格的影響，此1單位，依慣例係指多少？　(A)0.01%　(B)0.10%
(C)1%　(D)2%。　　　　　　　　　　　　　　　【第2屆】

✦✦( ) **20** 有關銀行之「流動準備」，依據中央銀行法第25條暨銀行法第43條訂定「金融機構流動性查核要點」，下列敘述何者正確？
(A)1978年7月起流動準備率為7%，按月計提
(B)2011年10月起流動準備率為10%，按月計提
(C)2011年10月起流動準備率為10%，按日計提
(D)2014年12月底流動準備率高達31.22%。　　　【第2屆】

( ) **21** 假設本國A銀行於承作5千萬美元放款時，同時發行4千5百萬美元定期存單，則借貸相抵後該行擁有多少美元外幣部位？
(A)短部位5千萬美元　　　(B)短部位5百萬美元
(C)長部位5百萬美元　　　(D)長部位5千萬美元。　【第1屆】

( ) **22** 假設A銀行之資產負債表中，資產部分除有一個本金$10,000、票面利率固定為5%之5年期債券，其餘為現金；負債部分只有每年發行一年到期的定期存單，存單固定發行金額為$8,000，第一年發行之存單固定利率為2%，到期後新存單利率隨市場利率調整，並預期未來無另外的資產成長。若市場利率在第一年年底，上升了50個基準點，請問淨利息利潤於第二年年底相較第一年年底變動多少？　(A)減少$50　(B)減少$40　(C)增加$40　(D)增加$50。　　　　　　　　　　　　　　　【第1屆】

( ) **23** 信用風險的「標準法」，依據授信對象的「信用等級」，決定「風險權數」；下列何者不屬於目前國內銀行常用的信用等級資訊來源？
(A)公開資訊觀測站資訊
(B)信用評等機構的信用資訊
(C)銀行自行建立的信用評分模型
(D)金融聯合徵信中心（JCIC）提供的「信用資料庫」。【第1屆】

( ) **24** 2014年1月1日臺灣已將資本適足率（BIS）的「合格資本」改為「自有資本」，金融服務業需要計提合格資本的風險種類不包括下列何者？
(A)市場風險　　　　　　　(B)作業風險
(C)信用風險　　　　　　　(D)法律風險。　　　　　　【第1屆】

( ) **25** 依據銀行自有資本與風險性資產計算方法說明及表格，關於市價評估交易對手風險損失（CVA），下列敘述何者錯誤？
(A)屬於店頭市場衍生性金融商品交易均應計提
(B)計算風險期間為1年
(C)交易對手之外部信用評等愈好，則適用權數愈高
(D)因避險目的所購買之信用違約交換，具風險抵減效果。【第1屆】

解答與解析

1 (B)。 第一類屬於正常的授信資產要計提的放款損失準備，為該類授信資產債權餘額的1%。

2 (C)。 信用風險值可以反映未來的潛在風險。

3 (C)。 銀行的信用評等分成內部評等法與外部評等法兩種。

4 (C)。 銀行的授信客戶集中在信用等級不佳的企業，常理上使用標準法，計提的資本額較少。

5 (A)。 金融業互拆淨貸差為應提流動準備之新臺幣負債項目。

6 (B)。 原則上，銀行的自有資本對風險性資產的比率越高時，代表資本適足率越高，其承擔的資本風險就越小，代表銀行用自有資金做生意的比率越高，要不就是持有的風險性資產越少。

7 (D)。 金融機構存款及其他各種負債準備金調整及查核辦法第3條

規定：「金融機構應提存準備金之存款範圍如下：一、支票存款（包括支票存款、領用劃撥支票之郵政劃撥儲金、保付支票、旅行支票）。二、活期存款（包括活期存款、未領用劃撥支票之郵政劃撥儲金、辦理現金儲值卡業務預收之現金餘額或備償額、儲存於儲值卡或電子支付帳戶之儲值款項）。三、儲蓄存款（包括活期儲蓄存款、行員活期儲蓄存款、郵政存簿儲金；整存整付儲蓄存款、零存整付儲蓄存款、整存零付儲蓄存款、存本付息儲蓄存款、行員定期儲蓄存款、郵政定期儲金之定期儲蓄存款等）。四、定期存款（包括定期存款、可轉讓定期存單、郵政定期儲金之定期存款等）。金融機構之下列存款免提存準備金：一、同業存款。但不包括金融機構間存放之定期性存款。二、公庫存款。三、公教人員退休金、國軍退伍金及國軍同袍儲蓄會等之優惠存款。四、基層金融機構收受之定期性存款，依中央銀行（以下簡稱本行）規定條件轉存農業行庫，並報送相關報表者。五、要保金融機構收受中央存款保險公司依存款保險條例第二十八條及第二十九條規定所為之存款。六、其他經本行核可之存款。前項第四款免提準備金之定期性存款，由收受轉存之農業行庫列入第一項存款提存準備金；有關基層金融機構轉存農業行庫存款之準備金提存作業及其相關應遵循事項，由本行另定之」

8 (C)。 信用違約交換的價格，原則上應每年檢查一次。

9 (A)。 其資產負債表外業務活動可以分為五項，包含信用狀、擔保、放款承諾責任、租金承諾及衍生性金融商品等。選擇權屬於衍生性金融業務。

10 (C)。 銀行為發揮內部評等制度法（Internal Rating-Based Approach，IRB）的管理功能，除了必須建立信用評等制度的機制外，尚需建立之制度有：風險調整後之資本報酬率（RaROC）、風險資本（Capital at Risk）、經濟資本（Economic Capital，EC）。

11 (C)。 臺灣自2007年開始，信用風險的資本計提，可以使用「內部評等法」。

12 (B)。 存款準備金是中央銀行要求金融機構為了保障客戶能夠提取存款和保持足夠資金作清算，而準備存放在中央銀行的存款。存款負債不屬於「存款準備」部位。

13 (C)。 2011年10月起，臺灣的流動準備法定比率是10%。

解答與解析

14 (B)。 有關「風險權數」之適用，借款人以購建住宅或房屋裝修為目的，提供本人或配偶或未成年子女所購（所有）之住宅為十足擔保並設定抵押權者，得適用35%風險權數，貸放比率在75%以下之貸款，適用35%的風險權數；貸放比率在75%以上之貸款，適用75%的風險權數。

15 (A)。 作為存款準備的資產一般只能是商業銀行的庫存現金和在中央銀行的存款。儲蓄存款非屬銀行資產項下「存款準備金」之構成項目。

16 (A)。 為避免承擔過高的信用風險，銀行會以客戶和產業為對象訂定風險限額。由內部評等模型所計算出的風險限額稱為「風險值」。

17 (C)。 衡量回收風險之信用損失，假設借款客戶的信用曝險額及違約損失率已知，只有違約機率是變動且未知時：
(1)信用損失＝信用曝險額×違約機率×違約損失率。
(2)信用損失＝信用曝險額×違約機率×違約損失率。
(3)信用損失＝信用曝險額×違約機率－回收金額。

18 (D)。 銀行「自主性」的資金包括：央行融資、同業融資、權益資金等。存款資金屬於銀行「非自主性」的資金。

19 (A)。 實務上，觀察市場利率變動1單位，對目標部位或金融商品價格的影響，此1單位，依慣例係指0.01%。

20 (B)。 依據中央銀行法第25條暨銀行法第43條訂定「金融機構流動性查核要點」，銀行之「流動準備」，自2011年10月起流動準備率為10%，按月計提。

21 (C)。 本國A銀行於承作5千萬美元放款時，同時發行4千5百萬美元定期存單，則借貸相抵後該行擁有長部位5百萬美元。

22 (B)。 1個基本點＝0.01%
淨利息利潤於第二年年底相較第一年年底變動
＝50×0.0001×8,000＝40（減少）

23 (A)。 公開資訊觀測站資訊是我國公開上市（櫃）重大訊息的地方。

24 (D)。 金融服務業需要計提合格資本的風險種類不包括法律風險。

25 (C)。 依據銀行自有資本與風險性資產計算方法說明及表格，關於市價評估交易對手風險損失（CVA），交易對手之外部信用評等愈好，則適用權數愈低。

第十二章 商業銀行的市場風險管理、作業風險管理及槓桿比率之計算

依據出題頻率區分，屬：**B** 頻率中

課前導讀

由於銀行資金分配涉及風險眾多，其中作業風險管理機制，提升全行人員風險意識，檢視日常營業活動與管理流程所涉及之作業風險，對其既有及潛在風險採取適當對策，降低作業風險損失。而發展健全之市場風險管理機制，是為了有效辨識、評估、衡量、監控市場風險，兼顧所承擔之風險與合理報酬水準。

重點 1　商業銀行的市場風險管理

一、巴塞爾資本協定（Basel II & III）

(一) 巴塞爾資本協定原則

支柱一	最低資本要求：定義適足資本及其對銀行風險性資產最低比率的原則。	信用風險	標準法（SA）	資產證券化風險沖抵
			基礎內部評等法（FIRB）	
			進階內部評等法（AIRB）	
		市場風險	標準法（SA）	風險沖抵
			內部模型法（IMA）	
		作業風險	基本指標法（BIA）	
			標準法（SA）或選擇性標準法（ASA）	
			進階衡量法（AMA）	
支柱二	監理審查：要求監理機關對銀行適足資本計提及資本分配是否符合相關標準進行定性及計量評估，並做必要之早期干預。			
支柱三	市場紀律：規定資訊公開揭露條件，提高資訊透明度，以增進市場紀律。			

(二) 巴塞爾資本適足率及資本型態

比率	計算公式	巴塞爾資本協定（Basel II）	巴塞爾資本協定（Basel III）
資本適足率	(一級資本＋二級資本－扣除項) / 風險加權資產	8%	8%
核心資本適足率	(一級資本－扣除項) / 風險加權資產	4%	6%
核心一級資本適足率	股本 / 風險加權資產	4%	4.5%

資本型態			考點速攻
類別	限制	組成型態	1. 依Basel II估計此類風險性資產時，風險權數有 0%、20%、100%三種。 2. 淨穩定資金比率之定義為可用穩定資金除以應有穩定資金。 3. 可用穩定資金（ASF）資本適用最高係數100%。
一	最少為風險性資產之4%（核心資本）	普通股、永續非累積特別股、公積、預收資本、累積盈虧、少數股權及權益調整之合計數減除商譽與庫藏股（永續非累積特別股要小於第一類資本的15%）。	
二	≦第一類資本（輔助資本）	永續累積特別股、固定資產增值公積、未實現長期股權投資資本增益之45%、可轉換債券、營業準備及備抵呆帳（不包括特別提列者，不超過風險性資產總額1.25%）、及以發行長期（五年以上）次順位債券、非永續特別股之合計數。 長期次順位債券及非永續特別股之合計數不得逾第一類資本的50%。	
三	支應市場風險≦第一類資本250%	以發行短期（二年以上）次順位債券、非永續特別股。	
資本減除項目	－	對其他同業持股超過一年之帳列金額；經核准轉投資之其他事業。	

(三) 巴塞爾最低資本要求

最低資本要求是巴塞爾資本協定的重心所在，因資本適足率的目的就是要計算出整體加權風險性資產所需要的最低資本要求。新協定對風險性資產的衡量，不再以信用風險的單一指標為限，將範圍擴及至市場風險及作業風險，合格資本總額與風險性資產比率仍維持8%不變。資本適足率的公式：

$$\frac{\text{合格資本總額（未變）}}{\text{信用風險}+(\text{市場風險}+\text{作業風險})\times 12.5}=\text{資本適足率（}\geq 8\%\text{）}$$

二、市場風險之種類

市場風險是指未來市場價格（利率、匯率、股票價格和商品價格）的不確定性對企業實現其既定目標的不利影響。市場風險可以分為利率風險、匯率風險、股票價格風險和商品價格風險，這些市場因素可能直接對企業產生影響，也可能是透過對其競爭者、供應商或者消費者間接對企業產生影響。市場風險的種類有：

(一) 利率風險

1. **重新定價風險**：重新定價風險也稱為期限錯配風險，是最主要和最常見的利率風險形式，源於銀行資產、負債和表外業務到期期限或重新定價期限之間所存在的差異。這種重新定價的不對稱性使銀行的收益或內在經濟價值會隨著利率的變動而發生變化。

2. **收益率曲線風險**：重新定價的不對稱性也會使收益率曲線的斜率、形態發生變化，即收益率曲線的非平行移動，對銀行的收益或內在經濟價值產生不利的影響，從而形成收益率曲線風險，也稱為利率期限結構變化風險。

3. **基準風險**：基準風險也稱為利率定價基礎風險，是一種利率風險。在利息收入和利息支出所依據的基準利率變動不一致的情況下，雖然資產、負債和表外業務的重新定價特徵相似，但是因其現金流和收益的利差發生了變化，也會對銀行的收益或內在經濟價值產生不利的影響。

4. **期權性風險**：期權性風險是一種越來越重要的利率風險，源於銀行資產、負債和表外業務中所隱含的期權。

(二) 匯率風險

匯率風險是指由於匯率的不利變動而導致銀行業務發生損失的風險。匯率風險一般因為銀行從事以下活動而產生：一是商業銀行為客戶提供外

匯交易服務或進行自營外匯交易活動（外匯交易不僅包括外匯即期交易，還包括外匯遠期、期貨、互換和期權等金融合約的買賣）；而使商業銀行從事的銀行帳戶中的外幣業務活動（如外幣存款、貸款、債券投資、跨境投資等）。

1. **外匯交易風險**：銀行的外匯交易風險主要來自兩方面：一是為客戶提供外匯交易服務時未能立即進行對沖的外匯曝險頭寸；二是銀行對外幣走勢有某種預期而持有的外匯曝險頭寸。

2. **外匯結構性風險**：指對於不同種類的外匯結構性存款，投資者所面臨的匯率風險也不同。

(三) 股票價格風險

股票價格風險是指由於商業銀行持有的股票價格發生不利變動而給商業銀行帶來損失的風險。

(四) 商品價格風險

商品價格風險是指商業銀行所持有的各類商品的價格發生不利變動而給商業銀行帶來損失的風險。這裡的商品包括可以在二級市場上交易的某些實物產品，如農產品、礦產品（包括石油）和貴金屬等。

> **考點速攻**
> 市場風險的來源有：利率風險、外匯風險、價格風險等。

三、市場風險衡量

(一) 標準法

採標準法計算市場風險之資本需求時，對市場風險之資本計提應分為利率風險、權益證券風險、外匯風險及商品風險等四種風險類別。分述如下：

1. **利率風險：**

   (1) **利率風險範圍：**

   A. 交易簿內涉及利率風險之部位：債券、信用衍生性商品及其他利率有關之交易，例如固定、浮動利率債券、總收益交換契約、信用違約交換契約、信用連結債券、債券期貨等類似工具，以及利率衍生性商品。

> **考點速攻**
> 標準法計提的資本需求額，稱為「管制資本」或「法定資本」。

B. 交易簿之利率衍生性商品可能包括以下各種交易：

 a. 集中交易期貨契約。

 b. 店頭市場遠期契約。

 c. 遠期利率協定、交換及遠期外匯交易。

 d. 集中交易選擇權契約。

(2) **個別風險**：個別風險係緣於與發行人有關之因素，導致持有之證券價格受到不利變動影響。應依每種證券之長部位與短部位（即依毛部位計提）計提個別風險之資本。利率風險中個別風險資本計提之方法：應將每種債務工具按市價依其發行人、外部信用評等及期限不同，適用不同資本計提率。

(3) **一般市場風險**：一般市場風險係因市場利率不利變動而產生損失之風險，其資本計提需按每種幣別分別計算後加總，不同幣別之長、短部位不得互抵。銀行可選擇到期法（maturity method）或存續期間法（duration method）。到期法與存續期間法之資本計提應包括下列四部分：

A. 總體淨開放部位。

B. 垂直非抵銷部分。

C. 水平非抵銷部分。

D. 選擇權部位的計提淨額。

> **考點速攻**
> 衡量市場風險時，有關主要部位或個別金融商品的「價格波動」，是指市場因素在特定時間內，上下偏離平均水準，導致部位價值產生變動的程度。

2. **權益證券風險：**

(1) **權益證券風險範圍：**

市場風險	持有權益證券之市場風險包括因個別權益證券市場價格變動所產生的個別風險，及因整體市場價格變動所產生的一般市場風險。
個別風險之計算	個別風險係以各個權益證券及權益證券衍生性商品交易之淨長部位絕對值與淨短部位絕對值之加總計算，其資本計提率為8%。
一般市場風險之計算	一般市場風險係以金融機構於個別權益證券市場之整體淨部位來衡量，即以證券市場所有權益證券商品淨長部位合計數與淨短部位合計數之差額計算，不同證券市場之部位不得互抵。一般市場風險之資本計提率均為8%。

(2) **權益證券現貨部位**：適用於所有交易簿中與權益證券性質類似之金融工具。包括：普通股（無論是否具投票權）；與權益證券性質類似之可轉換證券；買入或賣出權益證券之承諾。不包括屬於債權性質之不可轉換特別股。計提比率如下：

	個別風險	一般市場風險
風險來源	持有個別權益證券價格變動之風險。	整體市場價格變動之風險。
計算方式	以權益證券商品淨長部位絕對值與淨短部位絕對值之加總計算。	金融機構於個別權益證券市場，所有權益證券商品淨長部位合計數與淨短部位合計數之差額（即整體淨部位）計算。
資本計提率	8%	

(3) **權益證券衍生性商品**：權益證券衍生性商品交易及受權益證券價格影響之表外交易部位均需計提權益證券市場風險所需資本，其中包括以個別權益證券及股價指數為標的之期貨及交換，但權益證券選擇權及股價指數選擇權之資本計提，應適用選擇權相關之規定。計提比率如下：

商品種類	個別風險	一般市場風險
集中市場期貨或店頭市場遠期契約－個別權益證券	合格資本工具之個別風險資本計提率為8%。	應併入權益證券現貨部位，以投資於各種證券交易市場之整體淨部位，取絕對值後，乘以8%為應計提資本。
集中市場期貨或店頭市場遠期契約－股價指數	有市價者部位以市價計算；若無市價者，則以分解為組成該股價指數個股之市價計算，再依權益證券個別風險計提規定計提8%。	（同上）
選擇權交易	依「本計算說明『五、選擇權之處理』」計提資本。	依「本計算說明『五、選擇權之處理』」計提資本。

範例

假設甲銀行持有中華民國乙公司、丙公司及丁公司股票長部位分別為550百萬元、1,800百萬元及400百萬元，及臺灣加權股價指數長部位30百萬元，短部位80百萬元，另持有庚銀行股票100百萬元（上市公司）；美國戊公司及己公司股票長部位1,200百萬元及700百萬元，及S ＆ P500股價指數長部位100百萬元，短部位200百萬元，其個別風險及一般市場風險資本之計提計算如下：

(1) 中華民國

個別風險資本之計提

計算項目 權益證券及相關衍生性商品交易	個別權益證券或股價指數		淨部位 (3)＝(1)－(2)		個別風險應計提資本 (4)＝|(3)| ×資本計提率
	長部位合計數 (1)	短部位合計數 (2)	淨長部位 (3)＞0	淨短部位 (3)＜0	
資本計提率 8%					
乙公司股票	550		550		44
丙公司股票	1,800		1,800		144
丁公司股票	400		400		32
庚銀行股票	100		100		8
臺灣加權股價指數	30	80		50	4
合計數	2,880	80	2,850	50	232

一般市場風險資本之計提

淨長部位合計數		淨短部位合計數		淨長短部位之差額
2,850	－	50	＝	2,800

淨長短部位差額之絕對值				一般市場風險應計提資本
2,800	×	8%	＝	224

(2) 美國

個別風險資本之計提

計算項目 權益 證券及 相關衍生性 商品交易	個別權益證券 或股價指數		淨部位 (3)＝(1)－(2)		個別風險 應計提資本 (4)＝｜(3)｜ ×資本計提率
	長部位 合計數 (1)	短部位 合計數 (2)	淨長部位 (3)＞0	淨短部位 (3)＜0	
資本計提率 8%					
戊公司股票	1,200	0	1,200		96
己公司股票	700	0	700		56
S & P 500指數	100	200		100	8
合計數	2,000	200	1,900	100	160

一般市場風險資本之計提

淨長部位合計數		淨短部位合計數		淨長短部位之差額
1,900	－	100	＝	1,800

淨長短部位差額之絕對值				一般市場風險應計提資本
1,800	×	8%	＝	144

甲公司權益證券部位應計提之資本如下：

應計提資本 國家別	個別風險 應計提資本	一般市場風險 應計提資本	合計數
中華民國	232	224	456
美國	160	144	304
合計數	392	368	760

3. **外匯風險（含黃金）**：除選擇權交易依「標準法下選擇權的處理」計提市場風險之資本外，其餘外匯部位計提資本需求時，應先衡量單一貨幣曝險部位，再換算為本國貨幣，計算各種幣別之長、短部位；其次衡量不同外幣組合及黃金組合其所需計提資本。對於銀行有多種外匯部位（含黃金）時，其外匯風險所需資本之衡量方法如下：

   (1) 每一種外幣名目本金（或淨現值）應以即期匯率轉換為本國貨幣。
   (2) 總體淨部位為下列之合計：
   　　A. 淨短部位合計或淨長部位合計，取其較大者，加上
   　　B. 黃金淨部位（短或長），不管其正負號。
   (3) 資本計提為總體淨開放部位之百分之八。

4. **商品風險**：商品的定義為在次級市場交易之實質產品，如農產品、礦物（包括石油）及貴金屬，但不包括黃金。銀行除須依本規定衡量商品部位之市場風險外，其持有商品部位所需的資金，也會使銀行產生利率或外匯曝險，其有關部位應另計算利率或外匯風險。另店頭市場之衍生性金融商品應依「信用風險標準法」之規定再計提交易對手信用風險。衡量商品部位之市場風險，在標準法下可使用期限別法及簡易法，每個商品的長短部位可以互抵後的淨額為基礎。除彼此可以替代交割者外，不同商品之長短部位不可互抵。

5. **選擇權之處理**：銀行從事選擇權交易（含認購「售」權證）其交易量不大時，則其一般市場風險之衡量，可選擇簡易法（simplified approach）、敏感性分析法（Delta-plus approach）及情境分析法（scenario approach）。

   (1) **簡易法**：簡易法之使用僅限於銀行所從事之選擇權交易量不大及選擇權之剩餘到期日小於六個月以下者；惟若僅為選擇權之買方，則不受選擇權交易量以及剩餘到期日需小於六個月之限制。反之，若銀行同時也持有選擇權賣方之部位，且剩餘到期日超過六個月或選擇權交易量大時，則不適合使用簡易法，應改採敏感性分析法及情境分析法，或更為精確之模型。

   　　採用簡易法時，屬於單一部位及避險部位之現貨與其避險之選擇權，應分離出來計算其所需之資本，不須再將該現貨歸類至所屬之利率、權益、外匯及商品部位計提資本。

(2) **敏感性分析（Delta-plus）法**：當銀行選擇使用敏感性分析法計提市場風險資本時，至少需計提三種風險資本（包括Delta、Gamma、Vega、rho及Theta等風險），即是至少需計提Delta風險、Gamma風險，以及Vega風險之資本需求之合計。

使用本法計算選擇權市場風險之個別風險時，係以選擇權Delta加權部位併入利率、權益證券等計提個別風險之部位中，再乘以標的工具之個別風險資本計提率；至於一般市場風險所需資本之計算方法，也是將Delta加權部位併入利率、權益證券、外匯及商品等之衡量一般市場之部位中加以計算，惟須再加計Gamma風險及Vega風險所應計提之資本。

A. **Delta風險（價格風險）**：將選擇權Delta加權部位乘以利率風險、權益證券風險、外匯風險及商品風險等標的工具所訂之個別與一般市場風險資本計提率（僅利率風險及權益證券風險有個別風險）。計算方法如下：

Delta值＝選擇權標的工具價值變動一元時，選擇權價值相對應之變動額。

選擇權Delta加權部位＝選擇權標的資產市場價值×選擇權之Delta值。

Delta風險之資本需求＝選擇權Delta加權部位×所屬各風險類別所訂之資本計提率（含個別風險及一般市場風險之計提）。

B. **Gamma風險**：應先衡量「每一筆選擇權」之Gamma衝擊（gamma impact），僅「淨負Gamma衝擊」始屬於應計提之資本：

Gamma衝擊＝0.5×Gamma值×UV

UV係指選擇權標的工具之變動量，其可用標的資產市價乘以該標的資產之資本計提率代表之；另依不同風險類別（利率、權益證券、外匯及商品）。

C. **Vega風險（變異性風險）**：

Vega值＝選擇權標的物價值之波動率變動1%時，選擇權價值變動額。以利率選擇權為例，其Vega值不併入一般市場風險計算搭配及未搭配之資本計提額，應直接計算Vega風險之資本需求。

Vega風險之資本需求＝Vega值乘以目前波動率增（減）25%而變動之百分點數後取絕對值。

(3) **情境分析法**：當銀行選擇使用情境分析法，需經本會同意。若銀行已具有完善風險衡量方法者，得使用其現有之情境分析矩陣（scenario matrix analysis）為基礎，但需再對選擇權之風險因子訂定相關之變動幅度，再進行情境分析以計提所需之資本。

(二) **內部模型法**

使用內部模型衡量一般市場風險應較標準法精確，惟內部模型之衡量結果是否正確，除模型本身衡量方法之考量外，建立整套風險管理政策及程序，並有效執行及控管則為模型運作成敗之關鍵。故為使內部模型正確性得以嚴格落實並保持有效運作，銀行使用內部模型衡量市場風險應計提資本，須符合規定（包括風險管理程序、質化標準、量化標準及模型驗證等）。

四、市場風險管理

列入交易簿計算資本之部位，在管理方面應符合以下最低要求：

(一) 持有部位、金融商品或投資組合之交易之策略（包含持有期間長短）應已清楚明確記載於文件，並經高階主管核准。

(二) 部位管理之政策和流程有清楚規定，包括下列事項

1. 由交易單位依所負權責對其部位進行管理。

2. 設定適當部位限額並進行監控。

3. 交易員在經核准之限額與交易策略之範圍內，具有從事部位操作及管理部位之自主性。

4. 部位至少每日按照市價評價。如以模型評價，所有參數須每日評估。

5. 依照銀行之風險管理流程，交易部位須呈報高階主管。

6. 根據市場資訊，對交易部位予以密切監控（包括部位之流動性、能否建立避險部位及投資組合之風險情形）。同時，還要評估計入評價模型之市場資料之品質及其可取得情形、市場流動性、市場中交易部位之規模等。

(三) 針對銀行之交易策略，訂定明確之政策與程序，以管理交易部位，包括交易流動率（turnover）之控管及對交易簿中之流動性不足部位之控管。

牛刀小試

(　) **1** 下列何者不是市場風險的來源？　(A)利率風險　(B)外匯風險　(C)價格風險　(D)法律風險。　　　　　　　　　　　【第7屆】

(　) **2** 有關Basel監理委員會2010年12月16日發布的資本協定第三版（Basel III），下列敘述何者錯誤？
(A)除了法定的資本計提額，另外要求增訂「緩衝資本2.5%」
(B)提高「普通股權益資本的比率」由2013年起逐步調高至2015年的4.5%
(C)為防範景氣循環帶來的衝擊，設計了「額外緩衝資本」為0~2.5%，建議各國政府自行決定
(D)增訂長期的淨穩定資金率（Net Stable Funding Ratio），該比率在推動初期以「大於或等於120%」作為門檻。　　【第6屆】

[解答與解析]

1 (D)。 市場風險的來源有：利率風險、外匯風險、價格風險等。

2 (D)。 淨穩定資金比率（NSFR）之內涵及計算NSFR旨在要求金融機構在持續營運基礎上，籌措更加穩定的資金來源，以提升長期因應彈性，其係用於衡量銀行以長期而穩定資金支應長期資金運用之程度，定義為銀行可用穩定資金（ASF）占應有穩定資金（RSF）之比率。ASF為銀行資金來源項目，愈長期且穩定之資金來源係數愈高；反之則愈低。如資本適用最高係數100%。

重點 2　商業銀行的作業風險管理

一、作業風險之種類

作業風險係指起因於銀行內部作業、人員及系統之不當或失誤，或因外部事件造成銀行損失之風險，包括法律風險，但排除策略風險及信譽風險。巴塞爾委員會作業風險損失事件七大類型如下：

> **考點速攻**
> 作業風險係起因於下列不當因素,造成銀行損失之風險:人員、系統、內部作業與外部事件。

(一) 內部詐欺（Internal Fraud）。

(二) 外部詐欺（External Fraud）。

(三) 僱用慣例、工作場所安全。

(四) 客戶、產品、營業行為。

(五) 人員或資產損失（Damage to Physical Assets）。

(六) 營運中斷與系統當機（Business Disruption and System Failures）。

(七) 執行、運送及作業流程之管理。

二、作業風險衡量

銀行衡量作業風險所需資本計提額之方法包括：基本指標法、標準法或選擇性標準法，以及進階衡量法。

(一) **基本指標法**

　　基本指標法係以單一指標計算作業風險資本計提額，即以前三年中為正值之年營業毛利乘上固定比率（用α表示）之平均值為作業風險資本計提額；當任一年之營業毛利為負值或零時，即不列入前述計算平均值之分子與分母。

　　基本指標法之計算方式如下：

　　KBIA＝[$\sum$(GI1...n×α)] / n

　　KBIA＝依基本指標法所計算之資本計提額

　　GI＝前三年之年營業毛利（annual gross income）為正值者

　　n＝前三年營業毛利為正值之年數

　　α＝15%

　　若因負值之營業毛利致使銀行於第一支柱下之資本計提額失真，主管機關得依第二支柱規定採取適當之監理措施。

(二) 標準法

1. **使用標準法資格**：銀行使用標準法應先經主管機關核准，其最低標準如下：

   (1) 銀行董事會和高階管理者須積極參與監督作業風險管理。

   (2) 銀行須擁有完整且確實可行之作業風險管理系統。

   (3) 銀行需有充足之資源投注在主要業務別之風險控制與稽核工作上。

2. **須先進行一段時間之初始監測**：當銀行採行標準法計算法定資本前，主管機關得對該銀行進行一段時間之初始監測。銀行之作業風險管理系統須有權責分明之作業風險管理功能。

3. **計提資本計算**：標準法係將銀行之營業毛利區分為八大業務別後，依規定之對應風險係數（Beta係數，以β值表示），計算各業務別之作業風險資本計提額。銀行整體之作業風險資本計提額，則為各業務別作業風險資本計提額之合計值。在計提指標方面，每項業務別均以營業毛利（Gross Income）作為作業風險計提指標（indicator），並賦予每個業務別不同之風險係數，因此，總資本計提額是各業務別法定資本之簡單加總後之三年平均值，在任一年中及任一業務別中，如有負值之資本計提額（由於營業毛利為負）有可能抵銷掉其他業務別為正值之資本計提額（無上限）；然而，任一年中所有業務別加總後之資本計提額為負值時，則以零計入。

   標準法之計算方式如下：

   $$K_{SA} = \{\Sigma_{years\ 1-3} \max[\Sigma(GI_{1-8} \times \beta_{1-8}), 0]\} / 3$$

   其中，K_{SA}＝以標準法計算之所需資本

   GI_{1-8}＝八大業務別個別之年營業毛利（annual gross income）

   β_{1-8}＝各業務別之風險係數

   如同對基本指標法之要求，在標準法下，若負值之營業毛利致使銀行於第一支柱下之資本計提失真，主管機關可依第二支柱之規定採取適當之監理措施。

(三) 選擇性標準法

1. **使用選擇性標準法資格**：銀行採行選擇性標準法時，除須符合前述標準法之適用標準外，銀行須向主管機關證明其使用選擇性標準法具有其實質效用，例如能夠防止風險重複計算。一旦銀行被允許採用選擇性標準法，在未經主管機關許可下，不得改採標準法。

2. **計提資本計算**：選擇性標準法與標準法主要之差別在於選擇性標準法在「消費金融」及「企業金融」業務之作業風險資本計提，以放款餘額乘以

固定係數「m」（係巴塞爾銀行監理委員會參考十大工業國之存放款利差訂定）代替營業毛利作為風險指標，消費金融和企業金融的β值與標準法相同；其他業務別方面，仍以營業毛利作為計提指標。以消費金融業務為例，依循選擇性標準法，該項業務所應計提之作業風險資本額為：

$K_{RB} = \beta_{RB} \times m \times LA_{RB}$

其中：

K_{RB}＝為消費金融所需之資本

β_{RB}＝為消費金融之β值

LA_{RB}＝為消費金融前三年之放款平均數（非風險加權及不扣除各項提存）

m＝0.035

採行選擇性標準法時，銀行可將消費金融及企業金融之放款加總，並以β＝15%為風險係數。

(四) **進階衡量法**

1. **使用標準法資格**：銀行使用進階衡量法應先經主管機關核准，其最低標準如下：

   (1) 銀行之董事會和高階管理者積極參與監督作業風險管理。

   (2) 銀行擁有完整且確實可行之作業風險管理系統。

   (3) 有充足之資源投注在主要業務別之風險控制與稽核工作上。

2. **須先進行一段時間之初始監測**：銀行採行進階衡量法計算法定資本之前，主管機關有權對該銀行實施一段時間之初始監測，包括：確定該方法是否具可信度和適當性；銀行之內部衡量系統須能結合內部和外部相關損失資料、情境分析、銀行特殊經營環境和內部控制因素等情況，合理衡量非預期損失；以及銀行之衡量系統須能在提升作業風險管理之激勵下，針對因應各業務別之作業風險曝險分配所需之經濟資本。

3. **計提資本計算**：銀行採用進階衡量法衡量作業風險之實施初期，須符合下列資本底限之規定：

   (1) 資本底限為以調整因子乘以下列各項計算後之餘額：

   A. 依其開始採用進階衡量法前所適用之資本適足率計算規定，所計算之全部風險性資產總額之8%。

   B. 加計第一類資本及第二類資本之扣除額。

   C. 扣除依「銀行資本適足性管理辦法」規定得列入第二類資本之營業準備及備抵呆帳。

(2) 各年調整因子如下：實施第一年之調整因子為90%，第二年之調整因子為80%。

(3) 資本底限高於下列各項計算後之餘額時，須將其差異數乘以12.5列入風險性資產：

A. 依其開始採用進階衡量法後所適用之資本適足率計算規定，所計算之全部風險性資產總額之8%。

B. 加計第一類資本及第二類資本之扣除額。

C. 扣除依「銀行資本適足性管理辦法」規定得列入第二類資本之營業準備及備抵呆帳。

考點速攻
作業風險的資本計提方法有：
1. 進階衡量法。
2. 標準法。
3. 基本指標法。

4. 質之標準：採行進階衡量法之銀行，應符合下列質之標準：

(1) **銀行須具備獨立之作業風險管理功能**：銀行須具備獨立之作業風險管理功能，據以設計與執行作業風險管理架構。其功能在於：制定與作業風險管理、控制相關之全行政策及程序；設計並實施銀行之作業風險評估方法；設計並實施作業風險報告系統；發展對作業風險之辨識、評估、監測、控制／抵減之策略。

(2) **銀行須將作業風險評估系統整合融入銀行之日常風險管理程序**：作業風險評估結果須納入銀行作業風險曝險之監測和控制流程中。例如，該作業風險評估資訊須在風險分析管理報告中扮演重要作用，銀行並藉以建立激勵誘因提升作業風險管理。

(3) **須定期向董事會報告**：須定期向董事會、高階管理者和業務管理者報告作業風險曝險和損失情況，並制定處理程序，針對管理報告所反映之資訊採取適當行動。

(4) **銀行之作業風險管理系統須文件化**：銀行須有符合作業風險管理系統之內部政策、控制和程序等文件，以供例行作業遵循及不符合規定情況之處理。

(5) **定期接受內部及外部稽核人員之覆核**：銀行之作業風險管理程序和衡量系統須定期接受內部及外部稽核人員之覆核。查核範圍須涵蓋業務部門之活動和作業風險管理功能。外部稽核人員及主管機關對銀行作業風險衡量系統之驗證包括：

A. 確認內部驗證程式運作正常。

B. 確認風險衡量系統相關之資料流程和程序透明且使用方便，查核人員和主管機關進行系統查核時，應能輕易獲得系統之規格和參數資訊。

5. **量之標準**：採行進階衡量法之銀行，須符合下列量之標準：

(1) **AMA健全標準**：對於作業風險衡量和計算法定資本所採用之具體方法和統計分佈假設，銀行須證明已考慮到潛在較嚴重之概率分佈「尾部」損失事件。無論採用何種方法，銀行須表明作業風險衡量方式符合與信用風險IRB法相當之穩健標準（例如，為能精確衡量風險，觀察以持有期達一年且獲取足夠可供比較之資產及99.9%信賴區間可能產生之潛在損失）。

(2) **細部標準**：適用於計算作業風險最低法定資本：

A. 任何作業風險內部衡量系統須與作業風險定義和各類損失事件定義一致。

B. 銀行應依預期損失（EL）和非預期損失（UL）合計數計算所需法定資本，除非銀行能證明在其現行內部實務中，已能準確計算出預期損失。易言之，銀行若基於非預期損失得出最低法定資本，則須向主管機關證明已計算並認列預期損失。

C. 銀行之作業風險衡量系統須足夠完整，以將影響損失估計分佈尾部型態之主要作業風險因素考慮在內。

D. 在計算最低法定資本需求額時，應將不同作業風險估計之法定資本需求額加總。銀行若能證明其系統在估計各項作業風險損失間之相關係數，計算準確、落實執行、考慮到相關性估計之不確定性（尤其在壓力情形出現時），並符合主管機關要求，則主管機關將允許銀行在計算作業風險損失時，使用內部設定之相關係數，銀行須利用適當之質與量之技術以驗證其相關性假設。

E. 任何作業風險衡量系統須具備特定關鍵要素，以符合主管機關之健全標準。

F. 銀行應於總體作業風險衡量系統中具可靠性、透明性、文件齊備且可驗證之過程，以確定各基本要素在風險衡量系統之相關重要程度，並在內部保持一致運用並避免對質之評估或風險抵減重複計算。

牛刀小試

( ) **1** 下列何種方法不屬於作業風險的資本計提方法？
(A)進階衡量法　　　　　(B)內部模型法
(C)標準法　　　　　　　(D)基本指標法。

( ) **2** 新巴賽爾資本協定，2004年6月將「作業風險」的「最低資本需求」，納入資本適足率的第一支柱。依據金管會定義作業風險，係起因於哪些不當因素，造成銀行損失之風險，下列敘述何者錯誤？
(A)人員　　　　　　　　(B)系統
(C)內部作業與外部事件　(D)策略風險與信譽風險。 【第4屆】

[解答與解析]

1 (B)。 作業風險的資本計提方法有：進階衡量法、標準法、基本指標法。

2 (D)。 新巴賽爾資本協定，2004年6月將「作業風險」的「最低資本需求」，納入資本適足率的第一支柱。依據金管會定義作業風險，係起因於下列不當因素，造成銀行損失之風險：人員、系統、內部作業與外部事件。

重點3 商業銀行的槓桿比率之計算

一、槓桿比率之計算

槓桿比率（leverage ratio, LR）係一簡單、透明且非以風險為衡量基礎之比率，其計算目的係用來補充以風險衡量為基礎之最低資本要求（即資本適足率）。銀行應按季計算槓桿比率，槓桿比率於平行試算期間之最低要求為3%，槓桿比率之分子為第一類資本淨額（capital measure），分母為曝險總額（exposure measure），計算公式如下：

$$槓桿比率（LR）＝\frac{第一類資本淨額}{曝險總額}$$

二、槓桿比率之說明

(一) 第一類資本淨額

第一類資本淨額，係指第一類資本扣除依本辦法及計算方法說明相關規定之法定應扣除項目後之淨額，若已自第一類資本扣除之金額（分子），得自曝險總額中扣除（分母），以避免重複計算。

> **考點速攻**
> 槓桿比率係指第一類資本淨額／曝險總額。

(二) 曝險總額之計算

銀行之曝險總額為資產負債表表內曝險、衍生性金融商品曝險、有價證券融資交易（SFT）曝險及資產負債表表外項目曝險之加總，計算方式如下：

1. **一般性原則**：計算槓桿比率之曝險總額時，曝險總額之衡量應與一般公認會計原則及編製財務報告之相關規定一致，以帳面金額為基礎，並依據下列規定處理：

   (1) 資產負債表表內及非衍生性金融商品之曝險，應扣除帳列備抵呆帳及評價調整後之金額。

   (2) 除另有規定者外，曝險金額之計算，不得扣除銀行所徵得之實體擔保品、金融擔保品、保證或買進信用風險抵減工具（CRM）之風險抵減效果。

   (3) 放款及存款不得互抵。

2. **資產負債表表內曝險**：

   (1) 資產負債表表內曝險應涵蓋所有資產，但不含衍生性金融商品與有價證券融資交易。

   (2) 負債項目不得自曝險總額中扣除，例如因銀行自身信用風險變動所致之債科目公平價值調整之損益或衍生性金融負債帳列價值調整數等。

3. **衍生性金融商品曝險**：

   (1) 銀行於計算衍生性金融商品之曝險額時，應以重置成本做為當期曝險額，加計未來潛在曝險額之合計數進行衡量。

   (2) 銀行如與交易對手簽有符合規定之合格雙邊淨額結算合約，得另適用「衍生性商品雙邊淨額結算合約之信用風險抵減規定」，惟跨商品淨額結算除外。

   (3) 計算衍生性金融商品槓桿比率之曝險額時，如交易對手兩造間之價格變動保證金收付符合下列規定，其現金部位得視為交割前之支付款項：

A. 所取得之現金價格變動保證金無使用上之限制，即收取方得將該保證金視同自有資金而加以運用，且無須與收取方之資產分開管理。

B. 價格變動保證金應逐日依衍生性金融商品市價評估進行結算。

C. 現金價格變動保證金幣別應與衍生性金融商品合約交割幣別一致。

D. 價格變動保證金應依交易對手所適用之追繳門檻及最低轉讓金額規定足額收取，以支應衍生性金融商品市價變動。

E. 交易對手間簽訂之單一淨額結算合約（master netting agreement，MNA）應涵蓋衍生性金融商品交易與價格變動保證金。

(4) 銀行符合前述規定時，收取或提供現金價格變動保證金之處理，分述如下：

A. 銀行收取現金價格變動保證金，在其衍生性金融商品合約之市價評估金額為正數，且未將市價評估扣減收取之現金價格變動保證金時，銀行可將該收取之保證金用以抵減重置成本，但不得抵減未來潛在曝險額，亦不適用於雙邊淨額結算合約下NGR中重置成本之計算。

B. 若銀行提供現金價格變動保證金予交易對手，且該保證金仍帳列銀行資產，則該資產可在銀行計算曝險總額時排除。

4. **有價證券融資交易（SFT）曝險：**

(1) 有價證券融資交易係指如附買回交易、附賣回交易、有價證券借出與借入、證券信用交易等交易，其交易之價值取決於標的物市場價值，且通常受保證金協議之約束。

(2) 當銀行為交易主體時，有價證券融資交易曝險之計算應包含有價證券融資交易之表內曝險及交易對手信用風險，說明如下：

A. 有價證券融資交易表內曝險係依會計原則認列之有價證券融資交易資產毛額（即會計上未認列互抵者）。對同一交易對手進行有價證券融資交易所產生之應收及應付現金，若同時符合下述條件，可採淨額計入：

a. 相關交易之最終交割日相同。

b. 無論在正常營運或信用違約、無力清償、破產等事件下，仍可依法執行現金收付。

c. 交易對手有淨額與同步交割之意願，或交易機制使交易性質實際上等同淨額交割，即交割日之現金流等同互抵後淨額。為達成該

效果，相關交易需在同樣交割系統下交割，且交割之安排需有現金及／或日中信用措施之支持，以確保相關交易能在交易日（營業日終了前）順暢進行，且個別交易違約不影響其他交易之淨額交割。

B. 有價證券融資交易之交易對手信用風險僅需考量當期曝險額。

5. **資產負債表表外項目曝險：**

(1) 銀行應依據信用風險標準法中有關資產負債表表外項目計提信用風險之方法，計算承諾（含流動性融資額度）、直接信用替代、承兌、擔保信用狀及貿易信用狀等表外項目之信用曝險相當額。

(2) 銀行於計算槓桿比率時，上開資產負債表表外項目係以信用轉換係數（CCF）轉換成信用曝險相當額，且適用之最低信用轉換係數為10%，規定如下：

A. 銀行無須事先通知即得隨時無條件取消之承諾，及當借款人信用貶落時，銀行有權自動取消之承諾，信用轉換係數為10%。

B. 資產負債表表外證券化曝險，若符合證券化交易標準法中之「服務機構之合格預付現金額度」，信用轉換係數為10%，若符合「合格流動性融資額度」，信用轉換係數為50%，其餘表外證券化曝險之信用轉換係數為100%。其餘資產負債表表外曝險之信用轉換係數，適用信用風險標準法中資產負債表表外交易項目之信用轉換係數。

C. 包括於計算基準日，信用卡及現金卡持卡人未動用循環額度者，其尚未動用之信用額度。

牛刀小試

( ) **1** 銀行資本適足性公式中，「第一類資本淨額，除以曝險總額」，係指下列何者？
　　(A)普通股權益比率　　　　　(B)第一類資本比率
　　(C)槓桿比率　　　　　　　　(D)資本適足率。　　　【第5屆】

( ) **2** 依據銀行資本適足性及資本等級管理辦法，所稱槓桿比率係指下列何者？
　　(A)第一類資本淨額／曝險總額　(B)第一類資本淨額／總資產
　　(C)合格資本／曝險總額　　　　(D)總負債／總資產。　【第4屆】

[解答與解析]

1 (C)。 銀行資本適足性及資本等級管理辦法第2條規定:「……五、槓桿比率:指第一類資本淨額除以曝險總額。……」

2 (A)。 依據銀行資本適足性及資本等級管理辦法,所稱槓桿比率係指第一類資本淨額/曝險總額。

【重點統整】

1. 巴塞爾資本適足率:

比率	計算公式	巴塞爾資本協定(Basel II)	巴塞爾資本協定(Basel III)
資本適足率	(一級資本+二級資本-扣除項)/風險加權資產	8%	8%
核心資本適足率	(一級資本-扣除項)/風險加權資產	4%	6%
核心一級資本適足率	股本/風險加權資產	4%	4.5%

2. 市場風險的來源有:利率風險、外匯風險、價格風險等。

3. 銀行可用穩定資金(ASF)為銀行資金來源項目,愈長期且穩定之資金來源係數愈高;反之則愈低。如資本適用最高係數100%。

4. 新巴賽爾資本協定,2004年6月將「作業風險」的「最低資本需求」,納入資本適足率的第一支柱。

5. 作業風險係起因於下列不當因素,造成銀行損失之風險:人員、系統、內部作業與外部事件。

6. **作業風險的資本計提方法有:**
   (1) 進階衡量法。
   (2) 標準法。
   (3) 基本指標法。

7. 標準法係將銀行之營業毛利區分為八大業務別（business line）後，依規定之對應風險係數（Beta係數，以β值表示），計算各業務別之作業風險資本計提額。銀行整體之作業風險資本計提額，則為各業務別作業風險資本計提額之合計值。

8. 衡量市場風險時，有關主要部位或個別金融商品的「價格波動」，是指市場因素在特定時間內，上下偏離平均水準，導致部位價值產生變動的程度。

9. 依據Basel委員會規範，**與市場風險有關的「主要部位」包括：外匯部位、權益證券部位、固定收益證券部位**等。

10. 國際清算銀行之巴賽爾委員會透過內部評等法開始重視之風險量化指標，包括：**違約風險、曝露風險、回收風險**等。

11. **銀行的作業風險管理**，從監督管理層面觀察有三道防線，**第一道防線**，包括**海內外分子行、總行部級的營業單位；第二道防線，總行業務管理單位、風險控管及法律遵循部門；第三道防線，銀行董事會轄下的稽核處或稽核室**。

精選試題

( )　**1** 有關作業風險之資本計提，標準法是依業務別，設定計提指標，並與對應且權數固定的β值相乘求得資本計提額，下列敘述何者錯誤？　(A)將銀行業務活動分為八大類別　(B)八類業務均以「營業毛利」作為計提標準　(C)八類業務均以「營業利益」作為計提標準　(D)風險係數β值，依業務屬性與曝險程度，定在12%至18%之間。　【第8屆】

( )　**2** 有關巴塞爾資本協定第三版（Basel III）增訂之流動性風險指標，下列敘述何者錯誤？　(A)流動性覆蓋率係指高品資的流動資產除以30天期之淨現金流出　(B)流動性覆蓋率反應在監理機關嚴峻的流動性需求下處分資產換取現金的能力　(C)淨穩定資金率係指法定穩定資金除以可取得的穩定資金　(D)淨穩定資金率強調用來支應資產和業務活動的資金，至少須一定比率來自於穩定的負債。　【第6屆】

(　　)　**3** 下列何者屬於正確的風險管理概念？　(A)經濟資本又稱風險資本，屬於官方協助建立模型計提的資本需求額　(B)不論競爭情勢是否激烈，金融業務成本均須納入「風險成本」項目　(C)標準法計提的資本需求額，稱為「管制資本」或「法定資本」　(D)實務上，「資本風險」又稱「風險資本」或「償債能力風險」。　　【第6屆】

✿✿(　　)　**4** 國際清算銀行（Bank for International Settlements，BIS）之巴賽爾委員會推動資本適足管理，其中銀行授信業務的風險管理制度除傳統指標外，透過內部評等法（Internal Rating-Based Approach，IRB）開始重視之風險量化指標，不包括下列何者？　(A)違約風險　(B)曝露風險　(C)回收風險　(D)市場風險。　　【第5屆】

✿✿(　　)　**5** 衡量市場風險時，有關主要部位或個別金融商品的「價格波動」，是指市場因素在特定時間內，上下偏離平均水準，導致部位價值產生變動的程度，在統計學上稱為部位價值的變動率，此波動程度之衡量不包括下列何者？　(A)標準差　(B)變異數　(C)變異係數　(D)敏感性係數。　　【第5屆】

✿✿(　　)　**6** 銀行藉由「損失波動幅度」與「波動倍數」的相乘，估算部位的何種指標？　(A)信用風險值或限額　(B)市場風險值或限額　(C)作業風險值或限額　(D)信用損失的期望值與標準差。　【第5屆】

✿(　　)　**7** 有關Basel監理委員會2010年12月16日發布的資本協定第三版（Basel III），下列敘述何者錯誤？　(A)除了法定的資本計提額，另外要求增訂「緩衝資本2.5%」　(B)提高「普通股權益資本的比率」由2013年起逐步調高至2015年的4.5%　(C)為了防範景氣循環帶來的衝擊，設計了「額外緩衝資本」為0~2.5%，建議各國政府自行決定　(D)增訂長期的淨穩定資金率（Net Stable Funding Ratio），該比率在推動初期以「大於或等於120%」作為門檻。　　【第4屆】

✿✿(　　)　**8** 計算非衍生性商品之信用相當額與風險性資產，依Basel II估計此類風險性資產時，下列敘述何者錯誤？　(A)信用相當額＝交易金額×信用轉換係數　(B)風險性資產＝信用相當額×風險權數　(C)信用轉換係數有0%、20%、50%、100%　(D)風險權數有0%、20%、50%、100%。　　【第4屆】

✿( ) **9** 計算Basel II之「表內」風險性資產與信用風險的資本計提額，銀行之資本適足率（BIS）須滿足三條件，銀行之合格資本$4,500,000，下列敘述何者錯誤？ (A)槓桿比率＝核心資本÷總資產≧4% (B)第一類資本÷風險性資產≧4% (C)(第一類資本＋第二類資本＋第三類資本)÷風險性資產≧8% (D)如總資產$100,000,000，則槓桿比率＝4%。 　　　　　　　【第4屆】

✿( ) **10** 依據Basel委員會規範，與市場風險有關的「主要部位」不包括下列何者？ (A)外匯部位 (B)權益證券部位 (C)擔保放款部位 (D)固定收益證券部位。 　　　　　　　　　　　【第1屆】

✿( ) **11** 計算市場風險之主要部位變動幅度，當利率、匯率或石油價格等市場因素變動「一單位」時，觀察目標部位或金融商品的價格，變動多少幅度，係為下列何項指標？ (A)風險係數 (B)波動幅度 (C)向下風險 (D)敏感性係數。 　　　　　【第4屆】

( ) **12** 有關各種風險之資本計提，下列敘述何者錯誤？ (A)信用風險加權風險性資產，係衡量交易對手不履約，致銀行產生損失的風險 (B)市場風險應計提之資本係衡量市場價格波動，致銀行資產產生損失之風險，所需計提之資本 (C)風險性資產總額為信用風險加權風險性資產，加計市場風險及作業風險應計提之資本乘以12.5之合計數 (D)作業風險應計提之資本，係在衡量銀行因內部作業、人員及系統之不當或失誤，造成損失之風險，所需計提之資本，但不包含外部事件造成損失之風險。 　　　　　　　【第3屆】

( ) **13** A銀行在104年6月之信用風險加權風險性資產為新臺幣（以下同）1,000億元，市場風險和作業風險應計提資本各為5億元，請問其加權風險性資產總額為下列何者？ (A)1,000億元 (B)1,005億元 (C)1,010億元 (D)1,125億元。 　　　　【第3屆】

( ) **14** 從全行角度衡量「市場風險」，不論單一金融商品、組合部位或全行資產負債觀點，最常見的市場因素不包括下列何者？ (A)利率 (B)匯率 (C)生產要素成本 (D)生產要素的估計價格。 　　　　　　　　　　　　【第3屆】

☆☆(　)　**15** 有關作業風險的標準法，下列敘述何者錯誤？　(A)依八種業務類別，設定計提指標　(B)每種業務類別均以「營業毛利」作為計提指標　(C)風險係數介於12%與18%之間　(D)利用各類業務之營業利益，乘以對應的風險係數，作為「資本計提額」。　【第3屆】

☆☆(　)　**16** 有關信用風險的資產分類與風險權數，將Basel I的標準法與Basel II比較，Basel II具有三項特色，下列敘述何者錯誤？　(A)借款期間愈長，信用風險愈低　(B)借款期間愈長，信用風險愈高　(C)借款人信用評等不同，以「風險權數」反映其差異　(D)若借款人提供抵押品，計提自有資本時，可「向下」調整風險性資產。【第2屆】

☆☆(　)　**17** 有關銀行的作業風險管理，從監督管理層面觀察有三道防線，下列敘述何者錯誤？　(A)第一道防線，包括海內外分子行、總行部級的營業單位　(B)第二道防線，總行業務管理單位、風險控管及法律遵循部門　(C)第三道防線，銀行董事會轄下的稽核處或稽核室　(D)第三道防線，不包括董事會轄下的風險管理委會、監事會。　【第2屆】

☆☆(　)　**18** 2014年1月1日臺灣已將資本適足率（BIS）的「合格資本」改為「自有資本」，金融服務業需要計提合格資本的風險種類不包括下列何者？　(A)市場風險　(B)作業風險　(C)信用風險　(D)法律風險。　【第2屆】

☆☆(　)　**19** 依據銀行資本適足性及資本等級管理辦法，所稱槓桿比率係指下列何者？　(A)第一類資本淨額／曝險總額　(B)第一類資本淨額／總資產　(C)合格資本／曝險總額　(D)總負債／總資產。　【第2屆】

解答與解析

1 (C)。 有關作業風險之資本計提，標準法是依業務別，設定計提指標，並與對應且權數固定的β值相乘求得資本計提額，將銀行業務活動分為八大類別，八類業務均以「營業毛利」作為計提標準，風險係數β值，依業務屬性與曝險程度，定在12%至18%之間。

2 (C)。
(1) 淨穩定資金比率＝可用穩定資金／應有穩定資金。

A.可用穩定資金：指預期可支應超過1年之權益及負債項目。

B.應有穩定資金：指對穩定資金之需求量，即為銀行所持有各類型資產依其流動性特性及剩餘期間所計算數額，包含資產負債表表外曝險。

C.淨穩定資金比率強調用來支應資產和業務活動的資金，至少須一定比率來自於穩定的負債。

(2) 流動性覆蓋率＝高品質流動性資產儲備／未來30日的資金淨流出量。

本比率反應在監理機關嚴峻的流動性需求下處分資產換取現金的能力。

3 (C)。 標準法係將銀行之營業毛利區分為八大業務別（business line）後，依規定之對應風險係數（Beta係數，以β值表示），計算各業務別之作業風險資本計提額。銀行整體之作業風險資本計提額，則為各業務別作業風險資本計提額之合計值。八大業務別分別為企業財務規劃與融資（Corporate Finance）、財務交易與銷售（Trading & Sales）、消費金融（Retail Banking）、企業金融（Commercial Banking）、收付清算（Payment and Settlement）、保管及代理服務（Agency Services）、資產管理（Asset Management）及零售經紀（Retail Brokerage），標準法計提的資本需求額，稱為「管制資本」或「法定資本」。

4 (D)。 採基礎內部評等法之銀行，須自行內建「違約機率」估計，其餘「違約損失率」、「違約曝險額」及「到期期間」等風險成分值，由主管機關訂定；至於採進階內部評等法者，銀行須估計「違約機率」、「違約損失率」、「違約曝險額」及「到期期間」等風險成分值，並將風險成分值代入規定之風險權數計算式，以計算信用風險性資產額。是透過內部評等法開始重視之風險量化指標，包括違約風險、曝露風險、回收風險。

5 (D)。 衡量市場風險時，有關主要部位或個別金融商品的「價格波動」，是指市場因素在特定時間內，上下偏離平均水準，導致部位價值產生變動的程度，在統計學上稱為部位價值的變動率，此波動程度之衡量包括：標準差、變異數、變異係數等。

6 (B)。 銀行藉由「損失波動幅度」與「波動倍數」的相乘，估算市場風險值或限額。

7 (D)。 淨穩定資金比率（NSFR）之內涵及計算NSFR旨在要求金

融機構在持續營運基礎上，籌措更加穩定的資金來源，以提升長期因應彈性，其係用於衡量銀行以長期而穩定資金支應長期資金運用之程度，定義為銀行可用穩定資金（ASF）占應有穩定資金（RSF）之比率。ASF為銀行資金來源項目，愈長期且穩定之資金來源係數愈高；反之則愈低。如資本適用最高係數100%。

8 (D)。 計算非衍生性商品之信用相當額與風險性資產，依Basel II估計此類風險性資產時，風險權數有0%、20%、100%三種。

9 (D)。 槓桿比率＝銀行之合格資本$4,500,000／總資產$100,000,000＝4.5%。

10 (C)。 依據Basel委員會規範，與市場風險有關的「主要部位」包括：外匯部位、權益證券部位、固定收益證券部位等。

11 (D)。 計算市場風險之主要部位變動幅度，當利率、匯率或石油價格等市場因素變動「一單位」時，觀察目標部位或金融商品的價格，變動多少幅度，係為敏感性係數。

12 (D)。 作業風險應計提之資本：指衡量銀行因內部作業、人員及系統之不當或失誤，或因外部事件造成損失之風險，所需計提之資本。

13 (D)。 加權風險性資產總額＝信用風險加權風險性資產＋（作業風險＋市場風險）之資本計提×12.5＝1,000＋(5＋5)×12.5＝1,125（億元）

14 (D)。 從全方面角度衡量「市場風險」，不論單一金融商品、組合部位或全行資產負債觀點，常見的市場因素有：利率、匯率、生產要素成本等。

15 (D)。 標準法係將銀行之營業毛利區分為八大業務別（business line）後，依規定之對應風險係數（Beta係數，以β值表示），計算各業務別之作業風險資本計提額。在計提指標方面，每項業務別均以營業毛利（Gross Income）作為作業風險計提指標，並賦予每個業務別不同之風險係數，因此，總資本計提額是各業務別法定資本之簡單加總後之三年平均值，在任一年中，任一業務別中，如有負值之資本計提額（由於營業毛利為負）有可能抵銷掉其他業務別為正值之資本計提額（無上限）；然而，任一年中所有業務別加總後之資本計提額為負值時，則以零計入。

16 (A)。 Basel II具有以下三項特色：
(1) 借款期間愈長，信用風險愈高。
(2) 借款人信用評等不同，以「風險權數」反映其差異。

(3)若借款人提供抵押品，計提自有資本時，可「向下」調整風險性資產。

17 (D)。 有關銀行的作業風險管理，從監督管理層面觀察有三道防線，第一道防線，包括海內外分子行、總行部級的營業單位；第二道防線，總行業務管理單位、風險控管及法律遵循部門；第三道防線，銀行董事會轄下的稽核處或稽核室。

18 (D)。 2014年1月1日臺灣已將資本適足率（BIS）的「合格資本」改為「自有資本」，金融服務業需要計提合格資本的風險種類包括：市場風險、作業風險、信用風險等。

19 (A)。 依據銀行資本適足性及資本等級管理辦法，所稱槓桿比率係第一類資本淨額／曝險總額。

解答與解析

銀行資本適足性及資本等級管理辦法

民國108年12月23日修正

第1條　本辦法依銀行法（以下簡稱本法）第四十四條第四項規定訂定。

第2條　本辦法用詞定義如下：

一、自有資本與風險性資產之比率（以下簡稱資本適足比率）：指普通股權益比率、第一類資本比率及資本適足率。

二、普通股權益比率：指普通股權益第一類資本淨額除以風險性資產總額。

三、第一類資本比率：指第一類資本淨額除以風險性資產總額。

四、資本適足率：指第一類資本淨額及第二類資本淨額之合計數額除以風險性資產總額。

五、法定資本適足比率：指第五條所定最低資本適足比率加計第六條、第七條及第十八條第三項所定應額外提列數之合計。

六、槓桿比率：指第一類資本淨額除以曝險總額。

七、自有資本：指第一類資本淨額及第二類資本淨額。

八、第一類資本淨額：指普通股權益第一類資本淨額及非普通股權益之其他第一類資本淨額之合計數。

九、累積特別股：指銀行在無盈餘年度未發放之股息，須於有盈餘年度補發之特別股。

十、次順位債券：指債券持有人之受償順位次於銀行所有存款人及其他一般債權人。

十一、資本工具：指銀行或其子公司發行之普通股、特別股及次順位金融債券等得計入自有資本之有價證券。

十二、風險性資產總額：指信用風險加權風險性資產總額，加計市場風險及作業風險應計提之資本乘以十二點五之合計數。但已自自有資本中減除者，不再計入風險性資產總額。

十三、信用風險加權風險性資產：指衡量交易對手不履約，致銀行產生損失之風險。該風險之衡量以銀行資產負債表內表外交易項目乘以加權風險權數之合計數額表示。

十四、市場風險應計提之資本：指衡量市場價格（利率、匯率及股價等）波動，致銀行資產負債表內表外交易項目產生損失之風險，所需計提之資本。

十五、作業風險應計提之資本：指衡量銀行因內部作業、人員及系統之不當或失誤、或外部事件造成損失之風險，所需計提之資本。

十六、曝險總額：指資產負債表內及表外之曝險金額。

十七、發行期限：指發行日至到期日之期間，如有約定可提前贖回或償還者，應依其得提前贖回或償還日期計算發行期限，但其提前贖回或償還須事先經主管機關核准者不在此限。

第3條　銀行應計算銀行本行之資本適足比率，銀行與其轉投資事業依國際財務報導準則第十號規定應編製合併財務報表者，並應計算合併之資本適足比率。但已自自有資本扣除者，不在此限。

銀行計算合併之資本適足比率時，非控制權益及銀行之子公司發行非由銀行直接或間接持有之資本，得計入合併自有資本之金額，應依主管機關規定之銀行自有資本與風險性資產之計算方法說明及表格（以下簡稱計算方法說明）辦理。

第4條　銀行應計算銀行本行之槓桿比率。銀行與其轉投資事業依國際財務報導準則第十號規定應編製合併財務報表者，並應計算合併之槓桿比率。但已自自有資本扣除者，不在此限。

槓桿比率不得低於百分之三，其計算方法應依計算方法說明之規定辦理。

第5條　銀行依第三條規定計算之本行及合併之資本適足比率，應符合下列標準：

一、普通股權益比率不得低於百分之七。

二、第一類資本比率不得低於百分之八點五。

三、資本適足率不得低於百分之十點五。

第6條　銀行之資本適足比率，除符合前條規定外，經主管機關洽商中央銀行等相關機關，於必要時得要求銀行提列抗景氣循環緩衝資本，並以普通股權益第一類資本支應。但最高不得超過二點五個百分點。

第7條　為提高系統性重要銀行之損失吸收能力，主管機關得要求系統性重要銀行增提緩衝資本二個百分點，並以普通股權益第一類資本支應。

前項增提之資本自指定之日次年起分四年平均於各年年底前提列完成。

第一項所稱系統性重要銀行，係指主管機關經洽商中央銀行等相關機關，依銀行之規模、相互關聯性、可替代性及複雜程度等指標綜合考量後，指定之銀行。

第8條　本法第四十四條所稱銀行自有資本與風險性資產之比率，不得低於一定比率，係指不得低於法定資本適足比率，其資本等級之劃分標準如下：

一、資本適足：指符合法定資本適足比率者。

二、資本不足：指未達法定資本適
　　足比率者。

三、資本顯著不足：指資本適足率
　　為百分之二以上，未達百分之
　　八點五者。

四、資本嚴重不足：指資本適足率
　　低於百分之二者。銀行淨值占
　　資產總額比率低於百分之二
　　者，視為資本嚴重不足。

銀行資本等級依前項劃分標準，如同
時符合兩類以上之資本等級，以較低
等級者為其資本等級。

第9條　　普通股權益第一類資本係指
普通股權益減無形資產、因以前年度
虧損產生之遞延所得稅資產、營業準
備及備抵呆帳提列不足之金額、不動
產重估增值及其他依計算方法說明規
定之法定調整項目。

普通股權益係下列各項目之合計數額：

一、普通股及其股本溢價。

二、預收股本。

三、資本公積。

四、法定盈餘公積

五、特別盈餘公積。

六、累積盈虧。

七、非控制權益。

八、其他權益項目。

第10條　　非普通股權益之其他第一類
資本之範圍為下列各項目之合計數額
減依計算方法說明所規定之應扣除項
目之金額：

一、永續非累積特別股及其股本溢價。

二、無到期日非累積次順位債券。

三、銀行之子公司發行非由銀行直
　　接或間接持有之永續非累積特
　　別股及其股本溢價、無到期日
　　非累積次順位債券。

前項之非普通股權益之其他第一類資
本工具，應符合下列條件，其中涉及投
資人權益之條件，應載明於發行契約：

一、當次發行額度，應全數收足。

二、銀行或其關係企業未提供保
　　證、擔保品或其他安排，以增
　　進持有人之受償順位。

三、受償順位次於第二類資本工具
　　之持有人、存款人及其他一般債
　　權人。

四、無到期日、無利率加碼條件或
　　其他提前贖回之誘因。

五、發行五年後，除同時符合下列
　　情形外，不得由發行銀行提前
　　贖回或由市場買回，亦不得使
　　投資人預期銀行將行使提前贖
　　回權或由市場買回：

　　(一) 經主管機關核准。

　　(二) 提前贖回或由市場買回須
　　　　符合下列條件之一：

　　　　1. 計算提前贖回後銀行資本
　　　　　適足比率仍符合法定資本
　　　　　適足比率。

　　　　2. 須以同等或更高品質之資
　　　　　本工具替換原資本工具。

六、分配股利或支付債息須符合下
　　列條件：

　　(一) 銀行上年度無盈餘且未發
　　　　放普通股股息時，不得分
　　　　配股利或支付債息。

(二) 銀行資本適足比率未達法定資本適足比率前，應遞延償還本息，所遞延之股利或債息不得再加計利息。

(三) 股利或債息之支付不得設定隨銀行信用狀況而變動。

七、銀行發生經主管機關派員接管、勒令停業清理、清算時，非普通股權之其他第一類資本工具持有人之清償順位與普通股股東相同。

第 11 條　第二類資本之範圍為下列各項目之合計數額減依計算方法說明所規定之應扣除項目之金額：

一、永續累積特別股及其股本溢價。

二、無到期日累積次順位債券。

三、可轉換之次順位債券。

四、長期次順位債券。

五、非永續特別股及其股本溢價。

六、不動產於首次適用國際會計準則時，以公允價值或重估價值作為認定成本產生之保留盈餘增加數。

七、投資性不動產後續衡量採公允價值模式所認列之增值利益及透過其他綜合損益按公允價值衡量之金融資產未實現利益之百分之四十五。

八、營業準備及備抵呆帳。

九、銀行之子公司發行非由銀行直接或間接持有之永續累積特別股及其股本溢價、無到期日累積次順位債券、可轉換之次順位債券、長期次順位債券、非永續特別股及其股本溢價。

前項第八款得列入第二類資本之營業準備及備抵呆帳，係指銀行所提營業準備及備抵呆帳超過銀行依國際財務報導準則第九號規定就已產生信用減損者所估計預期損失而提列之金額。

第一項之第二類資本工具應符合下列條件，其中涉及投資人權益之條件，應載明於發行契約：

一、當次發行額度，應全數收足。

二、銀行或其關係企業未提供保證、擔保品或其他安排，以增進持有人之受償順位。

三、無利率加碼條件或其他提前贖回之誘因。

四、發行期限五年以上，發行期限最後五年每年至少遞減百分之二十。

五、發行五年後，除同時符合下列情形外，不得由發行銀行提前贖回或由市場買回，亦不得使投資人預期銀行將行使提前贖回權或由市場買回：

(一) 經主管機關核准。

(二) 提前贖回或由市場買回須符合下列條件之一：

1. 計算提前贖回後銀行資本適足比率仍符合法定資本適足比率。

2. 須以同等或更高品質之資本工具替換原資本工具。

六、股利或債息之支付不得設定隨銀行信用狀況而變動。

七、除銀行清算或清理依法所為之分配外，投資人不得要求銀行提前償付未到期之本息。

八、銀行發生經主管機關派員接管、勒令停業清理、清算時，第二類資本工具持有人之清償順位與普通股股東相同。

九、可轉換之次順位債券，除應符合以上各款規定外，並應符合下列條件：

(一) 發行期限在十年以內。

(二) 於到期日或到期日前，應轉換為普通股或永續特別股，其他轉換方式應經主管機關核准。

第二類資本所稱營業準備及備抵呆帳，採信用風險標準法者，其合計數額，不得超過信用風險加權風險性資產總額百分之一點二五，採信用風險內部評等法者，其合計數額，不得超過信用風險加權風險性資產總額百分之零點六。

第12條　銀行所發行之普通股、特別股及次順位債券，如有下列情形者，於計算自有資本時，應視為未發行該等資本工具：

一、銀行於發行時或發行後對持有該等資本工具之持有人提供相關融資，有減損銀行以其作為資本工具之實質效益者。

二、銀行對其具有重大影響力者，持有該等資本工具。

三、銀行之子公司及銀行所屬金融控股公司之子公司，持有該等資本工具。

銀行所發行之資本工具如係由金融控股母公司對外籌資並轉投資者，銀行應就其所發行資本工具與母公司所發行資本工具中分類較低者認定資本類別。

第13條　銀行於中華民國九十九年九月十二日以前發行之資本工具，得計入自有資本之金額，應依下列規定辦理：

一、未符合第十條第二項或第十一條第三項之規定者，應自一百零二年起每年至少遞減百分之十。

二、訂有提前贖回條款，且銀行未於贖回日辦理贖回者：

(一) 提前贖回日在九十九年九月十二日以前，且未符合第十條第二項或第十一條第三項之規定者，應依前款規定辦理。

(二) 提前贖回日在九十九年九月十二日至一百零一年十二月三十一日間，且未符合第十條第二項或第十一條第三項之規定者，自一百零二年起，不得計入自有資本。但僅未符合第十條第二項第七款或第十一條第三項第八款規定者，應自一百零二年起每年至少遞減百分之十。

(三) 提前贖回日在一百零二年以後，且未符合第十條第二項或第十一條第三項之規定者，於贖回日前得計入自有資本之金額應依第一款之規定辦理，於贖回日後，不得計入自有資本。

銀行於中華民國九十九年九月十二日至一百零一年十二月三十一日間發行之資本工具，除於九十九年九月十二日前經主管機關核准發行者，得自一百零二年起每年遞減百分之十外，未符合第十條第二項或第十一條第三項規定者，自一百零二年起，不得計入自有資本。但僅未符合第十條第二項第七款規定或第十一條第三項第八款規定者，應自一百零二年起每年至少遞減百分之十。

第14條　信用風險加權風險性資產總額、市場風險及作業風險所需資本之計算，應依計算方法說明之規定辦理。

第15條　銀行發行列入非普通股權益之其他第一類或第二類資本之資本工具者，應於發行日七個營業日前將發行條件報主管機關備查。

第16條　銀行應依下列規定向主管機關申報資本適足比率之相關資訊：

一、於每營業年度終了後三個月內，申報經會計師複核之本行及合併資本適足比率及槓桿比率，含計算表格及相關資料。

二、於每半營業年度終了後二個月內，申報經會計師複核之本行及合併資本適足比率及槓桿比率，含計算表格及相關資料。

三、於每營業年度及每半營業年度終了後二個月內，以及每營業年度第一季、第三季終了後四十五日內依金融監理資訊單一申報窗口規定，申報資本適足比率及槓桿比率相關資訊。

主管機關於必要時並得令銀行隨時填報，並檢附相關資料。

第一項規定對於經主管機關依法接管之銀行，不適用之。

第17條　銀行依前條規定申報之資本適足比率，主管機關應依本辦法資本適足率計算之規定審核其資本等級。

銀行之資本等級經主管機關審核為資本不足、資本顯著不足及資本嚴重不足者，主管機關應依本法第四十四條之二第一項第一款至第三款之規定，採取相關措施。

第18條　銀行應建立符合其風險狀況之資本適足性自行評估程序，並訂定維持適足資本之策略。

為遵循資本適足性監理審查原則，各銀行應依主管機關規定，將銀行之資本配置、資本適足性自行評估結果及對各類風險管理情形之自評說明申報主管機關，並檢附相關資料。

主管機關得依對銀行之風險評估結果，要求銀行改善其風險管理，如銀行未依主管機關規定於期限內改善其

風險管理者,主管機關並得要求其額外提列資本、調整其自有資本與風險性資產或限期提出資本重建計畫。

第二項規定之應申報資料及期限,由主管機關另定之。

第19條 銀行應依主管機關規定揭露資本適足性相關資訊。

前項資本適足性資訊揭露規定,由主管機關另定之。

第20條 本辦法除第七條自發布日施行外,自中華民國一百零九年一月一日施行。

金融控股公司合併資本適足性管理辦法

第1條　本辦法依金融控股公司法（以下簡稱本法）第四十條規定訂定。

第2條　本辦法用詞定義如下：

一、金融控股公司以合併基礎計算之資本適足性比率（以下簡稱集團資本適足率）：指集團合格資本淨額除以集團法定資本需求。

二、集團合格資本淨額：指金融控股公司之合格資本與依其持股比率計算各子公司之合格資本之合計數額（集團合格資本總額）減除第四條所規定之扣除金額。

三、金融控股公司之合格資本：指金融控股公司普通股、特別股、次順位債券、預收資本、公積、累積盈虧、及其他權益之合計數額減除商譽及其他無形資產、遞延資產及庫藏股後之餘額。

四、前款所稱特別股及次順位債券，應符合下列條件：

（一）當次發行額度，應全數收足。

（二）金融控股公司、本法第三十八條所稱不得持有金融控股公司股份之子公司或投資事業未提供保證、擔保品或其他安排，以增進持有人之受償順位。

（三）發行期限七年以上，最後五年每年至少遞減百分之二十。

（四）特別股或次順位債券約定持有人得贖回期限早於發行期限時，所稱發行期限為其約定得贖回期限。

（五）列入合格資本之特別股及次順位債券之總額，不得超過金融控股公司合格資本之三分之一，但不包括符合銀行資本適足性及資本等級管理辦法第八條所定之非普通股權益之其他第一類資本條件，且未超過法定額度限制者。法定額度限制之計算方式如下：

1. 以「金融控股公司合格資本」減除「非銀行及保險子公司合格資本」及「金融控股公司所發行之特別股及次順位債券合計數」後之餘額為計算基礎。

2. 以前目計算基礎除以百分之八十五，再乘以百分之十五之數額為法定額度限制。

解答與解析

(六) 因特別股或債券之付息或還本，致金融控股公司集團資本適足率低於最低要求時，應遞延支付股息或利息及本金。

五、子公司：指本法第四條第一項第四款所規定之子公司。

六、子公司之合格資本：指子公司依第三條第一項規定，計算之合格資本。

七、集團法定資本需求：指金融控股公司之法定資本需求與依其持股比例計算各子公司法定資本需求之合計數額減除第四條所規定之扣除金額。

八、金融控股公司之法定資本需求：指金融控股公司全部資產總額減除現金（包含約當現金）、應收稅款（含應收退稅款）、預付稅款、本法第三十九條第一項之短期資金運用帳列金額、商譽及其他無形資產、遞延資產後之餘額。

九、子公司之法定資本需求：指子公司依第三條第二項規定，計算之法定資本需求。

十、資本溢額：指各公司依本辦法計算之合格資本與法定資本需求之正差額。

十一、資本缺額：指各公司依本辦法計算之合格資本與法定資本需求之負差額。

第3條　金融控股公司之子公司合格資本，依下列業別及方式分別計算之：

一、銀行業、票券金融公司、證券商及保險公司：依各業別資本適足之相關規定計算之合格自有資本淨額、自有資本或約當數額。

二、信託業、期貨業、創業投資事業及融資租賃業：以帳列淨值計算。

三、信用卡業：比照銀行業計算。

四、國外金融機構：除所在地之監理機關另有規定外，比照信託業、期貨業及創業投資事業計算。

五、其他金融相關之事業：除經主管機關同意，得比照業務相關之業別計算外，比照信託業、期貨業及創業投資事業計算。

金融控股公司之子公司法定資本需求，依下列業別及方式分別計算之：

一、銀行業：依銀行資本適足性及資本等級管理辦法之相關規定，計算之風險性資產總額與其法定最低資本適足率相乘後之數額。

二、票券金融公司、證券商及保險公司：依各業別資本適足性之相關規定，計算之風險性資產總額、經營風險之約當金額、風險資本與其法定最低標準比率相乘後之數額或約當數額。

三、信託業、期貨業及創業投資事業：為其全部自有資產總額減除應收稅款（含應收退稅款）及預付稅款後之百分之五十。

四、融資租賃業：為其全部自有資產總額減除應收稅款（含應收

退稅款）及預付稅款後之百分
之十。

五、信用卡業：比照銀行業計算。

六、外國金融機構：除所在地之監理
機關另有規定外，比照信託業、
期貨業及創業投資事業計算。

七、其他金融相關之事業：除經主
管機關同意，得比照業務相關
之業別計算外，比照信託業、
期貨業及創業投資事業計算。

第4條　集團合格資本淨額，為集
團合格資本總額扣除下列數額後之
餘額：

一、金融控股公司對於子公司之股
權及其他合格資本之投資帳列
金額減除已遞減之金額後，得
計入資本之餘額。

二、子公司之合格資本及法定資本
需求，依信託業、期貨業、創
業投資事業及融資租賃業之方
式計算者，該等子公司之資本
溢額。

三、依銀行業或票券金融公司計算
合格資本方式之子公司者，該
等子公司來自次順位債券之資
本溢額（不包含符合銀行資本
適足性及資本等級管理辦法第
八條所定之非普通股權益之其
他第一類資本條件者），補充
其他銀行業或票券金融公司資
本缺額後之數額之二分之一。

四、依保險業計算自有資本方式之
子公司者，該等子公司來自資

本性質債券之資本溢額（不包
含符合銀行資本適足性及資本
等級管理辦法第八條所定之非
普通股權益之其他第一類資本
條件者），補充其他保險業資
本缺額後之數額之二分之一。

前項已自集團合格資本總額中扣除之
投資帳列金額，不再計入集團法定資
本需求。

第4-1條　金融控股公司所發行之普通
股、特別股及次順位債券，如有下列情
形者，於計算金融控股公司之合格資本
時，應視為未發行該等資本工具：

一、金融控股公司對其具有重大影
響力者，持有該等資本工具。

二、金融控股公司之子公司，持有
該等資本工具。

金融控股公司所發行之普通股、特別
股及次順位債券，除前項規定外，其
他有減損金融控股公司以其作為合格
資本之實質效益者，於計算金融控股
公司之合格資本時，推定其為非合格
資本。

第5條　金融控股公司應依主管機關
發布之計算方法及表格，依下列規定
向主管機關申報資本適足率：

一、於每營業年度終了後三個月內，
申報經會計師複核之集團資本
適足率，並檢附相關資料。

二、於每半營業年度終了後二個月
內，申報經會計師複核之集團資
本適足率，並檢附相關資料。

解答與解析

三、於每營業年度及每半營業年度終了後二個月內，依金融控股公司經由網際網路向主管機關申報資料規定，申報集團資本適足率相關資訊。

主管機關於必要時得令金融控股公司隨時填報集團資本適足率，並檢附相關資料。

第6條　金融控股公司之子公司，應符合各業別資本適足性之相關規範。

金融控股公司依本辦法計算及填報之集團資本適足率不得低於百分之一百。

金融控股公司之集團資本適足率未達前項之標準者，除依本法第六十條規定處罰外，盈餘不得以現金或其他財產分配，主管機關並得視情節輕重為下列之處分：

一、命令金融控股公司或其負責人限期提出資本重建或其他財務業務改善計畫。

二、限制新增或命其減少法定資本需求、風險性資產總額、經營風險之約當金額及風險資本。

三、限制給付董事、監察人酬勞、紅利、報酬、車馬費及其他給付。

四、限制依本法第三十六條、第三十七條之投資。

五、限制申設或命令限期裁撤子公司之分支機構或部門。

六、命令其於一定期間內處分所持有被投資事業之股份。

七、解任董事及監察人，並通知公司登記主管機關於登記事項註記。必要時，得限期選任新董事及監察人。

八、撤換經理人。

第7條　金融控股公司於中華民國一百零一年十二月三十一日前經主管機關核准發行符合銀行第一類資本條件之特別股或次順位債券，若未符合一百零一年十一月二十六日修正發布之銀行資本適足性及資本等級管理辦法第八條所定非普通股權益之其他第一類資本條件者，應自一百零二年起每年至少遞增百分之二十，納入第二條第四款第五目有關金融控股公司列入合格資本之特別股及次順位債券，不得超過金融控股公司合格資本三分之一限額之計算（計算釋例詳附件）。

第8條　本辦法自中華民國一百零二年一月一日施行。

本辦法中華民國一百零四年六月九日及一百一十年一月二十八日修正發布之條文，自發布日施行。

票券金融公司資本適足性管理辦法

民國103年01月09日修正

第1條 本辦法依票券金融管理法（以下簡稱本法）第四十一條第二項及第三項規定訂定之。

第2條 本辦法用詞定義如下：

一、自有資本與風險性資產之比率（以下簡稱資本適足率）：指合格自有資本除以風險性資產總額之比率。

二、合格自有資本：指第一類資本、合格第二類資本及合格且使用第三類資本之合計數額。

三、合格第二類資本：指可支應信用風險、作業風險及市場風險之第二類資本。

四、合格且使用第三類資本：指實際用以支應市場風險之合格第三類資本。

五、風險性資產總額：指信用風險加權風險性資產總額，加計作業風險及市場風險應計提之資本乘以十二點五之合計數。但已自合格自有資本中減除者，不再計入風險性資產總額。

六、信用風險加權風險性資產總額：指票券金融公司資產負債表表內表外交易項目乘以信用風險加權風險權數之合計數額。

七、作業風險應計提之資本：指衡量票券金融公司因內部作業、人員及系統之不當或失誤、或外部事件造成損失之風險，所需計提之資本。

八、市場風險應計提之資本：指衡量市場價格（如利率、股價、匯率）波動，致票券金融公司資產負債表表內表外交易項目產生損失之風險，所需計提之資本。

九、永續特別股：指符合下列條件之一之特別股：

(一) 無到期日；其有贖回條件者，贖回權係屬發行之票券金融公司，且在發行五年後應經主管機關核准，始得贖回。

(二) 訂有強制轉換為普通股之約定。

十、累積特別股：指票券金融公司在無盈餘年度未發放之股息，須於有盈餘年度補發之特別股。

十一、發行期限：指發行日至到期日之期間，如有約定可提前贖回或償還者，應依其得贖回或償還日期計算發行期限，但其提前贖回或償還須事先經主管機關核准者不在此限。

第3條　第一類資本之範圍為普通股、永續非累積特別股、預收股本、資本公積、法定盈餘公積、特別盈餘公積、累積盈虧（應扣除透過損益按公允價值衡量之金融資產或金融負債之評價利益、營業準備及備抵呆帳提列不足之金額）、非控制權益及其他權益項目（備供出售金融資產未實現利益除外）之合計數額減除商譽、出售不良債權未攤銷損失、庫藏股、不動產首次適用國際會計準則時，以公允價值或重估價值作為認定成本產生之保留盈餘增加數及依票券金融公司自有資本與風險性資產之計算方法說明及表格所規定之應扣除項目之金額。

第一類資本所稱永續非累積特別股列為第一類資本者，當次發行額度，應全數收足，且不得超過下列金額合計數之百分之十五，超出限額部分，得計入第二類資本：

一、依前項規定計算之第一類資本金額。

二、投資於其他事業自第一類資本扣除金額。

第4條　第二類資本之範圍為永續累積特別股、不動產首次適用國際會計準則時，以公允價值或重估價值作為認定成本產生之保留盈餘增加數、投資性不動產後續衡量採公允價值模式所認列之增值利益之百分之四十五、營業準備及備抵呆帳、非永續特別股之合計數額減除依票券金融公司自有資本與風險性資產之計算方法說明及表格所規定之應扣除項目之金額。

前項得列入第二類資本之備抵呆帳，係指票券金融公司所提備抵呆帳及保證責任準備超過票券金融公司依歷史損失經驗所估計預期損失部分之金額。

第二類資本所稱營業準備及備抵呆帳，採信用風險標準法者，其合計數額，不得超過風險性資產總額百分之一點二五，採信用風險內部評等法者，其合計數額，不得超過信用風險加權風險性資產總額百分之零點六。

第二類資本所稱永續累積特別股，應符合下列條件：

一、當次發行額度，應全數收足。

二、票券金融公司因付息致資本適足率低於發行時最低資本適足率要求者，應遞延支付股息，所遞延之股息不得再加計利息。

第二類資本所稱非永續特別股，列為第二類資本者，不得超過第一類資本百分之五十，並應符合下列條件：

一、當次發行額度，應全數收足。

二、發行期限五年以上。

三、發行期限最後五年每年至少遞減百分之二十。

四、票券金融公司因付息或還本，致資本適足率低於發行時最低資本適足率要求時，應遞延股息及本金之支付。

第5條　第三類資本之範圍為非永續特別股、備供出售金融資產未實現利益之百分之四十五及透過損益按公允價值衡量之金融資產或金融負債之評價利益之百分之四十五之合計數額。

第三類資本所稱非永續特別股,應符合下列條件:

一、當次發行額度,應全數收足。

二、發行期限二年以上。

三、在約定償還日期前不得提前償還。但經主管機關核准者不在此限。

四、票券金融公司因付息或還本,致資本適足率低於發行時最低資本適足率要求時,應遞延股息及本金之支付。

第6條　票券金融公司所發行之普通股及特別股,如有下列情形者,於計算資本適足率及自有資本時,應視為未發行該等資本工具:

一、票券金融公司於發行時或發行後對持有該等資本工具之持有人提供相關融資,有減損票券金融公司以其作為資本工具之實質效益,經主管機關要求自資本中扣除者。

二、票券金融公司所屬金融控股公司之子公司持有該等資本工具。

票券金融公司所發行之資本工具如係由金融控股母公司對外籌資並轉投資者,票券金融公司應就其所發行資本工具與母公司所發行資本工具中分類較低者認定資本類別。

第7條　票券金融公司計算合格自有資本,應符合下列規定:

一、合格第二類資本及合格且使用第三類資本之合計數額,不得超過第一類資本總額。

二、支應信用風險及作業風險所需之資本,應以第一類資本及第二類資本為限,且所使用第二類資本不得超過支應信用風險及作業風險之第一類資本總額。

三、第一類資本及第二類資本於支應信用風險及作業風險後所餘,得支應市場風險。

四、第三類資本僅得支應市場風險,第二類資本及第三類資本支應市場風險之合計數不得超過支應市場風險之第一類資本之百分之二百五十。

第8條　票券金融公司應計算票券金融公司本公司資本適足率,另票券金融公司與其轉投資事業依國際會計準則公報第二十七號規定應編製合併財務報表者,並應計算合併資本適足率。但已自自有資本扣除者,不在此限。

第9條　票券金融公司計算信用風險加權風險性資產總額、作業風險及市場風險應計提之資本,應依主管機關規定之票券金融公司自有資本與風險性資產之計算方法說明及表格辦理。

第10條　票券金融公司應依下列規定向主管機關申報資本適足率:

一、於每半營業年度終了後二個月內，申報經會計師複核之本公司及合併資本適足率，含計算表格及相關資料。

二、於每營業年度終了後三個月內，申報經會計師複核之本公司及合併資本適足率，含計算表格及相關資料。

三、於每營業年度及每半營業年度終了後二個月內，以及每營業年度第一季、第三季終了後四十五日內依金融監理資訊單一申報窗口規定，申報資本適足率相關資訊。

主管機關於必要時並得令票券金融公司隨時填報，並檢附相關資料。

第一項規定對於經主管機關依法接管之票券金融公司，不適用之。

第11條　票券金融公司應建立符合其風險狀況之資本適足性自行評估程序，並訂定維持適足資本之策略。

為遵循資本適足性監理審查原則，各票券金融公司應依主管機關規定，將公司之資本配置、資本適足性自行評估結果及對各類風險管理情形之自評說明申報主管機關，並檢附相關資料。

主管機關得依對票券金融公司之風險評估結果，要求票券金融公司改善其風險管理，如票券金融公司未依主管機關規定於期限內改善其風險管理者，主管機關並得要求其提高最低資本適足率、調整其自有資本與風險性資產或限期提出資本重建計畫。

第二項規定之應申報資料及期限，由主管機關另定之。

第12條　票券金融公司應依主管機關規定揭露資本適足性相關資訊。

前項資本適足性資訊揭露規定，由主管機關另定之。

第13條　依本辦法計算之本公司資本適足率及合併資本適足率，均不得低於百分之八及最低資本適足率要求。

票券金融公司資本適足率在百分之六以上，未達百分之八及最低資本適足率要求者，不得以現金分配盈餘或買回其股份，且不得對負責人發放報酬以外之給付，主管機關並得採取下列措施之一部或全部：

一、命令票券金融公司及其負責人限期提出資本重建或其他財務業務改善計畫。對未依命令提出資本重建或財務業務改善計畫，或未依其計畫確實執行者，得採取後項之監理措施。

二、限制新增風險性資產、限制短期票券之保證背書業務或為其他必要處置。

票券金融公司資本適足率低於百分之六者，主管機關除前項措施外，得視情節輕重，採取下列措施：

一、解除負責人職務，並通知公司登記主管機關註記其登記。

二、命令取得或處分特定資產，應先經主管機關核准。

三、命令處分特定資產。

四、限制或禁止與利害關係人之授信或其他交易。

五、限制轉投資、部分業務或命令限期裁撤分支機構或部門。

六、命令對負責人之報酬予以降
　　低，且不得逾該票券金融公司
　　資本適足率低於百分之六前
　　十二個月內對該負責人支給之
　　平均報酬之百分之七十。

七、派員監管或為其他必要處置。

第14條　本辦法中華民國九十九年一
月一日修正施行前，票券金融公司已
出售不良債權所產生之未攤銷損失及
已發行之資本工具，得適用修正施行
前規定。

第15條　本辦法自中華民國九十九年
一月一日施行。

本辦法中華民國一百零二年二月
二十一日修正發布之條文，自發布日
施行。

本辦法中華民國一百零三年一月九日
修正發布之條文，自一百零三年一月
一日施行。

金融機構存款及其他各種負債準備金調整及查核辦法

民國111年08月24日修正

第1條 本辦法依中央銀行法第二十三條第一項、第二項及銀行法第四十二條第一項規定訂定之。

第2條 本辦法所稱金融機構，係指適用銀行法規定之金融機構。

本辦法所稱支票存款，係指依約定憑存款人簽發支票或劃撥支票，或利用自動化設備委託支付隨時提取之存款。

本辦法所稱儲蓄存款，係指個人或非營利法人，以積蓄資金為目的之活期或定期存款。

本辦法所稱活期存款及定期存款適用銀行法第七條及第八條之規定。

第3條 金融機構應提存準備金之存款範圍如下：

一、支票存款（包括支票存款、領用劃撥支票之郵政劃撥儲金、保付支票、旅行支票）。

二、活期存款（包括活期存款、未領用劃撥支票之郵政劃撥儲金、辦理現金儲值卡業務預收之現金餘額或備償額、儲存於儲值卡或電子支付帳戶之儲值款項）。

三、儲蓄存款（包括活期儲蓄存款、行員活期儲蓄存款、郵政存簿儲金；整存整付儲蓄存款、零存整付儲蓄存款、整存零付儲蓄存款、存本付息儲蓄存款、行員定期儲蓄存款、郵政定期儲蓄存款等）。

四、定期存款（包括定期存款、可轉讓定期存單、郵政定期儲金之定期存款等）。

金融機構之下列存款免提存準備金：

一、同業存款。但不包括金融機構間存放之定期性存款。

二、公庫存款。

三、公教人員退休金、國軍退伍金及國軍同袍儲蓄會等之優惠存款。

四、基層金融機構收受之定期性存款，依中央銀行（以下簡稱本行）規定條件轉存農業行庫，並報送相關報表者。

五、要保金融機構收受中央存款保險公司依存款保險條例第二十八條及第二十九條規定所為之存款。

六、其他經本行核可之存款。

前項第四款免提準備金之定期性存款，由收受轉存之農業行庫列入第一項存款提存準備金；農業行庫存款之準備金提存作業及其相關應遵循事項，由本行另定之。

第4條　金融機構於前條之存款以外應提存準備金之其他各種負債，其範圍如下：
一、外匯存款。
二、透支銀行同業。
三、銀行同業拆放。
四、金融債券。
五、同業融資。
六、聯行往來。
七、附買回有價證券負債。
八、銀行承作結構型商品所收本金。
九、本行規定之其他負債。
前項第七款所稱附買回有價證券負債，係指金融機構辦理有價證券附買回條件之交易餘額。

第5條　第三條第一項規定之各種存款及前條規定之其他各種負債應提存準備金之比率（以下簡稱法定準備率），除第二項規定外，由本行公告之。
前條第一項第八款銀行承作結構型商品所收本金之法定準備率，屬新臺幣者，比照本行公告之定期存款準備率；屬外幣者，比照本行公告之外匯存款準備率。
第三條第一項第二款儲存於儲值卡或電子支付帳戶之儲值款項，其法定準備率，屬新臺幣者，比照本行公告之活期存款準備率；屬外幣者，比照本行公告之外匯存款準備率。

第6條　本行委託臺灣銀行股份有限公司辦理未在臺北市、新北市設立總機構或分支機構之地區性商業銀行準備金之收存、調整、查核、提存不足追收利息及其有關事項。
本行委託合作金庫商業銀行股份有限公司辦理信用合作社、農會信用部及漁會信用部準備金之收存、調整、查核、提存不足追收利息及其有關事項。
前二項受本行委託之銀行（以下合併簡稱受託收管機構）應將其收管之準備金乙戶存款彙總轉存在本行業務局開立之專戶。該專戶之存取及計息，比照金融機構在本行業務局所開立之準備金乙戶辦理。
第一項及第二項追收利息，由受託收管機構收妥後繳交本行。

第7條　金融機構就應提存準備金項目所提存之實際準備金，除第三項規定外，以下列資產為限：
一、庫存現金。
二、在本行業務局或受託收管機構所開準備金帳戶之存款。
三、撥存於本行業務局之跨行業務結算擔保專戶或受託收管機構之同性質專戶存款，經本行認可者；其得抵充之最高額度，為當期應提存準備金之一定比率，該比率由本行公告之。
前項第二款所稱準備金帳戶，謂下列兩個帳戶：
一、準備金甲戶：為憑開戶金融機構所簽發之支票或利用本行同業資金調撥清算系統，隨時存取，不計利息之存款。

二、準備金乙戶：為開戶金融機構
　　非依本行規定或依第十五條設
　　定之質權實行時不得存取之存
　　款，得酌予給息。
金融機構就屬於外幣之應提準備金項
目所提實際準備金，以其存放在本行
外匯局之外匯存款為限。

第8條　金融機構簽發以本機構為付
款人之支票及匯票，應以庫存現金及
存放本行或受託收管機構準備金甲戶
存款為付款準備。其金額在計算準備
金時，應予扣除。但該支票係金融機
構內部間為人事總務經費而簽發者，
按支票存款準備率計提準備金。

第9條　金融機構應提存準備金之計
算期間為每月第一日起至月底止。但新
開業金融機構開業當期自開業日起算。
每期應提存準備金之日平均額（以下
簡稱應提準備額）係以應提存準備金
之各種存款及其他各種負債之每日餘
額乘以法定準備率，所得各乘積之和
除以當期天數。
非營業日各種存款及其他各種負債以
其前一營業日之餘額列計。
金融機構每日進行結帳作業者，得向
本行申請以每日帳列餘額列計，不受
前項規定限制。

第10條　金融機構實際準備金之提存
期間為每月第四日起至次月第三日
止。但新開業金融機構開業當期自開
業日起算。

金融機構實際準備金之日平均額係實
際準備金每日餘額之和除以當期天
數。但新開業金融機構開業當期以計
算期天數平均之。
非營業日實際準備金以其前一營業日
之餘額列計。
金融機構每日進行結帳作業者，得向
本行申請以每日帳列餘額列計，不受
前項規定限制。

第11條　金融機構準備金調整表（以
下簡稱準備金調整表），應於提存期
間結束後五個營業日內，檢同有關各
營業日之日計表送請其準備金之收管
單位查核。
前項準備金調整表之格式，由本行業
務局定之。

第12條　金融機構準備金乙戶之金
額，除本行另有規定外，每期應按前
一期應提準備額若干成數調整；其成
數，由本行規定之。
前項金額，應於前條準備金調整表
送查核之期限內調整之；不依規定
辦理者，該期準備金乙戶之利息不
予給付。
金融機構已於期限內辦理調整，如因
計算錯誤或疏忽遺漏致未達規定金額
者，應於調整期限內或其後五個營業
日內辦理更正；不更正者，依前項規
定辦理。

第13條　受託收管機構應彙集其各分
支機構核訖之準備金調整表暨有關各
營業日之日計表，據以填報受託收管

準備金彙總表；並應由受託收管機構於第十一條規定準備金調整表送查核之期限後五個營業日內，送請本行業務局查核。

前項受託收管準備金彙總表之格式，由本行業務局定之。

第14條　金融機構每一提存期間之實際準備金日平均額未達第九條規定之應提準備額者，其不足額未超過前一期應提準備額百分之一部分，得申請以前一期之超額準備抵充；其不足額超過百分之一部分或未經抵充部分，按本行短期融通利率一‧五倍計算追收利息，情節重大者，依銀行法第一百三十二條之規定處罰。

金融機構填報資料如有虛假不實者，本行得派員專案檢查，並視違規情節作適當處置。

第15條　金融機構發生存款人異常提領或配合本行貨幣政策等資金需求時，得以其準備金乙戶餘額之一部或全部為質，向其準備金收管機構申請融通。

受理準備金質押融通之受託收管機構，必要時，得於其受理質借金額範圍內，以其彙存本行之受託收管準備金轉存專戶相當於該質借金額部分為質，向本行申請再融通。

第16條　金融機構準備金之核算及調整事項，除外商銀行在臺分行由其臺北分行辦理外，其他金融機構由其總機構彙總辦理之。

金融機構合併時，其合併當期準備金之核算及調整事項，由合併後存續或新設之金融機構辦理之。

第17條　本辦法自發布日施行。

本辦法修正條文施行日期，由本行以命令定之。

解答與解析

銀行流動性覆蓋比率實施標準

民國103年12月29日訂定

第1條　本標準依銀行法第三十六條第二項、第四十三條及中央銀行法第二十五條規定訂定。

第2條　本標準所稱流動性覆蓋比率，係指合格高品質流動性資產總額除以未來三十個日曆日內之淨現金流出總額。

流動性覆蓋比率之計算方法說明及表格，由金融監督管理委員會（以下簡稱金管會）洽商中央銀行同意後定之。

第3條　銀行依前條規定計算之流動性覆蓋比率，自中華民國一百零四年一月一日起不得低於百分之六十，一百零五年一月一日起不得低於百分之七十，一百零六年一月一日起不得低於百分之八十，一百零七年一月一日起不得低於百分之九十，一百零八年一月一日起不得低於百分之百。但工業銀行自一百零四年一月一日起，各年度不得低於百分之六十。

前項比率，金管會得視金融情況及實際需要，洽商中央銀行同意後調整之。

銀行報經金管會洽商中央銀行同意後核准者，得不受第一項規定之限制。

第4條　銀行應按月計算流動性覆蓋比率，並於次月二十五日前，依金融監理資訊單一申報窗口規定，申報流動性覆蓋比率相關資訊。

銀行流動性覆蓋比率未達前條規定之最低比率者，應即通報金管會及中央銀行，並說明原因與改善措施。

金管會及中央銀行於必要時，得要求銀行隨時填報流動性覆蓋比率，並檢附相關資料。

第5條　銀行應依金管會規定，於自行網站之「資本適足性與風險管理專區」，揭露流動性覆蓋比率相關資訊。

第6條　輸出入銀行、外國銀行在臺分行、大陸地區商業銀行或陸資銀行在臺分行及經金管會派員接管、勒令停業清理或清算之銀行，不適用本標準之規定。

第7條　本標準自中華民國一百零四年一月一日施行。

第9屆 風險管理基本能力測驗

第一部分

( )　**1** 關於風險管理組織運作方式,下列敘述何者錯誤?
(A)強調風險產生單位與監督單位宜相互隸屬
(B)風險管理的決策過程涵蓋「從上而下」與「由下往上」兩種
(C)不論哪種風險均應詳細釐清前台、中台及後台的職掌,集中控制、分權營運
(D)業務管理部門須定期評估所有營業單位的營業概況,包括不同業務的收支、利潤與風險承擔。

( )　**2** 銀行有效發揮「風險分散效應」(Diversification Effects),具有下列何種財務涵義?
(A)銀行的總風險小於個別業務的風險相加
(B)銀行的信用風險比市場風險,更應受到重視
(C)總行管理單位承擔的風險責任,宜分散配置給予分行營業單位
(D)全行的總風險限額宜按照組織結構,分配至各營業單位。

( )　**3** 關於轉投資類型的投資中心,該單位宜使用下列何者當作績效衡量指標?
(A)銷售額　　　　　　　　(B)內外部損益
(C)資本或股權投資的報酬率 (D)可控制成本。

( )　**4** 下列何者不是經濟移轉價格(Economic Transfer Prices)的構成要素?
(A)預定的利潤目標
(B)與資金來源有關的借款成本
(C)與信用風險有關的呆帳準備
(D)與流動性風險有關的流動性貼水。

( ) **5** 銀行的營業單位遇到資金不足時,透過聯行往來取得資金適用的利率,係指下列何者?
(A)存款利率　　　　　　(B)放款利率
(C)借用利率　　　　　　(D)供應利率。

( ) **6** 下列何項目不包括於可控制成本中?
(A)直接材料　　　　　　(B)直接人工
(C)沉沒成本　　　　　　(D)半變動成本。

( ) **7** 有關間接成本的會計科目與分攤,下列敘述何者錯誤?
(A)按照對象的分攤能力做分攤,係遵循「能力原則」
(B)按照對象的成本收益關係做分攤,係採用「受益原則」
(C)直接材料與直接人工屬於間接成本,須按照產品量做分攤
(D)營業費用屬於間接成本,應按照「提供服務最多、接受服務最少」原則分攤至各部門。

( ) **8** 關於風險管理價值,下列何者錯誤?
(A)風險制度不能「解百憂」、也非「萬靈藥」,但求「對症下藥」
(B)風險管理要集中火力在「不可控制的」事項,忽視「可控制」事項
(C)風險管理的要領是兼顧「抓大放小」與「小事上忠心」,如何拿捏則要有智慧面對
(D)「變化」是組織生活的「香料」,危機有時是轉機與機會。

( ) **9** 銀行比較困難實施「利潤中心」制度的組織結構,係指下列何者?
(A)金融業務別　　　　　　(B)營業單位或分行別
(C)企業機能別　　　　　　(D)境內與境外地區別。

( ) **10** 有關資金移轉制度的敘述,下列何者錯誤?
(A)銀行資金呈現浮濫時,宜透過調低供應利率,減少營業單位吸收定期性存款
(B)銀行若要加強推動授信業務,可透過調高供應利率來間接達成
(C)多種借用利率與供應利率構成的FTP制度,稱為「多軌制」的聯行往來
(D)銀行的內部資金轉撥價格,又稱聯行往來利率。

( ) **11** 「借短貸長」的資金部位,可能存在何種風險?
(A)再投資風險　　　　　　　(B)再融資風險
(C)市場價值風險　　　　　　(D)信用風險。

( ) **12** 美國的儲蓄貸款機構於1980年代出現倒閉風潮,係受到下列何種風險威脅金融機構的例證?
(A)國家風險　　　　　　　　(B)再融資風險
(C)再投資風險　　　　　　　(D)市場價值風險。

( ) **13** 下列何者不屬於銀行對借款企業之經常性融資業務?
(A)票據融通　　　　　　　　(B)住宅用之房屋抵押貸款
(C)擔保透支　　　　　　　　(D)短期放款。

( ) **14** 企業授信案件之訂價原則,應考慮下列哪些風險貼水因子?
A.信用等級加碼;B.借款期別加碼;C.擔保品成數或比例加碼;
D.授信展望加減碼
(A)僅A、C　　　　　　　　(B)僅B、D
(C)僅A、B、C　　　　　　(D)A、B、C、D。

( ) **15** 常見的中長期融資不包含下列何者?
(A)自創品牌放款　　　　　　(B)企業天然災害復建放款
(C)民間投資興辦公共設施放款　(D)墊付出口票款。

( ) **16** 聯貸銀行為借款人客製化授信合約時,常將財務承諾條款視為財務健全性之控管點,請問下列何者不屬於正向條款?
(A)維持利息保障倍數大於一定比率
(B)保全處分擔保品
(C)維持資產報酬率大於一定比率
(D)不得出售資產與支付股利。

( ) **17** 金融監督管理委員會於2005年12月19日發函,明確規範「債務人於全體金融機構之無擔保債務歸戶後之總餘額除以平均月收入」,不宜超過多少倍?
(A)20倍　　　　　　　　　　(B)21倍
(C)22倍　　　　　　　　　　(D)23倍。

( ) **18** 購置住宅貸款之借款客戶要降低還本付息壓力時，可在最初幾年申請「寬限期」，辦理下列何者？
(A)付息不還本 　　　　　(B)還本不付息
(C)不還本不付息 　　　　(D)少還本少付息。

( ) **19** 關於房屋貸款之本息平均每月攤還，下列敘述何者正確？
(A)每月攤還的本金固定，但本金餘額隨房貸餘額減少，利息額也會跟著遞減
(B)每月攤還的利息固定，但本金餘額隨房貸餘額減少
(C)每月償還總額固定，時間愈往後本金償還部分愈多，利息償還部分愈少
(D)每月償還總額固定，時間愈往後利息償還部分愈多，本金償還部分愈少。

( ) **20** 關於信用卡之偽冒詐欺事件，應歸類為下列何種風險型態？
(A)信用風險 　　　　　　(B)市場風險
(C)作業風險 　　　　　　(D)流動性風險。

( ) **21** 銀行授信業務使用的信用評等，分成哪兩種來源？
(A)國內評等與國際評等 　(B)標準評等法與進階評等法
(C)內部評等與外部評等 　(D)自我評等與公開評等。

( ) **22** Moody's信評公司將短期別債券之信用等級分為Prime-1、Prime-2、Prime-3以及Not-Prime。請問其中Not-Prime類似於長期債券何項信用等級以下？
(A)Aa1 　　　　　　　　(B)A1
(C)Baa1 　　　　　　　 (D)Ba1。

( ) **23** Moody's信評公司衡量受評公司信用風險之方法架構，係為下列何者？
(A)由上而下涵蓋國家風險、產業風險和企業風險
(B)由上而下涵蓋法令遵循、產業風險和企業風險
(C)由下而上涵蓋企業風險、產業風險和外匯風險
(D)由下而上涵蓋企業風險、法令遵循和國家風險。

(　) 24 有關標準普爾信用評等制度，下列敘述何者錯誤？
(A)查看受評公司之會計師簽證意見，評估會計品質
(B)僅考慮當期經濟環境和競爭型態，推測受評公司之信用程度
(C)受評公司缺乏明確成長目標與機會時，會曝露潛在的經營危機
(D)貸款合約的限制條款是否合理，會影響受評公司之財務彈性。

(　) 25 根據銀行法，授信業務對同一自然人之風險限額，下列敘述何者
正確？
(A)授信總餘額不得超過銀行淨值的3%，其中無擔保授信總餘額
不得超過銀行淨值的1%
(B)授信總餘額不得超過銀行淨值的15%，其中無擔保授信總餘額
不得超過銀行淨值的5%
(C)授信總餘額不得超過銀行淨值的40%，其中無擔保授信總餘額
不得超過銀行淨值的15%
(D)授信總餘額不得超過銀行淨值的45%，其中無擔保授信總餘額
不得超過銀行淨值的15%。

(　) 26 根據銀行法及金融控股公司法，銀行對利害關係人之授信風險限
額，下列敘述何者正確？
(A)對同一授信客戶之每筆或累計擔保授信金額達新台幣1億元以
上或淨值1%者，其條件不得優於其他同類授信對象
(B)對同一授信客戶之每筆或累計擔保授信金額達新台幣2億元以
上或淨值2%者，其條件不得優於其他同類授信對象
(C)對同一授信客戶之每筆或累計擔保授信金額達新台幣3億元以
上或淨值3%者，其條件不得優於其他同類授信對象
(D)對同一授信客戶之每筆或累計擔保授信金額達新台幣4億元以
上或淨值4%者，其條件不得優於其他同類授信對象。

(　) 27 有關資產組合之集中性風險管理，下列哪些屬性可以做為限額訂
定之依據？　A.產業別；B.地區別；C.信用評等之級別；D.產
品別
(A)僅A　　　　　　　　　　(B)僅D
(C)僅B、C　　　　　　　　(D)A、B、C、D。

( ) **28** 對國外企業授信時，碰到授信企業的當地政府外匯短缺或政局不穩，突然宣布全面禁止或限制本息匯出，稱為下列何種風險？
(A)產業風險　　　　　　　　(B)匯兌風險
(C)國家風險　　　　　　　　(D)政治風險。

( ) **29** 金管會依「臺灣地區與大陸地區金融業務往來及投資許可管理辦法」第12條之1規定，銀行對中國的國家風險總額度不得超過下列何者？
(A)上年度決算後資本額的1倍　(B)上年度決算後資本額的1.5倍
(C)上年度決算後淨值的1倍　　(D)上年度決算後淨值的1.5倍。

( ) **30** 關於國家主權評等之預告機制，下列敘述何者錯誤？
(A)預告機制包括觀察名單和展望兩種制度
(B)觀察名單代表被觀察國家未來一年之信用等級可能變動
(C)正向觀察之國家，其政府部門發行的債券或主權評等可能在短期內被調升
(D)展望機制著眼於政府發行的長期債務，未來一至二年的信用走向。

( ) **31** 有關Basel監理委員會2010年12月16日發布的資本協定第三版（Basel III），下列敘述何者錯誤？
(A)除了法定的資本計提額，另外增訂「緩衝資本2.5%」
(B)提高「普通股權益資本的比率」由2013年起逐步調高至2015年的4.5%
(C)為防範景氣循環帶來衝擊，設計「額外緩衝資本」0～2.5%，但建議各國政府自行決定緩衝幅度
(D)增訂長期的淨穩定資金率（Net Stable Funding Ratio），目前該比率以「大於或等於120%」作為門檻。

( ) **32** 票券金融公司資本適足率低於6%者，主管機關可採行下列哪些措施？　A.解除負責人職務；B.命令取得或處分特定資產，應先經主管機關核准；C.命令處分特定資產；D.命令對負責人之報酬予以降低
(A)僅A　　　　　　　　　　(B)僅A、D
(C)僅B、C、D　　　　　　　(D)A、B、C、D。

(　) **33** 就臺灣證券商的資本適足率辦法規定，證券金融公司的資本適足
率須至少高於下列何者？
(A)100%　　　　　　　　(B)150%
(C)200%　　　　　　　　(D)250%。

(　) **34** 臺灣「金融控股公司合併資本適足性管理辦法」，除要求金融控
股公司之子公司，應符合各業別資本適足性之相關規範，還要求
整個集團的資本適足率，不得低於下列何者？
(A)100%　　　　　　　　(B)150%
(C)200%　　　　　　　　(D)250%。

(　) **35** 金融控股公司申請辦理各子公司的共同行銷業務，其資本適足率
至少須達多少以上？
(A)100%　　　　　　　　(B)120%
(C)150%　　　　　　　　(D)200%。

(　) **36** 國際清算銀行（Bank for International Settlements, BIS）之巴賽
爾委員會推動資本適足管理，針對授信業務的風險管理制度，除
傳統指標外，透過內部評等法（Internal Rating-Based Approach,
IRB）開始重視風險量化指標，但不包括下列何者？
(A)違約風險　　　　　　(B)曝露風險
(C)回收風險　　　　　　(D)市場風險。

(　) **37** 學理上，當借款企業之總資產低於總負債時，可能逐漸無法「還
本付息」，接著出現逾期、催收與呆帳、宣告破產；此種可能發
生的違約事件，將使銀行承擔鉅額的信用損失。此類違約事件，
發生初期屬於下列何種性質？
(A)經濟違約　　　　　　(B)技術性違約
(C)借款人未符合契約要求　(D)負債價值低於資產。

(　) **38** 實務上，銀行的「債權管理」仍會發生回收風險，該回收風險不
包括下列何者？
(A)擔保品風險　　　　　(B)第三人保證的風險
(C)簽訂的法律契約風險　(D)違約機率固定且已知風險。

(　) **39** 臺灣自哪一年開始，信用風險的資本計提，可以使用「內部評等法」？
(A)2005年 　　　　　　　　　　　(B)2006年
(C)2007年 　　　　　　　　　　　(D)2008年。

(　) **40** 假設容忍水準為1%，標準差為0.6%，β為敏感性係數為0.5，下列敘述何者正確？
(A)VaR＝0－2.325×0.5×0.005
(B)VaR＝0－2.325×0.6×0.006
(C)VaR＝0－2.325×0.5×0.01
(D)VaR＝0－2.325×0.5×0.006。

第二部分

(　) **41** 大衛是美國的投資者，購買一張德國債券1,000歐元，購買當時的即期匯率為1歐元兌換1.25美元，經過了一年，歐元升值至1歐元兌換1.5385美元，請問此投資者來自匯率變動的損益如何？
(A)獲利288美元 　　　　　　　　(B)損失288美元
(C)獲利288歐元 　　　　　　　　(D)損失288歐元。

(　) **42** 假設A銀行之資產負債表中，資產部分除有一個本金$10,000、票面利率固定為5%之5年期債券，其餘為現金；負債部分只有每年發行一年到期的定期存單，存單固定發行金額為$8,000，第一年發行之存單固定利率為2%，到期後新存單利率隨市場利率調整，並預期未來無另外的資產成長。若市場利率在第一年年底，上升了50個基準點，請問淨利息利潤於第二年年底相較第一年年底變動多少？
(A)減少$50 　　　　　　　　　　(B)減少$40
(C)增加$40 　　　　　　　　　　(D)增加$50。

(　) **43** 關於房屋淨值放款，下列何者錯誤？
(A)又稱二胎房貸
(B)求償權居於第二順位
(C)以房屋市場價值充當抵押品
(D)房屋淨值是由房屋市場價值與第一順位抵押借款餘額相減而得。

( )　**44** 2014年1月1日以後，第一類屬於正常的授信資產要計提的放款損失準備，為該類授信資產債權餘額的多少比率？
(A)0.50%　　　　　　　　(B)1%
(C)2%　　　　　　　　　(D)10%。

( )　**45** 健全的信用評分制度，應具備下列哪些特質？　A.能降低信用損失；B.了解顧客之人口統計特質；C.增進處理效率；D.可隨時檢視信用評分標準與授信準則是否適當
(A)僅A、B　　　　　　　(B)僅A、B、C
(C)僅A、B、D　　　　　(D)A、B、C、D。

( )　**46** 微型與中小型企業的申貸案件，一般而言信用風險偏高，因此銀行可在分行與總行間成立區域中心分層負責。此外，銀行還可以透過下列何者，以降低風險？
(A)中央存款保險　　　　(B)中央放款保險
(C)中長期債務保證　　　(D)中小企業信用保證基金。

( )　**47** A銀行依據甲集團企業之信用評等，核定風險限額為新台幣（以下同）100億元，目前使用率70%，考量其舉債能力變差，調降限額至80億元，則剩餘可動用額度為多少元？
(A)10億元　　　　　　　(B)20億元
(C)30億元　　　　　　　(D)80億元。

( )　**48** 有關銀行法對「利害關係人」之規範，下列敘述何者錯誤？
(A)對本行負責人、職員或主要股東為擔保授信，應有十足擔保
(B)對同一法人之擔保授信總餘額，不得超過銀行淨值10%
(C)對同一自然人之擔保授信總餘額，不得超過銀行淨值2%
(D)對所有利害關係人之擔保授信總餘額，不得超過銀行淨值二倍。

( )　**49** 有關信用風險值，下列哪些敘述正確？　A.計算過程需考慮違約機率、信用曝險額和違約損失率；B.信賴水準高低會影響信用風險值大小；C.無法反映未來的潛在風險；D.可以公允衡量授信主管應承擔之授信權利和責任
(A)僅A、C　　　　　　　(B)僅A、B、C
(C)僅A、B、D　　　　　(D)僅B、C、D。

( ) **50** 主管機關為強化銀行對大陸地區授信曝險之風險承擔能力，要求本國銀行對大陸地區之授信餘額之備抵呆帳提存率於民國104年年底以前應至少達到多少比率？　(A)1%　(B)1.5%　(C)2%　(D)2.5%。

( ) **51** 依據巴賽爾委員會規範，與市場風險有關的「主要部位」不包括下列何者？
(A)外匯部位　　　　　　　　(B)權益證券部位
(C)擔保放款部位　　　　　　(D)固定收益證券部位。

( ) **52** 當市場之利率、匯率與生產因素的價格改變，或其波動性產生變化時，這些部位的市場價值跟著下降，導致財務盈餘減少、投資損失提高者，稱為下列何種風險？
(A)操作風險　　　　　　　　(B)道德風險
(C)信用風險　　　　　　　　(D)市場風險或價格風險。

( ) **53** 有關資金移轉價格（FTP），下列敘述何者錯誤？
(A)用以調撥各部門剩餘或不足資金
(B)聯行往來供應利率一定等於借用利率
(C)訂價策略應反映營運目標及市場狀況
(D)內部移轉價格與市場價格之差構成「財務利潤」。

( ) **54** 為降低回收風險，某銀行採用以下作法：甲、完全採用信評機構的估計值；乙、降低借款人的貸放比率（Loan-To-Value）；丙、以無次級市場的實質資產當作擔保品；丁、只接受借款人提供之擔保品，不須連帶保證。上述哪些作法不適當？
(A)甲乙丙　　　　　　　　　(B)乙丙丁
(C)甲乙丁　　　　　　　　　(D)甲丙丁。

( ) **55** A公司資產負債表之流動資產為新台幣（以下同）6,000萬元，固定資產及長期投資為6,500萬元，流動負債為9,000萬元，長期負債及淨值為4,000萬元，則下列敘述何者正確？
(A)A公司尚有500萬元之長期資金可供經常周轉用
(B)A公司以長期資金流用於固定資產及長期投資金之金額達500萬元
(C)A公司以短期資金流用於固定資產及長期投資之金額達2,500萬元
(D)A公司尚有2,500萬元之長期資金可供經常周轉用。

( )　**56** 大型企業在信用評分時，「財務狀況」、「經營管理」、「產業特性及展望」等三種構面的比重分別為：
(A)50%、25%、25%　　　　(B)40%、40%、20%
(C)50%、30%、20%　　　　(D)40%、30%、30%。

( )　**57** 仁愛公司2018年度的營業收入為16,623萬元，營業成本9,230萬元，營業費用1,338萬元，利息費用186萬元，處分固定資產損失10萬元，匯兌損失4萬元，則當年的財務費用率應為多少？
(A)1.20%　　　　(B)8.05%
(C)1.14%　　　　(D)55.53%。

( )　**58** 旺旺公司發行一張由大發銀行允諾承兌的匯票，面額500萬元，180天到期，貼現率為6%，承兌費用為發行面額的0.5%，則該銀行允諾承兌匯票的發行價格為何？
(A)2.5萬元　　　　(B)485.21萬元
(C)25萬元　　　　(D)48.52萬元。

( )　**59** 仁愛銀行辦理信用卡業務時，每名好客戶平均每年創造1,050元利潤，又知該銀行的再投資報酬率為5%，過去與這類好客戶平均維持3年的往來，請問該銀行延攬一名好客戶可為其創造多少利潤？
(A)2,659元　　　　(B)2,759元
(C)2,859元　　　　(D)2,959元。

( )　**60** 有關評等模型的建置方法，下列敘述何者錯誤？
(A)財務評等模型強調，只能蒐集到企業的「財務狀況」，其他構面無法納入模型
(B)基本模型的評等強調，資料來源還包括申貸客戶的授信與外匯往來的利潤貢獻、股價等因素
(C)將授審主管主觀判斷因素納入，作加減分調整，成為「授信戶的個別評等」
(D)授信戶的個別評等，實務上又稱「授信特徵評等」。

解答與解析【答案標示為#者，表官方曾公告更正該題答案。】

第一部分

1 (A)。 根據分離原則（Principle of Separation）以及避免利益衝突問題，風險產生單位與監督單位不宜相互隸屬。

2 (A)。 有效的風險分散，會使「銀行總風險小於個別業務風險之合」。

3 (C)。 資本或股權投資報酬率為投資中心的績效衡量指標；銷售額為收入中心的績效衡量指標；內外部損益（利潤＝收入－成本）為利潤中心的績效衡量指標；可控制成本為成本中心的績效衡量指標。

4 (A)。 經濟移轉價格（Economic Transfer Prices）包含與資金來源有關的借款成本、與信用風險有關的呆帳準備、與流動性風險有關的流動性貼水。

5 (C)。 聯行是指同一銀行系統內，所屬各行處間彼此互稱聯行。而當銀行營業單位資金不足、透過銀行取得缺額資金的利率，稱為「借用利率」。

6 (C)。 可控制成本（Controllable Cost）是指管理人員在期間內，對某成本之發生或金額大小，有重大影響力者。而沉沒成本在項目決策時無需考慮；指已發生、無法回收的成本支出，如因失誤造成的不可收回的投資。

7 (C)。 直接材料加上直接人工，合稱「直接成本」或「變動成本」。

8 (B)。 風險管理價值在於掌握「可控制事項」，以企業能承受的風險為限度，力求爭取最大報酬。

9 (C)。 「利潤中心」將一個綜合性企業體，依業務的特性，分割成幾個能獨立運作的經營單位，各自獨立運作每個利潤中心都有獨立的損益計算。銀行比較困難實施「利潤中心」制度的組織結構，係因為企業實施企業機能別制度的影響，致「利潤」難以歸屬。

10 (B)。 銀行若要加強推動授信業務，可透過調低供應利率來間接達成。

11 (B)。 一般而言，利率會隨著期間增長而上升。假設銀行舉借期限一年、年利率5%的債務，以支應期限兩年、年報酬率6%的資產；則銀行於可獲利潤差距1%。至於第二年之利潤水準，若新的舉債成本維持9%，則依舊有1%之利潤差距；惟當新舉債成本攀升至11%時，銀行之第二年即有1%的利息損失。因此，當銀行之展期或重新舉債成本高於資產報酬率時，該行就會面臨再融資風險（refinancing risk）。

12 (B)。　再融資風險概念同上題解
析；本題歷史背景為1980年代以
前，美國儲貸機構大多以短期存款
為房貸資金來源，當時政府規定的
短期存款利率介於3~5%之間；然
而1980年代初期，市場名目利率明
顯上揚，使得銀行存款大量流向獲
利較高的貨幣市場基金。
為解決儲貸機構流動性問題，政
府遂解除存款利率管制；而儲貸
機構為將存款利率提高至能與貨
幣市場基金競爭的水準（約為
10%），其獲利因而大為縮減。
影響所及，在利率自由化的同
時，許多美國儲貸機構技術上而
言已呈破產局面。

13 (B)。　融資業務分為：(一)經常
性融資、(二)中長期融資。
所稱經常性融資，謂銀行以協助
企業在其經常業務過程中所需之
短期周轉資金為目的，而辦理之
融資業務，常見的包括：票據融
通、短期放款、透支。

14 (D)。　題目選項皆影響企業授信
評級，故皆應納為風險貼水因子。

15 (D)。　中長期融資是銀行以協助
借款人實施其投資或建立長期性
營運資金之計劃為目的，而辦理
之融資業務；中長期融資係寄望
以借款人今後經營所獲之利潤，
作為還款之財源。選項中僅(D)不
屬之。

16 (D)。　正向條款是指「應達到」
的事項；與之相對的為『反面承
諾』，是指「不能做」的事項。
反面承諾制度的優點在於：可以
簡化銀行授信手續、便利企業資
金調度。選項中(A)(B)(C)皆為正
向條款、僅(D)違反面承諾。

17 (C)。　此項規定實務又簡稱DBR22，
即指Debt Burden Ratio負債比不
宜超過22倍。

18 (A)。　寬限期指貸款的期限內，
申請特定的時間只繳利息、不攤
還本金，即「還息不還本」。

19 (C)。　每月償還總額固定，但愈
往後本金償還的部分愈多，代表
前面還的本金愈少，則利息償還
的部分愈多。

20 (C)。　信用卡偽冒屬於作業風險。

21 (C)。　銀行的信用評等分成內部
評等法與外部評等法。

22 (D)。　Not-Prime相當長期債券
Ba1信用等級以下。

23 (A)。　由上而下涵蓋國家風險、
產業風險和企業風險。

24 (B)。　有關標準普爾信用評等制
度，分為長期及短期兩種評等類
別，信用等級分為投資級和投機
級兩類，不僅考慮當期經濟環境
和競爭型態，去推測受評公司之
信用程度。

解答與解析

25 (A)。 銀行對同一自然人之授信總餘額,不得超過該銀行淨值百分之三,其中無擔保授信總餘額不得超過該銀行淨值百分之一。

26 (A)。 根據銀行法及金融控股公司法規定,對同一授信客戶之每筆或累計擔保授信金額達新臺幣1億元以上或淨值1%者,其條件不得優於其他同類授信對象。

27 (D)。 集中度風險就是指銀行對源於同一及相關風險敞口過大,如同一業務領域(市場環境、行業、區域、國家等)、同一客戶(交易對手、債券等融資產品發行體等)、同一產品(幣種、期限、避險或緩險工具等)的風險敞口過大,可能造成巨大損失。是故,產業別、地區別、信用評等之級別、產品別皆可做為限額訂定之依據。

28 (C)。 國家因其違約行為(例如停付外債),或透過政策與法規的變動(例如調整匯率與稅率),皆稱為國家風險。

29 (C)。 銀行對中國的國家風險總額度不得超過上年度決算後淨值的1倍。

30 (B)。 信用觀察名單(Watchlist)為當有事件發生或其發生指日可待,且新增資訊有必要納入評等之考量時,評等公司會將其列入觀察名單,並在90天內作出該公司評等的調升、調降或不變。

31 (D)。 淨穩定資金比率(NSFR)之內涵及計算NSFR旨在要求金融機構在持續營運基礎上,籌措更加穩定的資金來源,以提升長期因應彈性,其係用於衡量銀行以長期而穩定資金支應長期資金運用之程度,定義為銀行可用穩定資金(ASF)占應有穩定資金(RSF)之比率。ASF為銀行資金來源項目,愈長期且穩定之資金來源係數愈高;反之則愈低。如資本適用最高係數100%。

32 (D)。 票券金融公司資本適足率低於百分之六者,主管機關除前項措施外,得視情節輕重,採取下列措施:
(1)解除負責人職務,並通知公司登記主管機關註記其登記。
(2)命令取得或處分特定資產,應先經主管機關核准。
(3)命令處分特定資產。
(4)限制或禁止與利害關係人之授信或其他交易。
(5)限制轉投資、部分業務或命令限期裁撤分支機構或部門。
(6)命令對負責人之報酬予以降低,且不得逾該票券金融公司資本適足率低於百分之六前十二個月內對該負責人支給之平均報酬之百分之七十。
(7)派員監管或為其他必要處置。

33 (B)。 根據證券商管理規則第64
條規定,證券金融公司的資本適
足率須至少大於150%。

34 (A)。 根據金融控股公司合併資
本適足性管理辦法第6條規定,金
控集團的資本適足率須至少大於
100%。

35 (A)。 根據金融控股公司子公司
間共同行銷管理辦法第3條規定,
申請辦理集團子公司間的共同行
銷業務,金控集團的資本適足率
須至少大於100%。

36 (D)。 風險成分包括違約機率
(Probability of Default,對應選
項(A))、違約曝險額(Exposure
At Default,對應選項(B))、違
約損失率(Loss Given Default,
對應選項(C))。

37 (A)。 因企業財務狀況導致借款
違約者,屬於經濟違約。

38 (D)。 信用風險可分成三種組
成風險:違約(default risk)風
險、曝露風險(exposure risk)以
及回收風險(recovery risk),違
約機率固定且已知風險屬於其中
的違約風險。

39 (C)。 臺灣自2007年起,信用風險
的資本計提可使用「內部評等法」。

40 (D)。
VaR$=0-2.325\times0.5\times0.006$。

第二部分

41 (A)。 $(1.5385-1.25)\times1000$
$=288.3$。(獲利288美元)

42 (B)。 1個基本點$=0.001\%$
淨利息利潤於第二年年底相較第一
年年底變動$=50\times0.0001\times8,000=$
40(減少)。

43 (C)。 房屋淨值係指房產估值減
去房貸債務餘額。

44 (B)。 第一類屬於正常的授信資
產要計提的放款損失準備,為該
類授信資產債權餘額的1%。

45 (D)。 健全的信用評分制度,應
具備以下特質:
(1)能降低信用損失。
(2)了解顧客之人口統計特質。
(3)增進處理效率。
(4)可隨時檢視信用評分標準與授
信準則是否適當。

46 (D)。 「中小企業信保基金」旨
在以提供信用保證為方法,達成
促進中小企業融資之目的,進而
協助中小企業之健全發展,增進
我國經濟成長與社會安定。

47 (A)。 目前使用率70%,即已動
用70億元;故限額調降後僅剩80
-70=10億元之額度。

48 (D)。 銀行法僅對不同利害關係
人之擔保授信總餘額,有不同限
制(如選項(B)(C)),並未對所
有總額做限制。

49 (C)。 信用風險值可以反映未來的潛在風險。

50 (B)。 為強化銀行對大陸地區授信曝險之風險承擔能力，金管會要求本國銀行對大陸地區之授信餘額之備抵呆帳提存率於民國104年底前至少達到1.5%。

51 (C)。 擔保放款部位係屬信用風險，非市場風險。

52 (D)。 當市場之利率、匯率與生產因素的價格改變，導致財務盈餘減少、投資損失提高者，稱為市場風險或價格風險。

53 (B)。 聯行往來供應利率不一定等於借用利率。

54 (D)。 完全信賴單一資訊原估計值（對應至甲）、以低品質資產為擔保品（對應至丙）、錯失徵提連帶保證的機會（對應至丁）皆無法降低回收風險。

55 (C)。 A公司以短期資金流用於固定資產及長期投資之金額＝6,500－4,000＝2,500（萬元）。

56 (C)。 根據「銀行業辦理授信業務信用評等要點」，對於甲種（大型企業）的信用評等表之評分：

(1) 財務狀況：佔百分之五十，其項目計分：A.償債能力。B.財務結構。C.獲利能力。D.經營效能。

(2) 經營管理：佔百分之三十，其項目計分：A.負責人一般信評。B.公司組織型態。C.內部組織功能。D.產銷配合情形。E.受轉投資事業之影響。F.銀行往來信用情況。

(3) 產業特性暨展望：佔百分之二十，其項目計分：A.所處業界地位。B.產品市場性。C.企業發展潛力。D.未來一年內行業景氣。

57 (C)。 財務費用率＝財務費用÷營業收入×100%＝186÷16,623＝0.011,189,316≒1.14%，最接近選項(C)。

58 (B)。 $500-500 \times 6\% \times 180/365 = 485.21$。

59 (C)。 $1,050/(1+5\%)+1,050/(1+5\%)^2+1,050/(1+5\%)^3 = 2,859$（元）。

60 (D)。 「授信特徵評等」的範圍大於「授信戶的個別評等」，不可一概而論。

第一部分

( )　**1** 有關資產負債管理委員會之權責，下列敘述何者錯誤？　(A)審核全行作業風險緊急應變計畫　(B)審核流動性管理指標的門檻標準　(C)審核利率風險之避險策略　(D)審核金融同業拆款額度。

( )　**2** 有關轉投資類型的投資中心，該單位宜使用下列何者當作績效衡量指標？　(A)銷售額　(B)外部損益　(C)投資報酬率　(D)可控制成本。

( )　**3** 依據台灣的商業銀行編製財務及稅務會計報表制度架構，下列哪些單位係以盈餘達成率做為績效考評基礎？　A.營業單位別　B.分行　C.產品別　D.客戶屬性別　(A)僅A　(B)僅B　(C)僅A、B　(D)A、B、C、D。

( )　**4** 有關銀行組織規劃，在總行轄下第一層級分別設立營業、信託、財務、國外等處級單位之設計架構稱為下列何者？　(A)企業機能別　(B)金融商品別　(C)敏捷型組織　(D)變形蟲組織。

( )　**5** 有關衡量作業活動的標準處理時間，下列何種方法最合適？　(A)依據作業人員專家經驗訂定　(B)依據會計部門訂定全行一致性單一標準　(C)以碼錶多次測試，計算平均作業時間　(D)徵詢外部顧問公司建議。

( )　**6** 銀行聯行往來利率，應由下列哪一個單位核定？　(A)資產負債管理委員會　(B)風險管理委員會　(C)授信審查委員會　(D)董事會。

( )　**7** 有關利潤中心管理，下列何者可做為績效衡量指標？　(A)可控制利益　(B)可控制成本　(C)營業收入　(D)沉沒成本。

( ) **8** 有關銀行組織權責設計,將授信控管處定義為利潤中心時,其權責包括下列哪些? A.信用風險監督管理 B.承擔授信績效使命 C.資本適足率監控 D.訂定風險胃納制度
(A)僅A (B)僅A、B
(C)僅A、B、C (D)A、B、C、D。

( ) **9** 建置作業基礎成本制的執行步驟,包括:A.訂定每項作業的成本動因 B.界定作業活動 C.活動乘以對應之動因費率 D.衡量活動頻率或數量,請問其執行先後次序為下列何者?
(A)A→B→C→D (B)B→A→C→D
(C)B→A→D→C (D)A→D→B→C。

( ) **10** 擬定經濟移轉價格,需考量下列哪些因子? A.作業成本 B.與資金來源有關的借款成本 C.與流動性風險有關的流動性貼水 D.與信用風險有關的呆帳準備 (A)僅B (B)僅A、B (C)僅B、C、D (D)A、B、C、D。

( ) **11** 從銀行全行的角度觀察,銀行的利率風險不包括下列何者? (A)破產風險 (B)再融資風險 (C)再投資風險 (D)市場價值變化的風險。

( ) **12** 銀行對外借入期限1年、利率1.5%的債務,取得2年期、年報酬率3%之資產,請問債務1年到期後再舉債時,下列哪一個利率水位會發生再融資風險?(A)0.50% (B)1.00% (C)1.50% (D)2.00%。

( ) **13** 市場利率變動,導致資產負債之經濟價值跟著變動的風險,係稱為下列何種風險? (A)再投資風險 (B)再融資風險 (C)市場價值風險 (D)信用風險。

( ) **14** 銀行的存款負債瀰漫著鉅額且異常的提領,可能帶來下列何種風險? (A)再投資風險 (B)流動性風險 (C)信用風險 (D)市場風險。

( ) **15** 銀行透過5P衡量申貸客戶之信用品質,5P不包含下列何者? (A)Performance (B)Purpose (C)Prospective (D)People。

( )　**16** 銀行和客戶簽訂承諾協議書，對於額度範圍內之尚未動用部分，應收取下列何種費用？　(A)利息費用　(B)承諾費用　(C)違約費用　(D)承兌費用。

( )　**17** 銀行之放款利率＝基準利率＋風險加減碼，關於風險加減碼下列何者錯誤？　(A)信用等級加碼　(B)外匯實績加減碼　(C)存款實績加減碼　(D)產業風險加減碼。

( )　**18** 依銀行法第38條規定，除對於無自用住宅者購買自用住宅之放款外，銀行對購買或建造住宅使用的建築物，辦理中、長期借款時，最長期限不得超過幾年？　(A)20年　(B)25年　(C)30年　(D)40年。

( )　**19** 依據主管機關規定，債務人於全體金融機構之無擔保債務歸戶後之總餘額除以平均月收入，不宜超過多少倍數？　(A)16倍　(B)18倍　(C)20倍　(D)22倍。

( )　**20** 有關健全的信用評分制度，應具備下列哪些特質？　A.能降低信用損失　B.了解顧客之人口統計特質　C.增進處理效率　D.可隨時檢視信用評分標準與授信準則是否適當　(A)僅A、B　(B)僅A、B、C　(C)僅A、B、D　(D)A、B、C、D。

( )　**21** 銀行辦理信用卡業務之收入來源，包括下列哪些？　A.利息收入　B.手續費收入　C.向特約商店收取之折扣費用　D.信託費收入　(A)僅B　(B)僅A、C　(C)僅A、B、C　(D)A、B、C、D。

( )　**22** 有關消費性放款之信用評分制度，下列敘述何者錯誤？　(A)系統量化評分後，即不准再執行額外人為輔助之加減分異動　(B)借款人容易在申請時隱匿不利之個人資訊，導致違約率上升　(C)銀行依信用評分決定准駁和最高申貸金額　(D)常理上，銀行降低信用評分的准駁標準，會提高信用風險規模。

( )　**23** 銀行的信用評等分成哪兩種？　(A)國內評等與國際評等　(B)標準評等法與進階評等法　(C)內部評等法與外部評等法　(D)自我評等法與公開評等法。

( ) **24** 依據標準普爾信評公司之評等架構，下列哪些因子會影響營運風險之規模？ A.產業發展前景 B.產品分散程度 C.市場競爭地位 D.管理階層的領導能力。 (A)僅A (B)僅B、C (C)僅A、B、C (D)A、B、C、D。

( ) **25** 有關公司債之敘述，下列何者正確？ (A)同一發行機構的短期債券評等與長期債券評等並無絕對關係 (B)同一發行機構的短期債券評等較高，則長期債券評等較高 (C)同一發行機構的長期債券評等較高，則短期債券評等較高 (D)公司長期債券評等最重要的因素是對該公司流動能力優劣的評估。

( ) **26** 產業風險的涵蓋層面逐步擴大後，該產業風險將成為系統性風險，因此銀行須針對下列何者訂定授信對象之風險限額？ (A)客戶別 (B)系統別 (C)產業別 (D)國家別。

( ) **27** 對於國外企業的授信若是碰到授信企業的當地政府外匯短缺或政局不穩，突然宣布全面禁止或限制本息匯出，此稱為下列何者？ (A)主權風險 (B)匯兌風險 (C)外匯移轉風險 (D)政治風險。

( ) **28** 金管會依「台灣地區與大陸地區金融業務往來及投資許可管理辦法」第12條之1規定，銀行對中國的國家風險總額度不得超過下列何者？ (A)上年度決算後資本額的1倍 (B)上年度決算後資本額的1.5倍 (C)上年度決算後淨值的1倍 (D)上年度決算後淨值的1.5倍。

( ) **29** 有關「主權上限」之意義，下列敘述何者正確？ (A)任何企業之信用等級不得高於該國的主權評等 (B)非投資級企業之長期債務評等不得高於該國的主權評等 (C)投資級企業之短期債務評等不得高於該國的主權評等 (D)非主權發行公司的信用等級可能高於主權評等。

( ) **30** 本國銀行篩選與陸資銀行業務往來之信用等級標準為下列何者？ (A)中華信用評等機構給予的信用等級在A等級以上 (B)中華信用評等機構給予的信用等級在BBB等級以上 (C)S&P、Moody's及Fitch信用評等機構給予的信用等級在A等級以上 (D)S&P、Moody's及Fitch信用評等機構給予的信用等級在BBB等級以上。

( ) **31** 有關國家風險限額的核配，下列敘述何者錯誤？ (A)依據信評公司之評等核配國家風險額度，稱為靜態核配制度 (B)依據信用違約交換的價格核配國家風險額度，稱為動態核配制度 (C)信用違約交換的價格，原則上應每季檢查一次 (D)當信用違約交換觸及標準，應凍結該國額度。

( ) **32** 有關各種風險之資本計提，下列敘述何者錯誤？ (A)信用風險加權風險性資產，係衡量交易對手不履約，致銀行產生損失的風險 (B)市場風險應計提之資本，則衡量市場價格波動，致銀行資產產生損失之風險，所需計提之資本 (C)風險性資產總額則為信用風險加權風險性資產，加計市場風險及作業風險應計提之資本乘以12.5之合計數 (D)作業風險應計提之資本，旨在衡量銀行因內部作業、人員及系統之不當或失誤，造成損失之風險，所需計提之資本，但不包含外部事件造成損失之風險。

( ) **33** 臺灣的銀行資本分為四個等級，倘若銀行計劃使用「現金」分配盈餘，或以「現金」買回其流通在外股份，必須達到下列何種等級以上？ (A)資本適足 (B)資本不足 (C)資本顯著不足 (D)資本嚴重不足。

( ) **34** 有關資本適足率的意義，下列敘述何者正確？ A.可衡量銀行營運健全性 B.防止風險性資產造成重大損失 C.可衡量經濟成長幅度 D.提供央行調整貨幣政策參考 (A)僅A、B (B)僅C、D (C)僅A、C、D (D)A、B、C、D。

( ) **35** Basel III規範各國金融監理機關依據該國銀行信用擴張的情形，要求銀行額外計提資本以限制信用過度擴張，此規範稱為下列何者？ (A)早期監理審查介入 (B)抗循環資本緩衝 (C)順循環資本擴張 (D)市場紀律介入。

( ) **36** 有關槓桿比率，下列敘述何者錯誤？ (A)目的係用來補充以風險衡量為基礎之最低資本要求 (B)槓桿比率之分子為第一類資本淨額 (C)槓桿比率之分母為暴險總額 (D)槓桿比率最低要求為6%。

( ) **37** 有關Basel III增訂之流動性風險指標，下列敘述何者錯誤？ (A)流動性覆蓋率係指高品資的流動資產除以30天期之淨現金流出 (B)流動性覆蓋率反應在監理機關嚴峻的流動性需求下處分資產換取現金的能力 (C)淨穩定資金比率係指法定穩定資金除以可取得的穩定資金 (D)淨穩定資金比率強調用來支應資產和業務活動的資金，至少須一定比率來自於穩定的負債。

( ) **38** 金融控股公司的資本適足率管理，須符合下列哪些？ A.子公司應符合各業別資本適足性之相關規範 B.金融控股公司資本適足率須大於100% C.金融控股公司槓桿比率須大於6% D.金融控股公司負債比率小於100% (A)僅A、B (B)僅A、B、C (C)僅B、C、D (D)A、B、C。

( ) **39** 信用風險的產生，主要係因下列何者或交易對手的經營體質出現惡化或發生其他不利因素（如企業與往來對象發生糾紛），導致客戶不依契約內容履行其付款義務，而使銀行產生違約損失的風險？ (A)存款人 (B)借款人 (C)保證人 (D)擔保品提供人。

( ) **40** 衡量市場風險時，有關主要部位或個別金融商品的「價格波動」，是指市場因素在特定時間內，上下偏離平均水準，導致部位價值產生變動的程度，在統計學上稱為部位價值的變動率，此波動程度之衡量不包括下列何者？ (A)標準差 (B)變異數 (C)變異係數 (D)敏感性係數。

第二部分

( ) **41** 甲公司該年度稅後淨利為7億元，所得稅稅率為17%，股東權益為50億元，請問甲公司之淨值純益率為多少？ (A)11.97% (B)16.87% (C)17.21% (D)18.00%。

( ) **42** 甲公司該年度相關財務數字如下：營業收入166佰萬元、營業成本92佰萬元、營業外收入5佰萬元、期初應收帳款淨額13佰萬元、期末應收帳款淨額28佰萬元，請計算其應收帳款週轉率為何？ (A)6.1 (B)8.1 (C)10.1 (D)13.1。

( )　**43** 企業為改善財務結構，董事會同意以現金出售固定資產，實現處分資產之資本利得，其財務結構將有下列何種變化？　(A)存貨比率下降且流動比率下降　(B)負債比率下降且速動比率上升　(C)應收帳款週轉率上升且速動比率下降　(D)負債比率上升且流動比率上升。

( )　**44** 甲公司該年度相關財務數字如下：銷貨收入7,500萬元、銷貨毛利2,800萬元、營業費用2,200萬元、流動資產700萬元、流動負債220萬元、利息費用150萬元、長期資產淨額800萬元，請計算其利息保障倍數為何？　(A)4.0　(B)5.1　(C)6.3　(D)8.8。

( )　**45** 假設「幸福滿屋」之目前房屋市場價值為2,000萬元，已向甲銀行貸款1,500 萬元，甲銀行乃該屋之第一胎房貸銀行，並設定該屋之可貸金額為房屋價值的75%，並依可貸金額的1.2倍設定質權。若「幸福滿屋」屋主向乙銀行提出二胎房貸申請，若乙銀行對風險容忍程度在第一順位質權設定的20%。若「幸福滿屋」依乙銀行對該屋之二胎房貸上限金額進行全額貸款後，請問該屋之淨值剩下多少？　(A)300萬元　(B)250萬元　(C)140萬元　(D)70萬元。

( )　**46** 有關信用等級的移轉矩陣，下列敘述何項較不符合此理論？　(A)違約機率越高，信用風險越大，信用等級即越差　(B)信用風險越低時，信用等級加碼宜越少　(C)年初屬於某種等級，年底維持在原來等級，以及移轉至其他等級的機率，相加以後總和為1　(D)常理上，信用等級越佳企業，年底仍在原來等級的比率越低。

( )　**47** 根據銀行法，授信業務對同一關係企業之風險限額，下列敘述何者正確？　(A)授信總餘額不得超過銀行淨值的3%，其中無擔保授信總餘額不得超過銀行淨值的1%　(B)授信總餘額不得超過銀行淨值的15%，其中無擔保授信總餘額不得超過銀行淨值的5%　(C)授信總餘額不得超過銀行淨值的40%，其中無擔保授信總餘額不得超過銀行淨值的15%　(D)授信總餘額不得超過銀行淨值的45%，其中無擔保授信總餘額不得超過銀行淨值的15%。

( ) **48** A銀行依據甲集團企業之信用評等核定風險限額為新臺幣（以下同）100億元，目前使用率70%，考量其舉債能力變差，調降限額至80億元，則剩餘可動用額度為多少元？　(A)10億元　(B)20億元　(C)30億元　(D)80億元。

( ) **49** 有關Basel II之三大支柱，不包括下列何者？　(A)最低資本需求額　(B)監理審查　(C)公司治理　(D)市場紀律。

( ) **50** 證券商資本適足率計算範圍包括下列哪些？　A.市場風險　B.交易對象風險　C.執行業務疏誤所生之風險　D.流動性風險　(A)僅A　(B)僅A、B　(C)僅A、B、C　(D)A、B、C、D。

( ) **51** 保險業使用下列何者衡量資本適足率？　(A)風險基礎資本額　(B)槓桿比率　(C)負債比率　(D)固定長期適合率。

( ) **52** 保險業經營人身保險業務，其風險構成項目包括下列哪些？　A.保險風險　B.利率風險　C.資產風險　D.資產負債配置風險　(A)僅A、B　(B)僅C、D　(C)僅A、B、C　(D)A、B、C、D。

( ) **53** 證券商辦理衍生性金融商品業務，須符合資格為下列何者？　(A)最近3個月資本適足率均超過100%　(B)最近3個月資本適足率均超過150%　(C)最近6個月資本適足率均超過150%　(D)最近6個月資本適足率均超過200%。

( ) **54** C銀行有一筆對一般企業之長期授信承諾新臺幣10億元，已知信用轉換係數為0.5，風險權數為100%，另有當期曝險額為1億元，則該筆承諾之信用風險性資產為下列何者？　(A)10億元　(B)5億元　(C)1億元　(D)0。

( ) **55** 計算Basel II之「表內」風險性資產與信用風險的資本計提額，銀行之資本適足率（BIS）須滿足三條件，銀行之合格資本$4,500,000，下列敘述何者錯誤？　(A)槓桿比率＝核心資本÷總資產≧4%　(B)第一類資本÷風險性資產≧4%　(C)（第一類資本＋第二類資本＋第三類資本）÷風險性資產≧8%　(D)如總資產$100,000,000，則槓桿比率＝4%。

(　) **56** 實務上，觀察市場利率變動1單位，對目標部位或金融商品價格的影響，此1單位依慣例係指多少？　(A)0.01%　(B)0.10%　(C)1%　(D)2%。

(　) **57** 計算銀行市場風險值（VaR），係以「損失波動幅度」（σ）與「波動倍數」（容忍水準%）相乘，因此估計各部位的VaR＝0－Z×β×（σ），β為敏感性係數，假設債券部位的投資損失符合常態分配，則單尾容忍水準2.5%的損失門檻，殖利率標準差為0.5%，β為敏感性係數為1，下列敘述何者正確？　(A)VaR＝0－1.96×1×0.005　(B)VaR＝0－1.96×1×0.025　(C)VaR＝0－1.645×1×0.005　(D)VaR＝0－2.325×1×0.005。

(　) **58** 假設英國政府發行5年期純折扣債券，到期一次還本、面額1百萬英鎊，市場顯示相同風險等級之5年期殖利率限為6%。假設英鎊對美元為1：1.3時，則英國公債之美元現值為下列何者？　(A)約971,435　(B)約916,448　(C)約1,029,721　(D)約1,091,373。

(　) **59** 原為10,000元的債券，敏感性係數為5時，殖利率上升1個基本點（Basis Point），請問此時的債券價格應為多少元？　(A)9,950元　(B)9,500元　(C)9,995元　(D)500。

(　) **60** 下列哪項「會計科目」屬於負債，不可當作流動準備的資產項目？　(A)金融業互拆淨貸差　(B)金融業互拆淨借差　(C)超額準備　(D)持有政府公債。

解答與解析【答案標示為#者，表官方曾公告更正該題答案。】

第一部分

1 (A)。風險管理委員會及資產負債管理委員會：以統籌及整合本行各項風險管理事項之審議、監督及協調運作，執行董事會所核定之風險管理政策與程序、風險胃納聲明及風險管理機制、檢視風險管理流程，並監督其適當

性，及確保能有效地溝通與協調相關風險管理功能。選項(A)應為「整合」全行作業風險緊急應變計畫。

2 (C)。資本或股權投資報酬率為投資中心的績效衡量指標；銷售額為收入中心的績效衡量指標；內外部損益（利潤＝收入－

成本）為利潤中心的績效衡量指標；可控制成本為成本中心的績效衡量指標。

3 (C)。 基於每筆業務的基礎資訊，銀行就可按部門來衡量其對全行整體業務的貢獻，透過量化指標將三者結合起來，相互影響，相互促進。將這些量化結果運用於優化資源配置、績效考評、產品定價、風險管理等方面能產生積極的引導和促進作用。

4 (A)。 銀行若是按企業機能別劃分，部門主管較難成立「利潤中心」。

5 (C)。 利用工具（碼錶）進行多次研究，按隨機抽樣原則，抽選總體中的部份進行調查，以推斷總體（平均）的有關數據。

6 (A)。 風險管理委員會為保護及增進公司價值，落實公司治理並健全風險管理制度。授信審查委員會由行政總裁成立之高級管理團隊，以支援風險管理委員會執行本集團信貸風險管理職能。董事會的職責就是對公司行使經營決策權和管理權，對股東會負責。

7 (A)。 可控制利益所表現的數據皆是主管可控制者，在成本中，其可控制之變動成本及固定可控制成本已包含在內，但不包括不能由其負責之成本，因此可控制利益才能真正表示部門為所應得的利潤績效，較適合當作績效衡量指標。

8 (B)。 以「授信控管處」來定義為利潤中心，其權責包括與授信相關事務，如：信用風險監督管理，承擔授信績效使命。

9 (C)。 作業成本制的實施一般包括以下幾個步驟：

步驟1	設定作業成本法實施的目標、範圍，組成實施小組。
步驟2	瞭解企業的運作流程，收集相關資訊。
步驟3	建立企業的作業成本核算模型。
步驟4	選擇／開發作業成本實施工具系統。
步驟5	作業成本運行。
步驟6	分析解釋作業成本運行結果。
步驟7	採取行動。

10 (C)。 經濟移轉價格（Economic Transfer Prices）包含與資金來源有關的借款成本、與信用風險有關的呆帳準備、與流動性風險有關的流動性貼水。

11 (A)。 銀行的角度，銀行利率風險包括；再融資風險、再投資風險、市場價值變化的風險等。

12 (D)。 銀行舉借期限一年，年利率1.5%的債務，以支應期限兩

年，年報酬率3%的資產，則銀行可獲利潤差距1.5%。而第二年利潤水準，若新舉債成本維持4.5%（1.5%+3%），則依舊有1.5%之利潤差距，惟當新舉債成本攀升至2%時，則銀行第二年即有利息損失。故當銀行之展期或重新舉債成本高於資產報酬率時，就會臨再融資風險（refinancing risk）。（即「借短貸長」的資金部位，可能存在再融資風險。）

13 (C)。
(A)再投資風險（Reinvestment Risk）：常指投資債券所面臨的各種風險之一。投資者在持有期間內，領取到的債息或是部份還本，再用來投資時所能得到的報酬率，可能會低於購買時的債券殖利率的風險。

(B)再融資風險（Refinancing Risk）：由於市場上金融工具品種、融資方式的變動，導致企業再次融資產生不確定性，或企業本身籌資結構的不合理導致再融資產生困難的風險。

(D)信用風險（Credit Risk）：指交易對手未能履行約定契約中的義務而造成經濟損失的風險。

14 (B)。　流動性風險是商業銀行所面臨的重要風險之一，我們說一個銀行具有流動性，一般是指該銀行可以在任何時候以合理的

價格得到足夠的資金來滿足其客戶隨時提取資金的要求。銀行的存款負債瀰漫著鉅額且異常的提領，可能帶來流動性風險。

15 (A)。　5P：借款人（People）、資金用途（Purpose）、還款能力（Payment）、債權保障（Protection）、合作展望（Perspective）。

16 (B)。　貸款承諾費也稱為承擔費，是指銀行對已承諾貸給顧客而顧客又沒有使用的那部分資金收取的費用。也就是說，銀行已經與客戶簽訂了貸款意向協議，並為此作好了資金準備，但客戶並沒有實際從銀行貸出這筆資金。

17 (D)。　銀行之放款利率＝基準利率＋風險加減碼，有關風險加減碼，有可能是信用等級加碼、外匯實績加減碼、存款實績加減碼等。

18 (C)。　第38條：銀行對購買或建造住宅或企業用建築，得辦理中、長期放款。其最長期限不得超過三十年。

19 (D)。　此項規定實務又簡稱DBR22，即指Debt Burden Ratio負債比不宜超過22倍。

20 (D)。　健全的信用評分制度，應具備以下特質：
(1)能降低信用損失。
(2)了解顧客之人口統計特質。

(3) 增進處理效率。

(4) 可隨時檢視信用評分標準與授信準則是否適當。

21 (C)。 銀行辦理信用卡業務之收入來源，包括：利息收入、手續費收入、向特約商店收取之折扣費用等。

22 (A)。 關於消費性放款之信用評分制度，系統量化評分後，可再執行額外人為輔助之加減分異動。

23 (C)。 銀行的信用評等分成內部評等法與外部評等法。

24 (D)。 依據標準普爾信評公司之評等架構，下列因子會影響營運風險之規模：

(1) 產業發展前景。

(2) 產品分散程度。

(3) 市場競爭地位。

(4) 管理階層的領導能力。

25 (A)。 同一發行機構的短期債券評等與長期債券評等並無絕對關係。

26 (C)。 產業風險的涵蓋層面逐步擴大後，該產業風險將成為系統性風險，因此銀行須針對產業別訂定授信對象之風險限額。

27 (C)。 主權風險（Sovereign risk）是主權政府或政府機構的行為給貸款方造成的風險，主權國家政府或政府機構可能出於其自身利益和考慮，拒絕履行償付債務或拒絕承擔擔保的責任，從而給貸款銀行造成損失。故不可選(A)。

28 (C)。 金管會依「臺灣地區與大陸地區金融業務往來及投資許可管理辦法」第十二條之一規定，銀行對中國的國家風險總額度不得超過上年度決算後資本額的1倍。

29 (A)。 「主權上限」係指任何企業之信用等級不得高於該國的主權評等。

30 (D)。 本國銀行篩選與陸資銀行業務往來之信用等級標準，主要為S & P、Moody's及Fitch信用評等機構給予的信用等級在BBB等級以上。

31 (C)。 信用違約交換的價格，原則上應每年檢查一次。

32 (D)。 作業風險應計提之資本：指衡量銀行因內部作業、人員及系統之不當或失誤，或因外部事件造成損失之風險，所需計提之資本。

33 (A)。 銀行資本適足率在百分之六以上，未達百分之八及最低資本適足率（即未達資本適足）要求者，不得以現金分配盈餘或買回其股份，且不得對負責人有酬勞、紅利、認股權憑證或其他類似性質給付之行為。

34 (A)。 資本適足率之所以重視自有資本，係因自有資本具有下列幾項功能：

(1) 可提供金融機構資產成長之基礎，並提供所需固定資產與設備之營運資金來源。

(2) 當資產被不當配置或放款過度擴張時，自有資本能扮演緩衝機制。

(3) 可強化金融機構之監控功能，確保支付能力以保護投資人及債權人之權益，因股東出資愈多，愈有更強烈的動機監督金融機構採取穩健經營的方式。

(4) 作為無成本資金以加強收益之功能。

35 (B)。 抗景氣循環緩衝資本制度之主要目標係運用緩衝資本，保護銀行業不致陷入會形成系統性風險（system-wide risk）之超額總合信用擴張（excess aggregate credit growth）期間，以達成更廣泛之總體審慎監理目標（the broader macroprudential goal）。

36 (D)。 銀行應按季計算槓桿比率，槓桿比率於平行試算期間之最低要求為3%，槓桿比率之分子為第一類資本淨額（capital measure），分母為曝險總額（exposure measure）。

37 (C)。 淨穩定資金比率之定義為可用穩定資金除以應有穩定資金。

38 (A)。 金控公司應符合各業別資本適足性之相關規範：金融控股公司之子公司，應符合各業別資本適足性之相關規範。金融控股公司依本辦法計算及填報之集團資本適足率不得低於百分之

一百。金融控股公司之集團資本適足率未達前項之標準者，除依本法第六十條規定處罰外，盈餘不得以現金或其他財產分配。

39 (B)。 信用風險的產生，主要係因借款人或交易對手的經營體質出現惡化或發生其他不利因素（如企業與往來對象發生糾紛），導致客戶不依契約內容履行其付款義務，而使銀行產生違約損失的風險。

40 (D)。 計算市場風險之主要部位變動幅度，當利率、匯率或石油價格等市場因素變動「一單位」時，觀察目標部位或金融商品的價格，變動多少幅度，係為敏感性係數。

第二部分

41 (B)。 甲公司之淨值純益率＝7÷（1－17%）/50≒16.87%

42 (B)。
應收帳款周轉率＝

$$\frac{\text{賒銷淨額}}{(\text{期初應收帳款}+\text{期末應收帳款})/2}$$

$$=\frac{166}{(13+28)/2}$$

$$≒8.1（次）$$

43 (B)。 董事會同意以現金出售固定資產，實現處分資產之資本利得，會使速動資產增加，進而企業的負債比率下降且速動比率上升。

44 (A)。 利息保障倍數＝（稅前淨利＋利息費用）/利息費用＝（稅前淨利＋所得稅＋利息費用）/利息費用＝（2,800－2,200）/150＝4（次）

45 (C)。 可向乙銀行申請之二胎房貸金額上限＝（2000－2,000×75%×1.2）×1.2＝240（萬元）。（該題題目選項(C)有誤）

46 (D)。 信用移轉矩陣表徵企業未來某一期間評等轉換及違約的可能狀況，它除了能夠衡量債券或放款組合的信用風險值。期初信用等級愈佳，期末仍維持在原來等級的機率愈高。

47 (C)。 銀行對同一關係企業之授信總餘額不得超過該銀行淨值百分之四十，其中無擔保授信總餘額不得超過該銀行淨值之百分之十五。但對公營事業之授信不予併計。

48 (A)。 目前使用率70%，即已動用70億元；故限額調降後僅剩80－70＝10億元之額度。

49 (C)。 新巴塞爾資本協定強調的三大支柱：
(1) 最低資本適足要求。
(2) 監察審理程序。
(3) 市場制約機能，即市場自律。

50 (C)。 依證券商管理規則第59條之1第1項及第63條第2項規定訂定證券商自有資本適足比率簡式計算法及進階計算法之令。（金管證券字第1040017474號）
自有資本適足比率簡式計算法所稱經營風險之約當金額係指證券商依下列方式所計算之各項經營風險約當金額：
(1) 市場風險：指資產負債表內及表外部位因價格變動所生之風險，係上述部位依其公允價值乘以一定風險係數所得之價格波動風險約當金額。
(2) 信用風險：指因交易對象所生之風險，係以證券商營業項目中，有交易對象不履行義務可能性之交易，依各類交易對象、交易方式之不同，分別計算後相加所得之總和計算其風險約當金額。
(3) 作業風險：指執行業務所生之風險，係以計算日所屬會計年度為基準點，並以基準點前一會計年度員工福利費用、折舊及攤銷費用及其他營業費用之合計數之百分之二十五計算其風險約當金額。

51 (A)。 臺灣保險業使用「風險基礎資本額」（Risk Based Capital）衡量其資本適足率，且規定該比率不得低於200%。

52 (C)。 經營人身保險業務風險構成項目：保險風險、利率風險、資產風險。

53 (D)。 證券商連續六個月均超過 200%，可申請經營衍生性金融商品業務。

54 (B)。 各筆表外交易之金額×信用轉換係數＝信用曝險相當額
各項信用曝險相當額×交易對手風險權數＝信用風險性資產額
10億×0.5＝5億
5億×100%＝5億

55 (D)。 槓桿比率＝銀行之合格資本$4,500,000／總資產$100,000,000＝4.5%

56 (A)。 實務上，觀察市場利率變動1單位，對目標部位或金融商品價格的影響，此1單位，依慣例係指0.01%。

57 (A)。 $VaR = 0 - Z \times \beta \times (\sigma)$，$\beta$為敏感性係數，假設債券部位的投資損失符合常態分配，則單尾容忍水準2.5%的損失門檻，殖利率標準差為0.5%，β為敏感性係數為1，則參考常態分配表得知，容忍水準2.5%為1.96，則$VaR = 0 - 1.96 \times 1 \times 0.005$。

58 (A)。 $\dfrac{100}{1.06^5} \times 1.3 = 971435$

59 (C)。 1個基本點＝0.01%
此債券之價格為
＝$10,000 - 5 \times 0.0001 \times 10,000$
＝$9,995$

60 (A)。 金融業互拆淨貸差為應提流動準備之新臺幣負債項目。

解答與解析

第11屆 風險管理基本能力測驗

第一部分

(　　) **1** 下列何種風險不屬於描述客戶信用風險的「風險值」計算種類？
(A)違約風險（Default Risk）　(B)回收風險（Recovery Risk）
(C)暴露風險（Exposure Risk）　(D)作業風險（Operation Risk）。

(　　) **2** 有關間接成本分攤至作業中心，下列敘述何者錯誤？
(A)雜費以員工人數佔比分攤
(B)營繕費以辦公室使用坪數佔全部空間比例分攤
(C)薪資費用以僱用人數分配
(D)加班費分攤係由主管直接認定。

(　　) **3** 關於績效評估觀念，下列何者正確？　(A)銀行的營業單位或分行最好使用每股盈餘、資產報酬率及淨值報酬率，衡量其管理績效　(B)績效管理的重點，應擺在「不可控制」的成本項目　(C)績效管理的良窳，端視管理者對「可控制成本」的掌控能力而定 (D)銀行使用的所有績效管理指標，均應納入全部服務成本。

(　　) **4** 若財務部轄下有資金調撥等三個科別，則財務部經理每月領取的薪資費用之歸屬，下列何者正確？
(A)此薪資費用是財務部的間接成本
(B)此薪資費用是財務部轄下資金調撥等三個科別的直接成本
(C)此薪資費用是財務部轄下資金調撥等三個科別的間接成本
(D)此薪資費用不宜當作財務部轄下任何科別的直接或間接成本。

(　　) **5** 銀行總行與分行面臨資金過剩與不足時，可以透過下列何種制度，相互調撥資金？　(A)風險調整後報酬　(B)資金移轉價格 (C)風險限額移轉　(D)固定資產調撥。

( ) 6 關於營運利潤、財務利潤與會計利潤之關係，下列敘述何者錯誤？ (A)會計利潤為營運利潤與財務利潤相加 (B)財務利潤為內部移轉價格與市場價格的差額 (C)營運利潤為顧客價格與內部移轉價格的差額 (D)會計利潤蘊含內部損益與外部損益的合計，將不同營業單位的內部損益相抵銷，合計數不為零。

( ) 7 下列何者不屬於銀行實務上所稱「買入負債」的融資行為？ (A)在債券市場，買入「金融債券」 (B)在貨幣市場，發行「可轉讓定期存單」 (C)在同業拆款市場，籌措「同業融資」 (D)在重貼現及短期融通市場，辦理「央行融資」。

( ) 8 本國銀行承作1億美元放款時，並發行0.8億美元定期存單，若美元升值則對其會計帳會有何影響？ (A)出現匯兌獲利 (B)出現匯兌損失 (C)備抵呆帳需增加 (D)備抵呆帳需減少。

( ) 9 關於信用評等制度，下列何者錯誤？ (A)2007年之後實施的資本協定，在信用風險的資本計提包括標準法與內部評等法 (B)借款客戶的貸款利率是由基準利率與風險加減碼所構成 (C)基準利率反映市場上的長期資金走勢，非個別銀行所能單獨主導 (D)風險加減碼制度須視企業的經營績效與產業環境而定。

( ) 10 依據銀行公會公佈之大型企業信用評等表，其評分構面不包括下列何者？ (A)財務狀況 (B)經營管理 (C)產業特性暨展望 (D)擔保品流動性展望。

( ) 11 下列何者屬於消費者貸款？ A.購置住宅貸款 B.房屋修繕貸款 C.就學貸款 D.公司帳戶透支 E.信用卡循環貸款 (A)僅ABCD (B)僅BCDE (C)僅ACDE (D)僅ABCE。

( ) 12 有關自用住宅抵押貸款，下列敘述何者錯誤？ (A)依據銀行法規定，購買或建造住宅之放款期限不得超過二十年 (B)寬限期係指貸款期間只付利息，不攤還本金 (C)求償順位首先應向借款人求償，次就不足部分才可轉向保證人求償 (D)銀行辦理自用住宅放款，不得要求提供連帶保證人。

( ) **13** 有關信用卡業務，下列敘述何者錯誤？ (A)特約商店係指接收持卡人刷卡消費並簽帳的商店 (B)所有發卡機構均從事代理收付持卡人在特約商店刷卡產生之帳款 (C)正卡申請人應年滿20歲，並檢附身分證明及還款能力相關資料 (D)國外交易需經由國際清算組織，居間提供發卡機構和收單機構雙方的授權和清算服務。

( ) **14** 有關房屋淨值放款，下列敘述何者錯誤？ (A)所謂房屋淨值係以其公告地價扣除第一順位抵押借款之餘額 (B)實務上第二順位貸款的還款期間應比第一順位短 (C)借款人還清部分房貸後，可申請增加額度 (D)第二順位抵押貸款之信用風險貼水（Premium）會高於第一順位抵押貸款。

( ) **15** 根據國際信用評等機構Standard & Poor's的信用等級分類，下列何項長期別債券的信用等級最差？(A)B (B)CCC (C)CC (D)C。

( ) **16** Moody's採取由上而下（Top-Down）的評估方式，檢視受評公司的風險等級。所謂由上而下的評估方式，係指下列何者？ (A)由Aaa信用等級至C信用等級 (B)風險層次由國家風險至產業風險，終至企業風險 (C)上自總經理下至各執行部門，逐一檢視各單位風險狀況 (D)由該公司所處產業之營運優劣排序，決定該公司之暴險等級。

( ) **17** 有關財富管理業務的特性，下列何項內容不適當？ (A)評等對象是借款客戶 (B)執行「Know Your Customer; KYC」步驟在於瞭解客戶風險等級 (C)進行「KYP」步驟在於說明金融商品的風險等級 (D)業務適合度係依客戶的KYC與KYP來認定。

( ) **18** 銀行根據風險對象所屬國家加以彙總，以了解國家的信用風險集中度，若信用對象登記在開曼群島時，應： (A)以該信用風險對象之所有人所屬國別認列 (B)將該信用風險彙整入高風險類之其他國別 (C)將該信用對象之國別風險彙整入開曼群島 (D)以該信用風險對象資金主要使用所在地國別認列。

( ) **19** 透過借款企業的財務報表，建立的評等模式，稱為何種評等？(A)基本模型之評等 (B)財務評等 (C)授信戶評等 (D)授信特徵評等。

（　）**20** A銀行民國108年底淨值為新臺幣（以下同）1,200億元，109年1月對非為利害關係人之同一法人最高授信總餘額不得超過多少？(A)60億元　(B)120億元　(C)180億元　(D)240億元。

（　）**21** 關於國家風險的統計，下列敘述何者錯誤？　(A)總暴險除已動用的放款餘額，還需加計剩餘可用或未動用部份　(B)信用狀保兌按承作金額計算暴險值　(C)已提列資產減損之有價證券投資，直接按減損後之資產價值計算　(D)附賣回證券直接以有價證券之市場價值計算。

（　）**22** 依據銀行資本適足性及資本等級管理辦法，所稱槓桿比率係指下列何者？　(A)第一類資本淨額／暴險總額　(B)第一類資本淨額／總資產　(C)合格資本／暴險總額　(D)總負債／總資產。

（　）**23** 為避免發生系統性風險，主管機關於必要時得提高資本適足率之最低比率，但最高不得超過多少？　(A)0.50%　(B)1.00%　(C)2.00%　(D)2.50%。

（　）**24** 關於金融控股公司之合格資本，應包括下列哪些項目？　A.普通股　B.特別股　C.商譽　D.按持股比例乘於子公司合格資本　(A)僅A　(B)僅AB　(C)僅ACD　(D)ABCD。

（　）**25** 銀行為發揮內部評等制度法（Internal Rating-Based Approach, IRB）的管理功能，除了必須建立信用評等制度的機制外，尚需建立之制度，下列敘述何者錯誤？　(A)風險調整後之資本報酬率（RaROC）　(B)風險資本（Capital at Risk）　(C)法定資本　(D)經濟資本（Economic Capital, EC）。

（　）**26** 下列何者不屬於內部評等制度法（Internal Rating-Based Approach, IRB）之信用風險資本計提的決定因素？　(A)違約機率　(B)存續期間　(C)違約損失率　(D)信用暴險值。

（　）**27** 銀行的交易對手發現，衍生性交易明顯不利於自己時，可能選擇「不履約」，係稱為何種風險？　(A)交割日風險　(B)交割日前的風險　(C)直接放款風險　(D)間接放款風險。

（　　）　**28** 商業銀行會衍生信用風險的金融業務，包括表內的企業金融業務與消費金融業務及表外的衍生性和非衍生性業務。關於表外非衍生性業務的種類，下列敘述何者錯誤？　(A)選擇權　(B)擔保信用狀　(C)未動用額度的「承諾協議書」　(D)循環式包銷融資。

（　　）　**29** 依主管機關現行資本適足率規定，以「非自用住宅」當作擔保品，其風險權數應如何訂定？　(A)一律以貸放比率（Loan to Value; LTV）為基礎劃分　(B)一律適用100%風險權數　(C)一律適用75%風險權數　(D)一律適用45%風險權。

（　　）　**30** 銀行發行票券或債券商品，迄今仍流通在外的餘額，實務上稱為下列何者？　(A)買入票券或債券　(B)金融資產　(C)金融負債　(D)長部位。

（　　）　**31** 下列哪項部位不須提列個別市場風險的資本需求額？　(A)固定收益證券部位　(B)利率商品部位　(C)外匯商品部位　(D)權益證券部位。

（　　）　**32** 金融商品的賣價減去買價大於0時，實務上如何看待？　(A)該交易呈現「資本損失」　(B)該交易有「利息收入」　(C)該交易有「證券交易所得」　(D)該交易存在「價格風險」。

（　　）　**33** 下列哪項敘述，無法反映該銀行存在嚴重的流動性風險？　(A)借款客戶出現嚴重違約，銀行發生擠兌　(B)銀行的資產與負債項目，面臨期限結構不一致，且隨著時間演進而擴大「負」缺口部位　(C)存在超額準備，且流動準備比率維持在15%以上　(D)銀行對外籌措資金窒礙難行。

（　　）　**34** 重新訂價的缺口又稱「資金缺口」，有關資金缺口的敘述，下列何者錯誤？　(A)是某天期的敏感性資產與敏感性負債相減而得　(B)敏感性資產除以敏感性負債大於0時，稱為「正」資金缺口　(C)利率由高往低下滑時，適合採用「負」資金缺口策略　(D)利率處於最高點或最低點時，適合採用「零」資金缺口策略。

（　　）　**35** 從2011年10月起，台灣的流動準備法定比率是多少？並如何計提？　(A)7%；按日　(B)7%；按月　(C)10%；按日　(D)10%；按月。

( ) **36** 新巴賽爾資本協定於2004年6月，將「作業風險」的「最低資本需求」，納入資本適足率的第一支柱。依據金管會定義作業風險，係起因於哪些不當因素，造成銀行損失之風險，下列敘述何者錯誤？ (A)人員 (B)系統 (C)內部作業與外部事件 (D)策略風險與信譽風險。

( ) **37** 依金管會「銀行資本適足性及資本等級管理辦法」第2條第4項，定義「資本適足率」，係以何種資本除以風險性資產總額而得，下列敘述何者正確？ (A)第一類資本淨額 (B)第二類資本淨額 (C)第三類資本淨額 (D)第一類資本淨額及第二類資本淨額之合計數。

( ) **38** 按照資本適足性管理辦法，銀行發行的「長期別次順位債券」，在計算資本適足率時，具有何種資本性質？ (A)普通股股本 (B)第一類資本 (C)第二類資本 (D)不可視為資本使用。

( ) **39** 主管機關為強化銀行風險承擔能力，規定本國銀行辦理購置住宅加計修繕貸款及建築貸款餘額之備抵呆帳提存比率，屬於「不動產」的貸款須提列多少比率？ (A)1% (B)1.5% (C)2% (D)2.5%。

( ) **40** 根據我國最新的「銀行資本適足性及資本等級管理辦法」，「槓桿比率」最低要求為下列何者？ (A)3% (B)5% (C)7% (D)9%。

第二部分

( ) **41** 有關風險管理體質檢視架構之步驟，下列何者正確？ (A)風險策略→風險組織→風險衡量→風險監控→風險願景 (B)風險組織→風險策略→風險衡量→風險監控→風險願景 (C)風險策略→風險衡量→風險組織→風險監控→風險願景 (D)風險策略→風險組織→風險願景→風險衡量→風險監控。

( ) **42** 銀行營業單位有100億元放款資產及60億元存款負債，已知放款利率9%、存款利率4%、聯行往來利率為7%，請計算營業單位的營運利潤？ (A)1.8億元 (B)2億元 (C)3.8億元 (D)5億元。

（　）　**43** 本國A銀行於承作5,000萬美元放款時，同時發行4,500萬美元定期存單，借貸相抵後該行擁有多少美元外幣部位？　(A)短部位500萬美元　(B)短部位5,000萬美元　(C)長部位500萬美元　(D)長部位5,000萬美元。

（　）　**44** 傑克在1歐元兌換1.25美元時，購買德國債券1,000歐元，持有至市價884歐元、匯率為1歐元兌換1.5385美元時賣出，在不考慮其他收益下，請問此投資者的損益為何？
(A)損失116美元　　　　　　　(B)獲利360美元
(C)獲利110美元　　　　　　　(D)損失178美元。

（　）　**45** 旺旺公司發行一張由大發銀行允諾承兌的匯票，面額500萬元，180天到期，貼現率為6%，承兌費用為發行面額的0.5%，則該銀行允諾承兌匯票的發行價格為何？　(A)2.5萬元　(B)485.21萬元　(C)25萬元　(D)48.52萬元。

（　）　**46** 銀行授信時，除內部抵押，通常在何種情況會要求外部抵押？
(A)申貸企業信用風險明顯降低　(B)債權銀行信用風險明顯降低
(C)申貸企業信用風險明顯提高　(D)債權銀行信用風險明顯提高。

（　）　**47** 丁公司2019年12月31日的流動資產為90,381萬元、長期投資33,422萬元、固定資產207,005萬元、流動負債41,189萬元、長期負債29,000萬元、淨值或股東權益261,754萬元，請問該公司的固定長期適合率為多少？　(A)78%　(B)81%　(C)83%　(D)85%。

（　）　**48** 消費金融業務的信用評等與風險管理，下列敘述何者錯誤？
(A)「分期付款」的貸款無法循環動用融資額度
(B)「分期付款」的貸款通常依照契約記載，有還款時間表
(C)「分期付款」的貸款須按期支付本金及利息，不得提前還款
(D)「分期付款」在貸款特性上，屬於「封閉式」的信用貸款。

（　）　**49** 根據金管會規定，本國銀行在大陸地區的授信、投資與資金拆存總額，不得高於銀行淨值的多少比重？　(A)2倍　(B)1.5倍　(C)1倍　(D)0.5倍。

( ) **50** 有關信用違約交換（Credit Default Swap；簡稱CDS）的特性與應用，下列敘述何者錯誤？ (A)銀行的CDS價格主要取自Bloomberg金融資訊網，透過系統每日檢視一次並留存資料備查 (B)銀行「未核配」國家風險額度的國家，常理上屬於整體風險較高的國家 (C)CDS越低的國家，國家風險越大 (D)國家風險額度的凍結及解凍，通常由CDS價格高於和低於101（含）基點（Basis Point）或1.01%作為標準。

( ) **51** 有關Basel II之修訂重點，下列敘述何者正確？ A.以授信資產之信用等級決定風險權數 B.增訂商譽風險的資本計提標準 C.使用內部模型法計提市場風險的資本需求額 D.增列壓力測試下之增額資本計提標準 (A)僅AC (B)僅BC (C)僅BCD (D)ABCD。

( ) **52** 有關銀行業務限制，下列敘述何者錯誤？ (A)資本不足者，主管機關得限制新增風險性資產 (B)資本顯著不足者，主管機關得限制轉投資 (C)資本不足者，主管機關得禁止與利害關係人授信或其他交易 (D)資本顯著不足者，主管機關得限制存款利率不得超過其他銀行同性質存款。

( ) **53** 證券商資本適足率高於100%，但低於120%，應提列多少比率的特別盈餘公積？ (A)10% (B)20% (C)30% (D)40%。

( ) **54** 已知某借款客戶的信用暴險額為100億元，預估違約機率為5%，呆帳回收率為80%，則該借款客戶預估的信用損失應為多少？ (A)1億元 (B)2億元 (C)3億元 (D)4億元。

( ) **55** 資本適足率為10.5%的大直銀行，使用內部評等法，對AAA級授信客戶，設定14%風險權數，低於標準法使用的20%，若該銀行承作此客戶10億元「無擔保授信」，請問兩種方法相差多少資本計提額？ (A)0.6億元 (B)0.063億元 (C)0.112億元 (D)0.128億元。

（　）　**56** D銀行承作二筆衍生性金融交易：其一為名目本金新臺幣100億元之五年期利率交換契約，適用計算權數為0.005；其二為名目本金新臺幣10億元之三年期外匯交換契約，適用計算權數為0.05。假設利率交換契約與外匯交換契約之結算價（視為二項交換契約之當期暴險額）分別為1億元與0.5億元，而衍生性金融商品之風險權數為50%，則該二筆交換契約之信用風險性資產為下列何者？(A)2.5億元　(B)1.25億元　(C)0.25億元　(D)0.125億元。

（　）　**57** 假設英國政府發行5年期純折扣債券，到期一次還本、面額1百萬英鎊，市場顯示相同風險等級的5年期殖利率為6%。假設英鎊對美元為1：1.3時，則英國公債之美元現值為何（取最接近值）？　(A)約971,435　(B)約916,448　(C)約1,029,721　(D)約1,091,373。

（　）　**58** 五年期的英國純折扣債券，面額為100英鎊，市場顯示相同風險等級的五年期殖利率為3%。若英鎊對美元的匯率為1：1.3310，則當英鎊貶值1%，債券價值將變動多少幅度？　(A)增加0.84美元　(B)增加0.86美元　(C)減少5.57美元　(D)減少5.74美元。

（　）　**59** 自2017年起，金融機構的洗錢防制人員，至少須先上完多少時數的訓練課程，並考試取得結業證書，才能執行業務？　(A)6小時　(B)12小時　(C)24小時　(D)48小時。

（　）　**60** 銀行發行列入非普通股權益之其他第一類或第二類資本之資本工具者，應於發行日幾個營業日之前，將發行條件報主管機關備查？　(A)3日　(B)5日　(C)7日　(D)9日。

解答與解析【答案標示為#者，表官方曾公告更正該題答案。】

第一部分

1 (D)。 信用風險的「風險值」是由違約風險（Default Risk）、回收風險（Recovery Risk）、曝露風險（Exposure Risk）所組成。

2 (D)。 加班費的認定應由權責主管計時，計日，計月，計件以現金或實物等方式給付，不得由主管直接認定。

3 (C)。 績效管理的良窳，端視管理者對「可控制成本」的掌控能

力而定，不可控制成本無法衡量績效。

4 (C)。 若財務部轄下有資金調撥等三個科別，則財務部經理每月領取的薪資費用應歸屬於財務部轄下資金調撥等三個科別的間接成本。

5 (B)。 銀行的營運政策及顧客價格，與資金移轉價格系統的訂價策略有關。訂定合適的訂價策略可以活絡資金，對銀行的營運政策及顧客價格均有幫助。

6 (D)。 全行的會計利潤係指本期損益（外部損益），是由營業單位的營運利潤與財務部的財務利潤所構成。

7 (A)。 銀行實務上所稱「買入負債」的融資行為從金融機構融入資金的業務行為。在債券市場，買入「金融債券」係投資行為，不屬於銀行實務上所稱「買入負債」的融資行為。

8 (A)。 本國銀行於承作1億美元放款時，同時發行0.8億美元定期存單，則借貸相抵後該行擁有長部位0.2億美元（匯兌獲利）。

9 (C)。 「基準利率」以台銀、土銀、華銀、彰銀、一銀及本行等六家銀行一年期定期儲蓄存款機動利率之平均利率加年息1.5%訂定之。「基準利率」每二個月調整一次，依中央銀行公告上開六家銀行之一年期定儲機動利率以算術平均法計算平均利率加年息1.5%訂定。

10 (D)。 依據銀行公會公佈之大型企業信用評等表，其評分構面不包括擔保品流動性展望。

11 (D)。 消費者貸款係指個人因為消費（消費者）而有融資需求所辦理的貸款，例如個人因為購買房屋而辦理的購屋貸款、或個人因為購買汽車而辦理的購車貸款等。按金管會現行相關規定，定義消費者貸款包括房屋購置、房屋修繕、購置耐久性消費財（包含汽車），支付學費、信用卡循環動用及其他個人之小額貸款均包括在內。

12 (A)。 銀行法第38條規定，銀行對購買或建造住宅或企業用建築，得辦理中、長期放款，其最長期限不得超過三十年。但對於無自用住宅者購買自用住宅之放款，不在此限。

13 (B)。 收單業務從事代理收付特約商店信用卡消費帳款。

14 (A)。 房屋淨值係指房產估值減去房貸債務餘額。

15 (D)。 標準普爾公司（S＆P）評等的次序，依等級由高至低依序為AAA、AA、A、BBB、BB、B、CCC、CC、C、D。AA至CC各級均可再以「＋」、「－」號

細分，以顯示主要評級內的相對高低。評等等級在BBB以上（含）為投資等級（investment grade），以下則為投機等級（如垃圾債券）。本題(D)的債券信用等級最差。

16 (B)。 穆迪信評公司衡量受評公司信用風險之方法架構，係為由上而下涵蓋國家風險、產業風險和企業風險。

17 (A)。 財富管理業務評等對象限定為高資產客戶，非為一般借款客戶。

18 (D)。 銀行根據風險對象所屬國家加以彙總，以了解國家的信用風險集中度時，若信用對象登記在英屬維京群島時，應以該信用風險對象資金主要使用所在地國別認列。

19 (B)。 財務評等模型強調，只能蒐集到企業的「財務狀況」，其他構面無法納入模型基本模型的評等強調，資料來源還包括申貸客戶的授信與外匯往來的利潤貢獻、股價等因素。將授審主管主觀判斷因素納入，作加減分調整，成為「授信戶的個別評等」。

20 (C)。 銀行對同一法人之授信總餘額，不得超過該銀行淨值百分之十五。本題1,200×15%＝180（億元）。

21 (D)。 國家風險指在國際經濟活動中，由於國家的主權行為所造成損失的可能性。與國家主權行為所引起的或與國家社會變動有關，是附賣回證券，除應列入交易簿計算市場風險外，應再以當期曝險法計算交易對手信用風險。

22 (A)。 資本適足率：指第一類資本淨額及第二類資本淨額之合計數額除以風險性資產總額。槓桿比率：指第一類資本淨額除以曝險總額。自有資本：指第一類資本淨額及第二類資本淨額。

23 (D)。 銀行資本適足性及資本等級管理辦法第5條：為避免發生系統性風險之虞，主管機關於必要時得洽商中央銀行等相關機關，提高前項所定之最低比率。但最高不得超過二點五個百分點。

24 (B)。 金融控股公司合併資本適足性管理辦法第2條：金融控股公司之合格資本：指金融控股公司普通股、特別股、次順位債券、預收資本、公積、累積盈虧、及其他權益之合計數額減除商譽及其他無形資產、遞延資產及庫藏股後之餘額。

25 (C)。 銀行為發揮內部評等制度法（Internal Rating-Based Approach, IRB）的管理功能，除了必須建立信用評等制度的機制外，尚需建立之制度有：風險調

整後之資本報酬率（RaROC）、風險資本（Capital at Risk）、經濟資本（Economic Capital, EC）。

26 (B)。 內部評等法（IRB法）之信用風險資本計提的決定因素有：違約機率、違約損失率、信用曝險值等。

27 (B)。 銀行的交易對手發現，衍生性交易明顯不利於自己時，可能選擇「不履約」，係稱為「交割日之前的風險」。

28 (A)。 其資產負債表外業務活動可以分為五項，包含信用狀、擔保、放款承諾責任、租金承諾及衍生性金融商品等。選擇權屬於衍生性金融業務。

29 (C)

30 (C)。 (B)金融資產是一種廣義的無形資產，是一種索取實物資產的無形的權利，並能夠為持有者帶來貨幣收入流量的資產。金融資產包括銀行存款、債券、股票以及衍生金融工具等。故不選(B)。

31 (C)。 銀行應將持有部位依其目的區分為交易簿及銀行簿，然後將各部位所面臨之市場風險區分成利率、權益證券、外匯及商品等四大類風險利率及權益證券僅需計提屬於交易簿之市場風險所需資本，而外匯及商品須計提所有部位之市場風險所需資本。

32 (C)。 金融商品的賣價減去買價大於0時，表示該交易有「證券交易所得」。

33 (C)。 流動性風險：指因市場成交量不足或缺乏願意交易的買方，導致想賣而賣不掉的風險。超額準備金是指商業銀行及存款性金融機構在中央銀行存款帳戶上的實際準備金超過法定準備金的部分。一旦銀行出現流動性不足時，可以存在中央銀行的準備金為擔保，向中央銀行申請緊急融通。

34 (B)。 敏感性資產減敏感性負債大於0時，稱為「正」資金缺口。

35 (C)。 2011年10月起，臺灣的流動準備法定比率是10%。

36 (D)。 新巴賽爾資本協定，2004年6月將「作業風險」的「最低資本需求」，納入資本適足率的第一支柱。依據金管會定義作業風險，係起因於下列不當因素，造成銀行損失之風險：人員、系統、內部作業與外部事件。

37 (D)。 金管會「銀行資本適足性及資本等級管理辦法」第2條第4款，定義「資本適足率」，係以第一類資本淨額及第二類資本淨額之合計數額除以風險性資產總額。

38 (C)。 依證券商管理規則第五十九條之一第一項及第六十三條第二項規定訂定證券商自有資

本適足比率簡式計算法及進階計算法之相關事項如下：

(1)第一類資本：股本（普通股股本、永續非累積特別股股本）、資本公積、保留盈餘或累積虧損、透過其他綜合損益按公允價值衡量之金融資產未實現損失、避險工具之損失、確定福利計畫再衡量數、國外營運機構財務報表換算之兌換差額、庫藏股票及本年度累計至當月底之損益等之合計數。

(2)第二類資本：股本（永續累積特別股股本）、透過其他綜合損益按公允價值衡量之金融資產未實現利益、避險工具之利益及確定福利計畫再衡量數等之合計數所稱「長期次順位債券」及非永續特別股股本，列為「第二類資本」者，其合計數額不得超過第一類資本百分之五十，並應符合下列條件：

A.當次發行額度，應全數收足。

B.證券商或其關係企業未提供保證或擔保品，以增進持有人之受償順位。

C.發行期限五年以上。

D.發行期限最後五年每年計入合格自有資本金額至少遞減百分之二十。

39 (B)。 主管機關為強化銀行風險承擔能力，規定本國銀行辦理購置住宅加計修繕貸款及建築貸款餘額之備抵呆帳提存比率，屬於「不動產」的貸款須提列1.5%。

40 (A)。 銀行應按季計算槓桿比率，槓桿比率於平行試算期間之最低要求為3%，槓桿比率之分子為第一類資本淨額（capital measure），分母為曝險總額（exposure measure）。

第二部分

41 (A)。 風險管理體質的檢視架構由上而下為：(1)風險策略。(2)風險組織。(3)風險衡量。(4)風險監控。(5)風險願景。

42 (C)。 資金中心與業務經營單位全額轉移資金的價格稱為內部資金轉移價格（簡稱FTP價格），通常以年利率（%）的形式表示。營業單位營運利潤之計算公式：放款（100億）×（9%－FTP 7%）＋存款（60億）×（FTP 7%－4%）＝2億＋1.8億＝3.8億。

43 (C)。 本國A銀行於承作5千萬美元放款時，同時發行4千5百萬美元定期存單，則借貸相抵後該行擁有長部位5百萬美元。

44 (C)。 $1.5385 \times 884 - 1.25 \times 1,000 \fallingdotseq 110$美元（獲利）。

45 (B)。 $500 - 500 \times 6\% \times 180/365 = 485.21$。

46 (C)。 借款戶（申貸者）信用風險若提高，債權人（債權銀行）通常會要求提供抵押（外部抵抽）。

47 (C)。 固定長期適合率＝（固定資產＋長期投資）/（淨值＋長期負債）×100%
比率小於1，代表公司長期資金來源支應長期資金用途尚有餘裕，表示企業財務結構較為穩健。（207,005＋33,422）/（261,754＋29,000）×100%＝82.69%（83%）

48 (C)。 「分期付款」的貸款須按期支付本金及利息，可以提前還款。

49 (C)。 依據「臺灣地區與大陸地區金融業務往來及投資許可管理辦法」第1條之1規定，臺灣地區銀行對大陸地區之授信、投資及資金拆存總額度，不得超過其上年度決算後淨值之1倍。

50 (C)。 CDS頻率愈低，國家風險愈小。

51 (A)。 Basel II主要修訂內容：一、建立資本協定的三大支柱（threepillars），包括：最低的資本適足要求（Minimum Capital Requirements）、監理審查程序Supervisory Review Process）和市場制約（Market Discipline），希望金融機構在妥善風險控制下，使資本做更有效率的運用。

二、信用風險標準法資本的計提，改用外部信用評等結果，以決定適用風險權數大小。

52 (C)。 第44-2條：主管機關應依銀行資本等級，採取下列措施之一部或全部：一、資本不足者：(一)命令銀行或其負責人限期提出資本重建或其他財務業務改善計畫。對未依命令提出資本重建或財務業務改善計畫，或未依其計畫確實執行者，得採取次一資本等級之監理措施。

53 (D)。 證券商自有資本適足比率低於百分之一百二十，除應依前項規定辦理外，證券商應於申報後一週內，提出前項之說明及改善計劃，每週並應填製及申報「證券商資本適足明細申報表」，且本會亦得縮減其業務範圍。另截至董事會提議盈餘分配案前一個月底之資本適足比率仍未改善者，其未分配盈餘於扣除依規定應提撥之項目外，餘應再依證券交易法第四十一條第一項規定，提列百分之四十為特別盈餘公積。

54 (A)。 100×5%×（1－80%）＝1（億元）

55 (B)。 應計提資本＝10億元×14%（風險權數）×10.5%（資本計提率）＝0.147

應計提資本＝10億元×20%（風險權數）×10.5%（資本計提率）＝0.21

0.21－0.147＝0.063（億元）

56 (B)。 衍生性業務的「當期曝險額」＋「潛在曝險額」＝信用相當額。

57 (A)。 （100/1.06×5）×1.3＝97萬多美元。

58 (B)。 100×p5／3%×（1.3320－1.3310）＝0.86美元（增加）。

59 (C)。 證券期貨業及其他經金融監督管理委員會指定之金融機構

防制洗錢及打擊資恐內部控制與稽核制度實施辦法第7條第二項：防制洗錢及打擊資恐專責人員及專責主管參加本會認定機構所舉辦二十四小時以上課程，並經考試及格且取得結業證書；國內營業單位督導主管參加本會認定機構所舉辦十二小時以上課程，並經考試及格且取得結業證書。

60 (C)。 行政管理措施：銀行發行列入非普通股權益之其他第一類或第二類資本之資本工具者，應於發行日七個營業日前將發行條件報主管機關備查。

第一部分

( )　**1** 「借長貸短」的資金部位，可能存在何種風險？
(A)再投資風險　　　　　　(B)再融資風險
(C)市場價值風險　　　　　(D)信用風險。

( )　**2** 原則上，銀行的自有資本對風險性資產的比率愈高時，其承擔的資本風險將如何變化？　(A)愈大　(B)愈小　(C)不變　(D)無關。

( )　**3** 大衛是美國的投資者，購買一張德國債券1,000歐元，購買當時的即期匯率為1歐元兌換1.25美元，經過了一年，歐元升值至1歐元兌換1.5385美元，請問此投資者來自匯率變動的損益如何？
(A)獲利288.5美元　　　　(B)損失288.5美元
(C)獲利288.5歐元　　　　(D)損失288.5歐元。

( )　**4** 有關績效評量，下列哪些單位不適用利潤中心制？　A.資訊處　B.人力資源處　C.總務處　D.法令遵循處　(A)僅D　(B)僅ABD　(C)僅BCD　(D)ABCD。

( )　**5** 有關資金移轉價格，下列敘述何者較不適當？　(A)全行的會計利潤係指「本期損益」，用來描述銀行在某段經營期間的經營成果　(B)銀行營業單位所稱的營運利潤，包括內部損益與外部損益　(C)銀行的聯行往來政策，應優先追求閒置資金的利潤極大化　(D)存放款顧客的價格簡稱存款利率與放款利率，是藉由內部移轉價格加減利潤目標而訂定。

( )　**6** 下列何者不屬於「責任中心體系」的分類要素？
(A)區域中心　　　　　　(B)成本（費用）中心
(C)利潤中心　　　　　　(D)投資中心。

( )　**7** 銀行整合組織目標與部門目標之管理機制，下列敘述何者錯誤？　(A)單軌制的內部轉撥價格相較於多軌制的內部轉撥價格更能正確反映政策目標　(B)根據風險資本的配置系統（Capital allocation system），應將營業單位、業務項目和交易活動的所有風險，緊密地與銀行自有資本搭配　(C)各項業務及主管的風險權限若按「風險值」衡量，對風險資本的配置與績效目標有否達成的研判可更加客觀　(D)總行財務處可以使用聯行往來的資金調撥系統，剖析分行等營業單位的營運利潤，並引導各項業務配合全行的經營政策。

( )　**8** 下列何者是合理的風險管理觀念？　(A)不宜使用相同風險標準看待所有員工，但部屬的責任要大於主管　(B)組織的前台與中台部門均要面對風險挑戰，只有後台部門不用　(C)風險管理的決策，「從上而下」比「由下往上」的重要　(D)風險產生單位與監督單位不宜相互隸屬，使用風險管理指標和標準也應不同。

( )　**9** 本國銀行以「內保外貸」承作陸資企業授信之運作模式，係指下列何者？　(A)借款企業需提供外資銀行開立的擔保信用狀，擔保該借款客戶履行合約義務或責任　(B)借款企業之負責人需提供連帶保證，擔保該借款客戶履行合約義務或責任　(C)借款企業需提供銀行存單做為放款之擔保品　(D)借款企業需提供其境外子公司做為放款擔保人，共同承擔履約義務。

( )　**10** 關於財務比率分析，下列敘述何者錯誤？　(A)企業預付費用變高而導致速動比率降低時，其短期償債能力即變差　(B)企業財務槓桿比率愈高，承擔之財務風險即愈大　(C)企業存貨週轉率愈高，意味庫存管理能力愈差及資金積壓愈多　(D)企業應收帳款週轉率愈高，意味現金回收速度即越快。

( )　**11** 銀行接受廠商委託，向國外商品勞務的賣方簽定「即期跟單匯票」，於完成信用狀約定下，先行墊付款項。然後，通知借款人在合理期限內「備款贖單」之票據融通方式，稱為哪種業務？
(A)墊付國內票款　　　　　(B)墊付出口票款
(C)出口押匯　　　　　　　(D)進口押匯。

(　) **12** 根據2020年12月底的統計數據，消費性貸款中，哪項業務承作金額最多？　(A)購置住宅貸款　(B)房屋修繕貸款　(C)汽車貸款　(D)信用卡循環信用餘額。

(　) **13** 關於房屋淨值放款，下列敘述何者錯誤？　(A)有時稱為二胎房貸，還款方式不屬於「封閉式信用貸款」　(B)求償權居於第二順位　(C)以房屋市場價值而非房屋淨值，當作抵押品　(D)房屋淨值是由房屋市場價值與第一順位抵押借款餘額相減而得。

(　) **14** 企業想在國外發行普通公司債、轉換公司債與存託憑證，適宜接觸何種信用評等機構？
(A)Joint Credit Information Center; JCIC
(B)Taiwan Ratings Corp.; TRC
(C)Moody's
(D)Taiwan Economic Journal; TEJ。

(　) **15** 銀行藉由內部評等模型計算出的風險限額，稱為下列何者？　(A)信用風險值　(B)違約機率　(C)逾放比率　(D)市場風險值。

(　) **16** 銀行法對「利害關係人」之規範，下列敘述何者錯誤？　(A)適用同一授信客戶之每筆或累計擔保授信金額達新臺幣1億元以上或銀行淨值1%孰低者　(B)對同一法人之擔保授信總餘額，不得超過銀行淨值10%　(C)對同一自然人之擔保授信總餘額，不得超過銀行淨值2%　(D)對所有利害關係人之擔保授信總餘額，不得超過銀行淨值二倍。

(　) **17** 銀行授信或風險管理主管依主觀經驗與判斷，考量借戶有否警示性財務比率、重複計算定性指標的分數、黑名單等資訊，並做等級調整，屬何種評等？　(A)基本模型的評等　(B)授信戶的個別評等　(C)授信特徵評等　(D)財務評等。

(　) **18** 銀行在信用風險集中度的授信架構，將授信對象分成哪三種層面做總風險限額的控管？　(A)自然人、法人與集團企業　(B)大型企業、中型企業與小型企業　(C)優等客戶、一般客戶與高風險客戶　(D)客戶、產業與國家別分類。

（　）19 銀行公會針對中小型企業的信用評分，構面包括財務狀況、經營管理，以及產業特性暨展望三項，此三項構面的評分比重為何？ (A)50%、30%及20% (B)40%、40%及20% (C)40%、30%及30% (D)30%、30%及40%。

（　）20 歐債危機時期，歐豬國家（PIIGS）經濟金融受到明顯衝擊，下列哪個不屬於歐豬國家？ (A)西班牙 (B)捷克 (C)義大利 (D)愛爾蘭。

（　）21 S&P國際信評機構的國家主權評等，攸關等級制度，下列敘述何者正確？ A.分成投資級與投機級兩大類 B.信用等級介於AA與CCC之間者，相同等級再細分三個層級 C.旨在反映各國「主權債」的償還能力 D.旨在反映各國政府機關所發行「權益證券」的信用品質 (A)僅ABC (B)僅BCD (C)僅ABD (D)ABCD。

（　）22 國家風險的演進，大致分為三個階段涵蓋三種風險概念，下列哪項內容不符合此風險概念？ (A)匯率風險 (B)國家風險 (C)外匯移轉風險 (D)主權風險。

（　）23 依據銀行資本適足性及資本等級管理辦法，本國銀行之普通股權益比率，自108年起不得低於多少？ (A)6.375% (B)7.00% (C)8.50% (D)10.50%。

（　）24 票券金融公司的資本適足率在13%以上時，辦理短期票券之保證、背書總餘額不得超過公司淨值多少？ (A)4倍 (B)5倍 (C)5.5倍 (D)6倍。

（　）25 證券商向主管機關申請經營衍生性業務時，最近六個月每月申報的資本適足率均須超過下列何者？ (A)100% (B)150% (C)200% (D)250%。

（　）26 下列何種風險較不屬於人身保險業的風險項目？ (A)資產風險 (B)信用風險 (C)保險風險 (D)利率風險。

（　）27 下列何種違約屬於「尚未履行付款義務」的違約？ A.逾期放款 B.經濟違約 C.技術性違約 D.預借現金 E.催收款 (A)僅AB (B)僅AE (C)僅ACD (D)僅CDE。

( ) **28** 客戶申貸時，提供第三人保證可提升銀行或有債權，假設借款人與保證人的違約機率分別為1%與0.5%，隨著第三人保證，承貸銀行的違約機率成為下列何者？　(A)1.50%　(B)1.00%　(C)0.01%　(D)0.005%。

( ) **29** 有關信用風險之曝險部位，下列敘述何者錯誤？　(A)暴險部位依業務性質，分成表內與表外暴險　(B)信用額度內尚未動用的授信資產，客戶隨時可能動用，致使銀行承擔「或有」的再融資風險，但此項餘額免列示於公開說明書　(C)表內業務之曝險部位，係指客戶目前使用之融資餘額　(D)計提信用風險資本需求額的標準法，係以表內項目之「帳面金額」乘以風險權數，來表達「風險性資產」。

( ) **30** 計算非衍生性業務之信用風險性資產時，計算過程不包含下列何者？　(A)信用相當額　(B)交易金額　(C)曝險額　(D)風險權數。

( ) **31** 假設常態情況的容忍水準為1%，殖利率之標準差為0.5%，敏感性係數β為0.5，下列敘述何者正確？
(A)VaR=0-2.325×1×0.005　(B)VaR=0-2.325×1×0.01
(C)VaR=0-2.325×0.5×0.01　(D)VaR=0-2.325×0.5×0.005。

( ) **32** 已知債券市值為10,000元，PVBP（Present Value of One Basis Point）為5。利率若上升10基點（basis point），債券價格將成為下列何者？　(A)9,995元　(B)9,950元　(C)10,005元　(D)10,050元。

( ) **33** 有關銀行的放款對存款之比率（簡稱存放比率），下列敘述何者錯誤？　(A)存放比率愈高，意味銀行的流動性愈低　(B)存放比率愈高，意味銀行的流動能力愈強　(C)存放比率愈高，意味銀行的流動性風險愈大　(D)存放款業務為主的銀行，存放比率仍具相當參考價值。

( ) **34** 銀行之流動性風險與利率風險管理的監督指標，下列敘述何者錯誤？　(A)存款準備與流動準備，係與利率風險有關的準備部位　(B)存款準備與流動準備，係與流動性風險有關的準備部位　(C)利率風險以資產負債的「利率敏感性和非敏感性」為基準，設置缺口指標　(D)流動性風險以現金流入與流出相減的「淨現金流量」為基礎，設置缺口指標。

( ) **35** 有關利率風險管理的重新訂價缺口指標,下列敘述何者錯誤? (A)類似流動性缺口指標是以不同天期「累計」概念衡量 (B)實務上,利率風險的缺口指標,適合觀察個別營業單位 (C)實務上,利率風險的缺口指標,均以全行或其銀行簿的部位為主 (D)部位幣別以新臺幣與美金計價兩種為主,人民幣計價的部位為輔。

( ) **36** 下列何者非屬金融機構的作業風險監督機構? (A)金管會銀行局 (B)金管會檢查局 (C)中央銀行 (D)內政部警政署。

( ) **37** 有關作業風險的標準法,下列敘述何者錯誤? (A)依八種業務類別,設定計提指標 (B)每種業務類別均以「營業毛利」作為計提指標 (C)風險係數介於12%與18%之間 (D)利用各類業務之營業利益,乘以對應的風險係數,作為「資本計提額」。

( ) **38** 第二類資本之合計數額不包含下列哪一種? (A)長期次順位債券 (B)特別盈餘公積 (C)可轉換之次順位債券 (D)營業準備及備抵呆帳。

( ) **39** 「信用風險加權風險性資產」主要是因下列何種狀況導致銀行產生損失? (A)股票價格下跌 (B)債券價格下跌 (C)債券評等下跌 (D)交易對手不履約。

( ) **40** IFRS 9的估計方式以下列何者為基礎? (A)歷史損失經驗模式 (B)有限損失認列模式 (C)預期信用損失模式 (D)實際損失認列模式。

第二部分

( ) **41** 有關市場風險,下列敘述何者錯誤? (A)外匯由各國央行發行,因此外匯無個別市場風險,毋須計提此類風險的資本需求額,只計提一般市場風險的資本需求額 (B)一般市場風險反映總體經濟產生的價格波動 (C)個別市場風險反映金融工具產生的價格波動 (D)石油、貴金屬的價格波動風險,係由個別市場風險及一般市場風險構成。

( ) **42** 甲銀行投資1億元債券，年利率3%，同時發行1億元定期存單，年利率2%，請問此交易一季的淨利息利潤為多少？ (A)$250,000 (B)$1,000,000 (C)$1,500,000 (D)$1,750,000。

( ) **43** 有關營運利潤、會計利潤和財務利潤，下列敘述何者正確？ (A)財務利潤＝營運利潤＋會計利潤 (B)會計利潤＝營運利潤＋財務利潤 (C)營運利潤＝財務利潤＋會計利潤 (D)三者非屬相同會計基礎，無法衡量。

( ) **44** 銀行分行（營業單位）主要收入來源不包括下列何者？ (A)供應多餘內部資金時，按照供應利率賺取的利息收入 (B)手續費收入 (C)承作授信業務的放款利息收入 (D)調撥資金產生之財務投資收入。

( ) **45** 甲企業2019年12月31日的流動資產為85,951萬元，其中現金及約當現金35,664萬元、應收票據及帳款淨額28,180萬元、存貨10,968萬元、預付費用125萬元、其他流動資產11,014萬元。負債總額79,219萬元，除長期負債38,030萬元外，其餘為流動負債，請問該公司的速動比率為何？（四捨五入取最接近值） (A)209% (B)199% (C)182% (D)185%。

( ) **46** Basel II及III在世界各國推動以來，國際性銀行即朝向標準法和內部評等法併行發展，但實施內部評等法的銀行估計違約機率時，須搭配多少年以上之授信資料？ (A)2年 (B)5年 (C)7年 (D)10年。

( ) **47** 假設ARMs定儲利率指數為2.5%，銀行承作房貸之成本加碼為2.55%，違約風險相關之信用等級加碼為1%，請根據ARMs房貸之利率訂價方式，計算房貸利率為何？ (A)6.05% (B)5.05% (C)3.55% (D)3.50%。

( ) **48** 有關自用住宅貸款的敘述，下列何者錯誤？ (A)借戶於寬限期只付本金、不付利息 (B)「指數型」房屋貸款的利率，通常浮動計價、而非固定 (C)無自用住宅者購買自用住宅之放款，借款期別可視需要超過30年 (D)此項貸款通常以房屋作為擔保品，簡稱「抵押貸款」。

( ) **49** 依據標準普爾信用評等機構之觀點，下列哪些指標可以衡量受評公司之現金流量是否足夠？ A.營業利益／營業收入 B.長短期借款／總資產 C.（正常營業活動的現金流量＋利息費用）／利息費用 D.借款的還本期限
(A)僅CD (B)僅AD
(C)僅BCD (D)ABCD。

( ) **50** 有關Moody's對公司債等級的定量分析，下列敘述何者正確？ A.主要指標為利息保障倍數 B.主要指標為經營效能 C.次要指標為短期償債能力，財務指標是負債比率與財務槓桿比率 D.次要指標為長期償債能力，用以判斷公司是否舉債過多 (A)僅AC (B)僅BC (C)僅AD (D)僅CD。

( ) **51** 銀行為提高普通股權益比率，可採用下列哪些措施？ A.現金增資 B.盈餘轉增資 C.不動產重估 D.發行可轉換次順位債券
(A)僅AB (B)僅CD
(C)僅BCD (D)ABCD。

( ) **52** 有關淨穩定資金比率，下列敘述何者錯誤？ (A)為短期流動性量化指標 (B)定義為可取得的穩定資金除以法定穩定資金 (C)強調支應業務活動的資金，須一定比率來自穩定負債 (D)自107年1月1日實施。

( ) **53** 銀行因資本適足率而受到之業務規範與限制，下列敘述何者正確？ A.投資金融相關事業，其屬同一業別者，以一家為限 B.資本適足等級之銀行可發行現金儲值卡，惟金管會可限制該資本適足等級之銀行，只辦「避險」目的之衍生性業務，不可承作「交易目的」 C.申請轉投資金融相關事業的資本計提，自2020年開始改採國際作法，細分成重大投資、非重大投資及交叉持股三部分 D.銀行的資本等級屬於資本顯著不足，不得使用現金分配盈餘，惟可以現金買回流通在外股份
(A)僅AC (B)僅BC
(C)僅AD (D)僅CD。

( ) **54** 有關授信案之回收風險，下列敘述何者錯誤？ (A)銀行訴諸法律，用意在請求法院裁定財產之處分權，以回收相關借款 (B)擔保品及第三人保證，是因應違約發生採取之債權保障措施，為備而不用之風險管理制度 (C)客戶違約時，銀行沒收或出售擔保品，以降低或消除信用損失，同時將信用風險移轉為回收風險與資產價值風險 (D)回收風險具體反映在擔保品之帳面價值。

( ) **55** 銀行的授信客戶集中在信用等級不佳的企業，常理上使用何種方法，計提的資本額較少？ (A)內部模型法 (B)內部評等法 (C)標準法 (D)與計提方法無關。

( ) **56** A銀行的表內項目及表外項目，信用風險性資產分別為新臺幣1,500億元與500億元，依現行規定須計提多少資本？ (A)210億元 (B)160億元 (C)158億元 (D)120億元。

( ) **57** 全行的「市場風險」，依據巴賽爾委員會與金管會規範，係指資產負債表的表內及表外部位，因市場價格變動，而可能產生的已實現和未實現的損失。所稱市場價格之變動，下列敘述何者錯誤？ (A)市場利率 (B)市場匯率 (C)股票價格 (D)金融負債短部位。

( ) **58** 假設英國政府發行5年期零息債券，到期一次還本、面額1百萬英鎊，市場顯示相同風險等級之5年期殖利率為6%。當殖利率上升1%時，由敏感性係數估算之債券價值變化，下列何者正確？ (A)約-35,200英鎊 (B)約+35,200英鎊 (C)約-37,400英鎊 (D)約+37,400英鎊。

( ) **59** 銀行財務部門的交易員，因參與資金調撥或買賣過程，須承擔價格風險責任，則下列敘述何者錯誤？ (A)交易員通常依資金部位之交易對象和商品種類區分 (B)交易員依交易對象區分，可分為同業互拆交易員和公司戶交易員 (C)交易員依商品種類區分，可分為固定收益證券交易員、權益證券交易員和外匯交易員 (D)當交易發生違約，相關交易員不須承擔信用風險，但須承擔價格風險。

( ) **60** 觀察銀行是否存在嚴重的流動性風險,下列敘述何者錯誤? (A)對外籌資窒礙難行,組織內部彼此牽制,推動困難 (B)借款客戶嚴重違約,導致銀行發生擠兌,宣告破產 (C)存款客戶嚴重違約,導致銀行發生擠兌,宣告破產,俗稱致命性風險(Fatal Risk) (D)銀行資產負債項目,長短期結構不一致,呈現負缺口部位愈來愈大。

解答與解析【答案標示為#者,表官方曾公告更正該題答案。】

第一部分

1 (A)。 再投資風險:常指投資債券所面臨的各種風險之一。投資者在持有期間內,領取到的債息或是部份還本,再用來投資時所能得到的報酬率,可能會低於購買時的債券殖利率的風險。

2 (B)。 銀行的自有資本對風險性資產的比率愈高時,其承擔的資本風險將愈小。

3 (A)。 $(1.5385-1.25)\times1000$ $=288.5$。(獲利288.5美元)

4 (D)。 利潤中心是指既對成本負責又對收入和利潤負責的責任中心,它有獨立或相對獨立的收入和生產經營決策權。資訊,人力,總務,法令遵循皆與成本、收入及利潤無直接相關,故不適用利潤中心制。

5 (C)。 聯行往來政策是指銀行聯行往來規則、方法和程式的統稱,是銀行會計制度的重要組成部分。銀行的聯行往來政策,不以追求閒置資金的利潤極大化為目標。

6 (A)。 責任中心(Responsibility Center)是指承擔一定經濟責任,並享有一定權利的企業內部(責任)單位。區域中心不屬於「責任中心體系」的分類要素。

7 (A)。 多軌制的內部轉撥價格相較於單軌制的內部轉撥價格,分攤方式更準確,更能正確反映政策目標。

8 (D)。 風險管理是一個管理過程,包括對風險的定義、測量、評估和發展因應風險的策略。目的是將可避免的風險、成本及損失極小化。理想的風險管理,事先已排定優先次序,可以優先處理引發最大損失及發生機率最高的事件,其次再處理風險相對較低的事件。處理風險問題宜乘風破浪、順勢而為,避免搞得驚濤駭浪、民不聊生。

9 (A)。 所謂本國銀行以「內保外貸」方式承作陸資企業之運作模式,係指借款企業需提供外資銀行開立的擔保信用狀,以擔保借款人履行合約之義務或責任。

10 (C)。 企業之存貨週轉率愈高，反應其庫存管理能力愈好。

11 (D)。 進口押匯，謂銀行接受國內進口者委託，對其國外賣方簽發之即期跟單匯票先行墊付票款，再通知借款人（國內進口者）在合理期限內備款贖單之票據融通方式。

12 (A)。 根據2015年1月底的統計數據，消費性貸款中，購置住宅貸款金額最多。

13 (C)。 房屋淨值係指房產估值減去房貸債務餘額。

14 (C)。 穆迪信評公司衡量受評公司信用風險之方法架構，係為由上而下涵蓋國家風險、產業風險和企業風險。Moody's評等所用的Aaa至C的符號是用來評等長期債務，包括債券與其他固定收益債務，如抵押證券、中期債券及銀行長期存款。

15 (A)。 銀行藉由「損失波動幅度」與「波動倍數」的相乘，估算部位的信用風險值或限額。

16 (D)。 對所有利害關人之擔保授信總餘額，不得超過銀行淨值的1.5倍。

17 (B)。 針對客戶進行評等，並依評等給予適當的授信額度及付款條件，其決定戶的授信條件。

18 (D)。 授信業務之信用風險分為：客戶別、產業別與國家別。

19 (B)。 衡量中小企業的信用狀況，可從三個面向評估：
(1) 財務狀況：公司資產與負債比重，未來現流量等。
(2) 經營管理：本業經營是否穩健，是否有穩當的現金流。
(3) 產業特性暨展望：未來潛力及發展。

20 (B)。 歐豬五國是國濟經濟界媒體對歐洲聯盟五個相對較弱的經濟體的貶稱包含：葡萄牙（Portugal）、義大利（Italy）、愛爾蘭（Ireland）、希臘（Greece）、西班牙（Spain）。

21 (A)。 國家主權信用評等為評估國家政府償債能力及信用風險之標準。(D)應為債券。

22 (A)。 國家風險通常可能發生於下列幾種情況：
(1) 主權風險：強制徵收、主權國家違約。
(2) 轉移風險。

23 (B)。 銀行資本適足性及資本等級管理辦法第5條：銀行依第三條規定計算之本行及合併之資本適足比率，應符合下列標準：一、普通股權益比率不得低於百分之七。二、第一類資本比率不得低於百分之八點五。三、資本適足率不得低於百分之十點五。

24 (C)。 票券金融公司辦理短期票券之保證背書總餘額規定第2條，

票券金融公司辦理短期票券之保證、背書總餘額規定如次：(一)自有資本與風險性資產比率在百分之十三以上者：不得超過該公司淨值之五點五倍。

25 (C)。 （金管證期字第10400253581號令）

證券商：應為綜合經營證券經紀、自營及承銷業務之證券商，並已取得於營業處所經營衍生性金融商品交易業務之資格，且最近六個月之自有資本適足比率，每月均達百分之二百以上。

26 (B)。 臺灣人身保險業的風險項目包括下列風險項目：

(1) 資產風險。

(2) 保險風險。

(3) 利率風險。

(4) 其他風險。

27 (B)。 銀行經營業務可能面對的違約行為有：經濟違約、尚未履行付款義務之違約、交易對手未遵守契約規定的違約等。逾期放款屬於「尚未履行付款義務」的違約。

28 (D)。 1%×0.5%=0.005%

29 (B)。 此餘額應列示於公開說明書。

30 (C)。 計算方法：

(1) 各筆表外交易之金額×信用轉換係數＝信用曝險相當額

(2) 各項信用曝險相當額×交易對手風險權數＝信用風險性資產額

31 (D)。 假設常態情況的容忍水準為1%，殖利率標準差為0.5%，β為敏感性係數為0.5，根據常態分配表查知容忍水準為1%→2.325，VaR＝0－2.325×0.5×0.005

32 (B)。 1個基本點＝0.01%

此債券之價格為

＝10,000－5×0.01×10

＝9,950。

33 (B)。 銀行的放款對存款之比率（簡稱存放比率），存放比率愈高，意味銀行的流動性愈低；存放比率愈高，意味銀行的流動性風險愈大；銀行仍以存放款業務為主，存放比率仍具相當參考價值。

34 (A)。 存款準備與流動準備，係與流動性風險有關的準備部位，非與利率風險有關。

35 (B)。 利率風險的缺口指標，不適合就個別營業單位做觀察。

36 (D)。 內政部警政署非金融機構。

37 (D)。 標準法係將銀行之營業毛利區分為八大業務別（business line）後，依規定之對應風險係數（Beta係數，以β值表示），計算各業務別之作業風險資本計提額。在計提指標方面，每項業務別均以營業毛利（Gross

Income）作為作業風險計提指標，並賦予每個業務別不同之風險係數，因此，總資本計提額是各業務別法定資本之簡單加總後之三年平均值，在任一年中，任一業務別中，如有負值之資本計提額（由於營業毛利為負）有可能抵銷掉其他業務別為正值之資本計提額（無上限）；然而，任一年中所有業務別加總後之資本計提額為負值時，則以零計入。

38 (B)。　銀行資本適足性及資本等級管理辦法第9條：「普通股權益第一類資本係指普通股權益減無形資產、因以前年度虧損產生之遞延所得稅資產、營業準備及備抵呆帳提列不足之金額、不動產重估增值及其他依計算方法說明規定之法定調整項目。普通股權益係下列各項目之合計數額：一、普通股及其股本溢價。二、預收股本。三、資本公積。四、法定盈餘公積。五、特別盈餘公積。六、累積盈虧。七、非控制權益。八、其他權益項目。」

39 (D)。　銀行資本適足性及資本等級管理辦法第2條第13點：信用風險加權風險性資產：指衡量交易對手不履約，致銀行產生損失之風險。該風險之衡量以銀行資產負債表內表外交易項目乘以加權風險權數之合計數額表示。

40 (C)。　《國際財務報告準則第9號》（IFRS 9）「金融工具準則（Financial Instruments）」為改善信用損失之延遲認列及存有多個減損模式之複雜性，IFRS 9改採「預期損失模式」，亦即企業須判定金融資產自原始認列後之信用風險是否已顯著增加（而非基於金融資產於報導日係信用減損或實際發生違約之證據），俾評估金融資產之預期損失。

第二部分

41 (D)。　貴金屬的價格波動風險是受市場供需，經濟或政治因素影響。

42 (A)。　1億元×（3%－2%）=100萬（年）。故每一季利潤為25萬元。

43 (B)。　會計利潤係指本期損益（外部損益），是由營業單位的營運利潤與財務部的財務利潤所構成。

44 (D)。　銀行主要是獲利來源來自放款利息、利差手續費。

45 (C)。　速動比率＝速動資產/流動負債
$$（85,951-10,968-125）/（79,219-38,030）$$
$$＝74858/41189=1.817（188\%）$$

46 (B)。

47 (B)。　房貸利率＝2.5%＋2.55%
＝5.05%。

48 (A)。　寬限期只付利息,不付本金。

49 (A)。
(1) 營業利益率=營業利益/營業收入×100%,是衡量企業獲利能力的指標。
(2) 長短期金融借款負債比=長短期金融借款/總資產×100%,衡量長短期金融借款佔總資產的高低。

50 (C)。　在定量分析時,公司債等級之決定因素中,「利息保障倍數」最為重要。

51 (A)。　現金增資及盈餘轉增資皆會使股東權益增加。不動產重估與股東權益無關。發行可轉換次順位債券屬於公司債券,也與股東權益無關。

52 (A)。　淨穩定資金比率之定義為可用穩定資金除以應有穩定資金淨穩定資金比率(NSFR)之內涵及計算NSFR旨在要求金融機構在持續營運基礎上,籌措更加穩定的資金來源,以提升長期因應彈性,其係用於衡量銀行以長期而穩定資金支應長期資金運用之程度。

53 (A)。
(B)「銀行發行現金儲值卡許可及管理辦法」已於104/4/23廢止。

(D)銀行法44-1條,銀行資本等級為顯著不足,不得以現金分配盈餘或買回股份。

54 (D)。　關於授信業務的回收風險,會受到擔保品風險、第三人保證的風險、簽訂的法律契約風險等因素影響。

55 (C)。　銀行的授信客戶集中在信用等級不佳的企業,常理上使用標準法,計提的資本額較少。

56 (A)。　$(1500+500) \times 10.5\% = 210$

57 (D)。　全行的「市場風險」,依據巴賽爾委員會與金管會規範,係指資產負債表的表內及表外部位,因市場價格變動,而可能產生的已實現和未實現的損失。所稱市場價格之變動,包括市場利率、市場匯率、股票價格等。

58 (A)。　$100 \times p5/6\% \times 0.001 = 3.52$英鎊(下跌)。

59 (D)。　交易發生違約,交易員須承擔信用風險。

60 (C)。　「借款客戶」出現嚴重違約,導致銀行發生擠兌,宣告破產,會影響其流動性風險。

第一部分

( )　**1** 面對風險問題的態度，下列何者錯誤？ (A)主管責任大於部屬 (B)使用最高且相同的單一行為標準看待所有員工與主管 (C)不可忽略組織成員的權責差異 (D)宜區分出資的所有者與被雇用的員工。

( )　**2** 下列何種風險不包括在客戶「信用風險值」的計算過程？
(A)違約風險（Default Risk）
(B)回收風險（Recovery Risk）
(C)暴露風險（Exposure Risk）
(D)作業風險（Operation Risk）。

( )　**3** 銀行自行建立的內部評等法，優點中未包括下列何者？ (A)反應個別客戶之違約風險 (B)反應個別客戶之暴露風險 (C)反應個別客戶之回收風險 (D)反應個別客戶之作業風險。

( )　**4** 下列何者不是經濟移轉價格（Economic Transfer Prices）的構成要素？ (A)預定的利潤目標 (B)與資金來源有關的借款成本 (C)與信用風險有關的呆帳準備 (D)與流動性風險有關的流動性貼水。

( )　**5** 利潤中心制度最好使用下列何者當作績效衡量指標？ (A)營業利益 (B)邊際貢獻 (C)可控制利益 (D)淨利（Net Income）。

( )　**6** 可控制成本不包括下列何項？ (A)直接材料 (B)直接人工 (C)沉沒成本 (D)半變動成本。

( )　**7** 本國銀行的美金部位為短部位時，市場出現美金貶值，該銀行的匯率風險將如何變化？ (A)無關 (B)不變 (C)降低 (D)提高。

( ) **8** 假設A銀行持有本金$10,000、票面利率固定5%之5年期債券外，其餘資產均為現金；負債部分只發行一年到期的定期存單，金額$8,000，固定利率2%，到期後發行新存單的利率隨市場走勢調整，並預期未來無另外資產。市場利率在第一年年底，若上升50個基準點，請問第二年年底的淨利息利潤，相較於第一年年底變動多少？　(A)減少$50　(B)減少$40　(C)增加$40　(D)增加$50。

( ) **9** 針對借款企業，下列何者非屬銀行之經常性融資業務？　(A)票據融通　(B)住宅用之房屋抵押貸款　(C)擔保透支　(D)短期放款。

( ) **10** 有關銀行的票據承兌業務，下列何者錯誤？　(A)銀行代替買方，為其賣方所發匯票之付款人提供承兌，稱為「買方委託承兌」　(B)買方業者基於資金調度考量，進口貨物時，可藉由開發「即期信用狀」取代「遠期信用狀」　(C)銀行受理之賣方委託承兌，旨在協助賣方將取得的「遠期支票」轉換為「銀行承兌匯票」　(D)票據承兌業務屬於銀行授信業務之一。

( ) **11** 企業金融業務之放款利率＝基準利率＋風險加減碼，有關風險加減碼下列何者錯誤？　(A)信用等級加碼　(B)外匯實績加減碼　(C)存款實績加減碼　(D)借款期別加減碼。

( ) **12** 有關自用住宅抵押貸款，下列敘述何者錯誤？　(A)依據銀行法規定，購買或建造住宅之放款期限不得超過二十年　(B)寬限期係指貸款期間只付利息，不攤還本金　(C)求償順位要求，先向借款人求償，次就不足部分向保證人求償　(D)銀行辦理自用住宅放款，不得要求提供連帶保證人。

( ) **13** 下列哪項業務非屬消費金融業務？　(A)信用卡循環貸款　(B)汽車貸款　(C)應收帳款融資貸款　(D)房屋修繕貸款。

( ) **14** 根據國際信用評等機構Standard & Poor's的信用等級分類，下列何者屬於「投資等級」債券？　(A)BBB＋　(B)BB　(C)B＋　(D)CCC+。

( ) **15** 下列哪項不符企業的非公開舉債（Private Debt）？　(A)銀行借款　(B)增資發行普通股　(C)保單借款　(D)證券金融公司提供的融資。

(　) 　**16** 銀行承作中小企業授信時,尋求「中小企業信保基金」給予保證,對於債權銀行的信用風險有何影響?　(A)降低　(B)提高　(C)不變　(D)無關。

(　) 　**17** 授信對象若在英屬維京群島、開曼群島、百慕達群島或其他免稅地區註冊,但未實際營運,也無提供十足擔保時,如何認定國家別?　(A)以承擔償還責任或保證責任者之法定國籍歸屬　(B)以資金主要使用所在地　(C)不須納入國別認定　(D)按照屬地或屬人主義歸屬均可。

(　) 　**18** 風險趨避(Risk Averse)的債權銀行,哪項內容不符管理理念?　(A)面對信用等級越佳客戶,給予越高風險限額　(B)期待利息利潤越多越好,但利潤增加到某種程度後,滿足的效用呈現遞減　(C)面對信用等級越佳客戶,儘管能夠賺取可觀利息利潤,也不願提高風險限額　(D)屬於理性的授信行為。

(　) 　**19** 透過借款企業的財務報表,建立的評等模式,稱為何種評等?　(A)基本模型之評等　(B)財務評等　(C)授信戶評等　(D)授信特徵評等。

(　) 　**20** 有關國家主權評等之預告機制,下列敘述何者錯誤?　(A)預告機制包括觀察名單和展望兩種制度　(B)觀察名單反映被觀察國家未來一年,信用等級可能朝向哪種變動　(C)觀察國家為正向者,政府部門發行的債券或主權評等在短期內可能調升　(D)展望機制著眼於政府發行的長期債務,未來一至二年的信用走向。

(　) 　**21** 有關信用違約交換(Credit Default Swap;簡稱CDS)的特性與應用,下列敘述何者不符合?　(A)該指標可檢視交易對手國於國際金融市場的信用狀況　(B)CDS加碼101基點,等於1.01%　(C)單一事件造成某國CDS價格低於原來標準,且連續發生數日時,銀行可能凍結該國的風險限額　(D)單一事件造成某國CDS價格高於原來標準,且連續發生數日時,銀行可能凍結該國的風險限額。

(　) 　**22** 台灣的票券金融公司資本適足率未達多少時,不得設立分公司?　(A)未達6%　(B)未達8%　(C)未達10%　(D)未達12%。

( ) **23** 依據銀行資本適足性及資本等級管理辦法,槓桿比率係指下列何者? (A)第一類資本淨額／暴險總額 (B)第一類資本淨額／總資產 (C)合格資本／暴險總額 (D)總負債／總資產。

( ) **24** 作業風險管理之涵蓋範圍,包括下列哪些項目? A.內部人員作業失誤、B.電腦系統當機、C.組織變革與創新、D.破壞環境生態
(A)僅A、B (B)僅C、D
(C)僅A、B、C (D)A、B、C、D。

( ) **25** 證券商的資本適足率,計算範圍包括下列哪些? A.市場風險、B.信用風險、C.作業風險、D.財富管理通路風險
(A)僅A (B)僅A、B
(C)僅A、B、C (D)A、B、C、D。

( ) **26** 金融控股公司的資本適足率管理未達標準,主管機關得採行下列哪些措施? A.盈餘不得以現金分配、B.限制給付董事、監察人酬勞、C.命令限期裁撤子公司之分支機構或部門、D.命令其於一定期間內處分所持有被投資事業之股份
(A)僅A (B)僅A、B
(C)僅B、C、D (D)A、B、C、D。

( ) **27** 客戶的「直接放款風險」,通常使用下列何者衡量暴露風險?
(A)借款金額 (B)還款金額 (C)未還清餘額 (D)融資額度。

( ) **28** 負責授信業務的清算、交割與保全任務的作業中心或債權管理部門,扮演信用風險的何種角色?
(A)前台 (B)中台
(C)後台 (D)與信用風險無關。

( ) **29** 有關信用風險的「標準法」,下列敘述何者錯誤? (A)「標準法」是依授信對象之信用等級,決定風險權數 (B)授信對象之信用等級,隨著違約機率而改變 (C)授信對象之違約機率,反映市場風險大小 (D)資產規模、市場展望等因素,皆可作為估算違約機率之重要指標。

( )　**30** 自2017年12月31日起，借款人以自用住宅做為十足擔保，設定抵押權於債權銀行以取得資金者，有關「風險權數」之敘述，下列何者正確？　(A)一律僅適用45%風險權數　(B)貸放比率在75%以下之貸款，適用25%的風險權數　(C)貸放比率在75%以下之貸款，適用35%的風險權數　(D)貸放比率在75%以上之貸款，適用55%的風險權數。

( )　**31** 假設容忍水準為1%，標準差為0.6%，敏感性係數β為0.5，下列敘述何者正確？
(A)VaR=0－2.325×0.5×0.005
(B)VaR=0－2.325×0.6×0.006
(C)VaR=0－2.325×0.5×0.01
(D)VaR=0－2.325×0.5×0.006。

( )　**32** 藉由「向下風險」衡量市場風險時，下列敘述何者錯誤？　(A)向下風險，著重在不利方向之變動，對部位價值之影響　(B)以盈餘指標衡量時，向下風險係在容忍水準假設下，估算最差情況剩下多少盈餘　(C)市場風險值=損失波動幅度×波動倍數　(D)操作越保守，市場風險的容忍度越高，越期待投資時避免損失超過門檻。

( )　**33** 有關市場風險之管理指標，不包含下列何者？　(A)市場風險部位概況　(B)市場風險之評價損益概況　(C)市場走勢　(D)敏感性風險因子及權益證券之市場風險值。

( )　**34** 有關銀行之利率風險管理，下列敘述何者錯誤？　(A)「資產管理」為主要工具，不重視「負債管理」　(B)須評估銀行的資金成本與運用收益　(C)「重新訂價缺口模型」為主要分析工具　(D)透過資產負債表，探討資金來源與資金運用項目的系統分析。

( )　**35** 基於獲利性考量，市場利率由低往高攀升時，銀行宜逐步擴大哪種缺口部位？　(A)負缺口部位　(B)正缺口部位　(C)零缺口部位　(D)市場利率與缺口部位無關。

( )　**36** 金融商品的流動性，是指下列何種特性？　(A)獲利能力　(B)變現能力　(C)償債能力　(D)違約機率。

( ) **37** 為避免投資人交易匯率類複雜性較高之商品,導致重大風險,主管機構限制此類的契約期限不得超過下列何者? (A)三個月 (B)六個月 (C)一年 (D)五年。

( ) **38** 金管會「銀行資本適足性及資本等級管理辦法」第2條第1項,定義自有資本與風險性資產之比率不包括下列哪個項目? (A)法定資本 (B)資本適足率 (C)普通股權益比率 (D)第一類資本比率。

( ) **39** 普通股權益之合計數,不包含下列哪種? (A)庫藏股 (B)預收股本 (C)資本公積 (D)累積盈餘。

( ) **40** 第二類資本之合計數,不包含下列哪種? (A)長期次順位債券 (B)特別盈餘公積 (C)可轉換之次順位債券 (D)營業準備及備抵呆帳。

第二部分

( ) **41** 銀行要達到風險分散效應,需具備下列何種特徵? (A)銀行的每股盈餘大於個別業務的每股盈餘相加 (B)銀行的總經濟資本承擔大於個別業務的經濟資本相加 (C)銀行的總作業成本小於個別業務的作業成本相加 (D)銀行的總風險小於個別業務不同風險的相加。

( ) **42** 銀行將資金貸放給違約機率高者,卻未順勢提高其借款利率的授信行為,稱為下列何者? (A)不確定性 (B)道德危險 (C)金融中介 (D)逆選擇。

( ) **43** 下列哪個敘述非屬適當的責任中心分類? (A)成本中心的作業活動具有客觀明確的投入產出關係時,稱為機械性的成本中心 (B)利潤中心提供的金融業務或服務,是高階主管主導售價時,稱為「人為」的利潤中心 (C)利潤中心提供的金融業務或服務,由市場供需決定售價時,稱為「自然」的利潤中心 (D)成本中心的作業活動在投入產出關係不明確,而困難客觀衡量時,稱為標準成本中心。

(　　) **44** 銀行的營業單位遇到資金剩餘時，透過聯行往來供應資金適用的利率，係指下列何者？　(A)供應利率　(B)借用利率　(C)補貼利率　(D)懲罰利率。

(　　) **45** 銀行的營業單位有放款資產120億元及存款負債80億元，其中不足的40億元資金，由財務處以利率8%向同業融資，在聯行往來利率為7%的基礎下，計算財務處的財務利潤為多少？　(A)虧損3.2億元　(B)虧損0.4億元　(C)獲利0.4億元　(D)獲利2.8億元。

(　　) **46** 乙公司2020年度損益表的主要會計科目為：營業收入166,228萬元、營業成本92,304萬元、營業費用13,384萬元、利息費用1,858萬元、處分固定資產損失99萬元、匯兌損失33萬元，請問該公司的財務費用率為多少？　(A)0.54%　(B)0.84%　(C)1.04%　(D)1.14%。

(　　) **47** 下列哪項內容不符合消費金融的授信5P原則？　(A)資產取得或債務償還屬於「資金用途」的說明範圍　(B)客戶所得來源屬於「還款來源」的說明範圍　(C)申貸時有否提供擔保品或請第三人保證，屬於「債權保障」的說明範圍　(D)客戶的責任感、發展潛力和其他特質，屬於「授信展望」的說明範圍。

(　　) **48** 有關信用卡業務的管理，下列敘述何者錯誤？　(A)發卡銀行核發的信用卡，包括正卡及附卡　(B)發卡銀行的「入帳」扣款日，通常是特約商店辦理請款的收款日　(C)持卡人在銀行扣款日只繳「最低應繳金額」時，須按「刷卡金額」計算利息費用　(D)針對持卡人的利息費用，銀行從「扣款日」的未還清金額起算。

(　　) **49** 公司債等級之決定因素，攸關「定量分析」時，下列何者最為重要？　(A)利息保障倍數　(B)短期償債能力　(C)長期償債能力　(D)獲利能力。

(　　) **50** 信用評等機構定期發布的信用等級，下列何項不符合銀行的管理用途？　(A)屬於外部評等　(B)評等資訊有助於篩選外國金融同業　(C)承作國外聯貸案件時，有助於認識借款客戶的信用體質　(D)評等資訊無法提供海外債票券「附買回」或「附賣回」交易對象的篩選。

( ) **51** 基於風險管理需要，本國銀行和陸資銀行之業務往來，下列哪些應設定限額？ A.進口融資墊款 B.出口融資墊款 C.資金拆放 D.保兌墊款
(A)A、C (B)B、C
(C)B、D (D)A、B、C、D。

( ) **52** 有關淨穩定資金比率，下列敘述何者錯誤？ (A)為短期流動性量化指標 (B)定義為可取得的穩定資金除以法定穩定資金 (C)強調支應業務活動的資金，須一定比率來自穩定負債 (D)自107年1月1日實施。

( ) **53** 某銀行的資本適足率為9.5%、第一類資本比率為8.0%、普通股權益比率7.5%，依據銀行資本等級劃分標準，應為下列何者？
(A)資本適足 (B)資本不足
(C)資本顯著不足 (D)資本嚴重不足。

( ) **54** 銀行經營業務面對違約行為的挑戰，下列敘述何者錯誤？ (A)客戶的市場「淨值」為負，稱為經濟違約 (B)逾期放款、催收款及呆帳，屬於尚未履行付款義務之違約 (C)交易對手未遵守契約規定的違約，稱為技術性違約 (D)掌握擔保品的處分權與第三人的保證，即無違約問題。

( ) **55** 依規定授信資產分成五類，並依授信資產債權餘額一定比率提列放款損失準備，下列何者錯誤？ (A)第一類正常授信者，無須計提損失準備 (B)第二類應予注意者，2% (C)第三類可望收回者，10% (D)第五類收回無望者，100%。

( ) **56** 甲銀行（賣方）與乙銀行（買方）承作CDS合約，名目本金為100元，逐日清算價值（mark-to-market）若為-3元，則衍生性金融商品的當期暴險額為多少？ (A)0元 (B)-3元 (C)+3元 (D)+100元。

( ) **57** 當「利率敏感性係數」為5，且殖利率上升0.01%時，原來為1百萬元的債券，市場價格將變為下列何者？ (A)999,500元 (B)1,000,500元 (C)999,100元 (D)1,000,100元。

（　）**58** 假設英國政府發行5年期純折扣債券，到期一次還本、面額1百萬英鎊，市場顯示相同風險等級之5年期殖利率為6%。假設英鎊對美元為1：1.3時，英國公債之美元現值為下列何者（取最接近值）？
(A)約971,435　(B)約916,448　(C)約1,029,721　(D)約1,091,373。

（　）**59** 金融機構的資產與負債，缺口部位越大時，則：　(A)利率風險的波動越小　(B)利率風險的波動越大　(C)利率風險不變　(D)作業風險越低。

（　）**60** 原則上，採用「標準法」計提作業風險的資本額，相較於「基本指標法」，通常對資本計提的影響為：　(A)較少　(B)較多　(C)相同　(D)兩者間無法比較。

解答與解析【答案標示為#者，表官方曾公告更正該題答案。】

第一部分

1 (B)。 不同職責的人應負的風險責任應有所不同，不應使用最高且相同的單一行為標準看待所有員工。

2 (D)。 信用風險值計算過程需考慮違約機率、信用曝險額和違約損失率，不包含作業風險。

3 (D)。 內部評等法無法反個別客戶的作業風險。

4 (A)。 經濟移轉價格（Economic Transfer Prices）包含與資金來源有關的借款成本、與信用風險有關的呆帳準備、與流動性風險有關的流動性貼水。

5 (C)。 利潤中心（Profit Center）指既對成本承擔責任，又對收入和利潤承擔責任。利潤＝收入－成本－費用。實際上利潤中心是對利潤負責的責任中心，其績效考核係以可控制成本及收益為限，以可控制貢獻作為績效衡量之評估數。

6 (C)。 可控制成本（Controllable Cost）是指管理人員在期間內，對某成本之發生或金額大小，有重大影響力者。而沉沒成本在項目決策時無需考慮；指已發生、無法回收的成本支出，如因失誤造成的不可收回的投資。

7 (C)。 如美元兌換臺幣由1：30貶值為1：28，即代表原本的1塊美元可兌換＜30元的臺幣，即為「美元貶值」。本國銀行的美金部位為短部位時，市場出現美金貶值，表示將來付給外匯的金額減少，則該銀行的匯率風險降低。

8 (B)。 1個基本點＝0.01%
淨利息利潤於第二年年底相較第
一年年底變動＝50×0.0001×8,000
＝40（減少）

9 (B)。 融資業務分為：(1)經常
性融資、(2)中長期融資。所稱經
常性融資，謂銀行以協助企業在
其經常業務過程中所需之短期周
轉資金為目的，而辦理之融資業
務，常見的包括：票據融通、短
期放款、透支。

10 (B)。 買方業者基於資金調度考
量，進口貨物時常開發「遠期信
用狀」取代「即期信用狀」。

11 (D)。 銀行之放款利率＝基準利
率＋風險加減碼，有關風險加減
碼，有可能是信用等級加碼、外匯
實績加減碼、存款實績加減碼等。

12 (A)。 銀行法第38條規定，銀
行對購買或建造住宅或企業用建
築，得辦理中、長期放款，其最
長期限不得超過三十年。但對於
無自用住宅者購買自用住宅之放
款，不在此限。

13 (C)。 消費者貸款係指個人因為
消費（消費者）而有融資需求所辦
理的貸款，例如個人因為購買房屋
而辦理的購屋貸款、或個人因為購
買汽車而辦理的購車貸款等。按金
管會現行相關規定，定義消費者貸
款包括房屋購置、房屋修繕、購置
耐久性消費財（包含汽車），支付

學費、信用卡循環動用及其他個人
之小額貸款均包括在內。

14 (A)。 評等等級在ＢＢＢ以上
（含）為投資等級，以下則為投
機等級（如垃圾債券）。

15 (B)。 增資發行普通股屬於公開
舉債。

16 (A)。 「中小企業信保基金」旨
在以提供信用保證為方法，達成
促進中小企業融資之目的，進而
協助中小企業之健全發展，增進
我國經濟成長與社會安定，可降
低債權銀行的信用風險。

17 (B)。 公司於開曼群島登記註
冊，但未實際營運，為國家風險
統計需要，應該匡計列入以資金
主要使用所在地之國別認列。

18 (C)。 信用等級愈佳客戶愈能賺
取可觀利息利潤，應相對提高風
險限額。

19 (B)。 透過「財務報表」建立的
評等模式稱為財務評等。

20 (B)。 國家風險指在國際經濟活
動中，由於國家的主權行為所引
起的造成損失的可能性。國家風
險是國家主權行為所引起的或與
國家社會變動有關。

21 (C)。

22 (B)。 票券金融公司資本適足性
管理辦法第13條：依本辦法計算
之本公司資本適足率及合併資本

適足率，均不得低於百分之八及最低資本適足率要求票券金融公司資本適足率在百分之六以上，未達百分之八及最低資本適足率要求者，不得以現金分配盈餘或買回其股份，且不得對負責人發放報酬以外之給付。

23 (A)。 銀行資本適足性及資本等級管理辦法第2條規定：「……五、槓桿比率：指第一類資本淨額除以曝險總額。」

24 (A)。 作業風險係指起因於銀行內部作業、人員及系統之不當或失誤，或因外部事件造成銀行損失之風險，包括法律風險，但排除策略風險及信譽風險。

25 (C)。 財富管理通路風險不包含在證券商資本適足率計算範圍。

26 (D)。 金融控股公司合併資本適足性管理辦法第6條第3項：金融控股公司之集團資本適足率未達前項之標準者，除依本法第六十條規定處罰外，盈餘不得以現金或其他財產分配，主管機關並得視情節輕重為下列之處分：
一、命令金融控股公司或其負責人限期提出資本重建或其他財務業務改善計畫。
二、限制新增或命其減少法定資本需求、風險性資產總額、經營風險之約當金額及風險資本。

三、限制給付董事、監察人酬勞、紅利、報酬、車馬費及其他給付。
四、限制依本法第三十六條、第三十七條之投資。
五、限制申設或命令限期裁撤子公司之分支機構或部門。
六、命令其於一定期間內處分所持有被投資事業之股份。
七、解任董事及監察人，並通知公司登記主管機關於登記事項註記。必要時，得限期選任新董事及監察人。
八、撤換經理人。

27 (C)。 銀行的交易對手發現，衍生性交易明顯不利於自己時，可能選擇「不履約」，係稱為「直接放款風險」。

28 (C)。 負責授信業務有關的清算、交割與保全任務的作業中心或債權管理部門，扮演信用風險的後台角色。

29 (C)。 信用風險標準法，授信對象違約機率反映授信戶或交易對手之信用風險。

30 (C)。 有關「風險權數」之適用，如借款人以自用住宅做為十足擔保，設定抵押權於債權銀行以取得資金者，貸放比率在75%以下之貸款，適用35%的風險權數。

31 (D)。 假設常態情況的容忍水準為1%，殖利率標準差為0.6%，β為

敏感性係數為0.5，根據常態分配表查知容忍水準為1%→2.325，VaR＝0－2.325×0.5×0.006

32 (D)。 操作越保守，對市場風險的容忍度愈低。

33 (C)。 市場風險最完整的衡量指標是市場風險損失分配，有了市場風險損失分配，我們便可求導諸如預期損失與風險值等相關統計量作為精簡的風險衡量指標，並得以建立以資本計提為中心的風險管理措施。

34 (A)。 銀行之利率風險管理係透過資產負債表探討資金來源與資金運用項目的系統分析，以評估銀行的資金成本與運用收益，主要工具以「重新訂價缺口模型」為主。

35 (B)。 基於獲利性考量，市場利率由低往高攀升時，銀行宜逐步擴大正缺口部位。

36 (B)。 資產流動性：也就是資產的變現能力，這主要考察企業流動資產與長期資產的比例結構。

37 (C)。 限制匯率類複雜性高風險商品之契約期限不得超過1年，比價或結算期數不得超過12期；匯率類複雜性高風險商品非避險交易之個別交易損失上限為平均單期名目本金3.6倍。

38 (A)。 銀行資本適足性及資本等級管理辦法第2條：自有資本與風險性資產之比率：指普通股權益比率、第一類資本比率及資本適足率。

39 (A)。 「庫藏股」為權益之減項。

40 (B)。 銀行資本適足性及資本第11條：第二類資本之範圍為下列各項目之合計數額減依計算方法說明所規定之應扣除項目之金額：一、永續累積特別股及其股本溢價。二、無到期日累積次順位債券。三、可轉換之次順位債券。四、長期次順位債券。五、非永續特別股及其股本溢價。六、不動產於首次適用國際會計準則時，以公允價值或重估價值作為認定成本產生之保留盈餘增加數。七、投資性不動產後續衡量採公允價值模式所認列之增值利益及透過其他綜合損益按公允價值衡量之金融資產未實現利益之百分之四十五。八、營業準備及備抵呆帳。九、銀行之子公司發行非由銀行直接或間接持有之永續累積特別股及其股本溢價、無到期日累積次順位債券、可轉換之次順位債券、長期次順位債券、非永續特別股及其股本溢價。

第二部分

41 (D)。 分散風險（Risk Diversification）在銀行業務上，是指銀行的總風險小於個別業務的風險相加，以達分散風險的目的。

42 (D)。 「逆選擇」是在「事前」（契約簽訂或交易完成前）因交易雙方握有不同程度之資訊而存在資訊不對稱，資訊相對缺乏之一方為避免因資訊缺乏而受損害下反而作出損害自身之選擇。

43 (D)。 成本中心包括技術性成本中心和酌量性成本中心。技術性成本是指發生的數額透過技術分析可以相對可靠地估算出來的成本，如產品生產過程中發生的直接材料、直接人工、間接製造費用等。技術性成本在投入量與產出量之間有著密切聯繫，可以透過彈性預算予以控制。

44 (A)。 當銀行資金呈現浮濫時，宜透過調低供應利率，來減少營業單位吸收定期性存款。

45 (B)。 40億×（8%－7%）=0.4億。

46 (D)。 財務費用率＝財務費用÷營業收入×100%＝186÷16,623＝0.011,189,316≒1.14%。

47 (D)。 授信5P原則主要內容為：(1)授信戶。(2)資金用途。(3)還款來源。(4)債權保障。(5)前景展望，並與授信評等相比較，提供銀行以決定是否授予信用。

48 (C)。 信用卡的帳單上通常會寫有當期應繳金額及當期最低應繳金額，最低應繳通常是當期應繳總金額的10%。

49 (A)。 定量指標主要對被評估人運營的財務風險進行評估，考察質量，包括：
(1) 資產負債結構：分析受評企業負債水準與債務結構，瞭解管理層理財觀念和對財務槓桿的運用策略，如債務到期安排是否合理，企業償付能力如何等。
(2) 盈利能力。
(3) 現金流量充足性。
(4) 資產流動性。

50 (D)。 信用等級資訊可以提供海外債票券交易對象的篩選。

51 (D)。 臺灣地區與大陸地區金融業務往來及投資許可管理辦法第12-1條第2項：臺灣地區銀行對大陸地區之授信、投資及資金拆存總額度，不得超過其上年度決算後淨值之一倍；總額度之計算方法，由主管機關洽商中央銀行意見後定之。

52 (A)。 淨穩定資金比率＝可用穩定資金／應有穩定資金
可用穩定資金：指預期可支應超過1年之權益及負債項目。
應有穩定資金：指對穩定資金之需求量，即為銀行所持有各類型資產依其流動性特性及剩餘期間所計算數額，包含資產負債表表外曝險。

淨穩定資金比率強調用來支應資產和業務活動的資金，至少須一定比率來自於穩定的負債。

53 (B)。 各年度本國銀行合併及銀行本行資本適足率、第一類資本比率及普通股權益比率均不得低於下列比率：

	104年	105年	106年	107年	108年起
資本適足率	8.0	8.625	9.25	9.875	10.5
第一類資本比率	6.0	6.625	7.25	7.875	8.5
普通股權益比率	4.5	5.125	5.75	6.375	7.0

54 (D)。 即使掌握擔保品的處分權與第三人的保證，也並不保證無違約問題。

55 (A)。 即使正常授信者，基於穩健原則，仍需評估可能損失，並提列備抵呆帳及損失準備。

56 (A)。 承作CDS合約，名目本金為100元，若逐日清算價值（mark-to-market）為－3元，則衍生性金融商品當期曝險額為0元。

57 (A)。 1個基本點＝0.01%
此債券之價格為＝1,000,000－5×0.0001×1,000,000＝999,500。

58 (A)。 （100/1.06×5）×1.3=97萬多美元。

59 (B)。 基於獲利性考量，市場利率由低往高攀升時，銀行宜逐步擴大正缺口部位。

60 (A)。 基本指標法係以單一指標計算作業風險資本計提額，即以前三年中為正值之年營業毛利乘上固定比率（用α表示）之平均值為作業風險資本計提額；當任一年之營業毛利為負值或零時，即不列入前述計算平均值之分子與分母。
標準法係將銀行之營業毛利區分為八大業務別後，依規定之對應風險係數（Beta係數，以β值表示），計算各業務別之作業風險資本計提額。銀行整體之作業風險資本計提額，則為各業務別作業風險資本計提額之合計值。

第14屆 風險管理基本能力測驗

第一部分

( )　**1** 銀行爰用「信用風險值」當作放款權限設置準則時，下列何者屬於無法反映的個別客戶風險？　(A)市場風險　(B)違約風險　(C)暴露風險　(D)回收風險。

( )　**2** 關於風險管理的組織運作方式，下列敘述何者錯誤？　(A)強調風險產生單位與監督單位宜相互隸屬　(B)風險管理的決策過程，涵蓋「從上而下」與「由下往上」兩種　(C)不論哪種風險均應詳細釐清前台、中台及後台的職掌，集中控制、分權營運　(D)業務管理部門須定期評估所有營業單位的營業概況，包括不同業務的收支、利潤與風險承擔。

( )　**3** 有關資產負債管理委員會之權責，下列敘述何者錯誤？　(A)審核全行作業風險的緊急應變計畫　(B)審核流動性管理指標的門檻標準　(C)審核利率風險之避險策略　(D)審核金融同業的拆款額度。

( )　**4** 關於成本中心，下列敘述何者錯誤？　(A)成本中心的主管僅能控制成本或費用　(B)成本中心以追求產品或服務成本最低為其努力目標　(C)成本中心主管無權參與選擇各項投入資源的標準及來源　(D)成本中心適用的單位，「無權決定」產量或服務多寡，以及產量或服務售價。

( )　**5** 轉投資類型的投資中心，宜使用下列何者當作績效衡量指標？　(A)銷售額　(B)內外部損益　(C)資本或股權投資的報酬率　(D)可控制成本。

( )　**6** 經濟移轉價格通常考量下列哪些因子？　A.作業成本　B.與資金來源有關的借款成本　C.與流動性風險有關的流動性貼水　D.與信用風險有關的呆帳準備　(A)僅B　(B)僅A、B　(C)僅B、C、D　(D)A、B、C、D。

(　　) **7** 銀行基於規避匯率風險，最好保持每種幣別的資產與負債相同。所謂資產與負債相同，不包括下列何者？　(A)金額大小力求相近　(B)到期日結構力求相近　(C)匯率與利率走勢力求相近　(D)平均期限（Duration）力求相近。

(　　) **8** 假設小王購買一張期別2年、AA等級、平價發行的本國債券，該債券的票面價值$100,000且票面利率為每年4%，經過一年以後，該債券被信用評等機構調降評等，導致該債券的市場殖利率從原本的4%上升至5%，請問該債券遭調降評等，導致市場價值變動多少？　(A)減少$962　(B)減少$952　(C)增加$952　(D)增加$962。

(　　) **9** 衡量公司之短期償債能力，下列何者正確？
(A)速動比率＝速動資產／速動負債
(B)速動比率＝（流動資產－預付費用）／速動負債
(C)速動比率＝速動資產／流動負債
(D)速動比率＝流動資產／速動負債。

(　　) **10** 關於應收帳款代收融資業務，下列敘述何者錯誤？　(A)係根據企業尚未收妥的應收帳款，提供週轉資金並賺取利息收入　(B)有追索權的應收帳款管理商，得向商品或勞務供應者追討墊付之帳款　(C)無追索權的授信對象為商品或勞務的提供者　(D)銀行可要求應收帳款讓與者額外負擔保險費用，以降低信用風險。

(　　) **11** 銀行辦理的短期債務保證，下列哪種項目不屬於此類業務？　(A)記帳稅款　(B)預收定金之返還　(C)預付款之返還　(D)押標金。

(　　) **12** 發卡銀行辦理的信用卡業務，主要有三種收入來源，不包含下列何者？　(A)利息收入　(B)國外刷卡之匯差收入　(C)手續費收入　(D)向特約商店收取折扣費用。

(　　) **13** 某甲的月收入平均6萬元，目前的無擔保債務僅有向乙銀行申辦信用卡，刷卡使用尚有的循環信用餘額80萬元。某甲打算再向丙銀行申辦信用貸款，依主管機關規定，請問某甲最高可貸多少金額？　(A)32萬元　(B)42萬元　(C)52萬元　(D)62萬元。

(　) **14** 依據標準普爾信評公司之評等架構，下列哪些因子會影響營運風險之規模？　A.產業發展前景　B.產品分散程度　C.市場競爭地位　D.管理階層的領導能力　(A)僅A　(B)僅B、C　(C)僅A、B、C　(D)A、B、C、D。

(　) **15** 下列哪項不屬於企業的非公開舉債（Private Debt）？　(A)銀行借款　(B)發行公司債　(C)保單借款　(D)證券金融公司提供的融資。

(　) **16** 銀行依照授信法規，對「所有利害關係人」的擔保授信總餘額，不得超過銀行淨值多少倍數？　(A)1倍　(B)1.5倍　(C)2倍　(D)2.5倍。

(　) **17** 授信業務的系統性信用風險，不包括哪項影響因素？　(A)產業環境　(B)總體環境　(C)政治及社會因素　(D)個別借款客戶。

(　) **18** 授信資產的配置，重視「報酬率與風險」構成的效率原則，下列哪項內容符合該原則？　(A)追求短期平均成本最低　(B)追求長期生產成本最低　(C)承擔高風險時，要求對應產生高報酬　(D)低風險時，仍要追求高報酬。

(　) **19** 授信客戶的國家別歸屬，實務上採法定歸屬。假設本國A銀行之香港分行對位於新加坡之美商B公司辦理授信，且由B公司之美國母公司C提供保證。請問該授信客戶的國家別歸屬應為何國？　(A)臺灣　(B)中國　(C)新加坡　(D)美國。

(　) **20** 國家主權評等的信用等級極可能在三個月內調升時，國際信用評等機構會將該國列於下列何者？　(A)正向觀察名單　(B)正向展望　(C)穩定展望　(D)正向調升名單。

(　) **21** 依據S&P的國家主權評等，非投資級是指下列何者？　(A)A等級以下　(B)BBB等級以下　(C)BB等級以下　(D)B等級以下。

(　) **22** A銀行在110年12月底之信用風險加權風險性資產為新臺幣（以下同）1,000億元，市場風險和作業風險應計提資本各為5億元，請問三種風險合計的加權風險性資產為下列何者？　(A)1,000億元　(B)1,005億元　(C)1,010億元　(D)1,125億元。

(　) 　**23** 有關槓桿比率，下列敘述何者錯誤？　(A)目的係用來補充以風險衡量為基礎之最低資本要求　(B)槓桿比率之分子為第一類資本淨額　(C)槓桿比率之分母為暴險總額　(D)最低要求的槓桿比率為6%。

(　) 　**24** 銀行為提高普通股權益比率，可採用下列哪些措施？　A.現金增資　B.盈餘轉增資　C.不動產重估　D.發行可轉換次順位債券　(A)僅AB　(B)僅CD　(C)僅BCD　(D)ABCD。

(　) 　**25** 保險業的資本適足率多少時，會被視為資本顯著不足？　(A)最近二期淨值比率均未達百分之三且其中至少一期在百分之二以上　(B)200%以上，未達250%　(C)150%以上，未達200%　(D)50%以上，未達150%；最近二期淨值比率均未達2%且在0以上。

(　) 　**26** 有關金控公司之敘述，下列何者正確？　A.金控公司對信託子公司持股至少50%，才具有控制權　B.金控公司對所有非金融相關事業總投資，不得超過金控公司淨值15%　C.金控公司對創業投資子公司的持股，不得超過被投資公司股份總數10%　(A)僅AB　(B)僅AC　(C)僅BC　(D)ABC。

(　) 　**27** 實務上，銀行的「債權管理」會發生回收風險，該回收風險不包括下列何者？　(A)擔保品風險　(B)第三人保證的風險　(C)簽訂的法律契約風險　(D)違約機率固定且已知的風險。

(　) 　**28** 有關信用風險的衡量類型，不包含下列何者？　(A)直接放款風險　(B)或有風險（如承兌）　(C)交割日風險　(D)交割後風險。

(　) 　**29** 信用風險標準法設定的風險權數，遵循「信用等級越差，權數越高」原則，當授信對象為政府機關時，有關信用等級與適用權數，下列何者錯誤？　(A)AAA至AA—，0%　(B)A+至A—，10%　(C)BBB+至BBB—，50%　(D)BB+至B—，100%。

(　) 　**30** A銀行的信用等級為AAA—，B銀行的信用等級為A+，當B銀行買入A銀行發行之七年期金融債券新臺幣1億元時，B銀行持有此筆金融債券，構成多少信用風險性資產？　(A)1億元　(B)0.5億元　(C)0.2億元　(D)0。

(　) 　**31** 假設債券部位的投資損失符合常態分配，單尾的容忍水準2.5%當作損失門檻，殖利率的標準差為0.5%，敏感性係數為1時，下列市場風險值（VaR）的敘述何者正確？
(A)VaR＝0－1.96×1×0.005　　　　(B)VaR＝0－1.96×1×0.025
(C)VaR＝0－1.645×1×0.005　　　(D)VaR＝0－2.325×1×0.005。

(　) 　**32** 銀行藉由「損失波動幅度」與「波動倍數」的相乘，估算部位何種風險指標？　(A)信用風險值或限額　(B)市場風險值或限額
(C)作業風險值或限額　(D)信用損失的期望值與標準差。

(　) 　**33** 王先生持有與大盤風險類似的股票組合市值500萬元，年報酬的標準差為20%，假設一年有250個交易日，報酬率彼此獨立，且波動同質的常態分配，在單尾容忍水準5%下，一天的市場風險值（VaR）最接近下列何者？【標準常態值：N（0.95）=1.65，N（0.975）=1.96】　(A)10萬元　(B)12萬元　(C)165萬元
(D)196萬元。

(　) 　**34** 銀行「存款準備金」之構成項目中，下列項目何者錯誤？　(A)儲蓄存款　(B)庫存現金　(C)開立在臺灣銀行的「票據交換清算帳戶」存款　(D)開立在央行或受託管理機構之存款準備金甲戶與乙戶之存款。

(　) 　**35** 下列資產何者的「利率敏感性」最低？　(A)現金　(B)股票　(C)期貨　(D)債券。

(　) 　**36** 下列哪項「會計科目」屬於負債，不可當作流動準備的資產項目？　(A)金融業互拆淨貸差　(B)金融業互拆淨借差　(C)超額準備　(D)持有政府公債。

(　) 　**37** 下列何者不是計提作業風險資本需求額的方法？　(A)標準法
(B)風險值法　(C)進階衡量法　(D)基本指標法。

(　) 　**38** 有關金融機構的作業風險，下列何者非屬主要監督機構？　(A)金管會銀行局　(B)金管會檢查局　(C)中央銀行　(D)內政部警政署。

( ) **39** 主管機關於必要時，得要求銀行提列抗景氣循環的緩衝資本，並以普通股權益第一類資本支應，下列何者為計提比率的限制？
(A)最低不得小於2% (B)最高不超過2% (C)最高不超過2.5%
(D)最低不得小於3%。

( ) **40** 普通股權益之合計數，不包含下列哪種？ (A)庫藏股 (B)預收股本 (C)資本公積 (D)累積盈餘。

第二部分

( ) **41** 台灣在實施新的資本適足規範後，對於資本風險的衡量，集中在下列哪四大要項上？ A.信用風險 B.市場風險 C.價格風險 D.作業風險 E.流動性風險
(A)ABCD (B)ABCE
(C)ABDE (D)BCDE。

( ) **42** 銀行根據風險胃納、策略及管理所需建立之損失機率範圍，進一步計算非預期損失的資本需求額，名稱為下列何者？
(A)法定資本 (B)經濟資本
(C)已投入資本 (D)緩衝資本。

( ) **43** 有關作業基礎成本制度（Activity-Based Costing, ABC），下列敘述何者正確？
(A)金融服務業面對的是人的交易行為，人的慣性行為使得「標準」作業很容易設定
(B)ABC制度的各項作業成本，是由作業動因的作業量除以「動因費率」計算而得
(C)ABC制度的作業成本，不須納入每項作業的「風險成本」
(D)ABC成本制度的特色之一，在於能夠區分個別業務及客戶的績效差異。

( ) **44** A銀行目前提供客戶約1%的存款利率，而對客戶的貸款利率為2.5%，若該行存放比率為80%。請問該行每吸收1,000萬元存款後將其貸出時，在不考慮相關成本下，可獲得多少利潤？ (A)25萬元 (B)15萬元 (C)12萬元 (D)10萬元。

( ) **45** 銀行對外舉借期限一年、年利率1%的債務，支應兩年、年報酬率2%的資產，第一年結束，銀行在該年有利息利潤還是利息損失？原來債務一年後到期，需要重新舉債，隱含再融資風險，如果第二年新債務的年利率為3%，第二年產生利息利潤還是利息損失？
(A)第一年：1%利息利潤，第二年：1%利息損失
(B)第一年：1%利息損失，第二年：1%利息利潤
(C)第一年：1%利息利潤，第二年：2%利息損失
(D)第一年：1%利息損失，第二年：2%利息利潤。

( ) **46** 在授信契約的保障條款中，下列何者不屬於正向條款？　(A)借戶須定期陳送財務報表　(B)借戶未獲得債權銀行同意，不得發行新債　(C)借戶的利息保障倍數須大於3　(D)借戶的資產報酬率須大於5%。

( ) **47** 若客戶的住宅狀況有下列四種：　A.為本人或配偶的房屋，且該房屋設定抵押權予本行、B.為本人或配偶的房屋，且該房屋設定抵押權予他人、C.為本人或配偶的房屋，且該房屋未設定他項權利、D.房屋為家族所有。銀行辦理消費性放款的信用評分時，請問評分由高至低依序為何？
(A)ABCD　　　　　　　　(B)DABC
(C)CABD　　　　　　　　(D)CBAD。

( ) **48** 張先生以市價1,200萬的房屋向A銀行貸款，A銀行核予之貸放成數為75%後，張先生再向T銀行申請二胎房貸，T銀行依其風險容忍度以第一順位質權設定金額的15%核予張先生二胎房貸，請問張先生可由A銀行及T銀行獲得的總貸款金額為多少？（依一般實務慣例，第一順位銀行通常會以貸放金額的1.2倍設定質權）
(A)960萬　(B)1,062萬　(C)1,080萬　(D)1,200萬。

( ) **49** 有關受評公司資本結構之長期償債能力，下列何者不宜當作主要衡量指標？　(A)長短期借款／總資產　(B)（長短期借款+或有負債）／（長短期借款+或有負債+股東權益）　(C)資產重估增值（不包括無形資產）　(D)比率值愈小，財務風險愈低。

( ) **50** 有關Moody's信評機構對公司債定量分析之敘述，下列何者錯誤？
(A)主要指標是利息保障倍數　(B)流動與速動比率：比率值愈高，財務風險愈大　(C)負債比率：比率值愈高，財務風險愈大
(D)財務槓桿比率：比率值愈高，長期償債能力愈差。

( ) **51** 為有效控制國家風險，避免外幣債權之風險過度集中在同等級或低等級之風險國家，主管機關要求銀行逐日統計並定期提報董事會，相關說明何者正確？　A.授信業務按目前放款餘額計算暴險值　B.投資業務分成股權投資、有價證券投資及外匯交易三種，其中股權投資按交割前名目本金計算暴險值　C.對國外銀行之資金拆放、同業進出口融資墊款等，按使用餘額計算暴險值
(A)僅AB　　　　　　　(B)僅AC
(C)僅BC　　　　　　　(D)ABC。

( ) **52** 臺灣的主管機關對於資本等級不同的銀行，規範的業務項目跟著不同，下列敘述何者錯誤？　(A)資本適足等級之銀行，可辦理「財富管理」業務　(B)資本適足等級之銀行，資本適足率依規定加計，可轉投資「非金融」相關事業　(C)銀行呈現資本不足時，主管機關便得「限制或禁止」其與利害關係人之授信或其他交易　(D)銀行的資本等級屬於資本不足、顯著不足或嚴重不足時，主管機關可命令銀行或其負責人在期限內，提出資本重建或其他財務業務改善計畫。

( ) **53** 依銀行流動性覆蓋比率實施標準，有關流動性覆蓋比率，下列敘述何者錯誤？　(A)自108年起不得低於100%　(B)輸出入銀行、外國銀行在臺分行，不適用本標準　(C)指合格高品質流動性資產總額除以未來60個日曆日之淨現金流出總額　(D)銀行應按月計算並申報流動性覆蓋比率。

( ) **54** 有關違約、違約風險及違約事件，下列敘述何者錯誤？　(A)違約風險係由違約事件的發生機率加以描述　(B)交易對手未遵守契約規定之違約，屬於技術性違約　(C)逾期放款係指屆清償期達六個月以上，仍無法繳交本金或利息者　(D)經濟違約，係指授信客戶總資產市值低於總負債市值。

( ) **55** 有關信用風險的類型與暴露風險，下列敘述何者錯誤？ (A)土建融案件之擔保品風險使用擔保成數衡量，亦即實際貸款額佔可貸值的比率（Loan-to-Value），擔保成數越高，銀行債權保障越低 (B)授信客戶未依還款計畫逕自提前還款，構成「提前還款風險」（Prepayment Risk），性質類似「再投資風險」 (C)衍生性業務之「當期暴險額」，反映目前的暴露風險，有別於反映未來可能存在風險之「潛在暴險額」 (D)信用額度內未被動用之授信資產，稱為「放款承諾」，此項承諾使銀行承擔或有之「再投資風險」。

( ) **56** 某銀行承做兩筆衍生性金融交易，其一為名目本金$200,000，期別5年的利率交換契約，計算權數為0.005，當期暴險額為$5,000。另一筆為名目本金$100,000，期別3年的外匯交換契約，計算權數為0.05，當期暴險額為$3,000，請問該銀行的信用相當額為何？ (A)3,000元 (B)6,000元 (C)7,000元 (D)14,000元。

( ) **57** 不論單一金融商品、組合部位或全行資產負債觀點，衡量「市場風險」最常見的市場因素不包括下列何者？ (A)利率 (B)匯率 (C)生產要素成本 (D)非生產要素的固定成本。

( ) **58** 有關市場風險標準法與內部模型法，下列敘述何者錯誤？ (A)標準法在正常情形，可使市場風險之門檻設計及風險配置更加精緻 (B)銀行可使用內部模型法，計算各部位之市場風險值與資本計提額 (C)常理上，內部模型法在風險衡量精細程度優於標準法，計提的資本需求額也較標準法少 (D)銀行可使用標準法計算各部位之市場風險限額與資本計提額。

( ) **59** 有關利率風險管理與重新訂價缺口模型，預期利率上升時，銀行應該如何因應？ (A)增加利率敏感性負債 (B)減少匯率敏感性負債 (C)增加利率敏感性資產 (D)減少利率敏感性資產。

( ) **60** 根據2022年起的法規，銀行的資本等級被劃分為「資本顯著不足」，表示此銀行： (A)資本適足比率達2%以上，但未達8.5% (B)資本適足比率未達2% (C)資本適足比率達9% (D)資本適足比率達10%。

解答與解析【答案標示為#者，表官方曾公告更正該題答案。】

第一部分

1 (A)。「損失波動幅度」與「波動倍數」的相乘等於信用風險值或限額上述因子不包含市場風險。

2 (A)。根據分離原則（Principle of Separation）以及避免利益衝突問題，風險產生單位與監督單位不宜相互隸屬。

3 (A)。資產負債管理委員會之權責之一為「整合」全行作業風險的緊急應變計畫。

4 (C)。成本中心主管有權參與選擇各項投入資源的標準及來源。

5 (C)。資本或股權投資報酬率為投資中心的績效衡量指標；銷售額為收入中心的績效衡量指標；內外部損益（利潤＝收入－成本）為利潤中心的績效衡量指標；可控制成本為成本中心的績效衡量指標。

6 (C)。經濟移轉價格（Economic Transfer Prices）包含與資金來源有關的借款成本、與信用風險有關的呆帳準備、與流動性風險有關的流動性貼水。

7 (C)。銀行基於規避匯率風險，最好保持每種幣別的資產與負債相同。所謂資產與負債相同，包括金額大小力求相近、到期日結構力求相近、平均期限（Duration）力求相近等。

8 (B)。（10,000×p1／4%＋10,000×4%×P1／4%）－（10,000×p1／5%＋10,000×4%×P1／5%）＝952（減少）

9 (C)。速動資產＝流動資產－存貨－預付費用。

10 (C)。無追索權者授信對象為應收帳款還款者（即買方）。

11 (A)。短期債務保證，如發行商業本票、應繳押標金、應繳履約保證金、預收定金等，得委託銀行予以保證，俾便利短期資金之調度。辦理短期債務保證，銀行必須明瞭之事項與辦理短期放款相同。

12 (B)。發卡銀行辦理信用卡業務，主要有三種收入來源，包含：利息收入、手續費收入、向特約商店收取折扣費用。

13 (C)。6萬×22（倍）=132萬
132萬-80萬=52萬
債務人於全體金融機構之無擔保債務歸戶後之總餘額除以平均月收入，不宜超過22倍。

14 (D)。依據標準普爾信評公司之評等架構，下列因子會影響營運風險之規模：
(1)產業發展前景。
(2)產品分散程度。
(3)市場競爭地位。
(4)管理階層的領導能力。

15 (B)。 發行公司債屬於「債權籌資」債權人（如：銀行）可能會限制借款用途、要求物保或人保，並不一定在公開市場發行。故答案為(B)。

16 (B)。 每筆或累計擔保授信金額達新臺幣1億元以上或銀行淨值的1%者，其條件不得優於其他同類授信對象，並應經三分之二以上董事之出席及出席董事四分之三以上同意。對「同一自然人」之擔保授信總餘額，不得超過銀行淨值的2%。對「同一法人」之擔保授信總餘額，不得超過銀行淨值的10%。對「所有利害關係人」之擔保授信總餘額，不得超過銀行淨值的1.5倍。

17 (D)。 系統性信用風險是指由於外在不確定性、系統外部擾動導致的風險，外在不確定性來自於本經濟系統之外，是由於經濟運行過程中隨機性、偶然性的變化或不可預測的趨勢等引發的，外在不確定性也包括國外金融市場上不確定的衝擊，如金融風險就屬此列個別借款客戶非系統性風險。

18 (C)。 報酬率與風險構成的效率原則為：低風險低報酬，高風險高報酬。

19 (D)。 國家歸屬實務上採「法定歸屬」，即最後承擔償還責任或保證責任之法定國籍地區或國際組織作為認定準則。本題最後由B公司之美國母公司C提供保證，故授信客戶的國家別歸屬為「美國」，選項(D)正確。

20 (A)。 國家主權評等的信用等級極可能在三個月內調升時，表示國際信用評等機構會將該國列於「正向觀察名單」。

21 (C)。 依據S＆P的國家主權評等，非投資級是指BB等級以下。

22 (D)。 三種風險合計的加權風險性資產＝1,000＋（5＋5）×12.5＝1,125（億元）。

23 (D)。 銀行應按季計算槓桿比率，槓桿比率於平行試算期間之最低要求為3%，槓桿比率之分子為第一類資本淨額（capital measure），分母為曝險總額。

24 (A)。 不動產重估與發行可轉換次順位債券皆與「股東權益」無關，故不影響普通股權益。

25 (D)。 保險局說明，現行管理辦法將資本適足率分為4級，達200%以上為「資本適足」，介於150～200%間為「資本不足」，50～150%為「資本顯著不足」，50%以下或淨值為負為「資本嚴重不足」。

26 (A)。 金融控股法第37條（投資之限制）：控股公司對第一項其他事業之投資總額，不得超過金融控股公司淨值百分之十五。

27 (D)。　信用風險可分成三種組成風險：違約（default risk）風險、曝露風險（exposure risk）以及回收風險（recovery risk），違約機率固定且已知風險屬於其中的違約風險。

28 (D)。　信用風險衡量透過下列三個指標值呈現：

(1) 曝險金額：即客戶於違約時之帳上餘額；若為循環動用額度，則為預估客戶違約時所動用之金額。

(2) 違約損失率：即客戶違約後，經過催收程序處理，在程序結束後仍無法收回的損失比率。

(3) 違約機率：客戶在一段期間內可能違約的機率。

29 (B)。　信用風險性資產額係由資產帳面金額扣除針對預期損失所提列之備抵呆帳後之餘額乘以下列風險權數：

信用評等	AAA 至 AA －	A ＋至 A －	BBB ＋至 BBB －	BB ＋至 B －	CCC ＋以下	未評等
風險權數	0%	20%	50%	100%	150%	100%

30 (C)。　信用風險性資產額係由資產帳面金額扣除針對預期損失所提列之備抵呆帳後之餘額乘以下列風險權數：

信用評等	AAA至 AA －	A ＋至 A －	BBB＋至 BBB －	BB＋至 B －	CCC＋以下	未評等
風險權數	0%	20%	50%	100%	150%	100%

兩家銀行信用等級分別為A＋與AAA－，適用風險權數20%

1億元×20%=0.2億

31 (A)。　VaR＝0－Z×β×（σ），β為敏感性係數，假設債券部位的投資損失符合常態分配，則單尾容忍水準2.5%的損失門檻，殖利率標準差為0.5%，β為敏感性係數為1，則參考常態分配表得知，容忍水準2.5%為1.96，則VaR＝0－1.96×1×0.005。

32 (B)。　市場風險值或限額＝「損失波動幅度」×「波動倍數」。

33 (A)。　VaR＝500×5%×20%×500/250＝10（萬元）。

34 (A)。 作為存款準備的資產一般
只能是商業銀行的庫存現金和在
中央銀行的存款。儲蓄存款非屬
銀行資產項下「存款準備金」之
構成項目。

35 (A)。 利率敏感性是指銀行資產的
利息收入與負債的利息支出受市場
利率變化的影響大小，以及它們對
市場利率變化的調整速度。

36 (A)。 金融業互拆淨貸差為應提
流動準備之新臺幣負債項目。

37 (B)。 新版架構提供銀行三種
計算作業風險所需資本計提之方
法，由簡至繁：
(1) 基本指標法（basic indicator，
即銀行營業總收入乘以固定係
數α，目前暫定30%）
(2) 標準法（standardised approach，
即監理主管機關針對銀行經營
業務不同，依銀行單位別與營
業項目，分訂各種作業指標以
及計算權數β）
(3) 內部量測法（internal measurement
approach，即以銀行內部損失
資料如曝險部位、違約損失
率、違約曝險額等實際作業資
料，作為計算基礎，再乘上固
定係數γ）。

38 (D)。 內政部警政署的業務與金
融機構無關。

39 (C)。 銀行資本適足性及資本等
級管理辦法第6條：銀行之資本適

足比率，除符合前條規定外，經
主管機關洽商中央銀行等相關機
關，於必要時得要求銀行提列抗
景氣循環緩衝資本，並以普通股
權益第一類資本支應。但最高不
得超過二點五個百分點。

40 (A)。 第一類資本（tierI）：普
通股、永續非累積特別股、預收
資本、資本公積（固定資產增值
公積除外）、法定盈餘公積、特
別盈餘公積、累積盈虧（應扣除
營業準備及備抵呆帳提列不足之
金額）、少數股權與權益調整之
合計數額減除商譽及庫藏股。

第二部分

41 (C)。 經濟資本（風險資本）歸
因於以下四個風險因素：市場風
險、信用危險、作業風險、流動
性風險。

42 (B)。 銀行為發揮內部評等制
度法（Internal Rating-Based
Approach，IRB）的管理功能，除
了必須建立信用評等制度的機制
外，尚需建立之制度有：風險調整
後之資本報酬率（RaROC）、風險
資本（Capital at Risk）、經濟資
本（Economic Capital，EC）。經
濟資本（EC, Economic Capital，
又稱風險資本Capital at Risk，
CaR）經濟資本是一個新出現的
統計學的概念，是與「監管資本

（RC,Regulatory Capital）」相對應的概念。從銀行所有者和管理者的角度而言,經濟資本就是用來承受非預期損失和保持正常經營所需的資本。

43 (D)。
(A)人的慣性行為使得「標準」作業不容易設定。
(B)ABC制度的各項作業成本,是由各項作業成本除以「作業動因的作業量」計算而得。
(C)ABC制度的作業成本,須納入每項作業的「風險成本」。

44 (C)。 存放比率為80%,表示銀行1000萬中,200萬存放,只有800萬能貸出。800萬×1%=8（萬）,800萬×2.5%=20（萬）。20（萬）－8（萬）=12（萬）,答案為(C)。

45 (A)。 第一年：年利率1%債務、年報酬率2%資產
2%－1%=1%（利潤）
第二年：年利率3%債務、年報酬率2%資產
2%－3%=－1%（損失）
故正確答案為(A)。

46 (B)。 正向條款是指「應達到」的事項；與之相對的為「反面承諾」,是指「不能做」的事項。借戶未獲得債權銀行同意,不得發行新債→為反面承諾。

47 (C)。 評分高到低：自有房產未設定他項權利＞自有房產有設定

抵押權予銀行＞自有房產有設定抵押權予他人＞自有房產為家族所有人（所有權人有幾人）。

48 (B)。 1200×75%×1.2×15%=162（可向銀行申請之二胎房貸金額上限）
1200×75%=900（初貸金額）
162＋900=1,062（萬）

49 (C)。 長期償債能力的指標：
(1) 資產負債率：企業負債總額占企業資產總額的百分比。
(2) 股東權益比率（淨資產比率）：股東權益總額與資產總額的比率。
(3) 資產周轉率：可變現的流動資產與長期負債的比率。
(4) 產權比率：負債總額所有權益總額的比率。

50 (B)。 流動與速動比率愈高,代表企業的財務狀況愈健康。

51 (B)。 計算未來潛在曝險額時,應以實際適用之本金,而非形式上之名目本金為基礎。

52 (C)。 第143-6條（主管機關依保險業資本適足率等級,採取相關監理措施之規範）：
資本不足者：
令其或其負責人限期提出增資、其他財務或業務改善計畫。屆期未提出增資、財務或業務改善計畫,或未依計畫確實執行者,得採取次一資本等級之監理措施。

53 (C)。 銀行流動性覆蓋比率實施標準第2條：

本標準所稱流動性覆蓋比率，係指合格高品質流動性資產總額除以未來三十個日曆日內之淨現金流出總額。

54 (C)。 信用合作社資產評估損失準備提列及逾期放款催收款呆帳處理辦法第7條：

本辦法稱逾期放款，指積欠本金或利息超過清償期三個月，或雖未超過三個月，但已向主、從債務人訴追或處分擔保品者。

55 (D)。 放款承諾（Loan Commitment）是指商業銀行等金融機構作出的在一定期間內以確定條款和條件向承諾持有者（潛在借款人）提供貸款的承諾。

56 (D)。 衍生性業務的「當期曝險額」，加上「潛在曝險額」後，等於信用相當額。

57 (D)。 從全方面角度衡量「市場風險」，不論單一金融商品、組合部位或全行資產負債觀點，常見的市場因素有：利率、匯率、生產要素成本等。

58 (A)。 使用內部模型衡量一般市場風險應較標準法精確，惟內部模型之衡量結果是否正確，除模型本身衡量方法之考量外，建立整套風險管理政策及程序，並有效執行及控管則為模型運作成敗之關鍵。

59 (C)。 利率敏感性缺口＝利率敏感性資產－利率敏感性負債

「利率敏感性資產」係指1年內到期的資產或短期內須重新調整利率的資產。「利率敏感性負債」係指1年內到期的負債，或短期內須重新調整利率的負債。

當預期利率上升時，會造成銀行資金成本上升，使得銀行淨利息收益減少，故應增加利率敏感性資產或減少利率敏感性負債。

60 (A)。 銀行資本適足性及資本等級管理辦法第8條：資本顯著不足：指資本適足率為百分之二以上，未達百分之八點五者。

解答與解析

第15屆 風險管理基本能力測驗

第一部分

( ) **1** 下列何者屬於銀行的表外非衍生性業務？ (A)金融交換 (B)遠期契約 (C)擔保信用狀 (D)不動產證券化契約。

( ) **2** 「借長貸短」的資金部位，可能存在何種風險？ (A)再投資風險 (B)再融資風險 (C)市場價值風險 (D)信用風險。

( ) **3** 銀行營業單位有100億元放款資產及60億元存款負債，已知放款利率9%、存款利率4%、聯行往來利率為7%，請計算營業單位的營運利潤？ (A)1.8億元 (B)2億元 (C)3.8億元 (D)5億元。

( ) **4** 關於營運利潤、財務利潤與會計利潤之關係，下列敘述何者錯誤？ (A)會計利潤為營運利潤與財務利潤相加 (B)財務利潤為內部移轉價格與市場價格的差額 (C)營運利潤為顧客價格與內部移轉價格的差額 (D)會計利潤為內部損益與外部損益的合計，不同營業單位的內部損益相抵銷時，合計數通常不為零。

( ) **5** 利潤中心制度最好使用下列何者當作績效衡量指標？ (A)營業利益 (B)邊際貢獻 (C)可控制利益 (D)淨利（Net Income）。

( ) **6** 將各項作業費用，按不同分攤基礎分攤至產品，一般稱此成本管理模式為下列何者？ (A)實際成本法 (B)正常成本法 (C)作業基礎成本法 (D)標準成本法。

( ) **7** 下列何種風險不包括在客戶「信用風險值」的計算過程？ (A)違約風險（Default Risk） (B)回收風險（Recovery Risk） (C)暴露風險（Exposure Risk） (D)作業風險（Operation Risk）。

( ) **8** 本國銀行以「內保外貸」承作陸資企業授信之運作模式，係指下列何者？ (A)借款企業需提供外資銀行開立的擔保信用狀，擔保該借款客戶履行合約義務或責任 (B)借款企業之負責人需提供連帶保證，擔保該借款客戶履行合約義務或責任 (C)借款企業需提供銀行存單做為放款之擔保品 (D)借款企業需提供其境外子公司做為放款擔保人，共同承擔履約義務。

( ) **9** 有關企業貸款的利率水準，下列敘述何者錯誤？ (A)基準利率旨在反映短期資金市場的走勢，概由個別銀行所主導 (B)基準利率通常決定於信用市場的寬鬆與緊俏 (C)信用等級佳的企業，信用等級加碼低 (D)就相同借戶而言，擔保貸款利率通常低於信用貸款利率。

( ) **10** 企業金融業務的信用評分與評等制度，下列敘述何者錯誤？ (A)信用評分越高，信用等級越佳 (B)「5P授信原則」的構成項目，包括借戶的還款來源與債權保障，但未包括資金用途 (C)信用等級加計一碼，意指借戶的貸款利率加計0.25% (D)授信展望係依據授信戶的發展潛力加以衡量。

( ) **11** 丁公司2019年12月31日的流動資產為90,381萬元、長期投資33,422萬元、固定資產207,005萬元、流動負債41,189萬元、長期負債29,000萬元、淨值或股東權益261,754萬元，請問該公司的固定長期適合率為多少？ (A)78% (B)81% (C)83% (D)85%。

( ) **12** 消費金融業務的信用評等與風險管理，下列敘述何者錯誤？ (A)銀行與消金客戶發生理賠爭議，會破壞「公平待客」的誠信原則 (B)銀行取得足額擔保時，仍得要求借款人提供「保證人」 (C)銀行辦理「無擔保」授信而徵取的保證人，以「一定保證金額」為限 (D)向保證人求償時，保證人有數人時，各保證人先平均求償。

( ) **13** 仁愛銀行辦理信用卡業務時，每名好客戶平均每年創造1,050元利潤，又知該銀行的再投資報酬率為5%，過去與這類好客戶平均維持3年的往來，請問該銀行延攬一名好客戶可為其創造多少利潤？ (A)2,659元 (B)2,759元 (C)2,859元 (D)2,959元。

( ) **14** Moody's信評公司將短期別債券之信用等級分為Prime-1、Prime-2、Prime-3以及Not-Prime。請問其中Not-Prime類似於長期債券何項信用等級以下？ (A)Aa1 (B)A1 (C)Baa1 (D)Ba1。

( ) **15** 企業想籌措自有資金，透過興櫃、上櫃或上市途徑，發行的金融商品屬於下列何者？ (A)票券 (B)債券 (C)債務憑證 (D)權益證券。

( ) **16** 有關授信對象「授信總餘額」之敘述，下列何者錯誤？ (A)同一自然人，不得超過銀行淨值3% (B)同一法人，不得超過銀行淨值20% (C)同一關係人，不得超過銀行淨值40% (D)同一關係人無擔保授信，不得超過銀行淨值10%。

( ) **17** 為避免承擔過高的信用風險，銀行會以客戶和產業為對象訂定風險限額。經由銀行內部自建的評等模型，計算出的風險限額稱為下列何者？ (A)信用風險值 (B)授信總餘額 (C)融資額度 (D)信用暴險額。

( ) **18** 銀行彙總授信對象所隸屬國家，可了解國家風險的高低。若授信對象登記在開曼群島時，應： (A)以該授信對象之所有人所屬國別認列 (B)將該授信對象彙整入高風險類之其他國別 (C)將該授信對象之國別風險彙整入開曼群島 (D)以該授信對象資金主要使用所在地國別認列。

( ) **19** 銀行公會的信用評分制度，不包括申貸企業哪項構面或內容？ (A)產業特性暨展望 (B)經營管理 (C)授信與外匯往來的利潤貢獻 (D)財務狀況。

( ) **20** 銀行授信或風險管理主管依主觀經驗與判斷，考量借戶有否警示性財務比率、重複計算定性指標的分數、黑名單等資訊，並做等級調整，屬於何種評等？ (A)基本模型的評等 (B)授信戶的個別評等 (C)授信特徵評等 (D)財務評等。

( ) **21** 依據標準普爾信評公司（S&P）之國家主權評等，下列哪些評級屬於非投資等級？ (1)C級 (2)B級 (3)BB級 (4)BBB級 (A)僅(1) (B)僅(1)(2)(3) (C)僅(1)(2)(4) (D)(1)(2)(3)(4)。

(　) **22** 依銀行法規定，下列何者非屬銀行？　(A)保險公司　(B)商業銀行　(C)專業銀行　(D)信託投資公司。

(　) **23** 台灣的票券金融公司資本適足率未達多少時，不得設立分公司？(A)未達6%　(B)未達8%　(C)未達10%　(D)未達12%。

(　) **24** A銀行於110年12月31日之資本適足率、第一類資本比率和普通股權益比率分別為9%、8%和6.5%，依銀行資本適足性及資本等級管理辦法之資本等級劃分標準，應歸類為下列何者？　(A)資本適足　(B)資本不足　(C)資本顯著不足　(D)資本嚴重不足。

(　) **25** 巴塞爾資本協定增訂之流動性風險指標，下列敘述何者錯誤？(A)流動性覆蓋比率係指高品資的流動資產除以30天期之淨現金流出　(B)流動性覆蓋比率大於100%，意指銀行在監理機關嚴峻的流動性管理下，有足夠能力處分資產、換取現金　(C)淨穩定資金比率係指法定穩定資金除以可取得的穩定資金　(D)淨穩定資金比率強調支應資產和業務活動的資金，至少須一定比率來自於穩定的負債。

(　) **26** 保險業經營人身保險業務，其風險構成項目包括下列哪些？A.保險風險；B.利率風險；C.資產風險；D.資產負債配置風險(A)僅AB　(B)僅CD　(C)僅ABC　(D)ABCD。

(　) **27** 有關保險公司的資本適足率與業務限制，下列敘述何者錯誤？(A)人身保險業之資本適足率達200%以上者，可申請辦理外幣收付之非投資型人身保險業務　(B)最近一年的資本適足率達200%以上時，得申請設立國外子公司或分公司　(C)保險公司的資本適足率達300%以上時，得申請從事增加投資效益之衍生性金融商品交易　(D)財務和業務健全的財產保險公司，最近一年之資本適足率達200%時，可申請「傷害保險」及「健康保險」。

(　) **28** 有關授信案之回收風險，下列敘述何者錯誤？　(A)銀行訴諸法律，用意在請求法院裁定財產之處分權，以回收相關借款　(B)擔保品及第三人保證，是因應違約發生採取之債權保障措施，為備而不用之風險管理制度　(C)客戶違約時，銀行沒收或出售擔保品，以降低或消除信用損失，同時將信用風險移轉為回收風險與資產價值風險　(D)回收風險具體反映在擔保品之帳面價值。

( ) **29** 客戶申貸時,提供第三人保證可提升銀行或有債權,假設借款人與保證人的違約機率分別為1%與0.5%,隨著第三人保證,承貸銀行的違約機率成為下列何者? (A)1.50% (B)1.00% (C)0.01% (D)0.005%。

( ) **30** A銀行買入國庫券新臺幣10億元,根據「標準法」,該筆國庫券之信用風險性資產為何? (A)0 (B)2億元 (C)5億元 (D)10億元。

( ) **31** 衡量市場風險時,常見之市場因素不包含下列何者? (A)利率 (B)國際政治情勢 (C)匯率 (D)生產要素成本。

( ) **32** 下列何種資金來源,屬於銀行「非自主性」的債務? (A)央行融資 (B)同業融資 (C)權益資金 (D)存款負債。

( ) **33** 下列哪項部位不須提列個別市場風險的資本需求額? (A)固定收益證券部位 (B)利率商品部位 (C)外匯商品部位 (D)權益證券部位。

( ) **34** 利率攀升時,銀行應該採用何種資金管理策略? (A)零缺口部位 (B)負缺口部位 (C)正缺口部位 (D)不須採用任何策略。

( ) **35** 有關銀行的放款對存款之比率(簡稱存放比率),下列敘述何者錯誤? (A)存放比率愈高,意味銀行的流動性愈低 (B)存放比率愈高,意味銀行的流動能力愈強 (C)存放比率愈高,意味銀行的流動性風險愈大 (D)存放款業務為主的銀行,存放比率仍具相當參考價值。

( ) **36** 投資人可由何種現象觀察銀行是否存在嚴重的流動性風險? (A)銀行發生擠兌 (B)銀行存款增加 (C)銀行增購股票 (D)銀行增購公債。

( ) **37** 金融機構業務上所謂的「KYC」為下列何者?
(A)Know Your Customer (B)Know Your Clerk
(C)Know Your Case (D)Know Your Circumstance。

( ) **38** 下列何種方法不屬於作業風險的資本計提方法? (A)進階衡量法 (B)內部模型法 (C)標準法 (D)基本指標法。

( )　**39** 第二類資本之合計數，不包含下列哪種？　(A)長期次順位債券　(B)特別盈餘公積　(C)可轉換之次順位債券　(D)營業準備及備抵呆帳。

( )　**40** 根據我國最新的「銀行資本適足性及資本等級管理辦法」，「槓桿比率」的最低要求為下列何者？　(A)3%　(B)5%　(C)7%　(D)9%。

第二部分

( )　**41** 下列何者不屬於回收風險的構成因素？　(A)擔保品　(B)息票利率　(C)第三人保證　(D)契約保障條款。

( )　**42** 有關外幣資產組合管理，當投資標的報酬率間之相關係數為多少時，可使投資組合的風險分散至最低？　(A)1　(B)0.5　(C)0　(D)－1。

( )　**43** 銀行總行與分行面臨資金過剩與不足時，可以透過下列何種制度，相互調撥資金？　(A)風險調整後報酬　(B)資金移轉價格　(C)風險限額移轉　(D)固定資產調撥。

( )　**44** 銀行建立責任中心體系，應考慮的責任中心體系包括下列哪些？A.成本；B.收入；C.利潤；D.投資　(A)僅AB　(B)僅CD　(C)僅ABC　(D)ABCD。

( )　**45** 下列何者非屬於資產負債管理委員會（Asset and Liability Committee）的職掌範圍？　(A)監督與流動性風險和利率風險有關的目標與風險門檻　(B)審核資產負債部位的額度權限與控管方法　(C)編製資產負債表　(D)審查流動性風險和利率風險的避險策略。

( )　**46** A公司全年營業收入為新臺幣（以下同）1.2億元，其中內銷占九成，其應收款項（含應收票據）週轉次數2次，該公司在其他行庫辦理票據融資額度為3,000萬元，假定A公司預期未來一年營業及收款條件無明顯變化，銀行墊付成數最高為八成，則A公司可獲核定之客票融資額度以不超過多少金額為宜？　(A)1,320萬元　(B)1,800萬元　(C)2,500萬元　(D)3,000萬元。

(　) **47** 大明在全體金融機構中現有信用貸款餘額85萬元、房屋擔保貸款餘額100萬，大明平均月收入為5.5萬元，擬向銀行申請一筆新增的信用貸款，依據金管會2005年12月19日發函金融機構有關「債務人於全體金融機構之無擔保債務歸戶之總餘額」規範，銀行可以核給大明的信用貸款額度最高為多少？　(A)25萬　(B)36萬　(C)51萬　(D)64萬。

(　) **48** 某甲的房屋市值1,600萬元，乙銀行對於房屋第一順位抵押貸款的可貸金額為房屋市值的75%，並按照第一順位可貸金額的1.2倍設定質權；另丙銀行對於房屋第二順位抵押貸款的可貸金額為第一順位質權設定金額的20%。若某甲以其房屋依序向乙銀行與丙銀行貸滿第一順位與第二順位的抵押貸款，請問某甲的房屋淨值還剩多少金額？　(A)112萬元　(B)128萬元　(C)144萬元　(D)160萬元。

(　) **49** 下列哪項資金來源，不屬於企業的外來資金或債務？　(A)股票發行　(B)票券發行　(C)銀行借款　(D)銀行以外的金融機構借款。

(　) **50** 有關信評機構之評估過程，針對受評公司之財務分析的評定敘述，下列何者錯誤？　(A)財務分析即財務風險分析　(B)獲利能力與盈餘保障，反映還款的市場風險　(C)利息保障倍數強調利息費用愈低，越有保障　(D)固定費用的財務保障倍數係衡量公司的成本負擔能力。

(　) **51** 國家風險限額的調整時機與特性，下列敘述何者錯誤？　(A)分成靜態核配與動態調整兩大類　(B)借款企業的債務憑證越佳者，銀行優先分配該國風險限額　(C)國家風險限額優先分配給予國家主權評等優良的國家　(D)常理上，銀行在當地設置分行或代表處者，配置國家風險限額的機會，高於尚未設立營業據點的國家。

(　) **52** 依銀行法第74條規定，銀行得投資「金融相關事業」及「非金融相關事業」，下列何者錯誤？　(A)投資總額不得超過投資時銀行淨值之百分之四十　(B)投資非金融相關事業之總額不得超過投資時淨值之百分之十　(C)投資金融相關事業，其屬同一業別者，除配合政府政策，經主管機關核准者外，以一家為限　(D)投資非金融相關事業，對每一事業之投資金額不得超過該被投資事業實收資本總額或已發行股份總數之百分之三。

( ) **53** 針對銀行發行「金融債券」，資本適足率應達到的標準，下列何者錯誤？
(A)普通股權益比率達百分之七
(B)第一類資本比率達百分之八點五
(C)資本適足比率達百分之十一點五
(D)未達資本適足率最低標準，但經主管機關核准發行最低面額新臺幣一千萬元。

( ) **54** 銀行有四個借款戶A、B、C、D，借款金額相同，其違約機率分別為0.3%、0.5%、0.8%、1%，回收率分別為50%、20%、30%、70%，在其他因素均一樣下，四個客戶之信用風險高低為何？
(A)C>B>D>A　　　　　(B)D>C>B>A
(C)D>C>A>B　　　　　(D)D>A>C>B。

( ) **55** 有關信用風險各項指標的計算，下列何項計算公式錯誤？
(A)表外非衍生性業務的信用相當額＝交易金額×信用轉換係數
(B)表外衍生性業務的信用相當額＝當期暴險額＋潛在暴險額
(C)資本適足率＝第一類合格資本／風險性資產
(D)損失準備覆蓋率＝損失準備／不良授信資產。

( ) **56** 某銀行承做兩筆衍生性金融交易，其一為名目本金$200,000，期別5年的利率交換契約，計算權數為0.005，當期暴險額為5,000，另一筆為名目本金$100,000，期別3年的外匯交換契約，計算權數為0.05，當期暴險額為3,000，請問該銀行的潛在暴險額為何？
(A)3,000　　　　　(B)6,000
(C)7,000　　　　　(D)14,000。

( ) **57** 有關市場風險中，主要部位之價格風險，下列敘述何者正確？
(A)假設債券之利率敏感係數為5，利率若變動0.01%，債券價格將變動0.05%　(B)債券之敏感性因子主要是指利率，也就是債券之票面利率　(C)「PVBP」係指利率變動1%，債券價格將變動多少數額　(D)有一10,000元之債券，敏感性係數為5，殖利率上升0.01%，將使債券價格上升5元，成為10,005元。

( )　**58** 銀行通常從業務管理與風險管理兩方向訂定所需指標,以管理與監督市場風險之變化,下列敘述何者錯誤?　(A)以輕微壓力與嚴重壓力情境進行壓力測試,屬於風險管理指標　(B)投資部位之停損限額,以單筆持有金額一定比率為門檻,屬於業務管理指標　(C)市場風險之部位概況為一種風險管理指標　(D)掛帳在銀行簿之金融商品,設定最大可能損失或風險容忍度,屬於業務管理指標。

( )　**59** 銀行之流動性風險與利率風險管理的監督指標,下列敘述何者錯誤?　(A)存款準備與流動準備,係與利率風險有關的準備部位　(B)存款準備與流動準備,係與流動性風險有關的準備部位　(C)全行的利率風險以資產負債的「利率敏感性和非敏感性」為基準,設置缺口指標　(D)流動性風險以現金流入與流出相減的「淨現金流量」為基礎,設置缺口指標。

( )　**60** 有關銀行的作業風險管理,從監督管理層面觀察有三道防線,下列敘述何者錯誤?　(A)第一道防線,指營業單位的自評及自行查核　(B)第二道防線,包括總行業務管理單位、風險管理及法令遵循部門　(C)第三道防線,包括銀行董事會轄下的稽核處　(D)第三道防線,不包括董事會轄下的風險管理委會、監事會。

解答與解析【答案標示為#者,表官方曾公告更正該題答案。】

第一部分

1 (C)。 金融服務類業務指的是財務諮詢、代扣代繳業務等服務性業務。表外業務是指形成銀行或有資產、或有負債的業務,例如銀行承兌業務、銀行擔保業務等等。

2 (A)。

(A)再投資風險:常指投資債券所面臨的各種風險之一。投資者在持有期間內,領取到的債息或是部份還本,再用來投資時所能得到的報酬率,可能會低於購買時的債券殖利率的風險。

(B)再融資風險:是指由於金融市場上金融工具品種、融資方式的變動,導致企業再次融資產生不確定性,或企業本身籌資結構的不合理導致再融資產生困難。

(C)市場價值風險:指因為市場因素如利率、匯率、股票價格等不確定性對商品部位價值的不利影響。

(D)信用風險：指交易對手未能履行約定契約中的義務而造成經濟損失的風險。

另外，「借短貸長」的資金部位，可能存在再融資風險。

3 (C)。 資金中心與業務經營單位全額轉移資金的價格稱為「內部資金轉移價格」（簡稱FTP價格），通常以年利率（%）的形式表示。

營業單位給予客戶平均放款利率為9%，銀行牌告存款利率為3%，若存放款資金移轉價格（FTP）相同，則營業單位營運利潤之計算公式：

放款×（放款利率－FTP）＋存款×（FTP－銀行牌告存款利率）。

＝100億×（9%－7%）＋60億×（7%－4%）

＝2＋1.8

＝3.8（億元）

4 (D)。 全行的會計利潤係指本期損益（外部損益），是由營業單位的營運利潤與財務部的財務利潤所構成。

5 (C)。

(A)營業利益：銷售收入－銷貨成本－營業費用，代表著公司扣除一切營運成本後，本業帶來的利益。

(B)邊際貢獻：銷售收入－變動成本，又稱為毛利。

(D)淨利＝銷售收入－營業成本－營業費用－利息費用，指一特定時間內，公司的總收入減去營運成本以等支出之獲利。

可控制利益所表現的數據皆是主管可控制者，在成本中，其可控制之變動成本及固定可控制成本已包含在內，但不包括不能由其負責之成本，因此可控制利益才能真正表示部門為所應得的利潤績效，較適合當作績效衡量指標。

6 (C)。

(1)作業基礎成本法（Activity－Based Costing）：以作業為蒐集成本之中心，分析每項作業之成本動因，並以其為分攤基礎，將作業成本歸屬至產品之一種成本制度。

(2)實際成本法：以中間產品生產時發生的生產成本作為其內部轉移價格的方法。

(3)標準成本法：以預先制定的標準成本為基礎，用標準成本與實際成本進行比較,核算和分析成本差異的一種產品成本計算方法,是加強成本控制、評價經濟業績的一種成本控制制度。

7 (D)。 信用風險值計算過程需考慮違約機率、信用曝險額和違約損失率，不包含作業風險。

8 (A)。 所謂本國銀行以「內保外貸」方式承作陸資企業之運作模

式，係指借款企業需提供外資銀行開立的擔保信用狀，以擔保借款人履行合約之義務或責任。

9 (A)。「基準利率」：每二個月調整一次，是由央行公告台銀、土銀、華銀、彰銀、一銀及合庫等六家銀行之一年期定期儲蓄存款機動利率以算術平均利率加年息1.5%訂定之。

10 (B)。 授信5P原則：People（人）、Purpose（資金用途）、Payment（還款來源）、Protection（債權確保）、Perspective（未來展望）。

11 (C)。 固定長期適合率可判斷企業資金是否以短期資金作為長期用途。
固定長期適合率＝（固定資產＋長期投資）÷（股東權益＋長期負債）
＝（207,005＋33,422）÷（261,754＋29,000）
＝240,427÷290,754
＝82.69%

12 (B)。 根據銀行法第12條之1，銀行辦理個人「自用住宅放款」及「消費性放款」，不得要求借款人提供連帶保證人，如已取得足額擔保時，不得要求借款人提供保證人，因為擔任連帶保證人後，幫忙擔保的金額會算在自己名下，進而導致自己的債信條件受影響，未來若自己要貸款，額度也會減少。

13 (C)。 $1,050/（1＋5\%）＋1,050/（1＋5\%）^2＋1,050/（1＋5\%）^3$
＝2,859（元）

14 (D)。 穆迪（Moody's）將短期別債券之信用等級分為Prime－1、Prime－2、Prime－3以及Not－Prime。其中Not－Prime類似於長期債券Ba1信用等級以下。

15 (D)。 權益性證券是指代表發行企業所有者權益的證券，如股份有限公司發行的普通股股票。權益性證券是一種基本的金融工具，是企業籌集資金的主要來源。

16 (B)。 依銀行法第33條之3授權規定事項辦法：
本法第三十三條之三第一項所稱銀行對同一人、同一關係人或同一關係企業之授信限額規定如下：
一、銀行對同一自然人之授信總餘額，不得超過該銀行淨值百分之三，其中無擔保授信總餘額不得超過該銀行淨值百分之一。
二、銀行對同一法人之授信總餘額，不得超過該銀行淨值百分之十五，其中無擔保授信總餘額不得超過該銀行淨值百分之五。
三、銀行對同一公營事業之授信總餘額，不受前項規定比率之限制，但不得超過該銀行之淨值。

四、銀行對同一關係人之授信總
餘額，不得超過該銀行淨值
百分之四十，其中對自然人
之授信，不得超過該銀行淨
值百分之六；對同一關係人
之無擔保授信總餘額不得超
過該銀行淨值百分之十，其
中對自然人之無擔保授信，
不得超過該銀行淨值百分之
二。但對公營事業之授信不
予併計。

五、銀行對同一關係企業之授信
總餘額不得超過該銀行淨值
百分之四十，其中無擔保授
信總餘額不得超過該銀行淨
值之百分之十五。但對公營
事業之授信不予併計。

故選項(B)錯誤，正確應為：銀行
對同一法人之授信總餘額，不得
超過該銀行淨值15%。

17 (A)。 信用曝險額應用在定價
（如「信用價值調整」（credit
value adjustment, CVA）與風險管
理，信用風險值只應用在風險管
理。量化信用曝險額較複雜，可
分別導致定價與風險管理目的的
不同計算方式與不同計算結果。

18 (D)。 公司於開曼群島登記註
冊，但未實際營運，為國家風險
統計需要，應該匡計列入以資金
主要使用所在地之國別認列。

19 (C)。 大型企業之借貸管理方式，
必須派員實地徵信審查，觀察該企
業發展之前瞻性、還款計畫、研發
能力等，其中，與中小企業相關之
產品包含企業基本屬性資訊，如：
企業所屬行業別、登記狀態、成立
年度、資本額等；企業信用資訊，
如：負債總額、借貸科目、繳款紀
錄、往來銀行家數等；企業財務資
訊，如：利用各家企業財報計算之
各面向財務比率、財務與同業比較
資訊等；與企業負責人資訊，如負
責人之信用資訊、信用評分等。

20 (B)。
(A)基本模型的評等：強調資料來
源還包括申貸客戶的授信與
外匯往來的利潤貢獻、股價
等因素。
(B)授信戶的個別評等：將授審主
管主觀判斷因素納入，作加減
分調整。
(C)「授信特徵評等」的範圍大於
「授信戶的個別評等」，不可
一概而論。
(D)財務評等模型強調，只能蒐集
到企業的「財務狀況」，其他
構面無法納入模型。

21 (B)。 標準普爾公司的信用等級
標準從高到低可劃分為：AAA
級、AA級、A級、BBB級、BB
級、B級、CCC級、CC級、C級
和D級。

解答與解析

ＡＡＡ～ＢＢＢ級別之債券信譽高、履約風險小，故為「投資級別」，ＢＢ～Ｄ級別之債券信譽低，為「投機級別」。

22 (A)。　銀行法第20條：

銀行分為下列三種：

一、商業銀行。

二、專業銀行。

三、信託投資公司。

23 (B)。　票券金融公司資本適足性管理辦法第13條第1項：

依本辦法計算之本公司資本適足率及合併資本適足率，均不得低於百分之八及最低資本適足率要求。

24 (B)。　銀行資本適足性及資本等級管理辦法第5條：

銀行依第三條規定計算之本行及合併之資本適足比率，應符合下列標準：

一、普通股權益比率不得低於百分之七。

二、第一類資本比率不得低於百分之八點五。

三、資本適足率不得低於百分之十點五。

本法第44條所稱銀行自有資本與風險性資產之比率，不得低於一定比率，係指不得低於法定資本適足比率，其資本等級之劃分標準如下：

一、資本適足：指符合法定資本適足比率者。

二、資本不足：指未達法定資本適足比率者。

三、資本顯著不足：指資本適足率為百分之二以上，未達百分之八點五者。

四、資本嚴重不足：指資本適足率低於百分之二者。銀行淨值占資產總額比率低於百分之二者，視為資本嚴重不足。

本題資本適足率為9％（低於10.5％）、第一類資本比率為8％（低於8.5％）、普通股權益比率為6.5％（低於7％），皆未達法定資本適足率標準，屬於資本等級中之「資本不足」。

25 (C)。　淨穩定資金比率係指可用穩定資金除以應有穩定資金；可用穩定資金包括銀行資產負債表之負債及權益項目，應有穩定資金包括資產負債表之資產及表外曝險項目。

26 (C)。　保險業資本適足性管理辦法第3條：

本法所稱之風險資本，指依照保險業實際經營所承受之風險程度，計算而得之資本總額；其範圍包括下列風險項目：

一、人身保險業：（一）資產風險。（二）保險風險。（三）利率風險。（四）其他風險。

二、財產保險業：（一）資產風險。（二）信用風險。（三）核保

風險。(四)資產負債配置風
險。(五)其他風險。

27 **(C)**。 保險業從事衍生性金融商
品交易應注意事項第4條：
保險業符合下列資格，經主管機
關核准者，得從事增加投資效益
之衍生性金融商品交易：
(1) 自有資本與風險資本之比率，
達百分之二百五十以上。
(2) 採用計算風險值（Value at
Risk）評估衍生性金融商品交
易部位風險，並每日控管。
(3) 最近一年執行各種資金運用作
業內部控制處理程序無重大缺
失。但缺失事項已改正並經主
管機關認可者，不在此限。
(4) 最近一年無重大處分情事。但
違反情事已改正並經主管機關
認可者，不在此限。

28 **(D)**。 企業產品銷售的實現與
否，依靠資金的兩個轉化過程，
一為從成品資金轉化為結算資金
的過程，另一為由結算資金轉化
為貨幣資金的過程。這兩個轉化
過程的時間與金額不確定性，即
為資金回收風險。
授信業務的回收風險，會受到擔保
品風險、第三人保證的風險、簽訂
的法律契約風險等因素影響。
回收風險具體反映了擔保品之淨
變現價值，即企業預期正常營業
出售存貨能否取得之淨值，係屬
於企業專屬之價值。

帳面價值係指公司會計紀錄上所
記載之資產價值，通常指資產取
得成本減去累計折舊的餘額。

29 **(D)**。 借款人和保證人的違約機
率相乘積，等於承貸銀行的違約
機率。
1%0.5%＝0.005%

30 **(A)**。 因國庫券係中央銀行所發
行，完全無信用風險，廣受投資
人信賴，市場流動性高。

31 **(B)**。 市場風險即由於市場交易
中風險因素的變化和波動，可能
導致所持有投資組合或金融資產
產生的損失。
常見的市場風險包括：股市風
險、利率風險、匯率風險、大宗
商品風險。

32 **(D)**。 銀行「自主性」的資金包
括：央行融資、同業融資、權益
資金等。存款資金屬於銀行「非
自主性」的資金。

33 **(C)**。 利率商品與權益證券需要
同時衡量個別市場風險與一般市
場風險兩者的資本需求額，外匯
與實質商品只需計提一般市場風
險的資本需求額即可，不需計提
個別市場風險的資本需求額。

34 **(C)**。 當市場利率處於上升通道
時，正缺口對商業銀行有正面影
響，因為資產收益的增長要快於
資金成本的增長。

35 (B)。 存放款比率是衡量銀行流動性風險的指標，存放款比率值通常小於1，存放比率愈高，代表銀行的資產流動性愈低、流動性風險愈高，但過低則表示放款能力不佳，恐有「爛頭寸」之問題，資金無法有效運用。

36 (A)。 擠兌即存款戶出現不尋常的大量提兌存款的現象，其結果使銀行現金準備及流動性資產變現資金不夠支應客戶提兌，銀行勢必要將其可變現的低流動性資產折價求現，因而承受鉅額的變現損失。故因銀行現金不足，無法支應大量存款戶提款之需求，導致銀行面臨營運危機，即流動性風險。

37 (A)。 KYC是金融機構確認客戶身份的程序，也稱為瞭解你的客戶、認識客戶政策、客戶身分審查、客戶身分盡職調查等。
認識您的客戶（KYC, Know Your Customer）是任何金融機構的反洗錢計劃的基本過程。

38 (B)。 作業風險資本計提方法分為：
(A)進階衡量法：銀行符合所列之標準時，可藉由內部作業風險衡量系統，採進階衡量法（AMA）計算作業風險所需法定資本。
(C)標準法：以金融機構之不同業務別給予不同之指標來衡量其作業風險。

(D)基本指標法：以單一指標來計算金融機構全部業務之作業風險。
內部模型法主要用來評估銀行之「市場風險」。

39 (B)。 銀行資本適足性及資本等級管理辦法第11條：
第二類資本之範圍為下列各項目之合計數額減依計算方法說明所規定之應扣除項目之金額：
一、永續累積特別股及其股本溢價。
二、無到期日累積次順位債券。
三、可轉換之次順位債券。
四、長期次順位債券。
五、非永續特別股及其股本溢價。
六、不動產於首次適用國際會計準則時，以公允價值或重估價值作為認定成本產生之保留盈餘增加數。
七、投資性不動產後續衡量採公允價值模式所認列之增值利益及透過其他綜合損益按公允價值衡量之金融資產未實現利益之百分之四十五。
八、營業準備及備抵呆帳。
九、銀行之子公司發行非由銀行直接或間接持有之永續累積特別股及其股本溢價、無到期日累積次順位債券、可轉換之次順位債券、長期次順位債券、非永續特別股及其股本溢價。

40 (A)。 銀行槓桿比率（Leverage Ratio；LR）＝$\dfrac{第一類資本淨額}{曝險總額}$

銀行應按季計算槓桿比率，槓桿比率於平行試算期間之最低要求為3%。

第二部分

41 (B)。 關於授信業務的回收風險，會受到擔保品風險、第三人保證的風險、簽訂的法律契約風險等因素影響。

42 (D)。 投資組合風險相關係數（Correlation Coefficient）是一種統計數據，在金融或投資中，可以用來衡量兩種證券相對於彼此的移動程度。

相關係數＝1：投資組合標準差是個別資產標準差的加權平均，無風險分散效果。

相關係數介於＋1與－1之間：投資組合標準差小於個別資產標準差的加權平均，有風險分散的效果。

相關係數＝－1：代表投資組合中資產間的相關性低，投資組合風險低，因此分散化的效益高，即代表風險分散效果最好。

43 (B)。 資金移轉價格：銀行內部資金集中至總行資金中心進行統一籌措調度，各分行或業務單位對於銀行內部資金無所有權，每一筆存款、放款及各類供應／占用之資金，皆視同為資金中心所有。

44 (D)。 責任中心制度係一典型之分權化管理制度；該制度以權力、責任、利潤三者相互結合為基礎，並經由經營活動之過程，進行績效控制與評價。

責任中心可劃分為成本中心、利潤中心和投資中心。

45 (C)。 資產負債管理委員會及風險管理委員會：由總經理為召集人，指定相關主管為委員，定期開會，負責掌理及審議全行風險管理執行狀況與風險承擔情形。

46 (A)。 最高客票融資額度＝全年內銷金額÷周轉次數×貸放成數－其它行庫墊付國內票款金額
＝12,000×0.9÷2×0.8－3,000
＝1,320（萬元）。

47 (B)。 信用貸款額度＝「月收入×倍數－目前無擔保品負債總額」。
金管會規定，信用貸款最高可貸額度為月收入的22倍。
5.5萬×22（倍）＝121（萬）
121（萬）－85（萬）＝36（萬）

48 (A)。 房屋淨值係指房產估值減去房貸債務餘額。
乙銀行：1,600×75%＝1,200（第一順位可貸金額）
1,200×1.2＝1,440（第一順位質權設定金額）
丙銀行：1,440×20%＝288（第二順位可貸金額）
房屋淨值：1,600－1,200－288＝112

49 (A)。 發行股票屬於企業內部籌措資金管道。

50 (B)。 獲利能力與盈餘保障反映企業當期淨利潤中現金收益的保障程度，其反映企業真實的獲利能力，而非還款的市場風險。

51 (B)。 國家風險限額：係考量個別國家的政經狀況、未來發展趨勢與信用違約交換價差，並參酌全行業務發展規模、額度使用情形與業務單位需求等因素而訂定。

借款企業的債務憑證之信用評等級別愈高，銀行優先分配該國風險額度。

52 (D)。 銀行法第74條第3項：
商業銀行投資非金融相關事業，對每一事業之投資金額不得超過該被投資事業實收資本總額或已發行股份總數之百分之五。

53 (C)。 銀行資本適足性及資本等級管理辦法第5條：
銀行依第三條規定計算之本行及合併之資本適足比率，應符合下列標準：
一、普通股權益比率不得低於百分之七。
二、第一類資本比率不得低於百分之八點五。
三、資本適足率不得低於百分之十點五。

54 (A)。 預期信用損失＝信用曝險額×違約機率×（1－回收率）

A：0.3%×（1－50%）＝15%
B：0.5%×（1－20%）＝40%
C：0.8%×（1－30%）＝56%
D：1%×（1－70%）＝30%
由上述可知，預期信用損失由大至小排列：C（56%）>B（40%）>D（30%）>A（15%）。

55 (C)。 資本適足率：指第一類資本淨額及第二類資本淨額之合計數額除以風險性資產總額，故選項(C)錯誤。

56 (B)。 曝險額＝契約名目本金契約期間之未來潛在曝險額計算權數。
第一筆衍生性金融交易：200,000×0.005＝1,000
第二筆衍生性金融交易：100,000×0.05＝5,000
兩筆衍生性金融交易之當期曝險額＝1,000＋5,000＝6,000。

57 (A)。
(A)利率敏感係數是利率敏感性資產與利率敏感性負債的比值。
(B)債券之敏感性因子主要是指市場利率。
(C)PVBP基點價值（Price Value of a Basis Point）的定義是：△債券價格/1基點。（1基點為1%的百分之一，即0.0001），故PVBP係指1基點使得債券價格變動多少數額。
(D)此債券之價格為＝10,000－5×0.0001×10,000＝9,995。

58 (D)。　業務管理指標就業務部門來說，指標可分為業績、市場開發、帳款、售價比率、客訴件；業績指的是達成率、超標、成長率。風險容忍度（risk tolerance）：組織或個人所能承擔的風險最大值，指在企業目標實現過程中對差異的可接受程度，其屬於風險管理指標。

59 (A)。　存款準備與流動準備，係與流動性風險有關的準備部位，非與利率風險有關。

60 (D)。　銀行的作業風險管理，從監督管理層面觀察有三道防線：第一道防線，包括海內外分子行、總行部級的營業單位；第二道防線，總行業務管理單位、風險控管及法律遵循部門；第三道防線，銀行董事會轄下的稽核處或稽核室。
第三道防線下的內部稽核單位以超然獨立之精神，協助董事會及高階管理階層查核與評估風險管理及內部控制制度是否有效運作，包含評估第一道及第二道防線進行風險監控之有效性，並隨時提供改進建議。

解答與解析

信託業務｜銀行內控｜
初階授信｜初階外匯｜
理財規劃｜保險人員推薦用書

暢銷上榜好書

2F021121	初階外匯人員專業測驗重點整理+模擬試題	蘇育群	510元
2F031111	債權委外催收人員專業能力測驗重點整理+模擬試題	王文宏 邱雯瑄	470元
2F041101	外幣保單證照 7日速成	陳宣仲	430元
2F051111	無形資產評價師(初級、中級)能力鑑定速成	陳善	460元
2F061111	證券商高級業務員(重點整理+試題演練)	蘇育群	650元
2F071121	證券商業務員(重點整理+試題演練)	金永瑩	590元
2F081101	金融科技力知識檢定(重點整理+模擬試題)	李宗翰	390元
2F091121	風險管理基本能力測驗一次過關	金善英	470元
2F101121	理財規劃人員專業證照10日速成	楊昊軒	390元
2F111101	外匯交易專業能力測驗一次過關	蘇育群	390元

2F141121	防制洗錢與打擊資恐(重點整理+試題演練)	成琳	630元
2F151121	金融科技力知識檢定主題式題庫(含歷年試題解析)	黃秋樺	470元
2F161121	防制洗錢與打擊資恐7日速成	艾辰	550元
2F171121	14堂人身保險業務員資格測驗課 ♛ 榮登博客來暢銷榜	陳宣仲 李元富	490元
2F181111	證券交易相關法規與實務	尹安	590元
2F191121	投資學與財務分析	王志成	570元
2F201121	證券投資與財務分析	王志成	460元
2F621111	信託業務專業測驗考前猜題及歷屆試題 ♛ 榮登金石堂暢銷榜	龍田	590元
2F791121	圖解式金融市場常識與職業道德	金融編輯小組	430元
2F811121	銀行內部控制與內部稽核測驗焦點速成+歷屆試題 ♛ 榮登金石堂暢銷榜	薛常湧	590元
2F851121	信託業務人員專業測驗一次過關	蔡季霖	670元
2F861121	衍生性金融商品銷售人員資格測驗一次過關	可樂	470元
2F881121	理財規劃人員專業能力測驗一次過關	可樂	600元
2F901121	初階授信人員專業能力測驗重點整理+歷年試題解析 二合一過關寶典	艾帕斯	560元
2F911101	投信投顧相關法規(含自律規範)重點統整+歷年試題 解析二合一過關寶典	陳怡如	470元
2F951101	財產保險業務員資格測驗(重點整理+試題演練)	楊昊軒	490元
2F121121	投資型保險商品第一科7日速成	葉佳洺	590元
2F131121	投資型保險商品第二科7日速成	葉佳洺	近期出版
2F991081	企業內部控制基本能力測驗(重點統整+歷年試題)	高瀅	450元

千華數位文化股份有限公司

■新北市中和區中山路三段136巷10弄17號　■千華公職資訊網 http://www.chienhua.com.tw
■TEL: 02-22289070　FAX: 02-22289076

國家圖書館出版品預行編目(CIP)資料

(金融證照)風險管理基本能力測驗一次過關 / 金善英編
著. -- 第二版. -- 新北市：千華數位文化股份有限公
司, 2023.03
　　面；　公分
ISBN 978-626-337-661-8 (平裝)

1.CST: 風險管理

494.6　　　　　　　　　　112002703

［金融證照］　風險管理基本能力測驗一次過關

編 著 者：金 善 英

發 行 人：廖 雪 鳳
登 記 證：行政院新聞局局版台業字第 3388 號
出 版 者：千華數位文化股份有限公司
　　　　　地址／新北市中和區中山路三段 136 巷 10 弄 17 號
　　　　　電話／ (02)2228-9070　傳真／ (02)2228-9076
　　　　　郵撥／第 19924628 號　千華數位文化公司帳戶
　　　　　千華公職資訊網：http://www.chienhua.com.tw
　　　　　千華網路書店：http://www.chienhua.com.tw/bookstore
　　　　　網路客服信箱：chienhua@chienhua.com.tw

法律顧問：永然聯合法律事務所
編輯經理：甯開遠
主　　編：甯開遠
執行編輯：陳資穎
校　　對：千華資深編輯群
排版主任：陳春花
排　　版：翁以倢

出版日期：2023 年 3 月 15 日　　　第二版／第一刷

本書如有勘誤或其他補充資料，
將刊於千華公職資訊網　http://www.chienhua.com.tw
歡迎上網下載。